初めての
Processing

第2版

Daniel Shiffman 著

尼岡 利崇 訳

本書で使用するシステム名、製品名は、いずれも各社の商標、または
登録商標です。
なお、本文中では™、®、©マークは省略している場合もあります。

Learning Processing

A Beginner's Guide to Programming Images, Animation, and Interaction
Second Edition

Daniel Shiffman

AMSTERDAM • BOSTON • HEIDELBERG • LONDON
NEW YORK • OXFORD • PARIS • SAN DIEGO
SAN FRANCISCO • SINGAPORE • SYDNEY • TOKYO

Morgan Kaufmann Publishers is an imprint of Elsevier

Copyright ©2008,2015 Elsevier Inc. All rights reserved.
This edition of Learning Processing, A Beginner's Guide to Programming Images, Animation, and Interaction by Daniel Shiffman are published by arrangement with ELSEVIER INC., a Delaware corporation having its principal place of business at 360 Park Avenue South, New York, NY 10010, USA through Japan UNI Agency, Inc., Tokyo.
Japanese-language edition copyright ©2018 by O'Reilly Japan, Inc. All rights reserved.

本書は、株式会社オライリー・ジャパンがElsevier, Inc.の許諾に基づき翻訳したものです。日本語版についての権利は、株式会社オライリー・ジャパンが保有します。

日本語版の内容について、株式会社オライリー・ジャパンは最大限の努力をもって正確を期していますが、本書の内容に基づく運用結果について責任を負いかねますので、ご了承ください。

恩師 Red Burns を偲んで

　Red Burnsは1925年にカナダのオタワで生まれました。人生の苦難を経験した後、1971年、彼女はニューヨーク大学にオルタナティブ・メディアセンターを設立しました。このセンターは、後にインタラクティブ・テレコミュニケーションズ・プログラム（ITP）となり、彼女は1982年から2010年まで専攻長を務めました。私が彼女に初めて会ったのは2001年で、おそらく彼女にとって20回目の新入生オリエンテーションの時でした。その時、私は彼女をどちらかと言えば怖く感じていました。しかし、そう感じたのはそれが最初で最後です。すぐに彼女の温かさを知り、その後の12年間にわたり、彼女の知性、5単語のメール、そして技術よりも人間性が大事という彼女の揺らぐことのない信念に触れられたことは、なにものにも代えがたい私の宝物です。彼女の考えの中心にあるのは常に「人」であり、本書で教えているような「ツール」は表現やコミュニケーションの手段でしかないのです。本書のアイデアは、彼女の導きと友情から生まれたものです。ITPの格言どおりに「Red Burnsが私の人生を変えた」のです。

http://itp.nyu.edu/redburns/

謝辞

　1980年代の初め頃にApple II+で少しBASICをかじって以来、1行もコードを書いていなかった私は、2001年の秋、ニューヨーク大学ティッシュ・スクール・オブ・ジ・アーツ（Tisch School of the Arts）のインタラクティブ・テレコミュニケーションズ・プログラム（Interactive Telecommunications Program：ITP）に迷い込みました。そこの最初のセメスターの「Introduction to Computational Media（計算メディア入門）」というコースで、プログラミングの素晴らしさを知りました。それ以来、ITPは私にとって我が家のような存在になりました。学部からのインスピレーションと支援なしに、本書を上梓することはできなかったでしょう。

　2013年8月に惜しまれつつ、この世を去ったITPの創設者Red Burnsに本書を捧げます。ITPでの最初の10年間、彼女は私を勇気づけ、支援してくれました。

　Dan O'SullivanはProcessingのコースを始めるよう助言してくれた最初の人で、プログラミングのチュートリアルをひとつにまとめるきっかけを作ってくれました。Shawn Van Everyは私の隣の席に座り、本書の初版の原稿の大半に目を通し、有益な意見やコード、そして数え切れないほどの精神的なサポートを私に与えてくれました。Tom Igoeのフィジカルコンピューティングについての研究は、本書にインスピレーションを与え、ネットワークやシリアル通信の例題をまとめる際の情報源として特に助けられました。そして、初版の草稿に多くのフィードバックを提供してくれたClay Shirkyに感謝します。本書を執筆するそもそものきっかけを作ってくれたのがClayです。あの日、彼がホールで私を引き止め、本を書くべきと言ってくれたおかげです。

　ITPのすべての同僚が本書の執筆に協力し、貴重な意見やフィードバックを提供してくれました。Danny Rozinは15章、16章にインスピレーションを与えてくれました。Mimi Yin、Lauren McCarthyによるp5.jsの開発という創造的な仕事は、JavaScriptとウェブの世界に対し目を向けるきっかけを作ってくれました。Amit Pitaruには、特に初版のサウンドの章で助けてもらいました。Nancy Lewis、James Tu、Mark Napier、Chris Kairalla、Luke Duboi Roopa Vasudevan、Matt Parker、Heather Dewey-Hagborg、Jim Moore（最初のセメスターの先生！）に感謝します。執筆中に深い洞察と不屈の精神を私に与えてくれたITPの専任教員Marianne Petit、Nancy Hechinger、Marina Zurkow、Katherine Dillon、Eric Rosethal、Gabe Barcia-Colombo、Brenedetta Piantella Simeonidisに感謝します。そして、機材や環境の準備で執筆を

サポートしてくれたITPの教員やスタッフGeorge Agudow、Edward Gordon、Midori Yasuda、Rob Ryan、John Duane、Marlon Evans、Tony Tseng、Matthew Berger、Karl Ward、Megan Demarestに心から感謝します。

紙面の都合で名前を列挙することはできませんが、ITPの学生みんなに感謝します。彼/彼女らからのフィードバックをさまざまなコースで試行することで、本書の素材ができあがりました。ノートの空スペースに走り書きした山のようなページ、修正やコメント、励ましのメッセージなど学生とやり取りしたメールの膨大な保存記録、それらすべてが本書のアイデアを発展させるために不可欠なものでした。

精力的で協力的なProcessingのプログラマーやアーティストに感謝します。Processingを作ったCasey ReasとBen Fryがいなかったら、私はおそらく職を失っていたでしょう。私が知っていることの半分は、Processingのソースコードを単に読むことで学びました。Processingの洗練された簡潔さ、ウェブサイト、IDEは、プログラミングしやすくし、そして何より私や学生すべてにとって楽しいものです。Andres Colubri、Scott Murray、Florian Jannet、Elie Zananiri、Scott Garner、Manindra Mohanara、Jer Thorp、Marius Watz、Robert Hodgin、Golan Levin、Tom Carden、Karsten Schmidt、Ariel Malka、Burak Arikan、Ira Greenbergほか多くのProcessingプログラマーに数多くのアドバイス、提案、コメントをもらいました。Hector Rodriguez、Keith Lam、Liubo Borissov、Rick Giles、Amit Pitaru、David Maccarella、Jeff Gray、尼岡利崇先生は、出版前の初期バージョンを彼らのコースで試用してくれました。

Peter KirnとDouglas Edric Stanleyは、初版のテクニカルレビューで詳細なコメントとフィードバックを提供してくれました。彼らの努力なしに本書を上梓することはできませんでした。装丁を担当してくれたDemetrie Tylerの素晴らしい仕事に感謝します。スクリーンショットや図版の作成を手伝ってくれたDavid Hindmanに感謝します。初版のウェブサイトを作成してくれたRich Hauckに感謝します。

初版の制作に携わってくれたMorgan Kaufmann/ElsevierのGregory Chalson、Tiffany Gasbarrini、Jeff Freeland、Danielle Monroe、Matthew Cater、Michele Cronin、Denise Penrose、Mary Jamesに感謝します。

第2版の本書では、本の制作にあたりO'Reilly Mediaが開発した新しい出版プラットフォームAtlas (https://atlas.oreilly.com/) を使用しました。Atlasによる制作を許可してくれたMorgan Kaufmann/Elsevierの皆さん、Atlasによる制作をサポートしてくれたO'Reilly Mediaの皆さんに感謝します。

Atlasを使用したことで本の制作がはかどり、フィードバックやアドバイスなどを得ることもできました。Wilm Thoben、Seth Kranzler、Jason Sigalによるフィードバックは、音に関する「20章 サウンド」を編集する上でとても役立ちました。Mark Sawula、Yong Bakos、Kasper KaspermanはAtlasで作られたPDFを読んで、素晴らしい批評とフィードバックを寄せてくれました。説明や例題をより良くするためにたくさんの助言を提供してくれたJ. David Eisenbergは、事実上のテクニカルエディターです。細かなレイアウト調整のほとんどを担当してくれた

Johanna Hedvaに特に感謝します。彼女が気づいてくれたおかげで、重要なコンテンツをいくつか変更できました。

　ElsevierのTodd Greenは、Atlasを利用したO'Reilly Mediaとの複雑な共同作業をすべてやり遂げてくれました。スムーズな制作をサポートしてくれたChrile KentとDebbie Clarkにも感謝します。O'Reillyのチームとともに Atlasプラットフォームで仕事をするのは、私にとって素晴らしい経験でした。本書（原書）は、あらゆる意味で一風変わったレイアウトです。紙の書籍も電子書籍もすべて、CSS、XSLT、HTMLで構成されるひとつのソースから作られています。早期段階でAtlasの使用を許可し、その魔法を私に教えてくれたAndrew Odewahn、Rune Madsen、Sanders Kleinfeld、Dan Fauxsmith、Adam Zarembaに感謝します。イラストに関するRebecca Demaresのアドバイスとサポートに感謝します。CSSエキスパートのRon Bilodeauに感謝します。最後に、最大の感謝の気持ちをKristen Brownに贈ります。彼女は私の質問すべてに耳を傾け、ひとつひとつの質問の細部まで深く考えてくれました。そして、必要なスキルで私に欠けている部分を補ってくれました。優先順位を理解し、予定どおりのスケジュールでこの本が出版されるように進行を管理してくれました。以下は、彼女の本書への貢献度が分かる、GitHubリポジトリの[Pulse]タブです（制作当時）。

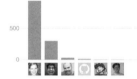

　愛する家族、妻Aliki Caloyeras、子供たちEliasとOlympia、両親DorisとBernard Shiffman、そして兄弟Jonathan Shiffmanに感謝します。本書第2版の出版だけでなく、家族の常日頃の精神的なサポートやアドバイス、励ましに感謝します。

訳者まえがき

　Processingとの出会いは、2002年にまでさかのぼります。当時、ニューヨーク大学Tisch School of the Artsの大学院生であった私は、その頃にProcessingの存在を知り、Javaベースの言語であり、ビジュアル表現に特化したプログラミング言語ということで、大きな可能性を感じたことを思い出します。しかしながら、ここまで長く第一線で使用され、これほど大きなコミュニティが形成されるとは、想像していませんでした。また、本書の原著者であるDanと出会ったのもITPでした。共にITPの大学院生として授業を受け、ITPがある4階のフロアで顔を合わせ、そして一緒に出かけたものです。それから時を経て、本書の翻訳を通じ、ITPで出会ったProcessingとDanと再びこうして関わり合えたことを、非常に嬉しく感じています。

　本書の特徴は、プログラミングの初学者から中級レベルの内容までを、網羅している点にあります。Processingのビジョンから、初学者向けの書籍は日本語でも多く存在しますが、導入から中級レベルまで一貫して学べる書籍はあまりありません。また、ITPの授業内容に基づき書かれた本書は、プログラミングの教科書として優れているだけでなく、ITPで実施されている授業のエッセンスとコンセプトを感じることができる貴重な書籍と言えます。本書を通し、ITPというユニークな教育プログラムの真髄を楽しんでください。

　本書の翻訳を行うにあたり、多くの方々の助けがありました。私が大学で担当する科目でProcessingを学んだ卒業生の遠藤勝也氏と明星大学実習指導員の小野隆之氏は、多くの時間を割き、コードレビューを行ってくれました。明星大学情報学部の丸山一貴准教授には、テクニカルレビューを行っていただき、Java言語に関する非常に多くのコメント、多くの技術的見地から助言をいただきました。オライリー・ジャパンの宮川直樹さんは、翻訳に不慣れな私を長きに渡り支えてくれました。本書の出版に関わってくださったすべての方々に心より御礼申し上げます。

　本書を通して、クリエイティブコーディング、インタラクティブアートなどの芸術と科学の境界領域の裾野が広がり、そしてその輪が広がることを期待しています。

2018年10月29日
明星大学 情報学部情報学科
尼岡 利崇

イントロダクション

本書について

　この本は物語です。具体的には、解放についての物語です。読者は物語を通して、コンピュータの基礎を理解するための第一歩を踏み出します。自分でコードを書き、また既存のソフトウェアツールの枠を超えた自分のメディアを作り出すのです。この物語は、コンピュータ科学者や技術者だけのものではありません。あなたのためのものです。

対象読者

　この本は、初学者向けの解説書です。もし読者が人生の中で、1行もコードを書いたことがないなら、まさにぴったりの本です。前提条件はありません。最初の1章から9章で、プログラミングの基礎をひとつひとつゆっくりと学びます。コンピュータの電源を入れる、ウェブを閲覧する、アプリケーションを立ち上げる、といったコンピュータの基本的な操作方法以外に、必要な知識はありません。

　この本ではProcessingを扱います。そのため、グラフィックデザイン、絵画、彫刻、建築、映像、ビデオ、イラスト、ウェブデザインなど視覚表現の分野を勉強または仕事としている人にとって、特に適しています。もし、それらの分野に携わっていて、少なくとも、コンピュータの使用に関係しているのであれば、おそらく特定のソフトウェアパッケージ ── 例えば、Photoshop、Illustrator、AutoCAD、Maya、After Effectsなど ── の扱いに慣れているでしょう。本書のポイントは、既存のソフトウェアの制限から、少なくとも部分的には読者を解放することにあります。誰か他の人が作ったツールを使うのではなく、独自のツールを自分で作れるなら、何を作りますか？ どんなデザインにしますか？

　プログラミングの経験が少しあり、Processingを学んでみたいと思っている人にも本書は役立つでしょう。前半の章で基礎固めをするので、復習するのに役立ちます。後半の章ではより高度なトピックを扱います。

Processingとは何か

　読者は今、コンピュータ科学の初級講座を受けているとしましょう。その講座ではJavaプログラミング言語を使って教えているとします。以下は、授業で最初に学ぶ例題プログラムの出力結果です。

伝統的に、プログラマーはコマンドラインとテキストの出力で基礎を学習します。

1. **テキスト入力**：テキストとしてコードを書きます。
2. **テキスト出力**：プログラムの実行結果が、コマンドライン上にテキストで出力されます。
3. **テキストインタラクション**：ユーザーは、テキストをコマンドライン上に入力することで、プログラムとインタラクトすることができます。

この例題プログラムの出力結果「Hello, world!」は、昔からある古臭いジョークです。どのようなプログラミング言語を学ぶ場合でも常に、初めて書くプログラムでは「Hello world!」と出力するのが、プログラマーの慣例になっています。「Hello world!」の初出は、1974年にベル研究所のブライアン・カーニハン（Brian Kernighan）が著した『Programming in C: A Tutorial』です[*1]。

Processingでプログラミングを学ぶ強みは、Processingがより直感的で視覚的な反応を返す環境であることです。そのため、アーティストやデザイナーがプログラミングを学ぶのに適しています。

1. **テキスト入力**：テキストでコードを書きます。
2. **視覚的な出力**：プログラムの実行結果が、ウィンドウ内に視覚表現で出力されます。
3. **マウスによるインタラクション**：ユーザーは、これら視覚表現にマウスを用いてインタラクトすることができます（また、本書では、より多くのインタラクションを経験できます！）。

Processingの「Hello, world!」は、次のような見た目になるでしょう。

Hello, Shapes!（こんにちは、図形たち！）

---

*1 訳注：「Hello world」の初出には、1978年の『The C Programming Language』（邦題『プログラミング言語C』）や1973年の『A Tutorial Introduction to the Language B』など、諸説があります。

とてもフレンドリーな出力ですが、特に注目するほどのものではありません。ステップ3のインタラクション以外はどちらも同じです。「Hello, world!」プログラムでは、テキストによる反応でプログラミングを学びます。しかし、Processingは「視覚的な反応、つまりグラフィックによる出力を通してプログラミングを学び」ます。ここが大きな違いです。

このプログラミングパラダイムは、Processingが最初というわけではありません。プログラミング言語LOGOは、1967年にダニエル・G・ボブロー（Daniel G. Bobrow）、ワリー・ファーゼイグ（Wally Feurzeig）、シーモア・パパート（Seymour Papert）らによって開発されました。LOGOでは、プログラマーはスクリーンを動き回るタートル（亀）の指示、図形の生成、そしてデザインを直接記述します。Design By Numbers（DBN、http://dbn.media.mit.edu/）は、1999年にジョン・前田（John Maeda）らによって開発されました。DBNは、視覚デザイナーやアーティスト向けに、簡単で使いやすいシンタックスによるコンピュータの操作を取り入れました。

LOGOもDBNもそのシンプルさと新しい考えは素晴らしかったのですが、それら言語でできることは限られていました。

ProcessingはLOGOとDBNの直系であり、2001年にマサチューセッツ工科大学メディアラボのAesthetics and Computation研究グループで誕生しました。Processingは、ジョン・前田のもとで大学院生として学んでいたキャセイ・レアス（Casey Reas）とベンジャミン・フライ（Benjamin Fry）の手によりオープンソースとして開発されました。

> Processingは、オープンソースプログラミング言語であり、画像やアニメーション、音のプログラミングをしたい人のための開発環境です。プログラミング学習、プロトタイプ制作や作品制作のために学生、アーティスト、デザイナー、建築家、研究者、ホビーストに使われています。それは、視覚的コンテキストでコンピュータプログラムの基礎を教えるため、そしてソフトウェアスケッチブックとプロフェッショナルな制作ツールとして役立つことを目的として作られました。Processingは、アーティストやデザイナーにとって同領域のプロプライエタリなソフトウェアツールの代替として開発されています。
> ── http://www.processing.org

結論から言えば、Processingは素晴らしいです。まず、無料です。お金は1円もかかりません。次に、ProcessingはJavaプログラミング言語（23章で詳しく解説します）の上に構築されているので、LOGOやDBNのような制限はありません。必要な機能はすべて備わっているので、Processingでできないことはとても少ないです。最後にProcessingは、オープンソースです。このことは、プログラミングを学び始めた人にとっては重要ではないかもしれません。しかし、入門者を卒業して次のステージに進む時に、この哲学的原理が、いかに重要であるかが分かります。オープンソースであるがゆえに、開発者、教職者、アーティストなど立場の異なるさまざまな人が集まり、Processingの機能を拡張するために分担作業し、知見やアイデアを共有し、この素晴らしいコミュニティを形成できるのです。

https://processing.org/にざっと目を通せば、活気があってとてもクリエイティブなコミュ

ニティであることが分かります。Processing.orgでは、初学者も熟達者も一様に芸術作品やアイデアをオープンにして交換しあうことでコードが共有されています。完全なリファレンスもあります。皆が参考にできるコーディング例も数多く提供されています。しかし、本当の入門者が段階を追って学習できるチュートリアルはありません。本書は、プログラミングの基礎を系統立てて段階的に説明し、そしていくつかの上級トピックを詳しく見ていくことで、入門者がこの世界に飛び込み、コミュニティに参加し貢献できるようデザインされています。

2012年、Processingファンデーション（非営利501(c)(3)団体）は、Processingソフトウェアの背景にあるゴールと理想──「メディアについて考え、創造するための最新の方法を促進するため、そして同時にそのような知識がきわめて重要な場合は、すべての興味や専門性を持った人々がどのようにプログラムするか学べるようにする」──を正式なものにするために設立されました。これを受けてファンデーションは、Processing（Java）、p5.js（JavaScript）、Processing.py（Python）を含む異なる言語のソフトウェア環境をサポートしています。本書は、Javaを支持する形で重点的に取り組んでいますが、他のフレームワークについても調べてみることを強く勧めます。ウェブ上で作品を制作することに興味のある人はp5.jsをぜひ調べてください。なお、本書の例のp5.jsバージョンは、次のサイトに用意してあります。

http://learningprocessing.com/examples/

本書は、Processingなしには存在しなかったでしょう。しかし、Processingの使い方を覚えるための本ではありません。本書の目的は、読者にプログラミングを教えることです。Processingを学習環境として選択していますが、焦点はコンピュータの概念の核となる部分を学ぶことです。コンピュータの概念を理解すれば、次のステージに進めます。例えば、他の言語や環境も容易に試せるようになります。

でも、今は＿＿＿＿＿＿を学んでいるのでは？

自分は何をしたいのか？ それを一番分かっているのは自分自身です。上の空欄を埋めてみてください。例えば、次に来る目玉となるプログラミング言語と環境は、「Flibideeflobidee」だと聞いても、いかにも作り物のようでピンときません。でも、それを言った友人は、それがどんなに素晴らしいものか話し続けるでしょう。複雑な仕事をプログラムがいとも簡単に処理し、手作業で1日がかりの仕事も5分で終わらせ、MacでもWindowsでもトースターでも動作し、ペットと日本語で会話するプログラムだって作れるのだと。

重要なのは、次のことです。問題すべてを解決する魔法の言語はありません。完全な言語は存在せず、Processingにもそれなりの制限と欠点があります。しかしProcessingは、プログラミングを始める（そして使い続ける）には素晴らしい場所です。本書は、プログラミングの基礎を教えます。皆さんはその基礎を、例えばProcessing、Java、JavaScript、C、Pythonや他のプログラミング言語を使う時など、さまざまな場面で利用することができます。

あるプロジェクトにおいては、他の言語や環境がより適切な場合があるのも事実です。しか

し、Processingは、実に多くの場合において非常に優れていて、特にメディア関連の、スクリーンを用いた作品においては、そう言えます。よくある勘違いで、Processingはお遊びの環境と思われがちですが、それは違います。Processingをプロジェクトで一年中使っている人たち（私自身も含めて）が、世の中にはいます。それは、ウェブアプリケーション、ミュージアムやギャラリーのプロジェクト、さらに公共スペースでの展示やインスタレーションにも使われています。例えば、私はProcessingを、InterActive Corpsのニューヨーク本社ロビーにある120×12フィート（そうです、フィートです！）のスクリーン上にコンテンツを表示できるリアルタイムグラフィックビデオ壁面システムに使っています。

Processingは、実際にこのようなことをするのに優れているだけでなく、学習という点においても素晴らしいです。それは、無料で、かつオープンソースです。また、シンプルで、視覚的で、何より楽しいのです。さらに、オブジェクト指向言語（これについては後ほど触れます）です。そして、Mac、Windows、Linuxマシンで動作します（ただし、話す犬では動きません。ごめんなさい）。

Processingのひとつの欠点は、ウェブと互換性がないことです。2001年、Processingが初めて世に出た時には、Javaアプレットが、ウェブページにリアルタイムグラフィックスのプロジェクトを提供する主要な方法でした。しかし、2015年にはJavaアプレットは、ほとんど使われない技術になりました。それに代わる素晴らしい手段として、p5.jsプロジェクト（http://p5js.org）があり、それはProcessingファンデーションのローレン・マッカーシー（Lauren McCarthy）が主導しています。それと他のオプションについては21章でもう少し説明します。

何を使うべきか心配するより、Processingで基礎を学ぶことに集中することをお勧めします。その知識は、読者の皆さんをその先に進めてくれ、また、本書を超え、あなたが取り組みたいと思ういかなる言語にもつながっていきます。

本書の概要

小説家のことを考えてみましょう。もしくは脚本家でもかまいません。椅子に座ってコンピュータに入力している時だけが、執筆に費やしている時間でしょうか？ ほとんどの場合は、そうではないでしょう。おそらく、夜、ベッドに横たわっている時も頭の中でアイデアに考えを巡らせているでしょう。もしくは、公園のベンチに座っていて、鳩に餌をやっているような時にも頭の中で会話をたぐり出しているかもしれません。そしてある日の夜遅く、地元のパブで紙ナプキンの上に、いつの間にか素晴らしいひねりのある小説の構想を走り書きするのです。

そう、ソフトウェアを書くことやプログラミングすること、コードを作り出すことは、それと似たものです。作業そのものは、本質的にコンピュータと非常に結びつきが強いことから、そのことを忘れがちです。しかし、考えを巡らす時間を見つけ、ロジックを考え、また椅子や机、コンピュータから離れブレインストーミングによるアイデア出しをしなければなりません。

もちろん、コンピュータへの実際の入力は、かなり重要です。プールサイドに横たわってい

ればコンピュータがコードを自動で入力してくれて作業がすべて完了するような、夢のようなアプリケーションは存在しません。しかし、背中を丸めながら、ギラギラしたLCDスクリーンの前にいつも張り付いて考えるだけでは、十分ではないのです。

本書に書かれていることは、キーボードから離れ、コードを通した考え方の練習を確実に行うための第一歩です。本書内には、穴埋め式の練習問題が多く含まれています（穴埋め式の練習問題の解答は、本書のウェブサイトhttp://learningprocessing.comにあります）。ぜひ活用してください！ アイデアが、インスピレーションを与えた時にはノートを作り、それに書き留めてください。この本を、コンピュータのアイデアに対するワークブックやスケッチブックだと考えてください（もちろん、皆さんが持っているスケッチブックを使ってもいいです）。

読者の皆さんには、この本を読む時間の半分をコンピュータから離れて過ごし、残りの半分をコンピュータとともに例のコードに沿って実際に体験することをお勧めします。

本書の読み方

本書は、順番に読むことが一番です。1章、2章、3章といった順番です。9章を読み終える頃には、もう少しリラックスして読むことができるでしょうが、最初のほうは、非常に重要です。

本書は、順を追ってプログラミングを教えるやり方でデザインされています。本書後半のより高度な内容は、本全体のうち必要な箇所を行き来しながら読むといったリファレンス形式のような扱い方になるでしょう。しかし本書の前半は、ひとつの例を作ること、そして一度に1ステップずつ（すぐにこれ以上のことを扱いますが）、その例で示そうとする特徴を作ることに専念しています。加えて、コンピュータプログラミングの基礎となる要素は、特別な順番で紹介されており、それは何年もの間、ニューヨーク大学Tisch School of the ArtsのInteractive Telecommunications Program（ITP）の忍耐強く、かつ素晴らしい学生たちによる試行錯誤により得られたものです。

本書は、10のレッスンに分けられた23の章で構成されています。1章から9章ではコンピュータグラフィクスおよびコンピュータプログラミングの基本原理を網羅的に解説します。10章から12章では小休止をとり、より大きなプロジェクトが積み上げ型手法によってどのように開発されるのか実践を通して学びます。13章から23章では基礎を発展させ、3Dやライブビデオ、データ可視化といったより高度なトピックスを厳選し提供しています。

各レッスンは、本を分かりやすいまとまりで分割するために提供されています。レッスンの最後には、そのレッスンに含まれる章の内容をプロジェクトに組み込むスペースが設けてあります。これらのプロジェクトは、本を読むことから少し離れて休憩をとるために用意したものであり、必須ではありません。

本書は教科書なのか？

本書は、入門レベルのプログラミングコース、または独学のための教科書として使われるよ

うに、デザインされています。

　本の構成は、ITPの「Introduction to Computational Media（計算メディア入門）」というコースの内容を、直接採用しています。このクラスの同僚教員と何百人もの学生（ここで全員の名前を掲載できたらよいのですが）の助けがなくては、この本は存在しなかったでしょう。

　実は、本書では1セメスターの入門レベルのコースで教えられる内容より、もう少し多くのことを含めています。全23章の中からおそらく18の章については、私のクラスでも詳しく扱っています（また、クラス内で本書のすべてのことに触れています）。とはいうものの、コース用または独学用に関係なく、2〜3か月の期間で本書を終えることが適切です。もちろん、それよりも速く読むことができるでしょうが、実際にコードを書いたり、ここに挙げるすべての教材を組み込むプロジェクトを開発したりするには、かなりのまとまった時間が必要になります。本書を「10日間10章でプログラムを学ぶ！」と宣伝するのは、まったく現実的ではありません。

　以下に、この教材をどのように使うと14週のコースで最後までやり遂げられるのか、一例を示します。

週	内容
第1週	レッスン1：1章〜3章
第2週	レッスン2：4章〜6章
第3週	レッスン3：7章〜8章
第4週	レッスン4：9章
第5週	レッスン5：10章〜11章
第6週	中間試験！（＋レッスン5：12章）
第7週	レッスン6：13章〜14章
第8週	レッスン7：15章〜16章
第9週	レッスン8：17章〜19章
第10週	レッスン9：20章〜21章
第11週	レッスン10：22章〜23章
第12週	ファイナルプロジェクトワークショップ1
第13週	ファイナルプロジェクトワークショップ2
第14週	ファイナルプロジェクト発表会

これはテストで出題されるの？

　本書は、皆さんを導くだけです。実際に重要なことは、練習、練習、練習です。あなたが10歳だと仮定し、バイオリンのレッスンを受けているとします。先生は、毎日練習しなさいと言うでしょう。それは、あなたにとってもっともなことに思えるでしょう。この本で練習してください。もしできれば、毎日行ってください。

　学習していて、自分のアイデアを出すのが難しい時もあるでしょう。本書で行う練習は、すでに用意されているため、自らアイデアを考える必要がないのです。しかし、もし開発したいと思う何かのアイデアがある時は、気軽に練習を工夫してやりたいことに合うようにすべきです。

多くの練習問題は、数分で答えられる小テストです。少し難しい問題もあり、1時間ほど要するものもあります。このようなやり方で、数時間、1日、もしくは1週間を要するプロジェクトの作業をすることは良いことです。先ほど述べたとおり、これがレッスン構成の目的なのです。各レッスンの間で、読むことを休憩し、Processingで何かを作ることをお勧めします。プロジェクトの提案は、各レッスンで提供しています。

練習問題の答えは、本書のウェブサイトで見ることができます。

サポートサイト

本書のウェブサイトはhttp://learningprocessing.com.です。

そこには、次のものが用意されています。

- 本書の練習問題の答え
- 本書のコードのダウンロード可能なバージョン
- 本書の内容を含むビデオレッスン
- オンライン版の本書の例（p5.jsで動作している）
- 本書の教材以上の追加情報とチュートリアル
- 質問とコメント

本書の多くの例は、色と動きを使っているため、紙面上で提供されているような白黒で静止した画面の例では、全体像を与えることができません。読み進める上で、ブラウザ上で実行している例（p5.jsを使用している）を見るためにウェブサイトを参照することができますし、同様にコンピュータ上でそれらを実行するためにプログラムをダウンロードすることもできます。

本書のソースコードは、本書のGitHubリポジトリ（https://github.com/shiffman/LearningProcessing/）に置いてあります。GitHubのIssues（https://github.com/shiffman/LearningProcessing/issues）を本書の誤りの経過を追うためのシステムとして使用しているので、もし本書の内容やソースコードに間違いを見つけたら、そこに投稿してください。本書の例とオンライン上のものの間にごくわずかな違いを見つけると思いますが、核となる概念は同じです（例えば、ここに示している例は200×200ピクセルと、本のレイアウトに合うサイズで示されていますが、オンラインの例はもう少し大きいサイズです）。

この本のウェブサイトは、素晴らしいリソースであるProcessingの公式ウェブサイトhttp://processing.orgの代替ではありません。公式ウェブサイトには、Processingのリファレンスや、より多くの例、さらに活発なフォーラムもあります。

1ステップずつ進める

インクリメンタル開発の哲学

この旅に乗り出す前に、議論しておくべきもうひとつのことがあります。それは、私がプログラムを学んだ方法の背後にある重要な原動力であり、本書のスタイルに非常に貢献していま

す。先に触れた私の師によって作られたその原動力は「インクリメンタル開発の哲学」と呼ばれています。より簡単に言うと「一度に1ステップアプローチ」です。

皆さんが、まったくの駆け出し、もしくは何年もの経験のあるコーダーのどちらであっても、どのようなプログラミングプロジェクトにおいても、一度に多くのことをやり遂げようとする、という罠に陥らないことが重要です。例えば、あなたの夢は、「über」というProcessingのプログラムを作ることだとしましょう。それは、3D頂点の図形用のテクスチャを作るために、手続き的にパーリンノイズを使い、3D頂点の図形は、ニューラルネットワークの人工知能によって進化します。また、そのニューラルネットワークは、ウェブを検索し、本日のニュースをマイニングします。さらに、ライブビデオによりスクリーン前にいる観客から得た色を反映させて、そのニュースのテキストを画面上に表示します。そして、その観客が歌うことで、ライブマイクロフォンからの入力によってインタフェースをコントロールできる、などといったことを一度に実現するのは不可能です。

大きなビジョンを持つことは決して間違いではありませんが、自分自身で実行可能にするためのもっとも大切なことは、これらビジョンをどうやって小さなパーツに切り分け、そして各パーツに一度に1ステップずつゆっくりと取り組むかを学ぶことです。前出の例は少々バカげていますが、もし座ったまま一度にすべての機能をプログラミングしようとすると、きっと、ひどい頭痛を起こし、それを治すために氷まくらを使うことになるはずです。

単純化して説明するために、『スペースインベーダー』(https://ja.wikipedia.org/wiki/スペースインベーダー) をプログラミングすることを目指しているとしましょう。本書は、ゲームプログラミングの本ではないことは明らかですが、この目的を達成するための技術は、本書に含まれています。この新しく発見した哲学に従うことで、『スペースインベーダー』のプログラミングの問題を小さいパーツに分解し、一度に1ステップずつ開発する必要があることが分かります。次に、その試みを示します。

1. 宇宙船をプログラミングする。
2. インベーダーをプログラミングする。
3. 得点計算システムをプログラミングする。

私は、プログラムを3つのステップに分けましたが、これではまったく完成していません！重要なことは、問題を**可能な限り小さな部分**に切り分けるということです。時が来れば、より大きく切り分けることで、区切り数の規模を縮小することを学びますが、今は、分割した一片が、小さすぎてバカげたほど単純化しすぎたように見えるまで行うべきです。『スペースインベーダー』のような複雑なゲームを開発したいという考えは、最初はその複雑さに圧倒されてしまうでしょう。しかし、次に列挙する、それぞれがシンプルで簡単なステップを見ることでその気持ちも消えてしまいます。

このことを覚えておき、もう少し頑張って、上のステップ1をより小さなパーツに分解していきます。ここの考え方は、6つのプログラムを書くというものです。ひとつ目はもっとも簡

単で「三角形を表示する」です。それぞれのステップで、「三角形を動かす」など小さな改良を加えていきます。プログラムがより高度になり、最終的には完成します。

宇宙船をプログラミングする

1. 三角形をスクリーン上に描く。三角形は、宇宙船とする。
2. 三角形をスクリーンの下部に配置する。
3. 三角形をそれが以前位置した場所より、やや右側に配置する。
4. 三角形をアニメーション化し、それを左の位置から右へ動かす。
5. 三角形をアニメーション化し、右の矢印キーが押された時だけ、それを左から右へ動かす。
6. 三角形をアニメーション化し、左の矢印キーが押された時、それを右から左へ動かす。

もちろん、これは完全な『スペースインベーダー』ゲームの開発に必要な全行程のほんの一部ですが、作成する上で必要不可欠な考え方を示しています。このやり方の利点は、シンプルであることからプログラミングしやすい（実際にそうなのですが）というだけでなく、**デバッグ**もしやすくなるのです。

デバッグする[*1]ということは、コンピュータプログラム内の問題を見つけ出し、それらを直すことでプログラムを適正に動作させるという一連の過程を言います。おそらく、Windowsオペレーティングシステムにあった、そのきわめて小さいコードの深部の発見困難なエラーについて聞いたことがあるでしょう。バグは、我々にとってもっと簡単な概念で言うと、「間違い」です。何かをプログラミングしようとするたびに、**何か**が、期待したとおりに動作してくれないということはよくあります。したがって、すべてを一度にプログラミングしようとすると、これらのバグを見つけるのは非常に大変なことになります。しかし、一度に1ステップずつ進めていく方法論は、これらの間違いにひとつずつ取り組むことができ、バグを削減できるのです。

加えて、インクリメンタル開発は**オブジェクト指向プログラミング**に非常に役立ち、本書の核となる原則です。8章で紹介するオブジェクトは、モジュール化した部品でプロジェクトの開発とコードの管理（そして共有）をするための素晴らしい方法を提供するもので、コーディングの手助けをしてくれます。再利用性も重要です。例えば、『スペースインベーダー』のために宇宙船をプログラムしたとしましょう。そして小惑星の作業を始めたいとした時、必要なパーツ（例えば、動く宇宙船のコード）を持ってきて、それらの周りに新しい要素を開発します。

アルゴリズム

プログラミングに関して、すべてを説明し、学習し終わった時、コンピュータプログラミン

[*1] 「デバッグする」という言葉は、コンピュータ科学者のグレース・マーレイ・ホッパー（Grace Murray Hopper）によるもので、蛾がコンピュータのリレー回路の中に入って動作不良を起こすのを見たという疑わしい話から来ています。

グは、**アルゴリズム**を書くことに帰結します。アルゴリズムは、特定の問題を解決するための一連の操作リストです。インクリメンタル開発の哲学（本質的に、私たち人間が従うべきアルゴリズムです）は、それぞれのアイデアを実装するためのアルゴリズムを簡単に書けるように設計されています。

1章へと読み進める前に、練習として、日常でやっている「歯を磨く」といった行為のアルゴリズムを書いてみましょう。ひとつひとつの操作が、滑稽なほど簡単であることを確認しましょう（「歯ブラシを左に1cm動かす」など）。

歯ブラシや歯磨き粉、歯などにまったく馴染みがない誰かに、この作業をどうやって完了させるかのステップを提供しなくてはならないと想像してみてください。それは、まさにどのようにプログラムを書くかということなのです。コンピュータは、正確にステップに従う素晴らしい機械以外のなにものでもありませんが、現実世界のことは何も知りません。また、このことは、これから始まる皆さんの冒険であり、物語であり、また、プログラマーとしての新しい人生なのです。皆さんの友人、すなわちコンピュータとどうやって会話をするか学び始めるのです。

練習問題0-1

導入問題：歯の磨き方のステップを書いてください。

ヒント：

- 状況によって何か違うことはしますか？「もし」や「でなければ」などの言葉をステップでどうやって使いますか？
- 「繰り返す」という言葉をステップで使ってください。例えば「ブラシを上下に動かしなさい」「それを5回繰り返しなさい」といったように。

また、ステップ0から始めます。プログラミングではよく0から数えるので、この考え方に今から慣れておきましょう。

歯の磨き方	あなたの名前
ステップ0	
ステップ1	
ステップ2	
ステップ3	
ステップ4	
ステップ5	
ステップ6	
ステップ7	
ステップ8	
ステップ9	

意見と質問

　本書（日本語翻訳版）の内容については、最大限の努力をもって検証、確認していますが、誤りや不正確な点、誤解や混乱を招くような表現、単純な誤植などに気がつかれることもあるかもしれません。そうした場合、今後の版で改善できるようお知らせいただければ幸いです。将来の改訂に関する提案なども歓迎いたします。連絡先は次のとおりです。

　　株式会社オライリー・ジャパン
　　電子メール japan@oreilly.co.jp

　本書のWebページには次のアドレスでアクセスできます。

　　https://www.oreilly.co.jp/books/9784873118611
　　https://www.elsevier.com/books/learning-processing/shiffman/978-0-12-394792-5（英語）
　　http://learningprocessing.com/（著者）

　オライリーに関するその他の情報については、次のオライリーのウェブサイトを参照してください。

　　https://www.oreilly.co.jp/
　　https://www.oreilly.com/（英語）

目次

恩師 Red Burns を偲んで v
謝辞 vii
訳者まえがき xi
イントロダクション xiii

レッスン1　はじめの一歩 　　　　　　　　　　　　　　　　　　1

1章　ピクセル（画素） 3
　1.1　グラフ用紙 3
　1.2　簡単な図形 5
　1.3　グレースケールカラー 10
　1.4　RGBカラー 12
　1.5　色の透明度 15
　1.6　色の範囲のカスタム設定 16

2章　Processing 19
　2.1　Processingが手助けをする 19
　2.2　Processingをどうやって手に入れたらいいの？ 20
　2.3　Processingアプリケーション 21
　2.4　スケッチブック 23
　2.5　Processingでコーディングする 23
　2.6　エラー 26
　2.7　Processingリファレンス 28
　2.8　実行ボタン 30
　2.9　最初のスケッチ 31

3章　インタラクション 35
　3.1　流れとともに進める 35

    3.2　私たちの良き友人：setup() と draw() ... 36
    3.3　マウスによる変化 ... 39
    3.4　マウスのクリックとキーの押し下げ ... 44

レッスン2　条件式と繰り返し　49

4章　変数　51
    4.1　変数とは何か？ ... 51
    4.2　変数の宣言と初期化 ... 53
    4.3　変数を使う ... 56
    4.4　たくさんの変数 ... 60
    4.5　システム変数 ... 61
    4.6　ランダム（乱数）：変化に富むことは人生のスパイスである ... 62
    4.7　変数のZoog ... 65
    4.8　移動（Translation） ... 67

5章　条件文　71
    5.1　論理式 ... 71
    5.2　条件文：if、else、else if ... 72
    5.3　スケッチ内での条件文 ... 76
    5.4　論理演算子 ... 79
    5.5　複数のロールオーバー ... 82
    5.6　ブーリアン変数 ... 83
    5.7　跳ね返るボール ... 87
    5.8　物理学初級講座 ... 92

6章　ループ　97
    6.1　真面目な話、繰り返しとは何か？ ... 97
    6.2　while ループ：必要なだけループする ... 99
    6.3　「終了」条件 ... 103
    6.4　for ループ ... 105
    6.5　ローカル vs グローバル変数（別名「変数のスコープ」） ... 108
    6.6　draw() ループ内のループ ... 111
    6.7　Zoog の腕が成長する ... 114

レッスン3　関数とオブジェクト　119

7章　関数　121
    7.1　分解する ... 121

7.2	「ユーザー定義」関数	123
7.3	関数を定義する	124
7.4	簡単なモジュール性	125
7.5	引数	128
7.6	コピーを渡す	133
7.7	戻り値の型	135
7.8	Zoogの再編成	139

8章 オブジェクト　143

8.1	オブジェクト指向プログラミング（OOP）をよく理解する	143
8.2	オブジェクトを使う	145
8.3	クッキーの抜き型を書く	147
8.4	オブジェクトを使う：その詳細	149
8.5	タブを使ってひとつにまとめる	151
8.6	コンストラクタのパラメータ	155
8.7	オブジェクトはデータ型でもある！	158
8.8	オブジェクト指向のZoog	160

レッスン4　配列処理　165

9章 配列　167

9.1	配列：なぜ気にしないといけないのか？	167
9.2	配列とは何か？	170
9.3	配列の宣言と生成	171
9.4	配列の初期化	173
9.5	配列の操作	174
9.6	簡単な配列の例：蛇	177
9.7	オブジェクトの配列	180
9.8	インタラクティブなオブジェクト	182
9.9	Processingの配列関数	185
9.10	1001匹Zoogちゃん	186

レッスン5　ひとつにまとめる　191

10章 アルゴリズム　193

10.1	我々はどこにいて、どこに向かうのか？	193
10.2	アルゴリズム	195
10.3	アイデアからパーツへ	196
10.4	パーツ1：キャッチャー	198

- 10.5 パーツ2：交差判定 200
- 10.6 パーツ3：タイマー 206
- 10.7 パーツ4：雨粒 209
- 10.8 統合：ドレスアップする 213
- 10.9 この後の学習の進め方 221

11章　デバッグ　223

- 11.1 助言 #1：休憩をとる 224
- 11.2 助言 #2：他の人に参加してもらう 224
- 11.3 助言 #3：単純化 224
- 11.4 助言 #4：println()は、あなたの友人です 226

12章　ライブラリ　229

- 12.1 ライブラリ 229
- 12.2 組み込みライブラリ 230
- 12.3 寄稿されたライブラリ（Contributed libraries） 231
- 12.4 手動でライブラリをインストールする 233

レッスン6　数学と3D　237

13章　数学　239

- 13.1 数学とプログラミング 239
- 13.2 モジュロ 240
- 13.3 乱数 241
- 13.4 確率レビュー 242
- 13.5 コードでの発生確率 243
- 13.6 パーリンノイズ 246
- 13.7 map()関数 249
- 13.8 角度 251
- 13.9 三角法 253
- 13.10 振動 255
- 13.11 再帰 259
- 13.12 2次元配列 263

14章　3Dでの移動と回転　269

- 14.1 z軸 269
- 14.2 P3Dとはいったい何？ 275
- 14.3 バーテックス図形 276
- 14.4 カスタム3D図形 280

14.5	単純な回転	282
14.6	異なる軸での回転	284
14.7	スケール	288
14.8	行列：プッシュする、ポップする	289
14.9	Processingの太陽系	297
14.10	PShape	299

レッスン7　画像と動画　　303

15章　画像　　305

15.1	画像から始める	305
15.2	画像を用いたアニメーション	308
15.3	最初の画像処理フィルター	310
15.4	画像の配列	311
15.5	ピクセル、ピクセル、さらにピクセル	314
15.6	画像処理入門	318
15.7	2つ目の画像処理フィルター：独自のtint()を作る	320
15.8	もうひとつのPImageオブジェクトのピクセルへの書き込み	322
15.9	レベル2：ピクセル集合処理	324
15.10	クリエイティブな可視化	328

16章　ビデオ　　331

16.1	ライブビデオの基礎	331
16.2	録画ビデオ	338
16.3	ソフトウェアミラー	340
16.4	センサーとしてのビデオ、コンピュータビジョン	347
16.5	背景除去	352
16.6	モーション検出	355
16.7	コンピュータビジョンのライブラリ	359

レッスン8　テキスト処理　　363

17章　テキスト　　365

17.1	Stringはどこから来るのか？	365
17.2	文字列とは何か？	366
17.3	テキストを表示する	369
17.4	テキストアニメーション	372
17.5	テキストモザイク	375
17.6	回転するテキスト	378

17.7　テキストを1文字ずつ表示する　　379

18章　データ入力　　389

18.1　文字列の操作　　389
18.2　分割と結合　　391
18.3　データを扱う　　394
18.4　テキストファイルで作業する　　396
18.5　表形式データ　　398
18.6　標準化されていないフォーマットのデータ　　403
18.7　データ分析　　408
18.8　XML　　413
18.9　ProcessingのXMLクラスを使う　　416
18.10　JSON　　421
18.11　JSONObjectとJSONArray　　425
18.12　スレッド　　428
18.13　API　　431

19章　データストリーム　　435

19.1　ネットワーク通信　　435
19.2　サーバーを作る　　437
19.3　クライアントを作成する　　440
19.4　ブロードキャスティング　　443
19.5　マルチユーザー通信 パート1：サーバー　　446
19.6　マルチユーザー通信 パート2：クライアント　　449
19.7　マルチユーザー通信 パート3：すべてをひとつにまとめる　　451
19.8　シリアル通信　　453
19.9　ハンドシェイクによるシリアル通信　　455
19.10　文字列のシリアル通信　　457

レッスン9　音声処理　　461

20章　サウンド　　463

20.1　基本的なサウンドの再生　　464
20.2　より魅力的なサウンドの再生　　468
20.3　サウンド合成　　471
20.4　サウンド解析　　475
20.5　サウンドの閾値　　477
20.6　スペクトラム解析　　482

21章　書き出し — 485
- 21.1 ウェブへ書き出す — 485
- 21.2 スタンドアローンアプリケーション — 486
- 21.3 高解像度のPDF — 488
- 21.4 画像とsaveFrame() — 492
- 21.5 ビデオを録画する — 492

レッスン10　Processingを支える技術 — 497

22章　高度なオブジェクト指向プログラミング — 499
- 22.1 カプセル化 — 499
- 22.2 継承 — 502
- 22.3 継承の実例：図形 — 506
- 22.4 多態性（ポリモーフィズム） — 510
- 22.5 オーバーロード — 513

23章　Java言語 — 515
- 23.1 魔法を明かす — 515
- 23.2 Processingがなければコードはどんな風になるか — 516
- 23.3 Java APIを探索する — 518
- 23.4 その他の便利なJavaクラス：ArrayList — 521
- 23.5 その他の便利なJavaクラス：Rectangle — 528
- 23.6 例外処理（エラー処理） — 531
- 23.7 Processing以外のJava開発環境 — 532

付録A　一般的なエラー — 535
- A.1 コンパイル時のエラー — 537
    - Missing a semi-colon ";" — 537
    - Missing left parentheses "(" — 537
    - Missing right curly bracket "}" — 538
    - The variable "myVar" doesn't exist. — 538
    - The local variable "myVar" may not have been initialized. — 540
    - The class "Thing" doesn't exist. — 540
    - The function "myFunction()" expects parameters like this: myFunction (type, type, type, ...) — 541
    - The method "function(type, type, type, ...)" does not exist. — 542
    - Error on "＿＿＿＿" — 542

A.2 ランタイムエラー················543
　　java.lang.NullPointerException················543
　　java.lang.ArrayIndexOutOfBoundsException:················544

索引················547

レッスン1
はじめの一歩

- 1章 ピクセル（画素）
- 2章 Processing
- 3章 インタラクション

1章
ピクセル（画素）

　　千里の道も一歩から。
　　　── 老子

この章で学ぶこと
- ピクセル座標の指定
- 基本図形：点、線、矩形、楕円形
- 色：グレースケール、RGB
- 色：透明度

　この章では、まだプログラミングを始めません！この章ではProcessing環境を実際に使ってプログラミングするのではなく、紙面上で、画面にグラフィックスを描くための方法および、そのためのコードに慣れてもらいます。

1.1　グラフ用紙

　本書では、あなたに計算メディアの内容をどのようにプログラムするかを教えます。そして、すべての説明と例には、Processing（http://www.processing.org）という開発環境を使っていきます。Processingを使った楽しくて実践的なプログラミングを始める前に、ここで中学生の頃の1枚のグラフ用紙を取り出して、1本の線を描いてみてください。昔懐かしい手描きの線です。この線は、2つの点を最短距離で結んでいます。皆さんは、この2つの点から学習を始めます。

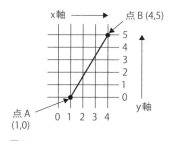

図1-1

図1-1では、点A (1,0) と点B (4,5) をつなぐ線を示しています。もし友人に同じ線を描いてほしいなら、あなたはおそらく「点 (1,0) から点 (4,5) に1本の線を描いてくれ」と指示するでしょう。さしあたり、その友人がコンピュータだとして、このデジタルな友人にスクリーン上に同じ線を表示するための方法を教えたいとします。同じコマンドを用います（今回だけは、あなたは冗談を言わず、正確なフォーマットで命令するとしましょう）。すると、コンピュータへの指示は次のようになります。

```
line(1, 0, 4, 5);
```

　おめでとうございます。あなたは初めてコンピュータのコードを1行書きました！ 上に書いたコードの正確なフォーマットについては後ほど触れるとして、今は細かいことよりは全体を印象で捉えるべきです。ここでは、コンピュータに対してlineというコマンド（**関数**）を与えています。加えて、その線が点A (1,0) から点B (4,5) まで、どのように描かれるべきか、いくつかの**引数**で指定しています。もし線を描くためのコードを文として考えるとしたら、**関数**は**動詞**で**引数**は文中の**目的語**だと考えられます。コード文は、ピリオド（.）の代わりに、セミコロン（;）で終わります。

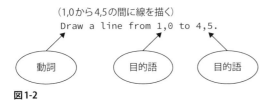

図1-2

　ここで重要なことは、コンピュータスクリーンが、高価な1枚のグラフ用紙と変わらないことに気づくことです。スクリーンの各ピクセルは、2つの数、（水平の）xと（垂直の）yからなる座標であり、それは画面上の空間の点の位置を決めるものです。そして、これらピクセル座標でどのような形と色で画面上に表示すべきか決めることが、あなたの仕事です。

　しかし、ここにひとつの落とし穴があります。中学一年で使用したグラフ用紙（**直交座標系**）は、原点 (0,0) を中心に取り、y座標は上に向かって、x座標は右に向かって値が大きくなります（下、左へ向けて、負の値となります）。しかしながら、コンピュータウィンドウ内のピクセル座標系では、y座標は逆になります。(0,0) は、画面の左上に位置し、水平方向の右側、垂直方向の下側が正の向きとなります。**図1-3**を参照してください。

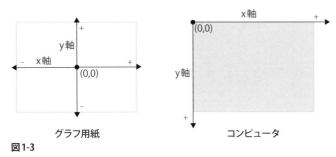

図1-3

練習問題 1-1

先ほど書いた命令——line(1, 0, 4, 5);——をよく見て、矩形、三角形、円を描く時の命令をどのように記述したらよいか考え、その命令を日本語で書き、それをコードに訳してください。

日本語：＿＿＿＿＿＿＿＿＿＿＿＿＿＿＿＿＿＿＿＿＿＿＿＿＿＿＿＿＿
コード：＿＿＿＿＿＿＿＿＿＿＿＿＿＿＿＿＿＿＿＿＿＿＿＿＿＿＿＿＿
日本語：＿＿＿＿＿＿＿＿＿＿＿＿＿＿＿＿＿＿＿＿＿＿＿＿＿＿＿＿＿
コード：＿＿＿＿＿＿＿＿＿＿＿＿＿＿＿＿＿＿＿＿＿＿＿＿＿＿＿＿＿
日本語：＿＿＿＿＿＿＿＿＿＿＿＿＿＿＿＿＿＿＿＿＿＿＿＿＿＿＿＿＿
コード：＿＿＿＿＿＿＿＿＿＿＿＿＿＿＿＿＿＿＿＿＿＿＿＿＿＿＿＿＿

後でここに戻り、予想した命令が、Processingの実際の作業とどの程度合っているか確認してみてください。

1.2　簡単な図形

本書のプログラミングの例のほとんどは、視覚に関するものです。あなたは、最終的にProcessingを使いインタラクティブなゲームの開発、アルゴリズミックアート作品、動画のロゴデザイン、そしてあなた独自のカテゴリーなどを学ぶでしょう。しかし、視覚的なプログラムの核となる部分では、ピクセルを配置することが必要となります。これがどのように機能するかを理解するために始めるもっとも簡単なことは、基本図形の描画を学ぶことです。これは、小学校で絵を描くことを学んだこととさほど変わらず、クレヨンの代わりにコードを使うだけです。

図1-4に示す4つの基本図形から始めます。

点 (point)　線 (line)　矩形 (rectangle)　楕円形 (ellipse)

図1-4

それぞれの図形に関して、図形を描くための位置と大きさ（後で色も）を指定するために、どのような情報が求められるか自問してみてください。そして、Processingが、どのようにその情報を受け取るのかを学びましょう。下に示したダイアグラム（**図1-5**から**図1-11**）のそれぞれは、幅10ピクセル、高さ10ピクセルのウィンドウサイズを想定しています。これは、実際にコーディングを行う際には、より大きなウィンドウサイズ（10×10ピクセルは画面上ではせいぜい数ミリです）で作業するでしょうから、現実的な大きさではありません。しかしながら、（現時点で）グラフ用紙上でピクセルを示し、各行のコードでどのような処理がされているかを

分かりやすく図解するために、少ない数で作業するのは、都合が良いのです。

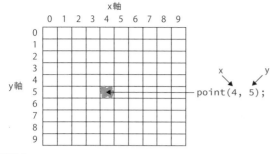

図1-5

1点は、もっとも簡単な図形であり、学習を始めるには最適です。1点を描画するためには、**図1-5**に示した一組の (x,y) 座標が必要なだけです。1本の線も難しいものではありません。1本の線は、**図1-6**に示した2点を必要とします。

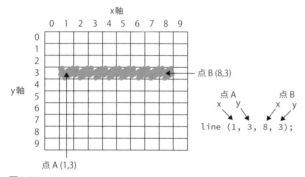

図1-6

いったんあなたが矩形を描くところまで到達すると、次はもう少し複雑になります。Processingでは、ひとつの矩形は、矩形の左上の点の座標と幅、高さで指定されます（**図1-7**参照）。

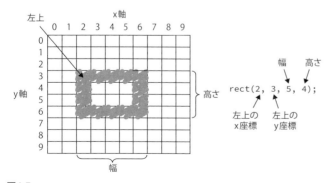

図1-7

2つ目の方法は、**図1-8**に示すように幅と高さとともに、矩形に内包される中心点によって描画できます。もし、この方法が好ましいのであれば、矩形を描く方法を示す前に、CENTERモードを使いたいことを明示する必要があります。なお、Processingでは、ケースセンシティブ[*1]であることに注意してください。ちなみに、Processingの標準モードは、CORNERであることから、本書では**図1-7**の図解から始めました。

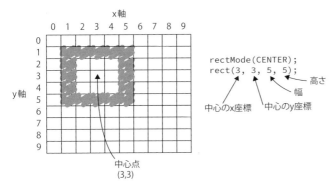

図1-8

　最後に、2点(左上の頂点と右下の頂点)によって矩形を描くこともできます。このモードは、CORNERSです(**図1-9**参照)。

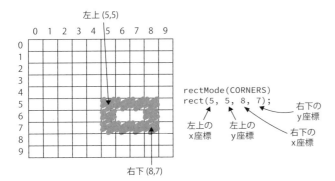

図1-9

　いったん矩形を描画する考え方に慣れると、楕円形は簡単です。実際は、楕円形はrect()とまったく同じ矩形を(**図1-10**に示す)バウンディングボックス[*2]として使用し描画される点が異なります。rect()ではCORNERが標準モードでしたが、ellipse()の標準モードはCENTERです。**図1-11**を見てください。

[*1] 訳注：アルファベットの大文字と小文字を区別し、それぞれを別の文字として認識することを指します。
[*2] コンピュータグラフィックスにおけるバウンディングボックスの図形は、描画しようとする図形のすべてのピクセルを含む最小の矩形です。例えば、円のバウンディングボックスは、**図1-10**のようになります。

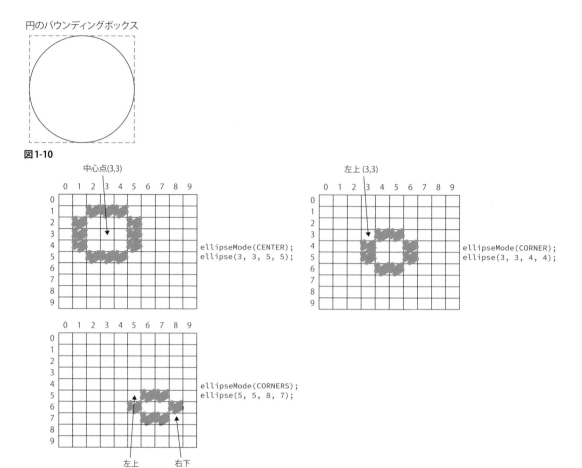

図 1-10

図 1-11

　図1-11の考え方は、重要で、特に楕円形は円には見えません。Processingには、円の図形を作るのにどのピクセルを使うかに関する方法論が組み込まれています。このように拡大した場合、円のようなパターン内に多数の四角形が見られますが、コンピュータスクリーン上で縮小すると見栄えの良い弧をなす楕円形が得られるでしょう。後ほど、個別のピクセル（実際に、すでにpoint()を繰り返し使っているので、これをどのように行うか想像できるでしょう）に色彩を与えるためのアルゴリズムを独自に開発する時、Processingは役に立ちます。しかしここでは、ellipse()に仕事をしてもらいましょう。

　点、線、楕円形、矩形だけが、Processingライブラリの関数で利用できる図形ではありません。2章で、Processingのリファレンスが、利用可能な描画関数の全リストに加え、それぞれの関数に必要な引数、サンプルのシンタックス、サンプルの結果の画像を解説とともにどのように提供しているか見ていきます。まず、ここでは練習として、三角形、円弧、四角形、曲線の図形がどのような引数を必要とするのか想像してもらいます（**図1-12**）。triangle()、arc()、quad()、curve()。

三角形(triangle)　円弧(arc)　四角形(quad)　曲線(curve)

図1-12

練習問題1-2

この白紙のグラフ用紙に、下のコードで指定された基本図形を描いてください。

```
line(0, 0, 9, 6);
point(0, 2);
point(0, 4);
rectMode(CORNER);
rect(5, 0, 4, 3);
ellipseMode(CENTER);
ellipse(3, 7, 4, 4);
```

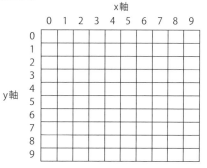

練習問題1-3

次の図を、基本図形のコードを組み合わせて描いてください[*1]。基本図形を使って、どのように描画するかを示してください。

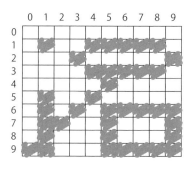

注意:正解はひとつではない！

---

*1　訳注：結果から基となったコードを推定することをリバースエンジニアリング（逆行分析）と言います。

1.3　グレースケールカラー

ここまで学んだように、スクリーン上に図形を配置するためにブロックを積み重ねていく上でもっとも重要なのは、ピクセル座標です。これまで、コンピュータに特定の大きさと位置で図形を描くように丁寧に指示しました。それでも、基本的な要素がひとつ欠けています。それは色です。

デジタルの世界では、精度が要求されます。「さあ、青みがかった緑色の円を描いてくれ」と言ったところで、従ってはくれません。そのため、色はある範囲の数で定義されます。もっとも簡単なケースである**白黒**もしくは**グレースケール**から始めてみましょう。グレースケールの値を特定するために、0は黒、255は白を指すのに使ってみましょう。その間の他の数──50、87、162、209など──は、黒から白の範囲でグレーの濃淡となります。**図1-13**を見てください。

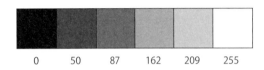

図1-13

0-255は、根拠がない数だと思いますか？

ある図形に与えられた色は、コンピュータのメモリに保存されなくてはなりません。このメモリは、単なる0と1の長い連続（オンかオフのスイッチの塊）です。これらのスイッチのそれぞれは、**ビット (bit)** であり、それらを8つまとめたものが**バイト (byte)** です。連続した8つのビット（1バイト）があると考えてみてください。いったい何通りをこれらスイッチで設定できるでしょうか？ その答えは（2進数を少し調べることで、はっきり示されます）、256通り、もしくは0と255の範囲内の数になります。Processingは、グレースケールとして8ビットカラーを使い、フルカラーに24ビット（赤、緑、青の要素にそれぞれ8ビット）を使います（1.4節参照）。

この範囲がどのように作用するか理解できたら、次に、1.2節で描画した図形に特定のグレースケールカラーを設定してみましょう。Processingでは、すべての図形は、stroke()かfill()のいずれか、もしくはその両方を持っています。stroke()は、図形のアウトライン（縁）の色を、fill()は、図形の内部の塗りの色を設定します。線と点は、当然ですがstroke()しか持っていません。

もし色の設定を忘れてしまったら、Processingは、標準の設定でstroke()として黒 (0) をfill()として白 (255) を使用します。ここでは、200×200ピクセルのより大きなウィンドウサイズを想定し、ピクセル位置としてより現実的な数値を使うことにしましょう。**図1-14**を見てください

```
rect(50, 40, 75, 100);
```

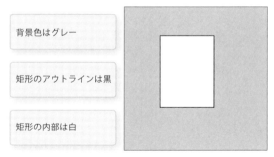

図1-14

　図形が描画される前に、stroke()とfill()関数を加えることにより、色を設定することができます。それは、例えばグラフ用紙に図形を描くために特定のペンを指示するのによく似ています。ペンの指定は描き始めた後ではなく、描き始める前に言わなければならないでしょう。

　background()という関数もあり、図形が描画される場所のウィンドウの背景色を設定します。

例1-1　Strokeとfill

```
background(255);
stroke(0);
fill(150);
rect(50, 50, 75, 100);
```

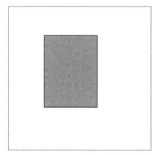

図1-15

　stroke()とfill()は、noStroke()とnoFill()関数で無効にできます。アウトラインを取り除くために直感的にstroke(0)とするかもしれませんが、0は「何もない」という意味ではないという点を覚えておくことが重要です。そのように書いた場合、正確に言えば色を黒にすることを意味します。また、アウトラインと内部の塗りの両方を、noStroke()とnoFill()で同時に無効にしてはいけないことも覚えておいてください。stroke()もfill()も行われなくなるため、何も表示されません！

例1-2　noFill()

```
background(255);
stroke(0);
noFill();
ellipse(60, 60, 100, 100);
```

図1-16

　図形を描く時、Processingはコードの上から下へ向かって実行するため、直近で定義したstroke()とfill()の値を使用します。**図1-17**を見てください。

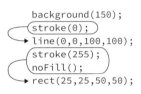

図1-17

練習問題1-4

　次の図形を描画するには、どのような指示をすればよいか考えてみてください。

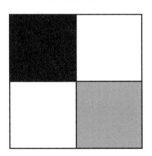

1.4　RGBカラー

　昔懐かしいグラフ用紙を振り返ることで、ピクセルの位置と大きさの基礎を学ぶ手助けとなりました。これから、デジタルの色の基礎について学ぶのですが、それを始めるにあたって、もうひとつ違う子供の頃の思い出を呼び起こしましょう。指お絵描きを覚えていますか？ 3つ

の原色を混ぜることで、どのような色でも作り出すことができます。すべての色を混ぜ合わせると土色になります。より多くの色を加えると、混ぜ合わせた結果はより暗い色になります。

　デジタルの色もまた、3つの原色を混ぜ合わせることにより構成されますが、絵の具とは異なります。第一に、原色が異なります。赤、緑、青(すなわち「RGB」カラー)です。また、スクリーン上の色は、絵の具ではなく光を混ぜ合わせるのです。ですから、混ぜ合わせる時のルールも異なります。

- 赤＋緑＝黄色
- 赤＋青＝紫
- 緑＋青＝シアン(青緑)
- 赤＋緑＋青＝白
- 無色＝黒

これは、すべての色が最大の明るさであると仮定していますが、もちろん使用できる色の範囲はあるので、「いくらかの赤」＋「いくらかの緑」＋「いくらかの青」の和は、グレーとなりますし、「少しの赤」＋「少しの青」の和は、深い紫となります。

　このルールに慣れるためには、プログラムを書いて、RGBカラーの経験を積む必要があるので時間が必要ですが、そのうちに指で色を混ぜるのと同じように、直感的に扱えるようになるでしょう。そして、もちろんプログラムでは、「いくらかの赤と少しの青を混ぜる」ということができないので、具体的な量を与える必要があります。グレースケールと同様に、それぞれの色の要素は、0(その色はなし)から255(最大)の範囲で表現され、赤、緑、青の順で並べられます。経験からRGBカラーを混ぜ合わせるコツが分かるでしょうが、次にいくつかの一般的な色を使ったコードに触れます。

　本書では、Processingのすべてのスケッチは白黒で示されていますが、本書のウェブサイト(http://learningprocessing.com)ではフルカラーで見ることができます。また、Processingの公式ウェブサイト(https://processing.org/tutorials/color/)にあるtutorialでもフルカラーバージョンで見ることができます。

例1-3　RGBカラー

```
background(255);
noStroke();

fill(255, 0, 0);          ←｛明るい赤｝
ellipse(20, 20, 16, 16);

fill(127, 0, 0);          ←｛暗い赤｝
ellipse(40, 20, 16, 16);

fill(255, 200, 200);      ←｛ピンク(淡い赤)｝
ellipse(60, 20, 16, 16);
```

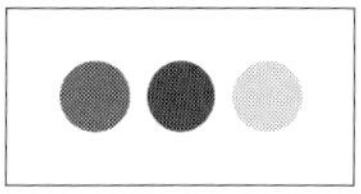

図1-18

Processingには、色の選択を手助けするためにカラーセレクターがあります。これはメニューバーの［ツール］→［色選択］から使えます。**図1-19**を見てください。

図1-19

練習問題1-5

以下のプログラムを完成させてください。どのようなRGBの値を使ったらよいか予想してください（次章を読んだ後に、Processingでその結果を確認できます）。もしくは、**図1-19**のようなカラーセレクターでも確認できます。

```
fill(_____,_____,_____);     ◁ 明るい青
ellipse(20, 40, 16, 16);

fill(_____,_____,_____);     ◁ 暗い紫
ellipse(40, 40, 16, 16);

fill(_____,_____,_____);     ◁ 黄
ellipse(60, 40, 16, 16);
```

練習問題1-6

次の各行に書かれたコードでは、何色が作られるでしょうか？

```
fill(0, 100, 0);         _____

fill(100);               _____

stroke(0, 0, 200);       _____

stroke(225);             _____

stroke(255, 255, 0);     _____
```

```
stroke(0, 255, 255);        _____

stroke(200, 50, 50);        _____
```

1.5　色の透明度

　それぞれの色の赤、緑、青の構成要素に加え、色の「アルファ」と言われる付加選択的な4つ目の値があります。アルファは、不透明さという意味で、他の物の上に部分的にシースルーに見える要素を描きたい時に特に便利です。画像のアルファ値は、画像の「アルファチャンネル」とまとめて言うこともあります。

　ピクセルは、文字どおりに透明ではないことを知っておくことは重要で、これは色を配合することによって得られる、都合の良い単なる錯覚です。裏側では、Processingは色の数値を受け取ります。そして、ひとつのグラフィックスのパーセントをもうひとつのパーセントに加え、光学的なブレンドの近似値を作り出しています（もし「バラ色の」ガラスをプログラミングすることに興味があったら、このアルファから始めることになるでしょう）。

　アルファ値もまた0から255までの範囲であり、0は完全な透明（つまり、0%の不透明度）で、また255は、完全に不透明（つまり、100%の不透明度）となります。**例1-4**は、**図1-20**のコードです。

例1-4　不透明度

```
background(0);
noStroke();

fill(0, 0, 255);            ← 4つ目の引数がないことは、100%の不透明度の意味
rect(0, 0, 100, 200);

fill(255, 0, 0, 255);       ← 100%の不透明度
rect(0, 0, 200, 40);

fill(255, 0, 0, 191);       ← 75%の不透明度
rect(0, 50, 200, 40);

fill(255, 0, 0, 127);       ← 50%の不透明度
rect(0, 100, 200, 40);

fill(255, 0, 0, 63);        ← 25%の不透明度
rect(0, 150, 200, 40);
```

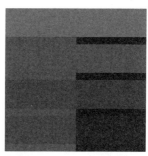

図1-20

1.6 色の範囲のカスタム設定

　0〜255の範囲で用いるRGBカラーは、Processingで色を扱う唯一の方法ではありません。コンピュータメモリの裏側では、色は連続した24ビット（または、アルファを持つ色の場合は、32ビット）として常にやり取りされています。しかし、Processingは、各自の望む方法で色を考えさせてくれ、どんな値でもコンピュータが理解できる数値に変換してくれます。例えば、0から100までの範囲で色を考えるとしましょう（パーセントのように）。これは、希望の色の範囲をcolorMode()で指定することで可能となります。

```
colorMode(RGB, 100);
```
← colorMode()で、希望の色の範囲を設定できます。

　上記の関数は、「赤、緑、青で色を考えたいです。RGB値の範囲は0から100までです。」ということを意味します。

　次のような設定は非常に稀ではありますが、各色の構成要素に対して異なる範囲を与えることも可能です。

```
colorMode(RGB, 100, 500, 10, 255);
```

ここでは、「赤は0から100、緑は0から500、青は0から10、アルファは0から255」としています。

　最終的に、あなたはすべてのプログラミングでRGBカラーだけが必要だと思うかもしれませんが、HSB（色相、彩度、明度）で色を指定することもできます。HSB値もまた標準では0から255であり、一般的な範囲一式（と簡単な説明）は以下のとおりです。

色相（Hue）
　色の色合いそのもの（赤、青、オレンジなど）であり、0から360の範囲（色相環での360度と考えてください）。

彩度（Saturation）
　色の鮮やかさであり、0から100の範囲（50%、75%などを考えてください）。

明度（Brightness）
　色の明るさであり、0から100の範囲。

練習問題1-7

　簡単な図形と色を使って、生き物をデザインしてください。点、線、矩形、楕円形を使って手作業で生き物を描いてください。そして、この章で扱ったProcessingのコマンド、point()、line()、rect()、ellipse()、stroke()、fill()を使って、デザインした生き物をコードで書いてみてください。次章では、皆さんが書いたコードを実際にProcessing上で実行し、その結果を試すことができるようになります。

例1-5では、私の描いたZoogを図1-21の結果とともに示しています。

例1-5　Zoog

```
background(255);
ellipseMode(CENTER);
rectMode(CENTER);
stroke(0);
fill(150);
rect(100, 100, 20, 100);
fill(255);
ellipse(100, 70, 60, 60);
fill(0);
ellipse(81, 70, 16, 32);
ellipse(119, 70, 16, 32);
stroke(0);
line(90, 150, 80, 160);
line(110, 150, 120, 160);
```

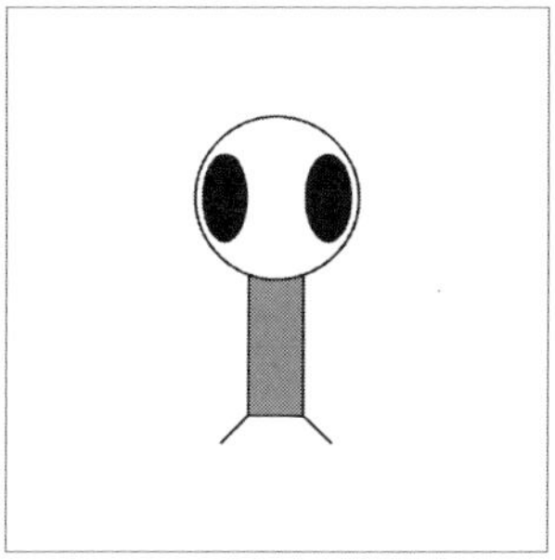

図1-21

練習問題1-7の解答例は、Processingで生み出したZoogという名の生き物です。本書の前半の9章に渡るコースを通して、Zoogの幼少期の経過を追うことにします。プログラミングの基礎は、Zoogの成長を通して説明していきます。最初に、Zoogを表示させることを学び、次にインタラクティブなZoogと動くZoogを、最終的にはZoogを複製し、Zoogで満たされた世界を作ります。

　ここでひとつ提案したいのは、独自の「もの」(想像することに制限をかける必要はありません。ヒューマノイドや生き物のような形状等、どんなプログラムに従ったパターンでも実現可能でしょう) をデザインすることです。また、前半の9章にあるすべての例を、自分で考えたデザインで作り直してください。ほとんどの場合、図形を描画する箇所の少しの部分を変化させるだけで済むでしょう。しかし、この過程はコンピュータプログラムに必要な基本的要素である「**変数、条件、繰り返し、関数、オブジェクト、配列**」に対する理解を深める手助けになるでしょう。さらに、Zoogが成長し巣立つ頃には、皆さんも、本書の後半である10章以降の、より上級向け内容に進む準備ができていることでしょう。

2章
Processing

> 将来コンピュータは、1.5 トンより軽くなるだろう。
> —— 雑誌『ポピュラー・メカニクス』(1949)

> リーダーのところへ案内して。
> —— Zoog (2008)

この章で学ぶこと
- Processing のダウンロードとインストール
- Processing のインタフェース
- Processing のスケッチブック
- コードを書く
- エラー
- Processing のリファレンス
- 実行ボタン
- 最初のスケッチ

2.1　Processing が手助けをする

　これまで基本図形と RGB カラーの世界を深く学ぶことで、その知識を現実世界のプログラミングのシナリオ上で実装する準備ができました。これから使おうとする環境は、ベン・フライ (Ben Fry) とキャセイ・レアス (Casey Reas) が MIT Media Lab で 2001 年に開発した Processing です。それは、ありがたいことに、無料でオープンソースなソフトウェアです（Processing のより詳しい歴史については、本書のイントロダクションを見てください）。

　スクリーンにグラフィックスを描画するための関数群である Processing のコアライブラリは、即時に視覚的なフィードバックを返してくれるので、コードが何をしているのか視覚的に理解することができます。また、他のプログラミング言語（特に Java）とまったく同じ原理、構造、コンセプトを取り入れているプログラミング言語なので、Processing で学ぶすべてのことは、**本物**のプログラミングなのです。Processing は、プログラミングを始めるための偽物の言語ではないのです。すべてのプログラミング言語が持つすべての基礎と核となる概念を持っています。

　本書を読み、プログラムすることを学んだ後、あなたは Processing を、研究または仕事で

試作品を作る、またはプロダクションのツールとして使い続けることになるでしょう。ここで得た知識は、他のプログラミング言語やオーサリングツールを使う時に応用することもできます。実際に、プログラミングがお気に入りのツールにならなかったとしても、それでも基礎を学ぶことは、他のデザイナーやプログラマーとの共同作業をスムーズに進めるために役立つでしょう。

　Processingでの学習意義を力説することは、余計なことに思えるかもしれません。本書では、主としてコンピュータグラフィックスとデザインの内容に沿って、コンピュータプログラミングの基礎を学ぶことが一番の目的です。ですが、書籍、授業、宿題、ウェブアプリケーション、ソフトウェアなどで、どのプログラミング言語を選ぶか、その理由を考えることに時間を割くのは重要なことです。それによって、自分自身を、カクテルパーティー効果（選択的注意とも言います）を生かしたコンピュータプログラマーと呼び始めることになるでしょう。私は、＿＿＿＿＿＿プロジェクトを達成するためにプログラミングする必要があり、どの言語と環境を使うべきだろうか？ という疑問は、繰り返し持ち上がることでしょう。

　私自身、この質問に対し、正しい答えを持ち合わせてはいません。皆さんが、取り組むことにワクワクするものであれば、どの言語でも素晴らしい言語です。最初の挑戦として、Processingは最適です。そのシンプルさは、初心者にとって理想的です。本章の最後では、Processingを起動し、初めてコンピュータによるデザインを実行し、プログラミングの基礎概念を学ぶ準備ができるはずです。しかし、シンプルさはProcessingの目標ではありません。Processingオンラインエキシビジョン（http://processing.org/exhibition）を訪れることで、Processingによって開発されたさまざまな分野の美しく、想像力に富んだプロジェクトの数々を見つけることでしょう。本書を読み終わる頃には、エキシビジョンで見つけた多くのソフトウェアによるプロジェクトのように、自分のアイデアを現実世界で実現するために必要なツールのすべてや知識を得ることになります。Processingは、学習と制作の両方において素晴らしく、このような優れたプログラミング環境や言語は非常に少ないのです。

2.2　Processingをどうやって手に入れたらいいの？

　本書の大部分では、パーソナルコンピュータをどのように操作したらよいかという基本的な作業知識を持ち合わせていることが前提になっています。幸い、Processingは無料でダウンロードできます。http://processing.org/にアクセスし、ダウンロードページに行ってください。本書は、Processing 3.0シリーズで作業するように設計されており、ページのトップにある最新バージョンのダウンロードをお勧めします。もし、あなたがWindowsユーザーであれば、［Windows 32-bit］と［Windows 64-bit］の2つのオプションがあります。その区別は、あなたが使用するマシンのプロセッサー（CPU）に関係しています。また、どちらのバージョンのWindowsを使用しているかはっきりしない場合は、［スタート］ボタンをクリックし、［コンピュータ］上で右クリックし、［プロパティ］をクリックすると分かります。macOS (Mac OS X)は、ダウンロードオプションがひとつしかありません。Linuxバージョンも用意されています。

もちろんオペレーティングシステムとプログラムは変化するので、もしこの説明の内容が古くなってしまっていたら、ダウンロードページに何が必要か書かれているので、その情報に従ってください。

Processingソフトウェアは、圧縮されたファイルで提供されています。アプリケーションを保存するのに適したディレクトリを選択し（通常、Windowsであれば「C:\Program Files\」、Macであれば「アプリケーション」）、そこでファイルを展開し、Processingの実行ファイルを見つけて、実行してください。

練習問題 2-1

Processingをダウンロードし、インストールしてください。

2.3　Processingアプリケーション

Processing開発環境は、コンピュータコードを書くために単純化されたもので、シンプルなテキストエディタ（例えば、TextEditやNotepadなど）にメディアプレイヤーを統合したような、分かりやすい使い方を提供します。それぞれのスケッチ（Processingで作成したプログラムは「スケッチ（Sketch）」と言います）は、名前が付けられており、コードを入力できる場所とスケッチを実行するためのボタンからなります。**図2-1**を見てください（本書翻訳時点のバージョンは、Processing 3.1.2なので、皆さんがダウンロードしたバージョンとは、見た目が少し異なるかもしれません）。

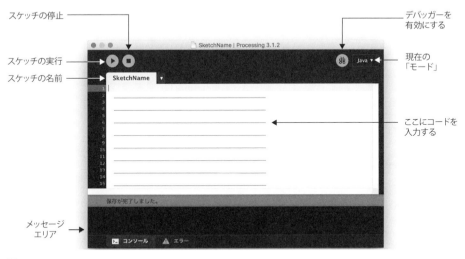

図2-1

すべてが問題なく動作することを確かめるために、Processingの［ファイル］→［サンプル］から何かサンプルを実行してみましょう。例えば［Topics］→［Drawing］→［ContinuousLines］を開いてみてください（**図2-2**）。これはマウスで線を描くプログラムです。

図2-2

　サンプルを開いたら、［実行］ボタン（**図2-1**参照）をクリックしてください。サンプルが実行されて新しいウィンドウが表示されます。これですべての準備が整いました！ 何も起こらない場合はトラブルシューティングFAQ（https://github.com/processing/processing/wiki/troubleshooting）に行き、「Processing won't start!」で可能性がありそうな解決策を探してください。

練習問題2-2

　Processingのサンプルからスケッチひとつを開き、実行してみてください。

　Processingのプログラムは、全画面表示でも見ることができます（Processingでは、「プレゼンテーションモード」と言います）。これは、次のメニューオプションから利用可能です。［スケッチ］→［プレゼンテーション］（もしくは、Shiftキーを押しながら実行ボタンをクリックする）。［プレゼンテーション］では、制作したスケッチを画面いっぱいに拡大して表示するものではありません。もし、スケッチを画面いっぱいに表示させたいなら、`fullScreen()`を使用してください。詳しくは次節で説明します。

　制作中のスケッチで［プレゼンテーション］の下に、［Tweak］オプションがあることに気づくでしょう。［Tweak］は、実行中に数値を微調整できるインタフェースとともにプログラムを実行します。これは、スケッチの画面上のシンプルな色や図形の大きさから、本書の後半で学ぶ、より複雑なプログラムの要素まで、さまざまなパラメータを変更して試す時に便利です。

2.4　スケッチブック

　Processingのプログラムは、グラフィックのプロトタイプを素早く作るという主旨から、馴染みのある言い方で**スケッチ**（sketch）と呼びます。本書では、この言葉を用います。スケッチを保存するフォルダは、**スケッチブック**（sketchbook）と呼びます。厳密に言うと、Processingでスケッチを実行すると、コンピュータ上でアプリケーションとして実行されます。本書の21章で見ることになりますが、Processingは、各自の作成したスケッチから、プラットフォーム専用のスタンドアローンアプリケーションを作ることができます。

　Processingのサンプルが動くことを確認したら、スケッチを作成する準備が整いました。［ファイル］→［新規］を選択すると、本日の日付の名前が付いた新しい空のスケッチが作られます。［ファイル］→［名前を付けて保存］として、作成したスケッチにまず名前を付けるのがよいでしょう（Processingでは、スケッチの名前にスペースやハイフンの使用を許可していませんし、スケッチ名を数字で始めることもできません）。

　Processingを初めて実行した時、Windowsでは「ドキュメント」、macOS（Mac OS X）では「書類」内にすべてのスケッチを保存するために、Processingの標準ディレクトリが作られます。また、ハードドライブ上のどのディレクトリでも選択でき、そのフォルダをデフォルトに設定することもできます。初期設定で指定されるフォルダをそのまま使用してもよいですし、あるいはProcessingの［ファイル］メニューから環境設定（Preferences）を開いて設定を変更してもよいでしょう。

　Processingの各スケッチは、ひとつのフォルダとpde拡張子のファイルからなります。もしあなたが作成したProcessingのスケッチが、`MyFirstProgram`という名前だとすると、`MyFirstProgram.pde`というファイルがひとつ入った`MyFirstProgram`という名前のフォルダができます。そのファイルは、ソースコードを含むプレーンテキストファイルです（Processingのスケッチは拡張子がpdeのファイルを複数持てますが、ここではひとつのファイルを扱っていきましょう）。また、あるスケッチは、プログラムで使用する画像ファイル、音ファイル等のメディア要素が保存されている、`data`と呼ばれるフォルダも含んでいます。

> **練習問題2-3**
>
> 　1章からいくつかの指示を空のスケッチに入力してください。ある語がどのように色付けられるか注目してください。そして、スケッチを実行してみてください。そのスケッチは、思っていたとおりに動作しましたか？

2.5　Processingでコーディングする

　ここでいよいよ、1章で取り上げていた項目を使ってコードを書き始めましょう。いくつかの基本的なシンタックスのルールを見ていきましょう。3種類の文を書くことができます。

- 関数の呼び出し
- 代入処理

● 制御構造

ここでは、コードのすべての行は、関数の呼び出しとします。**図2-3**を見てください。他の2つのカテゴリーについては、この先の章で掘り下げていきます。関数の呼び出しは、名前とそれに続く丸括弧で囲まれた引数で行われます。1章を思い出すと、図形を描く方法を説明するのに関数を使いました（その時は、関数を「命令」や「指示」と呼んでいました）。関数の呼び出しを自然言語の文で考えると、関数名は文の動詞であり、引数は目的語（「点0,0」）に相当します。各関数の呼び出しは、常にセミコロンで終わらなくてはなりません。**図2-4**を見てください。

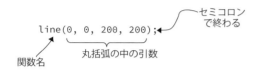

図2-3

すでに、background()、stroke()、fill()、noFill()、noStroke()、point()、line()、rect()、ellipse()、rectMode()、ellipseMode()といったいくつかの関数を学んでいます。Processingは、ウィンドウ上に結果を表示し終わるまで、ひとつひとつ順に関数を実行します。1章でひとつ非常に重要な関数について触れるのを忘れていました。それは、size()です。size()は、作りたいウィンドウの大きさを決めるもので、幅と高さの2つの引数を受け取ります。全画面表示でスケッチを表示させたい場合、size()の代わりにfullScreen()を呼び出すことができます。スケッチの大きさは、使用しているディスプレイの解像度によって調整されます。size()やfullScreen()関数は、常にsetup()の中の1行目に書かれるべきであり、スケッチ内では、そのどちらか一方のみ使用できます。setup()については、3章で説明します。

```
void setup() {       ← size()の前のこの部分には、コードを書けません！
  size(320, 240);    ← 幅320、高さ240のウィンドウを開きます。
}
```

次は、fullScreen()の場合です。

```
void setup() {       ← fullScreen()の前のこの部分には、コードを書けません！
  fullScreen();      ← 全画面表示でウィンドウを開きます。
}
```

最初の例を書いてみましょう（**図2-4**）。

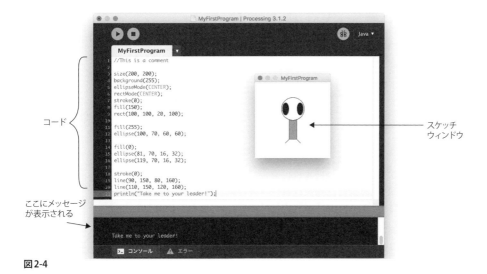

図2-4

以下に、いくつかの点を追記します。

- Processingのテキストエディタは、既知の語については色が付けられます（**予約語**や**キーワード**と言われることがあります）。例えば、それらの語には、プログラミング言語のJavaから継承された特定の語だけでなく、Processingのライブラリで利用可能な描画用の関数、組み込み変数（**変数**に関する概念は3章で詳しく述べます）、定数です。
- 時として、Processingのメッセージウィンドウ（一番下にある）にテキスト情報を表示させることは有効です。それは、println()関数を使うとできます。println()関数は、メッセージウィンドウに表示させたいどんなものも、ひとつかそれ以上の引数として受け取ります（**図2-4**に示しています）。この場合、クォーテーションで囲まれた文字列「Take me to your leader!（リーダーのところに案内して！）」を表示しています（テキストについては、17章で詳しく述べます）。このメッセージウィンドウに表示する機能は、変数の値を**デバッグ**する時に便利です。デバッグするために、右上にある小さな虫が書かれた特別なボタンも用意されています。これについては、11章で再度説明します。
- 行数は、コードの左に書かれた番号で知ることができます。
- コード内に**コメント**を書くことができます。コメントは、プログラムを実行する時にProcessingが無視する行です。そのコメントは、コードが何を意味するのか明記したり、バグを直したり、またto-doリストとして挿入する時に使います。1行だけのコメントは、2つのフォワードスラッシュ（//）で書けます。複数行のコメントは、/*の後からコメントを書き、*/を記すことでコメントの終わりとします。
- Processingは、標準設定では、Javaモードで起動されます。プログラミング言語のJavaでコードを書くためのProcessingの核となるモードです。他にも、プログラミング言語のPythonでProcessingのスケッチを作成できるPythonモードなどがあります。**図2-4**に示

したモードボタンをクリックすると、それらのモードが試せます。

```
// これは1行のコメントです。

/*
これは、複数行に
渡るコードの
コメントです。
*/
```

コメントに関する助言ですが、これから作成するコードには、コメントを書き込む習慣をつけるべきです。作成中のスケッチが、最初は非常に短く簡単なものであっても、すべてについてコメントを入れるべきです。コードは、コメントなしに読んだり理解したりすることが非常に難しいものです。コードのすべての行にコメントを入れる必要はありませんが、より多くのコメントを入れることで、書いたコードの見直しや再利用がより簡単になります。コメントは、プログラミングしている時に、コードがどのように動作するか、自分で理解し記入するしかありません。自分が何をしているか分かっていなければ、コメントは書けません！

本書では、コメントをあまり入れていません。これは、実際のプログラムと違って、コメントは書籍内では非常に読みにくいと分かったからです。その代わりに本書では、理解や説明を手助けするためにコードの「ヒント」を使います。一方、本書のウェブサイトにある例を見ると、コメントが含まれています。したがって、コメントはいくら書いても十分ということはありません。コメントを書きましょう！

```
// 左上からスタートする対角線を描く        ← コードを理解するのに役立つコメントです！
line(0, 0, 100, 100);
```

練習問題2-4

空のスケッチを作ります。1章の終わりからコードを持ってきて、Processingのウィンドウ内に入力してください。次に、そのコードが何をしているのか説明するためのコメントを加えてください。メッセージウィンドウにテキストを表示するために`println()`文を加えてください。スケッチを保存し、実行ボタンを押してください。動きましたか？ それともエラーが出ましたか？

2.6 エラー

これまで示した例は、問題なく動作します。というのも、エラーやタイプミスなどがないからです。プログラマーとしての人生を通して、これは非常に珍しい出来事です。最初に実行ボタンを押して、成功裏に動作することはほとんどありません。**図2-5**で、コード内で間違いを犯した時、どのようなことが起こるか試してみましょう。

図2-5は、コードの中で打ち間違いを犯した場合を示しています。ここでは、コードの9行目で「`ellipse`」と入力すべきところを、「`elipse`」としています。エラーは、Processingが

間違いであると判断した箇所に赤い波線でコード内に示されます。この独自のメッセージは非常に親切で、Processingは入力された関数elipseをこれまで聞いたことのないものだと伝えてくれます。それにより、簡単にスペルを修正できます。実行ボタンを押した時、コード内にエラーがあったとすると、Processingはスケッチウィンドウを開くことなく、その代わりに強調されたエラーメッセージを表示します。Processingが表示するすべてのメッセージが理解しやすいわけではないため、本書を通して他のエラーについても触れていきます。巻末の付録AにProcessingの一般的なエラーの一覧をまとめてあります。

図2-5

> ### Processingはケースセンシティブです！
>
> 小文字と大文字の問題です。もし、ellipseではなく、Ellipseと入力した場合も、エラーとみなされます。

この例では、コード内にたったひとつのエラーがある場合を示しました。複数のエラーが発生した場合は、どうなるでしょうか？ Processingは、実行ボタンを押した時に、最初に見つかるエラーについて警告します。ですが、すべてのエラーのリストは、常に**図2-5**の下部にあるエラーコンソールで見ることができます。一度にひとつだけエラーを扱えるなら、ストレスはさほどありませんが、それ以上の場合を考えると、本書のイントロダクションで述べたインクリメンタル開発の重要性が際立ちます。一度に1機能だけを実装していれば、一度にひとつの間違いしかできないのです。

練習問題 2-5

意図的にいくつかのエラーが発生するようにしてみてください。表示されたエラーメッセージは、あなたが予想したものですか？

練習問題 2-6

次のコードのエラーを直してください。

```
size(200, 200;          _____

background();           _____

stroke 255;             _____

fill(150)               _____

rectMode(center);       _____

rect(100, 100, 50);     _____
```

2.7　Processing リファレンス

すでに示した関数——ellipse()、line()、stroke() など——は、Processing のライブラリの一部です。どうやったら、「ellipse」のスペルは、「elipse」ではないことや、rect() が 4 つの引数（x 座標、y 座標、幅、高さ）を取ることを知ることができるのでしょうか？ それらの多くは直感的であり、そのことは、Processing が初学者向けのプログラミング言語と言われる理由のひとつです。それでもやはり、それら関数の使い方を確かめる唯一の方法は、オンラインのリファレンスを読むことです。本書は、そのリファレンスからの多くの要素を取り上げていますが、リファレンスの代用品にはならないので、両方とも Processing を学ぶのに必要なのです。

Processing のリファレンスは、公式ホームページ（http://processing.org）「Reference」リンク内にあります。そこで、利用できるすべての関数をカテゴリー別、またはアルファベット順で見ることができます。例えば、ellipse() のページを訪れると、**図 2-6** に示した説明を確認できます。

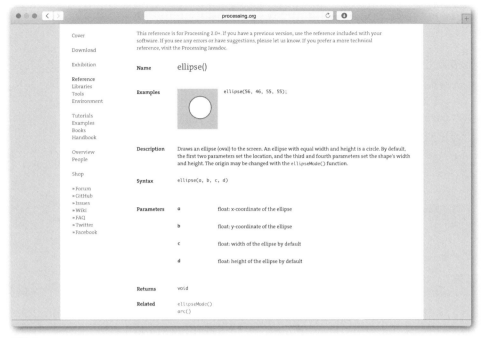

図2-6

ご覧のとおり、リファレンスでは、ellipse()関数に関するすべての説明書が提供されています。

Name（名前）
関数の名前です。

Examples（例）
コードの例です（もしあれば視覚的な結果も）。

Description（説明）
その関数が何をするのかについての分かりやすい説明です。

Syntax（シンタックス（構文））
その関数をどのように記述するかについての具体的なシンタックスです。

Parameters（パラメータ（仮引数））
括弧内にある要素です。その括弧内の要素としてどのようなデータ（数値、文字など）を与えるのか、またその要素は何を意味するのかについての説明です（これは、以降の章でより詳しく説明します）。これらは、単に**引数**とも言われます。

Returns（戻り値）
関数はしばしば呼び出した時に、何かを返してくることがあります（例えば、関数に円形

を描画するように依頼する代わりに、関数に2つの値を加算し答えを**返す**よう依頼することもできます）。これに関しても、後に詳しく説明します。

Related（関連した関数）

表示中の関数と関連があり、一緒によく呼び出される関数のリストを示しています。

Processingには、とても便利な「リファレンスから探す」オプションがあります。あるキーワード上でダブルクリックして、そのワードを選択し、[ヘルプ] → [リファレンスから探す]に行きます。もしくは、キーワードを選択し、Shift+Command+F（Mac）、またはCtrl+Shift+F（Windows）とします。

練習問題2-7

Processingのリファレンスを使い、本書でまだ使用していない2つの関数を使って、プログラムを作成してみてください。[Shape]と[Color]のカテゴリー内から選択してください。

練習問題2-8

リファレンスを使って、線の太さを変更できる関数を見つけてください。その関数は、どのような引数を受け取るでしょうか？ 例となるコードを書いてみましょう。まず、1ピクセルの幅で線を、その後に5ピクセル、10ピクセルの幅の線を描画してください。

2.8　実行ボタン

Processingの良い点のひとつとして、プログラムを実行する時、実行ボタンを押すだけで済むことです。そのボタンのデザインは、アニメーション、映像、音楽など他のメディア形式を再生する時に目にする[play]ボタンに似ています。Processingプログラムは、リアルタイムで生成するコンピュータグラフィックスの形式で出力します。よって、Processingの実行も他のメディアと同じplay（再生）するだけです。

それでもやはり、少しの時間を取って、ここで行っていることが、オーディオやビデオの再生で行っていることと同じではないという事実を再確認することはとても重要です。Processingプログラムは、テキストとして始められますが、それらは機械語に翻訳され、その後実行されます。これらのすべてのステップは、実行ボタンが押された時に一連の処理として行われます。これらのステップをひとつずつ見ていくことで、Processingが皆さんに代わって大変な仕事をこなしていることを知っておきましょう。

1. **Javaへの変換**：Processingは、まさにJava言語そのものです（23章で詳述します）。書いたコードが、マシン上で実行されるためには、最初にJavaコードに変換されなければなりません。

2. **コンパイルしてJavaバイトコードへ**：ステップ1で作成したJavaコードは、もうひとつのテキストファイル（.pdeの拡張子に代え、.javaとしたもの）そのものです。コ

ンピュータがコードを理解するためには、機械語に翻訳する必要があります。この翻訳作業は、コンパイルと言われています。Cなどの異なるプログラミング言語でプログラミングしている場合、コードは使用しているオペレーティングシステム（OS）向けの機械語に直接コンパイルされます。Javaの場合は、コードはJavaバイトコードと呼ばれる特別な機械語へとコンパイルされます。そのJavaバイトコードは、異なるプラットフォームであっても「Java仮想マシン（JVM）」が動作しているマシン上であれば、実行されます。しかし、この追加されたレイヤー（JVM）は、そのマシンで直接実行した場合と比べ、少しだけ動作が遅くなる原因になることがあります。しかし、クロスプラットフォームであるということは、Javaの非常に大きな特徴となっています。動作の詳細に関しては、Javaの公式ページ（http://www.oracle.com/technetwork/java/index.html）で確認するか、または（本書を終えた後に）Javaプログラミングの書籍を読んでください。

3. **実行**：コンパイルされたプログラムは、最終的にJARファイルになります。JARは、Java archive fileのことで、コンパイルされたJavaのプログラム（**クラス**）、画像、フォント、その他のデータファイルをまとめたものです。JARファイルはJava仮想マシンで実行され、その結果はウィンドウ上に表示されます。

2.9　最初のスケッチ

　Processingのダウンロードとインストールを行い、基本的なメニューとインタフェースの要素について理解し、オンラインリファレンスにも慣れたので、コーディングを始める準備ができました。1章で手短に述べたとおり、本書の前半は、ひとつの例を使い、プログラミングの基本的な要素――**変数**、**条件分岐**、**繰り返し**、**関数**、**オブジェクト**、**配列**――を説明します。その他の例が、その途中に含まれることもありますが、このひとつの例だけを取り上げ用いることで、コンピュータプログラミングの基本要素がどのようにして相互に関係し、プログラムを構築しているのかを理解できます。

　例では、新しい友人Zoogのストーリーに従い、簡単な図形で静的な描画を行うことから始めましょう。Zoogの開発では、マウスによるインタラクション、動き、そして多くのZoogの複製で群衆を作成します。決して、本書のすべての練習問題を、あなた独自のエイリアンの形状で完成させることを要求しているわけではありません。まず、アイデアから始め、それぞれの章を終えたのち、あなたのスケッチの機能をプログラミングのコンセプトで発展させ、拡張するとよいでしょう。アイデアが浮かばなかった時には、小さなエイリアンを描画し、Zoogと命名し、プログラミングしてください！ **図2-7**を見てください。

例2-1　Zoogを再び

```
size(200, 200);   // ウィンドウサイズを設定する
background(255); // 白い背景を描く
```

```
// 楕円形と矩形をCENTERモードに設定する
ellipseMode(CENTER);
rectMode(CENTER);

// Zoogの体を描く
stroke(0);
fill(150);
rect(100, 100, 20, 100);    ← Zoogの体です。

// Zoogの頭を描く
fill(255);
ellipse(100, 70, 60, 60);    ← Zoogの頭です。

// Zoogの目を描く
fill(0);
ellipse(81, 70, 16, 32);    ← Zoogの目です。
ellipse(119, 70, 16, 32);

// Zoogの脚を描く
stroke(0);
line(90, 150, 80, 160);    ← Zoogの脚です。
line(110, 150, 120, 160);
```

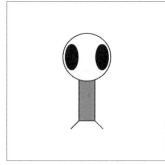

図2-7

ここで、このZoogのデザインが驚くほど魅力的であり、コンピュータスクリーン上に表示されるのが待ち遠しいというふりをしてみましょう。これはまったくの嘘を信じろと言っているに等しいことはわかっています。本書内にある例に示したコードの一部、またはすべてを実行するためには、2つの選択肢があります。

- コードを手入力する。
- 本書のウェブサイト (http://learningprocessing.com) に行き、実行したい番号の例を見つけ、そのコードをコピー＆ペースト (もしくはダウンロード) する。

2つ目のオプションのほうが、時間もかからず簡単なのは確かですが、もし例を実行してみてもそれらがどのように動作しているのか不安を感じるようであれば、手入力を行うようにしてください。皆さんは、プログラミングを学び始めているのですから、自分でコードを入力することは実際に価値があります。脳は、各自がコードを入力することで、シンタックスとロジックをスポンジのように吸収し、その過程で間違いを犯しながらたくさんのことを学ぶのです。言うまでもなく、コードの新しい各行を入力後、単にスケッチを実行することで、スケッチがどのように動作するかについての謎を取り除くのです。

コピー＆ペーストができるなら、そうしたほうがいいです。あなたが多くの例を、それらがどのように動作しているか十分理解せず実行しているのであれば、戻って手入力してください。

練習問題 2-9

1章で設計したものが、画面上に2次元の基本図形 —— arc()、curve()、ellipse()、line()、point()、quad()、rect()、triangle() —— と基本的な色の関数 —— background()、colorMode()、fill()、noFill()、noStroke()、stroke() —— を使用し描画されるように実装してください。ウィンドウサイズを決める size() か、スケッチでディスプレイ全体を覆う fullScreen() のいずれかを使うのを忘れないでください。

ヒント：新しい行をコードに追加したらその都度実行してください。エラーやタイプミスを順に修正できます。

3章
インタラクション

いつだって忘れないでほしい。すべてのことは、夢と一匹のねずみ（マウス）から始まったということを。
　── ウォルト・ディズニー

創造性の質は、流れることであって、留まることではない。
　── ラルフ・ワルド・エマーソン

この章で学ぶこと
- コンピュータプログラムの流れ
- setup()とdraw()の背後の意味
- マウスによるインタラクション
- 初めての動的なProcessingスケッチ
- マウスクリックやキーの押し下げなどのイベント処理

3.1　流れとともに進める

　もし皆さんが、これまでコンピュータゲームをプレイしたり、デジタルアートインスタレーションのインタラクションを体験したり、はたまた午前3時にスクリーンセーバーを眺めたことがあるなら、このようなソフトウェアを通して得られる経験は、ある**決まった周期**で起こっているという事実におそらく気づくでしょう。ゲームが始まり、魔法の虹の島に隠された秘密の宝を見つけ、恐ろしいモンスターwho-zee-ma-whats-itを倒し、高得点を達成し、そしてゲームは終了します。

　この章で注目したいことは、経時的な「**流れ**」についてです。ゲームは、初期設定とともに始まり、操作するキャラクターに名前を付け、スコアは0から始まり、そしてゲームのレベルは1から始まります。この部分をプログラムの「**SETUP（設定）**」として考えてみましょう。これらの条件で初期化され、ゲームのプレイを開始します。常にコンピュータは、マウスで何をしているかチェックし、またゲームキャラクターに対して、すべての適切な行動を計算し、すべてのゲームグラフィックスを描画するためにスクリーンを更新します。この計算を行い、描画するというサイクルは繰り返し行われ、滑らかに動くアニメーションを実現するには、1秒間に30回かそれ以上行われるのが理想的です。この部分をプログラムの「**DRAW（描画する）**」として、考えましょう。

このコンセプトは、Processingで、(2章にあったような) 静的なデザインからその先へ進むための考え方として必要不可欠なものです。

1. プログラムの初期設定を一度設定します。
2. プログラムが終了するまで、何かを繰り返し、繰り返し、繰り返し....(そして繰り返し.....) 行います。

ここで、現実世界でどのようにマラソンのレースを走るか考えてみましょう。

1. スニーカーを履き、ストレッチをします。これは一度だけします、いいですよね？
2. あなたの右足を前へ出し、次は左足です。これを何度も、何度も、可能な限り素早く繰り返します。
3. 26マイル後に、終了します。

練習問題 3-1

日本語で、Pongなどの簡単なコンピュータゲームの流れを書いてください。もしPongを知らなければ、https://ja.wikipedia.org/wiki/ポン_(ゲーム)を参考にしてください。

_____

_____

_____

_____

3.2 私たちの良き友人: setup()とdraw()

プログラミングをマスターするために、ここまで頑張って学習し続けてきて、皆さんは少し疲れを感じているのではないでしょうか。ここで新しい知識を取り入れましょう。これから作成する初めての**動的な** Processingスケッチで利用するための知識です。2章の静的な例とは違い、このプログラムはスクリーン上に連続して (例えば、ユーザーが終了させるまで) 描画することができます。これは、setup()とdraw()の2つの「コードブロック」を書くことで達成します。厳密に説明すると、setup()とdraw()は関数です。後の章で、関数の書き方を丁寧に説明していきますが、今はコードを書く2つのセクションと理解しておいてください。

コードブロックとは？

コードブロックとは、波括弧で囲まれたコードのことを指します。

```
{
    ひとつのコードブロック
```

>   }
>   コードブロックは、入れ子にすることもできます。
>   {
>   コードブロック
>   {
>   コードブロックの中のコードブロック
>   }
>   }
>
> これは、大きなパズルの個別のピースのようにコードを分解し管理できることから重要な構造です。プログラミングの慣例は、コードをより読みやすくするために、それぞれのブロックをインデント（字下げ）します。Processingは、これをメニューオプションの［編集］→［自動フォーマット］で自動的に行ってくれます。コードブロックの扱いに慣れておくことは、以降の章でより複雑なロジックを扱う時にきわめて重要です。ここでは、2つの簡単なブロック —— setup()とdraw() —— を見ていきます。

奇妙に見えるsetup()とdraw()のシンタックスを見ていきましょう。**図3-1**を見てください。

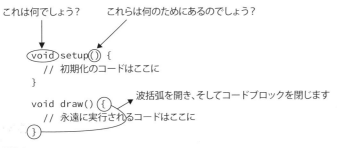

図3-1

確かに、**図3-1**には、まだ学んでいない多くのことが詰め込まれています。波括弧は、コードブロックの最初と最後を示すものであると説明しましたが、ではなぜ、「setup」と「draw」の後に丸括弧があるのでしょうか？　また、ここにある「void」とはいったい何を意味するのでしょう？　これらを見ていくと、知らないことが多く、悲しい気持ちになってしまうことでしょう。ここでは、一度にすべてを知ろうとしないことで、落ち着く必要があります。これらの重要なシンタックスは、この先の章でより多くの概念が説明されると、意味が分かってきます。

ここで重要なポイントは、**図3-1**の構造がプログラムの流れをどのように制御しているかです。これは**図3-2**に示しています。

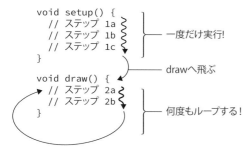

図3-2

では、これはどのように動作するのでしょう？ プログラムを実行すると、その指示に正確に従います。まず、setup()内のステップを実行し、次にdraw()内のステップに移ります。命令は、次のようなもので終わります。

　　1a, 1b, 1c, 2a, 2b, 2a, 2b, 2a, 2b, 2a, 2b, 2a, 2b, 2a, 2b...

ここで、Zoogの例を動的なスケッチとして書き換えることができます。例3-1を見てください。

例3-1　動的なスケッチのZoog

```
void setup() {
  // ウィンドウサイズを設定する
  size(200, 200);
}

void draw() {
  // 白い背景を描く
  background(255);

  // CENTERモードに設定する
  ellipseMode(CENTER);
  rectMode(CENTER);

  // Zoogの体を描く
  stroke(0);
  fill(150);
  rect(100, 100, 20, 100);

  // Zoogの頭を描く
  stroke(0);
  fill(255);
  ellipse(100, 70, 60, 60);

  // Zoogの目を描く
  fill(0);
  ellipse(81, 70, 16, 32);
  ellipse(119, 70, 16, 32);
```

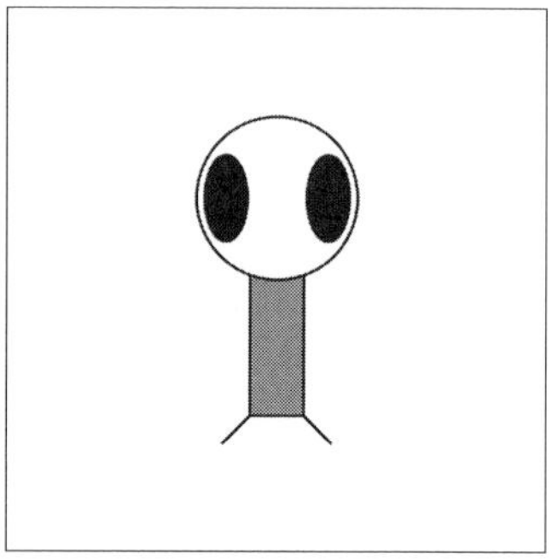

最初に、setup()が一度だけ実行されます。size()は、常にsetup()の最初の行にあるべきです。というのも、Processingはウィンドウのサイズが決まるまで何もできないからです。

draw()は、スケッチウィンドウを閉じるまで連続して繰り返されます。

図3-3

```
  // Zoogの足を描く
  stroke(0);
  line(90, 150, 80, 160);
  line(110, 150, 120, 160);
}
```

例3-1からコードを取ってきて、Processingでそれを実行してください。何かおかしくないですか？ウィンドウ内で何の変化も起きないことに気づいたはずです。これは、**静的**なスケッチとまったく一緒ではないですか！いったいどうなっているのでしょう？ここでなされた説明は、まったく意味がなかったのでしょうか？

そうですね、コードを試したとしても、draw()関数内がまったく変わっていないことに気づくでしょう。毎回の繰り返しを通し、プログラムはコードを循環し、まさにその指示を実行するのです。つまり、プログラムはウィンドウを何度も再描画しますが、毎回同じものを描画しているため、静的に見えるのです！

練習問題3-2

2章の最後に制作した描画を動的なプログラムに書き換えてください。たとえ同じように見えても、達成感を味わってください！

3.3　マウスによる変化

次のことを考えてみてください。描画する関数内に数値を入力する代わりに、「マウスのx座標」もしくは「マウスのy座標」を入力できたとしたらどうでしょう？

```
line(マウスのx座標, マウスのy座標, 100, 100);
```

実際には、「マウスのx座標」などといった説明的な言葉に代えて、水平方向と垂直方向のマウスカーソルの位置を指すために、mouseXとmouseYというキーワードを使わなくてはなりません。

例3-2　mouseXとmouseY

```
void setup() {
  size(200, 200);
}


void draw() {
  background(255);           // background()をsetup()に移動してみて、違いを
                             // 見てください！（練習問題3-3）
  // 体
  stroke(0);
  fill(175);
  rectMode(CENTER);
  rect(mouseX, mouseY, 50, 50);   // mouseXは、スケッチがマウスの水平方向の位置で置き
                                  // 換えるキーワードです。mouseYは、スケッチがマウス
                                  // の垂直方向の位置で置き換えるキーワードです。
```

}

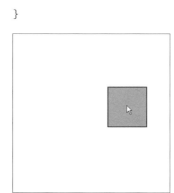

図3-4

練習問題3-3

draw()に入れていたbackground()をsetup()へ移動させると、なぜ矩形の軌跡が見えるのか、説明してください。

_____

_____

_____

_____

_____

目に見えないコードの行

　もし、厳密にsetup()とdraw()のロジックに従うとすると、興味深い疑問に行き着くでしょう。すなわち、Processingは、実際にいつウィンドウに図形を表示するのでしょう？ 新しいピクセルはいつ現れるのでしょう？

　一見して、ディスプレイは、描画の関数を含むコードの行が実行されるたびに更新されると考えがちですが、それだとスクリーン上に、一度にひとつの図形しか見ることができないでしょう。それは非常に速く行われているため、見る人はそれぞれの図形が個別に表示されていると気づかないでしょう。しかし、background()が呼び出されるたびに、ウィンドウ上に描画されたグラフィックスが消されると、フリッカー（ちらつき）という、望ましくない結果が発生します。

Processingは、この問題を解決するために、draw()を繰り返すたびにサイクルの最後で一度だけウィンドウを更新するようにしています。それはあたかも、ウィンドウを描画するための見えないコードの行がdraw()関数の最後にあるかのようです。

```
void draw() {
   // すべてのコード
   // ディスプレイウィンドウを更新する  ----  画面上には表示されないコードの行
}
```

このプロセスは、**ダブルバッファリング**と言われ、低水準環境では、自分でその機能を実装しなくてはなりません。繰り返しになりますが、このような煩わしいことをProcessingが、私たちに代わって行ってくれることで、プログラミングの学習がより親しみやすく、より簡単にできるようになります。

stroke()やfill()で設定するどのような色も、draw()内のひとつのサイクルから次のサイクルへ引き継がれることも注記しておきます。

これをもう少し進めると、mouseXとmouseYの位置によって制御されるより複雑なパターン（複数の図形と色）の例を作成することができます。例えば、Zoogがマウスを追跡するように書き換えることができます。Zoogの体の中心は、マウスの正確な位置（mouseX, mouseY）に配置するようにしますが、Zoogの体の他のパーツは、マウスの位置からは少しずらして描画します。例えば、Zoogの頭は（mouseX, mouseY-30）に位置します。結果は、**図3-5**に示します。次の例では、Zoogの体と頭のみ動かします。

例3-3　変更を伴うZoogの動的なスケッチ

```
void setup() {
  size(200, 200); // ウィンドウサイズを設定する
}

void draw() {
  background(255); // 白い背景を描く

  // 楕円形と矩形をCENTERモードに設定する
  ellipseMode(CENTER);
  rectMode(CENTER);

  // Zoogの体を描く
  stroke(0);
  fill(175);
  rect(mouseX, mouseY, 20, 100);    ◁ Zoogの体は、(mouseX, mouseY)の位置に描かれます。

  // Zoogの頭を描く
  stroke(0);
  fill(255);
  ellipse(mouseX, mouseY-30, 60, 60);    ◁ Zoogの頭は、体の上（mouseX, mouseY-30）の位置に描かれます。
```

図3-5

```
  // Zoogの目を描く
  fill(0);
  ellipse(81, 70, 16, 32);
  ellipse(119, 70, 16, 32);

  // Zoogの脚を描く
  stroke(0);
  line(90, 150, 80, 160);
  line(110, 150, 120, 160);
}
```

練習問題 3-4

マウスで体の他の部分も動くようにZoogを完成させてください。

```
  // Zoogの目を描く
  fill(0);

  ellipse(_____,_____, 16, 32);

  ellipse(_____,_____, 16, 32);

  // Zoogの脚を描く
  stroke(0);

  line(_____,_____,_____,_____);

  line(_____,_____,_____,_____);
```

練習問題 3-5

図形がマウスに反応し、色や位置を変更するようにコーディングし直してください。

---

　mouseXとmouseYに加え、pmouseXとpmouseYも使うことができます。これら2つのキーワードは、**直前の**mouseXとmouseYの位置、すなわちスケッチのdraw()が循環した最後のマウスの位置を表します。これは、ある興味深いインタラクションの可能性を想定しています。例えば、**図3-6**のダイアグラムで解説するような、直前のマウス位置から現在のマウスの位置まで線を描くとしたら何が起こるか考えてみましょう。

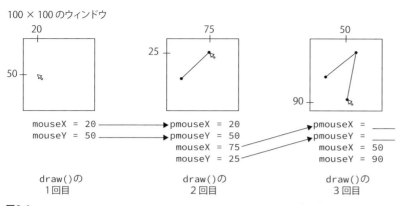

図3-6

練習問題3-6

図3-6にある空欄を埋めてください。

---

draw()が実行されるたびに直前のマウス位置と現在のマウス位置をつなげることで、マウスを追う形で連続した線を描画できるようになります。図3-7を見てください。

例3-4　連続した線を描画

```
void setup() {
  size(200, 200);
  background(255);
}

void draw() {
  stroke(0);
  line(pmouseX, pmouseY, mouseX, mouseY);
}
```

> 直前のマウスの位置から現在のマウスの位置まで線を描きます。

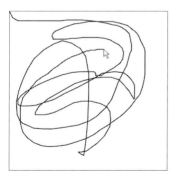

図3-7

3.3　マウスによる変化　43

練習問題3-7

練習問題3-4を、より素早くマウスを動かすことで、より幅の広い線が描けるようにアップデートしてください。

ヒント：Processingリファレンス（https://processing.org/reference/strokeWeight_.html）の`strokeWeight()`を見てください。

マウスの水平方向の動きの早さを計算する式は、mouseXとpmouseXの差の絶対値です。数の絶対値は、符号を取り除いた数と定義されています。

- −2の絶対値は2
- 2の絶対値は2

Processingでは、`abs(-5)`は5というように`abs()`の中に数値を与えることで絶対値を得ることができます。したがって、マウスの移動速度は次のようになります。

```
float mouseSpeed = abs(mouseX - pmouseX);
```

以下の空欄を埋め、Processingで試してみましょう！

```
stroke(0);
_____(_____);
line(pmouseX, pmouseY, mouseX, mouseY);
```

3.4　マウスのクリックとキーの押し下げ

　`setup()`と`draw()`の枠組みと`mouseX`と`mouseY`のキーワードを使うことで、動的でインタラクティブなProcessingのスケッチを自分のやり方で制作することにだいぶ慣れてきたはずです。しかし、インタラクションに不可欠な機能が足りません。それは、マウスをクリックすることです！

　マウスがクリックされた時に何かが起こるようにする方法を学ぶために、プログラムの流れに戻る必要があります。`setup()`は一度きりで、`draw()`は永遠に繰り返すことを知っています。マウスのクリックはいつ起こるのでしょうか？マウスの押し下げ（とキーの押し下げ）

は、Processingではイベントとみなされます。もし、マウスがクリックされた時に、(「背景色を赤に変更する」といった) 何かが発生すると仮定すると、このイベントを処理する3つ目のコードブロックを加える必要があります。

このイベント「関数」は、プログラムにイベントが発生した時に、どのコードを実行するかプログラムに伝えるものです。setup()と同じように、コードは一度だけ実行します。つまり、イベント発生ごとに一度だけということです。マウスのクリックなどのイベントは、もちろん複数回発生し得るものです。

ここでは、2つの新しい関数が必要になります。

- mousePressed() —— マウスクリックを処理する。
- keyPressed() —— キーの押し下げを処理する。

次の例は、両方のイベント関数を用いています。これは、マウスのボタンが押し下げられた時に四角形がウィンドウ内に追加され、キーが押された時には背景が再描画 (クリア) されるというプログラムです。

例3-5　mousePressed()とkeyPressed()

```
void setup() {
  size(200, 200);
  background(255);
}

void draw() {           ← この例では、draw()内では何も起こりません!

}

void mousePressed() {   ← マウスをクリックするたびに、mousePressed()内に
  stroke(0);              書かれたコードが実行されます。
  fill(175);
  rectMode(CENTER);
  rect(mouseX, mouseY, 16, 16);
}

void keyPressed() {     ← キーを押し下げるたびに、keyPressed()内に書かれ
  background(255);        たコードが実行されます。
}
```

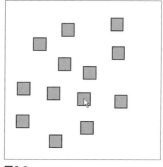

図3-8

3.4　マウスのクリックとキーの押し下げ　　45

例3-5には、プログラムの流れを特徴付ける4つの関数があります。このプログラムは、ウィンドウサイズと背景を初期化するsetup()から開始します。また、そのプログラムは、draw()に処理が進み、終わりのない繰り返しを行います。draw()は、コードを含まないため、ウィンドウは空のままです。しかし、mousePressed()とkeyPressed()という2つの新しい関数を加えてあります。これら関数内のコードは、待機しています。マウスをクリックする時（もしくはキーを押し下げる時）、それは突然動き出し、囲まれた手続きのブロックをたった一度だけ実行するのです。

練習問題3-8

background(255);をdraw()関数へ加えてみてください。なぜプログラムは動作しなくなるのでしょうか？

Zoogを完成させるために、すべての要素をひとつにする準備が整いました。

- Zoogの体全体がマウスを追う。
- Zoogの目の色は、マウスの位置によって決定される。
- Zoogの足は、直前のマウスの位置から現在のマウスの位置まで描かれる。
- マウスをクリックすると、「Take me to your leader!」というメッセージがメッセージウィンドウ内に表示される。

例3-6にframeRate()関数を加えている点に注意してください。frameRate()は、少なくともひとつの値を必要とし、Processingのdraw()を繰り返す速度を強制的に指定します。例えば、frameRate(30)は、30フレーム毎秒で、一般的なコンピュータアニメーションの速度を意味します。frameRate()を含めないと、Processingは、そのスケッチを60フレーム毎秒で実行しようとします。コンピュータは、異なるスピードで実行するので、frameRate()は、複数のコンピュータ上でも一貫した速度でスケッチが確実に動作できるようにするために用いられます。

しかし、このフレームレートは最大値です。例えば、スケッチが100万個の矩形を描画しなくてはならない場合、draw()のサイクル終了まで長い時間が必要で、より遅い速度で実行されます。

例3-6　インタラクティブなZoog

```
void setup() {
  // ウィンドウサイズを設定する
  size(200, 200);
  frameRate(30);   ← フレームレートが30フレーム毎秒に設定されます。
}

void draw() {
  // 白い背景を描く
```

```
    background(255);

    // 楕円形と矩形をCENTERモードに設定する
    ellipseMode(CENTER);
    rectMode(CENTER);

    // Zoogの体を描く
    stroke(0);
    fill(175);
    rect(mouseX, mouseY, 20, 100);

    // Zoogの頭を描く
    stroke(0);
    fill(255);
    ellipse(mouseX, mouseY-30, 60, 60);

    // Zoogの目を描く
    fill(mouseX, 0, mouseY);         ◁─┤ 目の色はマウスの位置で決められます。
    ellipse(mouseX-19, mouseY-30, 16, 32);
    ellipse(mouseX+19, mouseY-30, 16, 32);

    // Zoogの脚を描く
    stroke(0);
    line(mouseX-10, mouseY+50, pmouseX-10, pmouseY + 60);
    line(mouseX+10, mouseY+50, pmouseX+10, pmouseY + 60);   ◁─┤ 足は、マウスの位置と直前のマウス
}                                                              の位置によって描かれます。

void mousePressed() {
    println("Take me to your leader!");
}
```

図3-9

レッスン1の プロジェクト

　このプロジェクトのほとんどは、すでに1章から3章までの練習問題を通して達成しているはずです。ここでは、すべての要素をひとつにまとめます。まったく新しいデザインで最初から始めるか、もしくは練習問題からの要素を使用するかのいずれかで行ってください。

❶ RGBカラーと基本図形を使って、静的なドローイングをデザインしてください。
❷ 静的スクリーンドローイングにマウスによるインタラクションで、動的な要素を取り入れてください。例えば、マウスを追う図形、マウスによってそれらの大きさが変更される、マウスによってそれらの色が変更される等です。

　下の空欄を、プロジェクトのスケッチの設計やメモ、擬似コードを書くのに使用してください。

レッスン2
条件式と繰り返し

- 4章 変数
- 5章 条件文
- 6章 ループ

4章

変数

世界中のすべての本が持つ情報より、ある年のアメリカのある大都市で配信されるビデオの情報のほうが大きい。すべてのビットは等しい価値を持ってはいない。
── カール・セーガン

自身を完璧だと信じることは、多くの場合妄想癖の兆候である。
── データ：『新スタートレック』の登場人物

この章で学ぶこと
- 変数とは何か？
- 変数の宣言と初期化
- 変数の一般的な使い方
- Processingで自由に使える変数（通称、組み込み変数）
- 変数で乱数を使う

4.1 変数とは何か？

実は、これまでプログラミングを教えている時に行ってきた、変数の概念を説明するために、直感的に理解できるやり方として比喩表現を使うことに、疑問を感じています。これまでずっと、「変数は、バケツのようなものです。」と説明してきたかもしれません。皆さんは、バケツに何かを入れ、一緒に持ち歩き、その気になった時はいつでも取り出すことができるのです。「変数は、保管用ロッカーのようなものです。」ある情報を安全に存続できるロッカーの中に保管し、即座に利用できるようにしておくのです。「変数は、愛らしい黄色いポストイットで、そこには『私は変数です。あなたの情報をここに書いてください。』というメッセージが書かれています。」

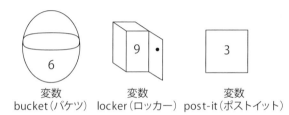

図4-1

上記のような説明を続けることはできます。しかし、ここではそうはしません。なぜならば、皆さんが理解していると思うからです。また、変数の概念自体がかなり単純なことなので、比喩表現が本当に必要なのかまったく自信がありません。

　コンピュータにはメモリがあります。なぜメモリと呼ばれるのでしょうか？ コンピュータが、必要なことを**覚えておく**ために使うからです。

　厳密に言うと、**変数**はデータが格納されているコンピュータのメモリ（**メモリアドレス**）の位置を示す名前付きのポインタです。コンピュータは、情報を一度にひとつの命令しか処理できません。変数は、プログラムの一部の情報を保存し、後でその保存した情報をプログラマーが参照することができるようにします。Processing プログラマーにとって、これは信じられないほど便利なことです。変数は、図形の色、大きさ、位置に関連した情報を記録しておくことができるのです。例えば、三角形を青から紫へ変化させる、円がスクリーンを横切って飛んでいく、そして矩形が縮小してなくなってしまうといったことを行うために、まさに必要なものなのです。

　上記のような比喩表現から離れ、私は**1枚の紙**アプローチ、つまり**グラフ用紙**をよく説明に使います。

　コンピュータのメモリが1枚のグラフ用紙で、グラフ用紙の各マスにはアドレスが与えられていると想像しましょう。それらのマスを列と行の数によって参照する方法について説明しました。もしメモリ内のこれらセルに名前を付けられたら素晴らしいと思いませんか？ 変数を使うとそれができるのです。

　ひとつに「Jane's Score（ジェーンの得点）」と名前を付け（なぜこのような名前を付けたか次章で分かります）、100という値を与えましょう。このような方法で、ジェーンの得点をプログラム内で使いたいと思った時には、100という値を覚えておく必要がなくなります。メモリ内にその値は存在し、名前によってその値を要求することができるのです。**図4-2**を見てください。

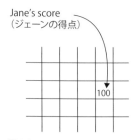

図4-2

　変数の力は、単に値を覚えておく役割だけではありません。変数の本質は、それらの値を変更する、また周期的にその値を更新することで、興味深い状況が現れます。

サーシャとマリアの二人で行う**スクラブル**[*1]というゲームを考えましょう。得点を記録するために、サーシャは紙と鉛筆を取り出し、「Sasha's Score（サーシャの得点）」と「Malia's Score（マリアの得点）」という名前で2列の表を書きます。2人でのプレイのため、それぞれの点数の集計は、列の見出しの下に記録していきます。もしこのゲームが、コンピュータ上で動作するプログラムされた仮想のスクラブルだと想像してみると、**変化する**変数の概念を理解できるでしょう。あの一片の紙は、コンピュータのメモリであり、あの紙面上には情報が書かれていて「Sasha's Score（サーシャの得点）」と「Malia's Score（マリアの得点）」は、変数であり、2人それぞれの総得点が繰り返し更新され記憶される場所です。**図4-3**を見てください。

サーシャの得点	マリアの得点
5	10
30	25
53	47
65	68
87	91
101	98

図4-3

スクラブルの例において、変数は2つの要素、すなわち**名前**（例えば、「サーシャの得点（Sasha's Score）」）と値（例えば101など）を持っています。Processingでは、変数はさまざまな種類の値を保持することができます。変数を使う前に、格納する値の**型**を明確に定義する必要があります。

練習問題4-1

Pong（ポン）というゲームを考えてください。このゲームをプログラミングするためにどのような変数が必要でしょうか？（Pongというゲームを知らない方は、https://ja.wikipedia.org/wiki/ポン_(ゲーム)を参照してください）。

4.2　変数の宣言と初期化

変数は、**プリミティブ型**[*2]の値、もしくは**オブジェクト**や**配列**の参照を保持できます。ここでは、プリミティブ型に関してだけ考えることにします。なお、オブジェクトと配列に関しては、この後の章で扱います。プリミティブ型の値は、コンピュータにおけるデータの構成単位であり、一般的に数値や文字などの単一の情報を含むものです。

変数は、最初に型、次に名前で宣言されます。変数の名前は、一語（スペースなし）であるべきで、かつ、文字で始まらなくてはなりません（数字を入れることはできますが、数字から

[*1] 訳注：アルファベットが書かれたコマをクロスワードパズルのように並べて点数を競うゲームです。
[*2] 訳注：基本データ型や基本型とも言います。

始めることはできません)。そして、コンマ(,)とピリオド(.)とアンダースコア(_)以外の特殊文字は使えません。

　型は、変数に格納するデータの種類です。これは、整数、小数、文字などです。一般的に使うデータの型は次のようなものです。

- **整数** (0、1、2、3、-1、-2など)で、これらは**整数**として格納されます。整数の型のキーワードは、intです。
- **小数** (3.14.59、2.5、-9.95など)で、これらは一般的に**浮動小数点数**として格納されます。浮動小数点数の型のキーワードは、floatです。
- **文字** (a、b、cなどのアルファベット)は、char型の変数に格納され、'a'のようにシングルクォーテーションで囲まれることで文字として宣言されます。文字は、キーボードでどの文字が押されたかを特定する時や、テキストの**文字列**を含む他の用途 (17章参照) に役立ちます。

図4-4

　図4-4では、整数を表すint型のcountという名前の変数があります。他に使用可能なデータ型を、以下に記します。

忘れないで

- **変数には、必ず型があります**。なぜでしょう？ それは、コンピュータがその変数のデータを格納するために、どれくらいのメモリを割り当てるべきか正確に知るためです。
- **変数には、必ず名前があります**。

すべてのプリミティブ型

- boolean ── true (真) か false (偽)
- char ── 文字、'a'、'b'、'c'など
- byte ── 小さな数、-128〜127
- short ── より大きな数、-32,768〜32,767
- int ── 大きな数、-2,147,483,648〜2,147,483,647

- long —— とんでもなく巨大な数
- float —— 小数、3.14159など
- double —— 小数部分がより多い小数（数学的精度が要求される高度なプログラムでのみ必要）

変数が宣言されると、変数にある値を等号を使って設定することにより、その変数に値を割り当てることができます。通常、変数の初期化を忘れた場合は、Processingは既定値として整数であれば0、浮動小数点数値であれば0.0などを与えます[*1]。しかし、混乱を避けるために、常に変数の初期化を行う習慣をつけておくとよいでしょう。

```
int count;
count = 50;
```
◁ 2行のコードで変数の宣言と初期化を行います。

より簡潔にするため、上記の2行を1行にまとめることができます。

```
int count = 50;
```
◁ 1行のコードで変数の宣言と初期化を行います。

名前の中には何があるの？

良い変数名を付けるためのコツ

- Processing言語のどこかで現れる語は使わないこと。つまり、変数にmouseXと名付けないでください。なぜならすでに存在するからです！
- 何か意味がある名前を使うこと。これは、当たり前のように思われるかもしれませんが、とても重要なポイントです。例えば、得点の記録をつけるために変数を使う時、その変数名は「score」とし「cat」とはしないことです。
- 変数名を、小文字から始め、複数の語をつなげる場合、つなげた語の最初の文字を大文字にすること。大文字で始まる語は、クラス名（8章）として使われています。例えば、「frogColor」は良いですが、「FrogColor」は良くありません。これには、慣れが必要ですが、すぐに慣れるでしょう。

変数は、他の変数（xはyに等しい）、または数学的な表記（xはy足すzに等しいなど）を評価することで初期化することもできます。ここにいくつかの例を挙げます。

[*1] 訳注：グローバル変数と配列の要素は、自動的に初期化されますが、ローカル変数は自動的には初期化されません。グローバル変数とローカル変数については、6章で説明します。

例4-1　変数の宣言と初期化の例

```
int count = 0;              // int型の変数名countで宣言し、値に0を割り当てる
char letter = 'a';          // char型の変数名letterで宣言し、値に'a'を割り当てる
double d = 132.32;          // double型の変数名dで宣言し、値に132.32を割り当てる
boolean happy = false;      // boolean型の変数名happyで宣言し、値にfalseを割り当てる
float x = 4.0;              // float型の変数名xで宣言し、値に4.0を割り当てる
float y;                    // float型の変数名yで宣言する(値の割り当てなし)
y = x + 5.2;                // 先に宣言したyに、xに5.2を加えた値を割り当てる
float z = x * y + 15.0;     // float型の変数名zで宣言し、xにyを積算し、15.0を加えた値を割り当てる
```

練習問題4-2

Pongゲームに必要な変数の宣言と初期化を書き出してください。

_____

_____

_____

_____

_____

_____

4.3　変数を使う

　最初は、数値を扱うために言葉を使うのは、より複雑になっていると感じるかもしれません。しかし、変数は私たちプログラマーの生活をより楽にし、かつ面白くしてくれるのです。

　スクリーン上に円を描画する簡単な例を見ていきましょう。

＜即座に、最初のこの部分に変数を加えます。＞

```
void setup() {
  size(200, 200);
}

void draw() {
  background(255);
  stroke(0);
  fill(175);
  ellipse(100, 100, 50, 50);
}
```

　3章で、マウスに従って図形の位置を割り当てるために、その位置をmouseX、mouseYに変更することで、この単純な例をさらに一歩進める方法を学びました。

```
  ellipse(mouseX, mouseY, 50, 50);
```

ここで何をしたか分かりますか？ mouseXとmouseYは、マウスの水平方向と垂直方向の位置を参照するために名付けられました。それらは、変数なのです！ しかし、それらはProcessing環境に組み込まれていて（これにより、コード内にそれら2つの語を入力すると、入力された語が赤くなります）、宣言しなくても使えるのです。組み込み変数（**システム変数**）は、次節でさらに詳しく説明します。

ここでは、前節で説明した宣言と初期化の記述方法でコードの先頭に変数を配置し、自分で変数を作りたいのです。コード内のどこにでも変数を宣言することができますが、これについては後で触れることにします。今はできる限り混乱を避けるため、すべての変数はコードの先頭に記述しましょう。

大まかなやり方：変数をいつ使うか

変数をいつ使うかという観点において、はっきりとした規則はありません。しかし、プログラムしている時に、一連の数をハードコーディング（ソースコードの中に直接記述すること）していることに気づいたら、少し時間をかけ、自身の書いたコードを見直し、それらの値を変数に変更します。

あるプログラマーは、ひとつの値がコードの中に3回以上繰り返し出てくるようであれば、それは変数として扱うべきであると言います。個人的には、一度でも値が出てきたら変数を使うべきだと言いたいです。常に変数を使うこと！

例4-2 変数を使用する

```
int circleX = 100;
int circleY = 100;          ← コードの最初で、2つの整数型の変数を宣言、初期化します。

void setup() {
  size(200, 200);
}
void draw() {
  background(255);
  stroke(0);
  fill(175);
  ellipse(circleX, circleY, 50, 50);   ← 楕円形（ellipse）の場所を指定するために変数を使います。
}
```

このコードを実行すると、最初の例で見たものと同じ結果になるはずです。円がスクリーンの中央に現れます。そして、変数の役割が、単にひとつの定数を保持するだけではないことを、思い出してください。変数が変数と呼ばれるのは、それが**変化する**からです。それが格納した値を変更するために、新しい値を割り当てる**代入演算子**を書きます。

今まで、コードのすべての各行で、関数と呼ばれるline()、ellipse()、stroke()な

どを書いてきました。代入演算を取り入れることで、いろいろな変数や関数を組み合わせられます。ひとつの例で、それがどのようなものか見ていきましょう（それは、変数を初期化したのと同じやり方ですが、ただ変数を宣言する必要がないだけです）。

```
// 変数名 = 式
x = 5;
x = a + b;
x = y - 10 * 20;
x = x * 5;
```

> 変数に新しい値を割り当てる例です。

一般的な例は、インクレメンテーションです。**例4-2**のコードで、circleXは100の値から始めています。もしcircleXを1増加させたいとすると、circleXはそれ自身に1加えたものに等しいとすればよいのです。コードでは、以下のようになります。

```
circleX = circleX + 1;
```

これをスケッチに加えてみましょう（そして、circleXを0の値から始めてみましょう）。

例4-3　変数を変更する

```
int circleX = 0;
int circleY = 100;

void setup() {
  size(200, 200);
}

void draw() {
  background(255);
  stroke(0);
  fill(175);
  ellipse(circleX, circleY, 50, 50);

  circleX = circleX + 1;
}
```

> circleXの値をひとつずつ増加させる代入演算子です。これは、「circleXは、circleXに1を加えたものに等しい？」という問いかけをしているわけではなく、「circleXに割り当てられた新しい値はそれ自身に1を加えたものであることを覚えておいてください！」という意味です。

Processingで**例4-3**を実行したら何が起こるでしょうか？ 円が左から右に移動することに気づくでしょう。draw()は、何度も繰り返され、その間ずっとメモリにcircleXの値を持ち続けるということを覚えておいてください。ここからしばらくコンピュータのふりをしてみましょう（これはとても単純で、分かりきったことだと思うかもしれませんが、プログラミングの動きの原理を理解する手がかりになります）。

1. **circleX** = 0 と **circleY** = 100 を記憶する
2. **setup()** を実行する。200 x 200 のウィンドウを開く
3. **draw()** を実行する
   - 円を (**circleX, circleY**) → (0, 100) に描画する
   - **circleX** に 1 加える = 0 + 1 = 1

4. **draw()** を実行する
   - 円を (1, 100) に描画する
   - **circleX** に 1 加える = 1 + 1 = 2

5. **draw()** を実行する
   - 円を (2, 100) に描画する
   - **circleX** に 1 加える = 2 + 1 = 3

6. 続く…

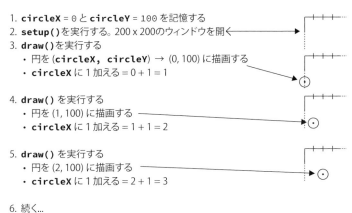

図4-5

コードを1行ごとに追う練習をすることで、スケッチを書く前に問うべき、下記のような問題が見えてきます。**コンピュータと一体化したつもりで考えてみましょう。**

- スケッチでは、何のデータを覚えておく必要があるのか？
- スクリーン上に図形を描くために、データをどのように使うか？
- 自分のスケッチをインタラクティブに動くものにするために、データをどのように変えるのか？

練習問題 4-3

例4-3 を、円が左から右に移動する代わりに、円のサイズが大きくなるように変更してください。マウスに追随するように、大きくなる円にするためには、何を変えたらよいでしょうか？円が大きくなる速度を変えるには、どうしたらよいでしょうか？

```
int circleSize = 0;
int circleX = 100;
int circleY = 100;

void setup() {
  size(200, 200);
}

void draw() {
  background(0);
  stroke(255);
  fill(175);

  _____

  _____
}
```

4.4 たくさんの変数

それでは、例をもう一歩進めて、考えられる情報のすべての要素を変数として使ってみましょう。また、浮動小数点数を使うと、変数の値をもっと細かい精度で調整できることを示してみましょう。

例4-4　たくさんの変数

```
float circleX = 0;
float circleY = 0;
float circleW = 50;
float circleH = 100;
float circleStroke = 255;
float circleFill = 0;
float backgroundColor = 255;
float change = 0.5;

// 基本的な設定
void setup() {
  size(200, 200);
}

void draw() {
  // 背景と楕円形を描く
  background(backgroundColor);
  stroke(circleStroke);
  fill(circleFill);
  ellipse(circleX, circleY, circleW, circleH);

  // すべての変数の値を変更する
  circleX = circleX + change;
  circleY = circleY + change;
  circleW = circleW + change;
  circleH = circleH - change;
  circleStroke = circleStroke - change;
  circleFill = circleFill + change;
}
```

> ここでは、8つの変数を使っています。すべての型はfloatです。

> 変数は、背景色、枠の色、塗りの色、場所、大きさなど、すべてに使われます。

> change変数は、他の変数をインクリメントとデクリメントするために使われます。

図4-6

練習問題4-4

次の図形を再現してください。

ステップ1

ソースコードの中に直に記述された値（以後、「ハードコードされた値」とする）を使って、図に示した画像を描画するコードを書きなさい（グレースケールを好きな色に変えて使ってもよい）。

ステップ2

ハードコードされた値のすべてを変数に置き換えなさい。

ステップ3

draw()内に代入演算を書き、変数の値を変更しなさい（例えば、variable1 = variable1 + 2;）。異なる式を試し、そこに起こることを観察しなさい！

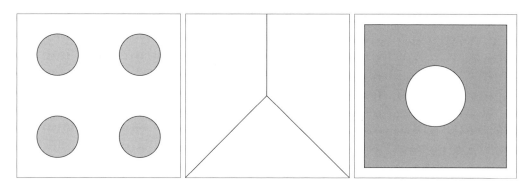

4.5 システム変数

mouseXとmouseYで見たように、Processingでは、すべてのスケッチに関連して一般的に必要なデータのために、組み込み変数が含まれています（ウィンドウの幅、キーボードの押されたキーなど）。自分の変数に名前を付ける時、組み込み変数の名前を避けるのが賢明ですが、うっかりそのひとつを使ってしまったとすると、その変数が優先されて、上書きされてしまいます。以下に、一般的に使われる組み込み変数を示します（Processingリファレンスには、組み込み変数がもっとたくさんリストされているので参照してください）。

- `width` ── スケッチウィンドウの（ピクセルでの）幅。
- `height` ── スケッチウィンドウの（ピクセルでの）高さ。
- `frameCount` ── 処理されたフレーム数。
- `frameRate` ── フレームが処理される速度（毎秒）。
- `displayWidth` ── 全画面の（ピクセルでの）幅。
- `displayHeight` ── 全画面の（ピクセルでの）高さ。
- `key` ── キーボードでもっとも直近で押されたキー。
- `keyCode` ── キーボードで押されたキーの数値コード。
- `keyPressed` ── true（真）かfalse（偽）か？ キーが押されたか？
- `mousePressed` ── true（真）かfalse（偽）か？ マウスが押されたか？
- `mouseButton` ── マウスのどのボタンが押されたか？ 左、右、それとも中央？

次は、上記の変数のいくつかを敢えて使った例です。まだすべての組み込み変数を使う準備はできておらず、さらにいくつかの概念を学ぶ必要があります。

例4-5 システム変数を使う

```
void setup() {
  size(200, 200);
}

void draw() {
  background(100);
  stroke(255);
  fill(frameCount/2);         ← frameCountは、矩形に色を付けるのに使います。
  rectMode(CENTER);
                                          もし(window/2, height/2)
  rect(width/2, height/2, mouseX + 10, mouseY + 10);   に矩形が位置したなら、常にウィ
}                                         ンドウの中央にあります。

void keyPressed() {            この場合の加算演算子は数値を加えるためのものではありません。より正
  println("You pressed " + key);  確に言うと、"You pressed "の文字列に押されたキーが格納されてい
}                              るkey変数をつなぎ合わせます。テキストがどのように処理されるかにつ
                               いては17章でより詳しく説明します。
```

練習問題4-5

widthとheightを使い、次の図形を再現してください。ここには、ひとつ隠れた問題があります。図形の大きさをウィンドウサイズに比例して変更すべきです（つまり、size()をどのように指定しても問題なく、同じ結果が見えるようにすべきです）。

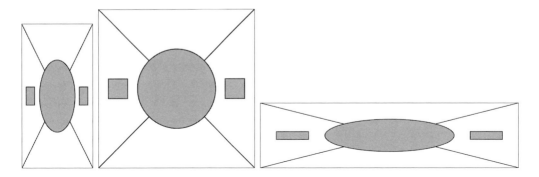

4.6　ランダム（乱数）：変化に富むことは人生のスパイスである

今までのところ、本書にある例は少し単調であると気づいているかもしれません。ひとつの円がここに。ひとつの四角形がここに。グレーのような色。もうひとつのグレーのような色。

狂気じみた（または、この場合正気を欠いた）方法があります。本書の背景にある**インクリメンタル開発**という原理に完全にさかのぼるのです。個別の箇所、そして単一の処理しか行わないプログラムを見ることにより、基礎を学ぶことは物事をとても簡単にし、理解しやすくします。そこから機能性をその上にひとつずつ加えていけるのです。

ここまでの4つの章を通して我慢強く辛抱し、ついに少し楽しいことを始められるところま

でたどり着いたのです。そして、その面白いことは、random()関数を使うことで実現されます。**図4-7**のような結果を出力する**例4-6**を考えてみましょう。

例4-6　変数を用いた楕円形

```
float r = 100;        ← 変数を宣言し初期化します。
float g = 150;
float b = 200;
float a = 200;

float diam = 20;
float x = 100;
float y = 100;

void setup() {
  size(200, 200);
  background(255);
}

void draw() {
  // ellipseを描くためにこれらの変数を使う
  noStroke();
  fill(r, g, b, a);      ← これらの変数を使います！（4番目の引数は、色の透明度
  ellipse(x, y, diam, diam);   であることを思い出してください）
}
```

図4-7

　何の変哲もない円がひとつあります。もちろん、変数値を調整し、円を動かし、大きさを大きくし、その色を変えるなどといったことができます。しかし、draw()が繰り返されるたびに新しい円を作り、そのひとつひとつがランダムな大きさ、色、そして位置だった場合を考えてみましょう。random()関数は、まさにそれを実現させてくれます。

　random()は、特殊な関数です。それは値を返す関数です。以前にもこれに遭遇したことがあります。練習問題3-7で、数の絶対値を計算するためにabs()関数を使いました。**値を計算しその結果を返す**関数の考えは、7章で詳しく説明しますが、ここで少し時間を割いてこの考えを紹介し、少し理解を深めてみましょう。

　random()は、慣れているほとんどの関数line()、ellipse()、rect()などとは異なり、スクリーン上の図形を描画したり色を付けたりしません。その代わり、random()は、質問に対してその答えを返します。以下に、短い会話があります。自由にそれを友人とリハーサルしてみてください。

　　自分：おいランダム、調子はどうだい？元気だとよいのだけど。聞いてくれ、私に1から100までの間のランダムな数値をくれないか？

　　ランダム：問題ないよ。63なんてどうだい？

　　自分：それは素晴らしい、本当にいいね、ありがとう。オーケー、私は休むから、63ピクセル幅で矩形を描いてくれ、いいかい？

さてここで、この一連のやり取りをもう少しだけProcessingの環境に合わせて正式に表現したらどうなるでしょう？下に示したコードでは、上記の会話の「自分」を変数wが演じます。

```
float w = random(1, 100);      ← 1と100の間のランダムな浮動小数点数です。
rect(100, 100, w, 50);
```

　random()関数は、2つの引数を必要とし、最初の引数と2番目の引数の間のランダムな浮動小数点数を返します。2番目の引数は、正しく動作するために最初の引数よりも大きな数ではなくてはなりません。random()関数は、ひとつの引数でも0からその引数の間の範囲とみなして動作します。

　加えて、random()は、浮動小数点数のみで値を返します。これが上記のwをfloatで宣言した理由です。しかし、整数の乱数が欲しい時には、random()関数の結果をint型に変換することができます。

```
int w = int(random(1, 100));    ← 1と100の間のランダムな整数です。
rect(100, 100, w, 50);
```

　入れ子になった括弧を使っている点に注意してください。関数の結果を続けて処理することは時として非常に便利なので、慣れておくとよい概念です。random()関数は、浮動小数点数を返し、その後その値を整数に変換するint()関数に渡します。もし関数の入れ子を存分に使いたいのであれば、上記のコードをひとつの行に凝縮することさえできます。

```
rect(100, 100, int(random(1, 100)), 50);
```

　ついでに、ある型のデータを他の型に変換する処理は、**キャスト**と言われます。（Processingの元になっている）Javaでは、float型からint型へのキャストは、このように書きます。

```
int w = (int) random(1, 100);   ← random(1,100)の結果は、浮動小数点数です。それは、「キャスト」によって整数に変換できます。
```

　これで、random()で実験する準備が整いました。**例4-7**は、楕円形（塗りつぶし、位置、大きさ）を描くためのすべての変数に、draw()の繰り返しを通してランダムな値を割り当てるとどうなるかを示しています。出力結果を**図4-8**に示します。

例4-7　変数にランダムな値を入れる

```
float r;
float g;
float b;
float a;

float diam;
float x;
float y;

void setup() {
  size(200, 200);
  background(255);
}
```

図4-8

```
void draw() {
  r = random(255);
  g = random(255);
  b = random(255);
  a = random(255);
  diam = random(20);
  x = random(width);
  y = random(height);

  // 楕円形を描くために値を使う
  noStroke();
  fill(r, g, b, a);
  ellipse(x, y, diam, diam);
}
```

> draw()が繰り返すたびに、新しい楕円形の色、サイズ、位置に対してランダムな値が選択されます。

4.7 変数のZoog

私たちのエイリアンの友人であるZoogを、もう一度検討してみましょう。最後に彼を確認した時には、彼はスクリーン内で喜んでマウスを追いかけていました。ここで、Zoogに2つの要素の機能性を加えます。

新しい特徴#1

Zoogは、スクリーンの下から上がってきて宇宙に（スクリーンの上に）飛んで行ってしまう。

新しい特徴#2

Zoogが動くと、Zoogの目の色がランダムに変化する。

特徴#1は、mouseXとmouseYを使った、以前のプログラムを用い、変数をそれらの位置に置き換えることで簡単に解決されます。

特徴#2は、目の楕円形を表示させる前に、eyeRed、eyeGreen、eyeBlueという3つの追加変数を作り、fill()関数に使うことで実装されます。

例4-8 変数のZoog

```
float zoogX;
float zoogY;

float eyeR;
float eyeG;
float eyeB;

void setup() {
  size(200, 200);
  zoogX = width/2;  // Zoogは常に中央からスタートする
```

> 変数を宣言します。zoogXとzoogYは、特徴#1のためのものです。eyeR、eyeG、eyeBは特徴#2のためのものです。

```
  zoogY = height + 100; // Zoogはスクリーン下部からスタートする
}
```
> 特徴#1：zoogXとzoogYは、ウィンドウサイズに基づき初期化されます。これら変数は、size()が呼び出された後、初期化されなくてはなりません。というのも、ここで組み込み変数のwidthとheightを使用しているからです。

```
void draw() {
  background(255);

  // 楕円形と矩形をCENTERモードにセットする
  ellipseMode(CENTER);
  rectMode(CENTER);

  // Zoogの体を描く
  stroke(0);
  fill(150);
  rect(zoogX, zoogY, 20, 100);
```
> 特徴#1：zoogXとzoogYは、図形の位置のために使われます。

```
  // Zoogの頭を描く
  stroke(0);
  fill(255);
  ellipse(zoogX, zoogY-30, 60, 60);

  // Zoogの目を描く
  eyeR = random(255);
  eyeG = random(255);
  eyeB = random(255);
```
> 特徴#2：eyeR、eyeG、eyeBには、ランダム値が与えられ、fill()関数で使われます。

```
  fill(eyeR, eyeG, eyeB);
  ellipse(zoogX-19, zoogY-30, 16, 32);
  ellipse(zoogX+19, zoogY-30, 16, 32);

  // Zoogの脚を描く
  stroke(150);
  line(zoogX-10, zoogY+50, zoogX-10, height);
  line(zoogX+10, zoogY+50, zoogX+10, height);

  // Zoogが上へ移動する
  zoogY = zoogY - 1;
}
```
> 特徴#1：zoogYが、ひとつずつ減っていくことでZoogはスクリーンの上へ向かって移動します。

図4-9

練習問題4-6

例4-8を見直し、Zoogが、左右に揺れながら上へ向かって移動するようにしてください。

ヒント：random()をzoogXと組み合わせて使う必要があります。

```
zoogX = _____ ;
```

4.8　移動 (Translation)

例3-6をより詳しく見ていくと、すべての図形が点 (zoogX, zoogY) に対して相対的に描かれていることに気づくはずです。Zoogの体は (zoogX, zoogY) の位置に直接描かれ、Zoogの頭は、少し高い位置 (zoogX, zoogY-30) に、また目はZoogの中心から少し左右に離されて描かれています。もし、zoogXとzoogYが0であったら、どこにZoogは現れるでしょうか？ ウィンドウの上部の左側です。その例は、zoogXとzoogYをスケッチから削除し、Zoogを (0,0) に対して描画することで、見ることができます（stroke()とfill()のような色の機能は簡素化のため削除してあります）。

図4-10　Zoogの中心が (0,0)

```
// Zoogの体を描く
rect(0, 0, 20, 100);

// Zoogの頭を描く
ellipse(0, -30, 60, 60);

// Zoogの目を描く
ellipse(-19, -30, 16, 32);
ellipse( 19, -30, 16, 32);

// Zoogの脚を描く
stroke(0);
line(-10, 50, -20, 60);
line( 10, 50,  20, 60);
```

> コードの各行は、(0,0) に相対的な座標に基づき設定されて、もうzoogXとzoogYは含まれていません。

上記のコードを実行すると、**図4-10**で表現したように、Zoogの一部が上部左側に見えるは

ずです。Zoogを動かすもうひとつのやり方（zoogXとzoogYをそれぞれの描画関数に加えることに代え）は、Processingのtranslate()関数を使うことです。translate()では、ディスプレイウィンドウ内の図形の水平方向と垂直方向のオフセット（補正値）を記述します。このような場合では、translate()経由でオフセットを設定したほうが、コードの各行でオフセットの分だけ座標をずらす計算をするより、はるかに便利になります。以下に、mouseXとmouseYを基準に動く、Zoogの実装例を示します。

例4-9　Zoogを移動させる

```
void setup() {
  size(200, 200);
}

void draw() {
  background(255);
  rectMode(CENTER);
  ellipseMode(CENTER);

  translate(mouseX, mouseY);

  // Zoogの体を描く
  stroke(0);
  fill(175);
  rect(0, 0, 20, 100);

  // Zoogの頭を描く
  stroke(0);
  fill(255);
  ellipse(0, -30, 60, 60);
  // Zoogの目を描く
  stroke(0);
  fill(0);
  ellipse(-19, -30, 16, 32);
  ellipse( 19, -30, 16, 32);

  // Zoogの脚を描く
  stroke(0);
  line(-10, 50, -20, 60);
  line( 10, 50, 20, 60);
}
```

translate()の後に描かれたすべての図形は、mouseXとmouseYに相対して配置されます。

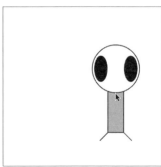

図4-11

ここでは、非常に簡単に示しましたが、移動についてはもっとたくさんのことがあります。本書の14章のすべてを、translate()、および移動（transformations）関連のその他の関数の説明に割いています。例えば、Processingで**移動**は、図形の回転で必要とされるだけでなく、仮想3次元空間内にどうやって描画するのか、その鍵も解き明かします。しかしここでは、このくらいにしておきます。というのも、本書の前半ではプログラミングの基礎の説明に集中したいからです。コンピュータグラフィックスのより高度なトピックは、後にとっておきます。とはいえ、もし今ここで移動について深く知り、自分の仕事に使いたいと思うなら、5章を読

み始める前に14章を読むのもよいでしょう。**例14-15**までであれば難なく理解できるはずです。ただし、14章には、これまでに取り上げていないプログラミングのトピックも含まれています。

練習問題 4-7

変数とrandom()関数を使い、レッスン1プロジェクトで作成した自分のデザインが、スクリーンを動き回り、色、大きさ、位置などが変わるように修正してください。ウィンドウ内でのZoogの位置は`translate()`を使って設定するようにしてください。

5章

条件文

言語は、単に思考を表現するメディアではなく、人間の理性の道具だということは、一般的に認められている真実である。
　── ジョージ・ブール

私が音楽について感じるのは、正しいか正しくないかの問題ではない。本物 (true) か、偽物 (false) かということのみである。
　── フィオナ・アップル

この章で学ぶこと
- 論理式
- 条件文：プログラムが、どのようにしてさまざまな状況の変化に基づき異なる結果を作り出すか
- if、else if、else
- 関係演算子、論理演算子

5.1　論理式

　皆さんは、どのような試験が好みですか？ 小論文？ 選択問題？ コンピュータプログラミングの世界では、真 (true) か偽 (false) かの、**ブーリアンテスト** (数学者のジョージ・ブールが名付けた) のみが使われます。**論理式**は、真 (true) か偽 (false) かのどちらかで評価する表現です。では、いくつかの共通言語の例を見ていきましょう。

- 私の好きな色はピンクです → 真 (true)
- 私は、コンピュータプログラミングを恐れています → 偽 (false)
- この本は、底抜けに愉快な本である → 偽 (false)

コンピュータ科学の形式論理 (数理論理学) では、数の間の関係がテストされます。

- 15は20より大きい → 偽 (false)
- 5は5に等しい → 真 (true)
- 32は33以下である → 真 (true)

　本章では、論理式で変数をどのように使うか、そして変数に格納されている現在の値によって、スケッチに異なる経路を通らせる方法を示します。

- x > 20 → 現在のxの値によって

- y == 5 → 現在のyの値によって
- z <= 33 → 現在のzの値によって

次の演算子は、論理式で使うことができます。

関係演算子

- \> —— より大きい
- < —— より小さい
- \>= —— 以上
- <= —— 以下
- == —— 等しい
- != —— 等しくない

5.2　条件文：if、else、else if

　論理式（よく条件文とも言われる）は、スケッチでは、疑問文として処理されます。15は、20よりも大きいですか？ もし、答えがイエス（すなわち真 (true)）であれば、ある操作（矩形を描くなど）の実行を選択することができます。また、答えがノー（すなわち偽 (false)）であれば、その命令は無視されます。これは、さまざまな条件によって、プログラムは異なる経路をたどるという、分岐の概念と言えます。

　現実世界では、条件は次のような命令になるでしょう。

　　お腹が空いたら、何かを食べ、あるいは喉が乾いたら、水を飲み、それ以外は、昼寝する。

Processingでは、以下のような感じになります。

　　マウスがスクリーンの左側にあれば、矩形を画面の左側に描く。

または、**図5-1**に示す出力と合わせて、より正式に書くと次のようになります。

図5-1

```
if (mouseX < width/2) {
  fill(255);
  rect(0, 0, width/2, height);
}
```

上記のソースコードの論理式と結果の命令は、次のシンタックスと構造を持つコードブロック内に含まれています。

```
if (論理式) {
  // 論理式が真(true)の時に実行されるコード
}
```

キーワードのelseに、論理式が偽(false)である時に実行されるコードを入れて使うことで拡張することができます。これは、「そうでなければ、あれやこれをする」というのと同じです。

```
if (論理式) {
  // 論理式が真(true)の時に実行されるコード
} else {
  // 論理式が偽(false)の時に実行されるコード
}
```

例えば、図5-2に示す出力の結果から、次のように言えます。

マウスがスクリーンの左側にあれば、白い背景を描く。それ以外は、黒い背景を描く。

図5-2

```
if (mouseX < width/2) {
  background(255);
} else {
  background(0);
}
```

最後に、複数の条件を試すために、else ifを利用することができます。else ifを使う時、条件文はその並び順で評価されます。ひとつの論理式が真(true)であれば、それに関連するコードが実行され、残りの論理式は無視されます。図5-3を見てください。

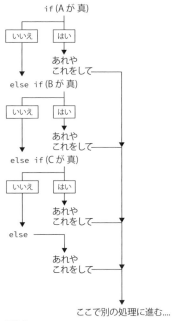

図5-3

```
if (論理式 #1) {
    // 論理式#1が真である時に、実行されるコード
} else if (論理式 #2) {
    // 論理式#2が真である時に、実行されるコード
} else if (論理式 #n) {
    // 論理式#nが真である時に、実行されるコード
} else {
    // 上記の論理式が真でない時に、実行されるコード
}
```

マウスを使った簡単な例をさらに進めると、次のことが言え、**図5-4**のような結果になります。

マウスが左の1/3のエリアにあれば、白の背景色を描き、また中央の1/3のエリアにあれば、グレーの背景色を描き、それ以外は黒の背景色を描く。

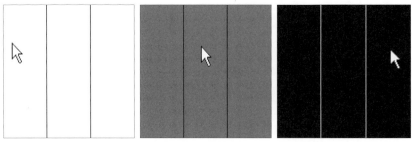

図5-4

```
if (mouseX < width/3) {
  background(255);
} else if (mouseX < 2*width/3) {
  background(127);
} else {
  background(0);
}
```

練習問題 5-1

数値を文字に変換する評点システムを考えてください。下のコードの空欄を埋め、論理式を完成してください。

```
float grade = random(0, 100);

if (_____) {
  println("Assign letter grade A.");

} else if (_____) {

  println(_____);

} else if (_____) {

  println(_____);

} else if (_____) {

  println(_____);

} else {

  println(_____);
}
```

> ひとつの条件文では、ひとつのifとひとつのelseだけが使えます。しかし、else ifは使いたい数だけ使うことができます！

練習問題 5-2

以下のサンプルコードを試し、メッセージウィンドウ内に何が表示されるかを確認してください。まず、答えを書き出し、次いで、Processingでコードを実行し比較してみましょう。

問題#1：数が0から25、26から50、50より大きい時にどうなるか、確認してください。

```
int x = 75;                              int x = 75;

if (x > 50) {                            if(x > 25) {
  println(x + " > 50!");                   println(x + " > 25!");
} else if (x > 25) {                     } else if (x > 50) {
  println(x + " > 25!");                   println(x + " > 50!");
} else {                                 } else {
  println(x + " <= 25!");                  println(x + " <= 25!");
}                                        }
```

出力：_____   出力：_____

シンタックスは正しいですが、上記2列目のコードは何が問題でしょうか？

問題#2：数が5であれば、6に変更し、また数が6であれば、5に変更してください。

```
int x = 5;                               int x = 5;

println("x is now: " + x);               println("x is now: " + x);
if (x == 5) {                            if (x == 5) {
  x = 6;                                   x = 6;
}                                        } else if (x == 6) {
if (x == 6) {                              x = 5;
  x = 5;                                 }
}                                        println("x is now: " + x);
println("x is now: " + x);
```

出力：_____   出力：_____

上記のコードを見ると、いずれもシンタックスは正しいですが、左側のコードはなぜ期待した結果が得られないのでしょうか？

加えて、練習問題5-2で等しいかどうかテストする時、**2つの等号**を使わなくてはならない点を指摘しておきます。なぜなら、プログラミングする際に、何かが等しいかどうかをたずねることは、ある変数に値を割り当てることとは異なるためです。

```
if (x == y) {     ◁「xはyに等しいですか？」2つの等号を使います！

  x = y;          ◁「xにyを設定する」ひとつの等号を使います！
```

5.3　スケッチ内での条件文

特定の条件の結果に基づいて、異なる処理を行うプログラムの非常に簡単な例を見てみましょう。擬似コードは以下のようになります。

ステップ1

赤、緑、青の色要素を保持する変数を作る。それらをr、g、bと呼ぶ。

ステップ2

これらの色に基づき、連続して背景を描く。

ステップ3

マウスがスクリーンの右側にあれば、rの値を増加させ、左側にあれば、rの値を減少させる。

ステップ4

rの値を0〜255の間に制限する。

この擬似コードは、Processingで実装すると**例5-1**のようになります。

例5-1　条件文

```
float r = 150;       ◁ 1. 変数
float g = 0;
float b = 0;

void setup() {
  size(200, 200);
}

void draw() {
  background(r, g, b);   ◁ 2. 背景を描きます。
  stroke(255);
  line(width/2, 0, width/2, height);

  if (mouseX > width/2) {   ◁ 3.「マウスがスクリーンの右側にあれ
    r = r + 1;                 ば」は、「mouseXがwidthを2で割っ
  } else {                     た値より大きければ」に等しいです。
    r = r - 1;
  }

  if (r > 255) {   ◁ 4. rが255より大きければ、255を設定します。rが0より小さけ
    r = 255;          れば、0を設定します。
  } else if (r < 0) {
    r = 0;
  }
}
```

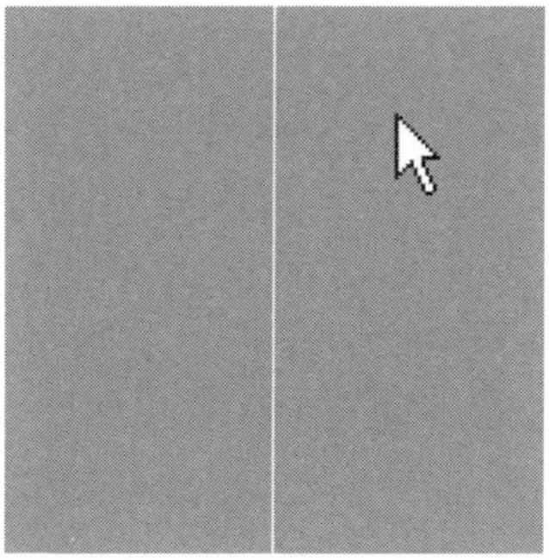

図5-5

ステップ4のように、ある変数の値を制限することは、よくあることです。ここでは、色の値を適切ではない極端な値まで増加させたくありません。他の例では、図形が大きすぎたり小さすぎたり、またはスクリーン外に飛び出したりしまわないように、大きさや位置を制限することができます。

if文を使うことは、制限に対する完璧で確かな解決方法ではありますが、Processingでは、constrain()という関数が用意されており、1行のコードで同じ結果が得られます。

```
  if (r > 255) {   ◁ if文で制限します。
```

```
      r = 255;
   } else if (r < 0) {
      r = 0;
   }

   r = constrain(r, 0, 255);   ← constrain()関数で制限します。
```

　constrain()は、制限したい値、最小値、最大値という3つの引数を取ります。関数は、「制限した」値（0より小さい数は0、255より大きい数は255）を返し、変数rに割り当て直します（関数が値を**返す**とはどういうことか覚えていますか？ random()での詳解を見てください）。

　値を**制限**することを習慣づけることは、エラーを回避する素晴らしい方法です。たとえ、与えられた範囲内に変数が留まっていると確信している場合でも、これを保証するものはconstrain()以外にありません。そしていつか、より大規模なソフトウェア開発のプロジェクトに複数のプログラマーとともに携わる時、constrain()のような関数は、複数のコードが互いにうまく動作することを保証してくれるでしょう。コード内でエラーが発生する前にそれを処理することは、望ましい作業の仕方です。

　最初の例をもう少し掘り下げ、3つの色要素すべてをマウスの位置とクリック状態に合わせ、変化させましょう。3つの変数にconstrain()関数も使います。システム変数mousePressedは、ユーザーがマウスボタンを押し下げているかどうかによって真（true）か偽（false）となります。

例5-2　より多くの条件文

```
float r = 0;
float b = 0;       ← 背景色の3つの変数です。
float g = 0;

void setup() {
   size(200, 200);
}

void draw() {
  background(r, g, b);   ← 背景に色を与え、またウィンドウを4分割する線を描きます。
  stroke(0);

  line(width/2, 0, width/2, height);
  line(0, height/2, width, height/2);

  if(mouseX > width/2) {      ← マウスがウィンドウの右側にある時、赤を増加させ、左側にある時、
     r = r + 1;                  赤を減少させます。
  } else {
     r = r - 1;
  }

  if (mouseY > height/2) {    ← マウスがウィンドウの下側にある時、青を増加させ、上部にある時、
     b = b + 1;                  青を減少させます。
```

```
  } else {
    b = b - 1;
  }
  if (mousePressed) {
    g = g + 1;
  } else {
    g = g - 1;
  }

  r = constrain(r, 0, 255);
  g = constrain(g, 0, 255);
  b = constrain(b, 0, 255);
}
```

マウスが押されたら（システム変数の mousePressedを使い）、緑を増加させます。

すべての色の値を0〜255の間で制限します。

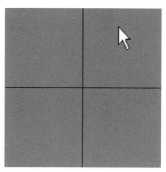

図5-6

練習問題 5-3

変数を増やすことで、矩形がウィンドウを横切るようにしてください。図形はx座標0からスタートし、座標100に到達したらそれが止まるようにif文を使ってください。if文は使わず、constrain()を使い、スケッチを書き直してください。コード内の空欄を埋めてください。

```
// 矩形はx位置からスタートする
float x = 0;

void setup() {
  size(200, 200);
}

void draw() {
  background(255);
  // オブジェクトを表示する
  fill(0);
  rect(x, 100, 20, 20);

  // xの値を増やす
  x = x + 1;

  _____

  _____

  _____

}
```

5.4 論理演算子

皆さんは、簡単なif文を乗り越えました。

体温が37度よりも高ければ、医者に連れて行ってもらう。

しかし、ひとつの条件だけに基づき単に動作するだけでは、十分でない時があります。例えば、次のような場合です。

体温が37度以上であれば、または (OR) 腕に発疹があれば、医者に連れて行ってもらう。
蜂に刺され、かつ (AND) 蜂のアレルギー持ちであれば、医者に連れて行ってもらう。

同じ考え方をプログラミングに適用します。

マウスがスクリーンの右側にあり、かつ (AND) マウスがスクリーンの下側にあれば、右下の角に矩形を描く。

最初に思いつくのは、入れ子にしたif文を使い、以下のようなコードを書くことかもしれません。

```
if (mouseX > width/2) {
  if (mouseY > height/2) {
    fill(255);
    rect(width/2,height/2,width/2,height/2);
  }
}
```

言い換えると、コードが実行される前に、2つのif文の両方で真 (true) の答えを得なくてはなりません。もちろんそれでも動作しますが、より簡単に実装できる方法があります。それは、2つのアンパサンド (&&) で書かれる「論理積 (AND) 演算子」と呼ばれるものを使うことです。ひとつのアンパサンド (&) は、Processingでは別の異なる意味を持つ[*1]ので、アンパサンドを2つ使うようにしてください！

- || （論理和：logical OR）
- && （論理積：logical AND）
- ! （論理否定：logical NOT）

「論理和 (OR) 演算子」は、2つの縦線 (2つの「パイプ」と言う) 「||」です。縦線を見つけられない場合は、一般的にキーボードのShift+Backslash (Shiftキーを押しながら \ キーを押す) で表示されます[*2]。

```
if (mouseX > width/2 && mouseY > height/2) {
  fill(255);
  rect(width/2, height/2, width/2, height/2);
}
```
← マウスが右側の下にある場合です。

[*1] &、あるいは | は、Processingでは、ビット演算子として使用されています。ビット演算子は、2進数表現の2つの数それぞれのビット (0か1) を比較します。なお、ビットのような低水準にアクセスする必要がある状況は稀です。

[*2] 訳注：バックスラッシュは、日本語キーボードでは￥記号です。

&&と||に加え、感嘆符「!」で表記される「論理否定（NOT）演算子」も利用できます。

> 体温が37度より高くなければ（NOT）、職場に病欠の電話を入れない。
> 蜂に刺され、かつ（AND）蜂のアレルギーでなければ（NOT）、大丈夫！

以下は、Processingの例です。

> マウスが押されていなければ（NOT）、円を描く。それ以外は四角形を描く。

```
if (!mousePressed) {
  ellipse(width/2, height/2, 100, 100);
} else {
  rect(width/2, height/2, 100, 100);
}
```

> !の意味は、否定（not）です。mousePressedは、ブーリアン型の変数で、それ自身論理式として機能します。その値は、マウスのボタンが現在押されているか否かによって、真（true）か偽（false）かのいずれかです。ブーリアン型の変数の詳細については5.6節で見ていきます。

なお、この例では、NOTを省略して以下のように書くこともできます。

> マウスが押されたら四角形を描く。それ以外の場合は円を描く。

練習問題5-4

以下の論理式は真と偽のどちらでしょうか？ 変数はint x = 5、int y = 6であると仮定します。

```
!(x > 6)              _____
(x == 6 && x == 5)    _____
(x == 6 || x == 5)    _____
(x > -1 && y < 10)    _____
```

次の論理式は、シンタックスは正しいですが、問題は何でしょうか。

```
(x > 10 && x < 5)     _____
```

練習問題5-5

単純なロールオーバーを実装したプログラムを作成してください。このプログラムでは、マウスが矩形の上にある場合は、矩形の色が変わります。以下に、作業を始めるためのコードの一部を示します（円を描くには、どのようにすればよいでしょうか？）。

```
int x = 50;
int y = 50;
int w = 100;
int h = 75;

void setup() {
  size(200, 200);
```

```
}
void draw() {
  background(255);

  stroke(0);

  if (_____ && _____ && _____ && _____) {

    _____

  } _____ {

    _____

  }
  rect(x, y, w, h);
}
```

5.5　複数のロールオーバー

練習問題5-5を少しだけ進化させたバージョンの簡単な問題を一緒に解決していきましょう。単一のスケッチから、**図5-7**に示した4つのスクリーンショットを考えてください。マウスの位置に従い、ひとつの黒い四角形が4分割されたうちのひとつに表示されています。

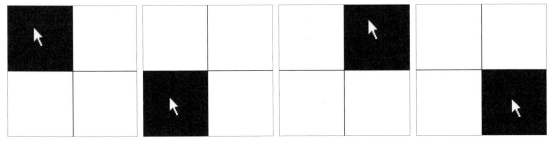

図5-7

まず、プログラムのロジックを擬似コード、すなわち言葉で書いてみましょう。

Setup（初期化）：

1. 200×200ピクセルのウィンドウを用意する。

Draw（描画）：

1. 白い背景を描く。
2. 水平方向、垂直方向にウィンドウを4分割するように線を描く。
3. マウスが左上の角にあれば、黒い矩形を左上隅に描く。
4. マウスが右上の角にあれば、黒い矩形を右上隅に描く。
5. マウスが左下の角にあれば、黒い矩形を左下隅に描く。

6. マウスが右下の角にあれば、黒い矩形を右下隅に描く。

上記の3.から6.までの操作に対して、次のような質問をします。「マウスが指定された（4分割されたうちの、1つの）角にあるかどうか、どうやって知ることができるか？」これに回答するには、より具体的なif文を作らなくてはなりません。例えば、「mouseXの位置が100ピクセルより大きく、かつmouseYの位置が100ピクセルよりも大きければ、黒の矩形を右下隅に描く」となるでしょう。練習として、上記の擬似コードに基づき、このプログラムを実際に作成してみてください。参考のために、答えは**例5-3**に示します。

例5-3　ロールオーバー

```
void setup() {
  size(200, 200);
}

void draw() {
  background(255);
  stroke(0);
  line(100, 0, 100, 200);
  line(0, 100, 200, 100);

  noStroke();
  fill(0);
  if (mouseX < 100 && mouseY < 100) {
    rect(0, 0, 100, 100);
  } else if (mouseX > 100 && mouseY < 100) {
    rect(100, 0, 100, 100);
  } else if (mouseX < 100 && mouseY > 100) {
    rect(0, 100, 100, 100);
  } else if (mouseX > 100 && mouseY > 100) {
    rect(100, 100, 100, 100);
  }
}
```

> マウス位置によって、異なる矩形が表示されます。

練習問題5-6

例5-3を書き直し、マウスがそれらのエリアを離れた時に、四角形は白から黒へ色が徐々に変化するようにしてください。

ヒント：4つの変数が必要で、それぞれは矩形の色の要素になります。

5.6　ブーリアン変数

ロールオーバーの次はボタンのプログラミングです。これは自然な流れです。なぜなら、ボタンは、クリックされた時に反応する単なるロールオーバーだからです。ここでロールオーバーとボタンをプログラミングすることに少し落胆するかもしれません。おそらく、「[ボタンの追加]などをメニューから選ぶのではないの？」と考えているかもしれません。この時点で

は、答えはノーです。もちろん、最終的にはライブラリからのコードを、どう使うかについて学びますが（そしてライブラリを使い、もっと簡単に、スケッチにボタンを作れるようになるでしょう）、GUI（グラフィカルユーザーインタフェース）の要素をプログラムする方法を何もないところから学ぶことに価値があります。

　まず、ボタン、ロールオーバー、スライダーなどのプログラミングを練習することは、変数と条件文の基礎を学ぶためには、素晴らしい方法です。ただ、すべてのプログラムが持つ古くから変わらずにあるボタンやロールオーバーを使うことは、とても楽しいとは言えません。新しいインタフェースを開発することに興味や関心があるなら、どのようにしてゼロからインタフェースを作り上げるか理解することは必要なスキルです。

　では、ここでちょっと寄り道をして、ボタンをプログラミングするために**ブーリアン変数**の使い方を見ていくことにします。ブーリアン変数（または、ブーリアン型の変数）は、真（true）か偽（false）にしかなれない変数です。スイッチのことを考えてみてください。それはオンかオフのいずれかです。ボタンを押すことは、スイッチをオンにすることです。もう一度ボタンを押すと、それはオフになります。**例5-2**で使ったブーリアン変数は、組み込み変数のmousePressedです。mousePressedは、マウスが押された時に真（true）となり、マウスが押されていない時は偽（false）となります。

　そして、ボタンの例は、偽（false）の値（ボタンは、オフの状態から始まるものと仮定して）から始まるひとつのブーリアン変数を含んでいます。

```
boolean button = false;
```
　　　　　　　　　　　ブーリアン変数は、真か偽かのどちらかです。

　ロールオーバーの場合、マウスが矩形の上に移動したら、いつでも白色に変わります。スケッチは、ボタンが押された時に背景色を白に変え、そうでない時は黒にします。

```
if (button) {      ボタンの値が真であれば、背景色は白です。偽であれば、黒です。
  background(255);
} else {
  background(0);
}
```

　そこでマウスの位置が矩形の内側にあるかどうかを確認でき、またマウスが押された場合は、その結果に応じてボタンの値を真（true）か偽（false）に設定します。**例5-4**に、全コードを示します。

例5-4　ボタンを押し下げる

```
boolean button = false;

int x = 50;
int y = 50;
int w = 100;
int h = 75;

void setup() {
```

```
  size(200, 200);
}

void draw() {
  if (mouseX > x && mouseX < x+w && mouseY > y && mouseY < y+h && mousePressed) {
    button = true;
  } else {
    button = false;
  }

  if (button) {
    background(255);
    stroke(0);
  } else {
    background(0);
    stroke(255);
  }

  fill(175);
  rect(x, y, w, h);
}
```

⌐ (mouseX, mouseY) が矩形の内部にあり mousePressed が真であれば、ボタンが押されています。

この例は、ボタンが押された時だけオンになるライトにつながったボタンをシミュレートしています。ボタンを離すとすぐに、ライトはオフになります。これは、インタラクションの例としては、非常に適切かもしれませんが、この章で進めたい話ではありません。説明したいのは、スイッチのように操作できるボタンについてであって、スイッチを入れる（ボタンを押す）と、ライトが消えている場合は点灯し、点灯している場合は消えるものです。

これが適切に動作するために、矩形の内側にマウスが位置しているかを draw() ではなく mousePressed() 内でチェックしなくてはなりません。定義上、マウスをクリックした時、mousePressed() 内のコードは一度だけ実行されます（「3.4 マウスのクリックとキーの押し下げ」参照）。マウスがクリックされた時、スイッチで点灯、消灯させたいのです（一度だけ）。

ここで、状態をオンからオフに、そしてオフからオンに変える「切り替え」スイッチのコードを書かなくてはなりません。そのコードは、mousePressed() 内に入れられます。

マウスがクリックされた時に、変数 button が真であれば偽を設定し、あるいは偽であれば真を設定しなくてはなりません。

```
  if (button) {
    button = false;
  } else {
    button = true;
  }
```

⌐ ブーリアン変数を切り替えるための明示的な方法です。ボタンの値が真であれば、偽を設定します。そうでなければ、偽であるので、真を設定します。

次のような、より簡単な方法もあります。

```
  button = !button;
```

⌐ 真でなければ偽、偽でなければ真です！

ここで、ボタンの値をそれ自身の**not**とします。つまり、ボタンが真であれば、not true（偽）を設定します。また、偽であればnot false（真）を設定します。この奇妙に見えて、効果的なコードの行を使えるようになったので、**例5-5**では、作動中のボタンについて詳しく見ていきます。

例5-5　スイッチとしてのボタン

```
boolean button = false;

int x = 50;
int y = 50;
int w = 100;
int h = 75;

void setup() {
  size(200, 200);
}

void draw() {
  if (button) {
    background(255);
    stroke(0);
  } else {
    background(0);
    stroke(255);
  }

  fill(175);
  rect(x, y, w, h);
}

void mousePressed() {
  if (mouseX > x && mouseX < x + w && mouseY > y && mouseY < y + h) {
    button = !button;
  }
}
```

図5-8

> マウスが押された時、ボタンの状態は、切り替えられます。このコードをロールオーバーの例の時のようにdraw()内に移動させてみましょう（練習問題5-7を見てください）。

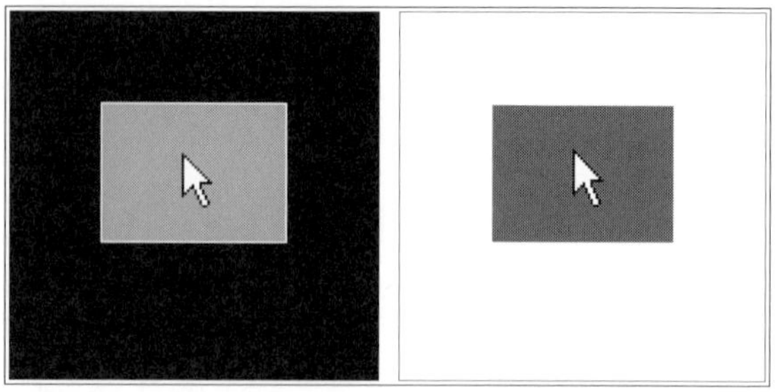

練習問題5-7

次のコードを draw()内に移動させると、なぜ正しく動作しないのでしょうか？

```
if (mouseX > x && mouseX < x+w &&
    mouseY > y && mouseY < y+h && mousePressed) {
      button = !button;
}
```

練習問題5-8

前章の練習問題4-3で、円を動かしウィンドウを横切らせました。スケッチを変更して、マウスが押された時点で、円が動くようにしましょう。ブーリアン変数を使ってください。

```
boolean _____ = _____;
```

```
int circleX = 0;
int circleY = 100;

void setup() {
  size(200, 200);
}

void draw() {
  background(100);
  stroke(255);
  fill(0);
  ellipse(circleX, circleY, 50, 50);

  _____

  _____

  _____

}

void mousePressed() {

  _____

}
```

5.7　跳ね返るボール

　私たちの友人であるZoogに再度戻りましょう。ここまで何をしてきたのか、もう一度見直してみましょう。まず、Processingのリファレンスから、利用可能な図形の関数を使い、Zoogの描き方を学びました。その後、ハードコードされた値の代わりに、変数を使えることを理解しました。この変数を使うことで、Zoogを動かすことができるようになりました。もし、Zoogの位置がxであれば、xにZoogを描き、x + 1に、x + 2に…としていきます。

　それは、とてもエキサイティングなことでしたが、同時に悲しい瞬間でもありました。動きを発見して感じた喜びは、Zoogが画面から出て行ってしまうのを見ることで、すぐに寂しい気持ちに変わってしまいました。幸い、条件文がこの問題を解決してくれます。条件文により、**Zoogはスクリーンの端に到達しましたか？** と質問し、**もしそうなら、Zoogの向きを反転しなさい！** と命令できるようになりました。

　単純化して説明するために、Zoogの図案全体ではなく、シンプルな円から始めましょう。

　Zoog（ひとつのシンプルな円）が、スクリーンの水平方向に左から右へ横切るプログラムを書きます。そしてそれが右端に到達した時に、その方向を反転させるのです。

　「4章 変数」で、Zoogの位置を追い続けるには、グローバル変数が必要であることを知りました。

```
int x = 0;
```

これで十分でしょうか？ そんなことはありません。先の例のZoogは、常に1ピクセルずつ動きます。

```
x = x + 1;
```

これは、Zoogが右へ動くことを示しています。では、Zoogを左に向かって移動させる場合を考えてみましょう。簡単ですね？

```
x = x - 1;
```

すなわち、Zoogは、「+1」で移動することもありますし、「-1」で移動することもあります。Zoogの移動速度は **変化** するのです。そうです、分かりましたね。Zoogの速度の向きを変えるには、もうひとつ別の**変数**が必要で、それはspeedです。

```
int x = 0;
int speed = 1;   ← Zoogの速度の変数。速度が正の値の時は、Zoogは右に移動し、
                   速度が負の値の時は、左に動きます。
```

変数を取り入れたので、コードの残りの部分に移りましょう。setup()でウィンドウのサイズを設定すると仮定することで、draw()関数内部で必要なステップの分析にすぐに移ることができます。次の例では、単なる円から始めることにしたので、ここではZoogはボールであると考えて説明することができます。

```
background(255);
stroke(0);
fill(100);
ellipse(x, 100, 32, 32);   ← 単純化のために、Zoogは単なる円とします。
```

基本的なことです。ボールを動かすためには、xの位置の値が、draw()が繰り返されるたびに変化すべきです。

```
x = x + speed;
```

今プログラムを実行したなら、円はウィンドウの左側から出発し、右に向かって移動し、スクリーンの端までそれが続きます。これが4章で達成した結果です。その円が進む向きを変えるには、条件文が必要です。

　ボールが端に到達したら、ボールの方向を転換する。

より正式に表現するなら、以下のようになります。

　xがウィンドウの幅より大きくなったら、速度を反転する。

```
if (x > width) {
  speed = speed * -1;   ← -1を掛けることで、速度を反転します。
}
```

数値の符号を反転する

数値の符号を反転するという意味は、つまり正の値を負にし、負の値を正にするということです。これは、-1を掛けることで実現できます。次のことを思い出してください。

- -5 * -1 = 5
- 5 * -1 = -5
- 1 * -1 = -1
- -1 * -1 = 1

スケッチを実行すると、円は、右端に到達すると進行方向を反転しますが、スクリーンの左端では、外に出てしまいます。少しばかり、条件を見直す必要があります。

ボールが右、もしくは左の端に到達したら、ボールが跳ね返る。

より正式に表現するなら、以下のようになります。

xがスクリーンの幅より大きい、または0より小さかったら、速度を反転する。

```
if ((x > width) || (x < 0)) {     ◁ 覚えておいてください。||は「OR」を意味します。
  speed = speed * -1;
}
```

ひとつにまとめたのが、**例5-6**です。

例5-6　跳ね返るボール

```
int x = 0;
int speed = 1;

void setup() {
  size(200, 200);
}

void draw() {
  background(255);

  x = x + speed;      ◁ 現在のspeedをxに加えます。

  if ((x > width) || (x < 0)) {   ◁ オブジェクトがいずれかの端に到達したら、向きを反転
    speed = speed * -1;              するために、speedに-1を掛けます。
  }

  // xの位置に円を表示する
  stroke(0);
  fill(175);
```

```
    ellipse(x, 100, 32, 32);
}
```

練習問題 5-9

ボールが水平方向だけでなく、垂直方向にも動くように**例5-6**を書き換えてください。特定の条件に基づき、ボールの大きさや色を変化させるなど、追加機能を実装できますか？ ボールの進行方向を変えるのに加え、移動速度を速くしたり遅くしたりもできますか？

「跳ね返るボール」の変数の値の増加、減少に関するロジックは、スクリーン上の図形の動きのさまざまな場面に当てはめることができます。例えば、ひとつの四角形が左から右へ移動するのとまったく同じように、赤みの少ない色から、より赤みの多い色へと変えることができます。**例5-7**は、跳ね返るボールと同様のアルゴリズムで色を変えています。

例5-7 「跳ね返る」色

```
float c1 = 0;        ← 2つの色の変数です。
float c2 = 255;

float c1Change = 1;  ← c1の増加とc2の減少で始めます。
float c2Change = -1;

void setup() {
  size(200, 200);
}

void draw() {
  noStroke();

  // 左側に矩形を描く
  fill(c1, 0, c2);
  rect(0, 0, 100, 200);

  // 右側に矩形を描く
  fill(c2, 0, c1);
  rect(100, 0, 100, 200);

  // 色の値を調整する
  c1 = c1 + c1Change;
  c2 = c2 + c2Change;

  // 色を変える向きを反転する
  if (c1 < 0 || c1 > 255) {
    c1Change *= -1;
  }

  if (c2 < 0 || c2 > 255) {
    c2Change *= -1;
```

図5-9

ウィンドウの端に到達するのではなく、これらの変数は、色の「端」（0が無色で255がフルカラー）に到達します。こうなったら、跳ね返るボールと同様に、向きを反転するのです。

    }
}

　これまでに学んだプログラミング手法の中の条件文を用いることで、より複雑な動きも可能にします。例えば、ウィンドウの端に沿って動く矩形を考えてみましょう。
　この問題を解決するひとつの方法は、4つの起こり得る状態（0～3）を持つ矩形の動きを考えてみることです（**図5-10**）。

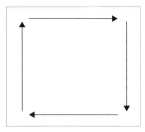

図5-10

- 状態#0：左から右へ
- 状態#1：上から下へ
- 状態#2：右から左へ
- 状態#3：下から上へ

　変数は、状態の番号の経過を追うことと、状態に応じて矩形の (x,y) 座標を調整するのに使うことができます。例えば、

　　状態が2であれば、xにxから1引いたものを設定する

などです。
　矩形が、ある状態の終点に達した時点で、状態変数を変えることができます。例えば、

　　状態が2であれば、
　　(1) xにxから1を引いたものを設定する
　　(2) xが0より小さい場合は状態を3にする

などです。
　次の例は、このロジックを実装しています。

例5-8　ウィンドウの端に沿って動く四角形は、状態変数を使う

```
int x = 0;      // 四角形のx位置
int y = 0;      // 四角形のy位置
int speed = 5;  // 四角形の速度

int state = 0;
```

四角形の「状態」の経過を追うための変数。その状態の値に従って、右、下、左、上のいずれかに移動します。

```
void setup() {
  size(200, 200);
}

void draw() {
  background(255);

  // 四角形を表示する
  noStroke();
  fill(0);
  rect(x, y, 10, 10);

  if (state == 0) {         ← 状態が0であれば、右へ向かって動きます。
    x = x + speed;
    if (x > width - 10) {   ← 状態が0である間にウィンドウの右側の端に到達したら、状態を1に
      x = width - 10;          変更します。すべての状態に対し、この同じロジックを繰り返します！
      state = 1;
    }
  } else if (state == 1) {
    y = y + speed;
    if (y > height - 10) {
      y = height - 10;
      state = 2;
    }
  } else if (state == 2) {
    x = x - speed;
    if (x < 0) {
      x = 0;
      state = 3;
    }
  } else if (state == 3) {
    y = y - speed;
    if (y < 0) {
      y = 0;
      state = 0;
    }
  }
}
```

図5-11

5.8　物理学初級講座

　私にとって、プログラミング人生でもっとも幸せを感じた瞬間のひとつは、重力をコードで作り出すことができると分かった時です。そして、変数と条件文を理解した皆さんもその瞬間をこの後すぐに迎えるでしょう。

　この跳ね返るボールのスケッチは、速度によって、その位置を変えながら移動する物体を実際に示しています。

　　　位置＝位置＋速度

重力とは、すべての質量を持った物体間の引力です。ペンを落とすと、（ペンより圧倒的に大きい）地球からの重力が、ペンを地面に向かって加速させます。跳ね返るボールに加えるべきものは、「加速度」（重力が原因ですが、それだけではなく、他のいくつもの力が原因になり得る）という概念です。加速度は、速度を増加（または、減少）させます。すなわち、加速度は、速度の変化率です。そして速度は、位置の変化率です。したがって、別のコードがもう1行必要になります。

　　速度 = 速度 + 加速度

次に、簡単な重力シミュレーションをします。

例5-9　簡単な重力

```
float x = 100;    // 四角形のx位置
float y = 0;      // 四角形のy位置

float speed = 0;  // 四角形の速度
float gravity = 0.1;

void setup() {
  size(200, 200);
}

void draw() {
  background(255);

  // 四角形を描く
  fill(0);
  noStroke();
  ellipse(x, y, 10, 10);

  y = y + speed;
  speed = speed + gravity;

  // 跳ね返り、後退する！
  if (y > height) {
    speed = speed * -0.95;

    y = height;
  }
}
```

重力（例えば、加速度）を扱うための新しい変数。この加速度は、時間とともに累積し速度が増加するため、比較的小さな値（0.1）を使います。この数値を2.0に変更し、どうなるか試してください。

位置に速度を、また速度に重力を加えます。

−1の代わりに−0.95を掛けると、（速度を減らすことで）四角形が跳ね返るたびに低くなります。これは、「減衰効果」として知られ、より現実的に現実世界をシミュレーションしてくれます（ボールが永遠に跳ね返ることはありません）。

気をつけないと、四角形はスクリーンに立ち往生するかもしれないので、念のために、四角形をスクリーンの高さまで戻すことで、確実に跳ね返ります。

図 5-12

練習問題 5-10

各自のデザインを続け、本章で実演した機能のいくつかを加えてください。いくつかのオプションを以下に示します。

- マウスが、あるエリアの上に位置する時に、色を変えるロールオーバーをデザインしたパーツを作ってください。
- それがスクリーン内で動き回るようにしてください。ウィンドウのすべての端で跳ね返ることはできますか？
- 色をフェードイン、フェードアウトしてください。

以下は、Zoogの簡単なバージョンです。

例5-10　Zoogと条件文

```
float x = 100;
float y = 100;
float w = 60;
float h = 60;
float eyeSize = 16;

float xspeed = 3;     ◁─ Zoogは水平、垂直方向のスピードの変数を持っています。
float yspeed = 1;

void setup() {
  size(200, 200);
}

void draw() {
  // 速度によってZoogの位置を変える
  x = x + xspeed;
  y = y + yspeed;

  if ((x > width) || (x < 0)) {
    xspeed = xspeed * -1;
```

or論理演算子を用いたif文は、Zoogがスクリーンの右端か左端に到達したかどうかを判定します。真である場合、スピードに-1を掛け合わせ、Zoogの進行方向を反転します！

```
  }

  if ((y > height) || (y < 0)) {
    yspeed = yspeed * -1;   ◁─ 同様のロジックをy方向にも適用します。
  }

  background(255);
  ellipseMode(CENTER);
  rectMode(CENTER);

  // Zoogの体を描く
  stroke(0);
  fill(150);
  rect(x, y, w/6, h*2);

  // Zoogの頭を描く
  fill(255);
  ellipse(x, y-h/2, w, h);

  // Zoogの目を描く
  fill(0);
  ellipse(x-w/3, y-h/2, eyeSize, eyeSize*2);
  ellipse(x+w/3, y-h/2, eyeSize, eyeSize*2);

  // Zoogの脚を描く
  stroke(0);
  line(x-w/12, y+h, x-w/4, y+h+10);
  line(x+w/12, y+h, x+w/4, y+h+10);
}
```

6章
ループ

> 反復は、現実であり、そして人生の重大性である。
> —— セーレン・キェルケゴール

> コメディーのキーはなんだろうか？ 繰り返しである。コメディーのキーはなんだろうか？
> 繰り返しである。
> —— 作者不明

この章で学ぶこと
- 繰り返しの概念
- 2種類の繰り返し：whileとfor。どのような時にこれらを使うか？
- 変数のスコープ：ローカル vs. グローバル
- コンピュータグラフィックスのコンテキストの中での繰り返し

6.1　真面目な話、繰り返しとは何か？

　繰り返しは、あるまとまった規則やステップを何度も繰り返す処理を作り出すものです。それは、コンピュータプログラミングにおいて基礎となる概念であり、繰り返しがコーダーとしての人生を非常に楽しいものにするということが、すぐに分かるでしょう。早速始めましょう。

　しばらく、脚について考えてみましょう。小さなZoogには、非常に多くの脚があるとします。もし本書の1章のみを読んでいたとすると、**例6-1**に示すようなコードを書くことでしょう。

例6-1　多くの線

```
size(200, 200);
background(255);

// 脚
stroke(0);
line(50, 60, 50, 80);
line(60, 60, 60, 80);
line(70, 60, 70, 80);
line(80, 60, 80, 80);
line(90, 60, 90, 80);
line(100, 60, 100, 80);
line(110, 60, 110, 80);
line(120, 60, 120, 80);
line(130, 60, 130, 80);
```

図6-1

```
line(140, 60, 140, 80);
line(150, 60, 150, 80);
```

　上記の例では、x座標50からx座標150まで、10ピクセルごとに11本の脚が描かれることになります。コードはこれで完成しますが、ある本質的な改善を加える、つまり4章で説明した変数を使うことにより、ハードコードされた値を取り除くことができます。

　まず、システムの各パラメータである脚の (x,y) 座標や長さ、脚と脚の間隔を変数として設定します。描かれた各脚で注意する点は、xの値だけが変化していることです。すべての他の変数は、同じ値を維持します（しかし、変更したければ、それらも変えることができます！）。

例6-2　変数を使って描く多くの線

```
size(200, 200);
background(255);

// 脚
stroke(0);

int y = 80;          // 各線の垂直方向の位置
int x = 50;          // 最初の線の水平方向の位置
int spacing = 10;    // 各線がどのくらい離れているか
int len = 20;        // 各線の長さ

line(x, y, x, y+len);     ◁ 最初の脚を描きます。

x = x + spacing;          ◁ 間隔を与えることで、次の脚は右に10ピクセルの位置に現れます。
line(x, y, x, y+len);

x = x + spacing;          ◁ この処理を続けて、それぞれの脚に対し繰り返し行います。
line(x, y, x, y+len);

x = x + spacing;
line(x, y, x, y+len);

x = x + spacing;
line(x, y, x, y+len);

x = x + spacing;
line(x, y, x, y+len);

x = x + spacing;
line(x, y, x, y+len);

x = x + spacing;
line(x, y, x, y+len);

x = x + spacing;
line(x, y, x, y+len);

x = x + spacing;
```

```
line(x, y, x, y+len);
x = x + spacing;
line(x, y, x, y+len);
```

　悪くないと思います。とてもおかしく見えますが、これは技術的により効率的ではあります（例えば、たった1行のコードを変更するだけで、spacing変数を調整できます）。しかし、コードの量が2倍になってしまい、かえって作業量が増えています！ 100本の脚を描く場合を考えてみましょう。すべての脚に対し、2行ずつコードが必要となります。それは、100本の脚を描くのに、200行のコードが必要になるということです！ 過度のキーボード入力からくる手根管症候群になるという悲惨な状況を避けるため、次のようなことが言えるとよいでしょう。

　　1本の線を100回描く。

　そうです、たった1行のコードで書けそうですね！
　言うまでもなく、皆さんがこのジレンマに行き着いた最初のプログラマーではないので、ごくごく一般的に使われる**制御構造** である**ループ**で簡単に解決できます。ループ構造は、条件文のシンタックスに似ています（5章を参照）。コードブロックを一度実行すべきかどうか決定する質問ではなく、コードはコードブロックを**何回繰り返し**実行すべきか決定する質問をします。これが、繰り返しと言われているものです。

6.2　whileループ：必要なだけループする

　3種類のループ、whileループ、do-whileループ、forループがあります。説明を始めるにあたって、まずはwhileループに着目したいと思います。そのひとつの理由は、本当に必要とされるたったひとつのループは、whileだからです。forループは、後で分かるように、単に使いやすい代替で、ループで多数を占める計数操作を短縮した表現です。なお、do-whileは、ほとんど使われないので（本書のどの例もこれを必要としない）、ここでは無視します。
　条件構造（if/else）とまったく同様に、whileループはブーリアンテストを利用します。もしテストが真と評価したら、波括弧に囲まれた手続きが実行されます。偽の場合は、スケッチはコードの次の行に処理が進みます。ここでの違いは、whileのブロックの中に書かれている手続きが、条件文の評価の判定が偽になるまで、繰り返し実行され続けることになります。**図6-2**を見てください。

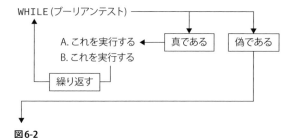

図6-2

脚の問題からコードを見ていきましょう。次の変数を仮定し....

```
int y = 80;           // 各線の垂直方向の位置
int x = 50;           // 最初の線の水平方向の位置
int spacing = 10;     // 各線がどのぐらい離れているか
int len = 20;         // 各線の長さ
```

...そして、次のコードを手動で繰り返さなくてはならなかったのです。

```
stroke(255);
line(x, y, x, y+len); // ひとつ目の脚を描く

x = x + spacing;      // xにspacingを加える
line(x, y, x, y+len); // 次の脚は、10ピクセル右に

x = x + spacing;      // xにspacingを加える
line(x, y, x, y+len); // 次の脚は、10ピクセル右に

x = x + spacing;      // xにspacingを加える
line(x, y, x, y+len); // 次の脚は、10ピクセル右に

// などなど、新しい脚の描画を繰り返す
```

whileループの存在が分かっているので、脚の描画をどのピクセルで終了させるか、といったようにループをいつ止めるか指定する変数を加えることで、**例6-3**のようにコードを書き換えることができます。

例6-3　whileループ

```
int endLegs = 150;    ◁ 脚の描画を終了する位置を示す変数です。

stroke(0);

while (x <= endLegs) {
  line(x, y, x, y+len);   ◁ whileループ内で各脚を描きます。
  x = x + spacing;
}
```

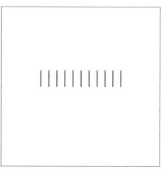

図6-3

最初に示したように、何度もline(x, y, x, y+len);を書くのではなく、whileループ内に**一度だけ**「xが150より小さい間は、xの位置に線を描き、その間はずっとxを増加させる」という行を書きます。すると、以前は21行にわたるコードだったのが、ここではたった4行で済みます！

加えて、変数spacingを変更するだけで、より多くの脚を作ることができるのです。その結果は**図6-4**に示します。

```
int spacing = 4;
```

> spacingをより小さい値にすることで、足は互いに近づく結果となります。

```
while (x <= endLegs) {
  line (x, y, x, y+len); // 各々の脚を描く
  x = x + spacing;
}
```

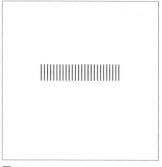

図6-4

では、もうひとつの例を見てみましょう。今回は、**図6-5**に示すように、線の代わりに矩形を使い、3つの重要な質問をしてみます。

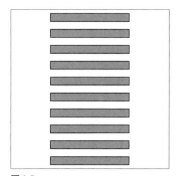

図6-5

1. ループの初期条件は、何でしょうか？ここで、最初の矩形はyの位置が10なので、ループをy = 10からスタートさせます。

    ```
    int y = 10;
    ```

2. いつループを止めるべきでしょうか？ウィンドウの下部まで延々と矩形を表示させたいため、ループは、yがウィンドウの高さよりも大きくなった時に止めるべきです。つまり、**yがウィンドウの高さよりも小さい間**は、ループし続けてほしいということになります。

    ```
    while (y < height) {
      // ループ！
    }
    ```

3. ループ操作は何をするのでしょうか？ この場合、ループするたびに、新しい矩形をそのひとつ前の矩形の下に描きたいのです。rect()関数を呼び出し、yを20ずつ増加させることで達成できます。

```
rect(100, y, 100, 10);
y = y + 20;
```

それをすべて合わせると、

```
int y = 10;     ◀─ 初期設定
while (y < height) {        ループはブーリアンテストが真の間、継続します。したがって、ループはブーリアンテストが偽になった時、終了します。
  rect(100, y, 100, 10);
  y = y + 20;               yは、ループを通して毎回20ずつ増加し、yがウィンドウの高さよりも小さい間は、前に描かれた矩形の後に矩形が描かれます。
}
```

練習問題6-1

次の図形を再現するために、コードの空欄を埋めてください。

```
size(200, 200);
background(255);

int y = 0;
while (_____) {

  stroke(0);

  line(_____, _____, _____, _____);

  y = _____ ;
}
```

```
size(200, 200);
background(255);

float w = _____ ;

while (_____) {
  stroke(0);

  fill(_____);

  ellipse(_____, _____, _____, _____);

  _____ 20;
}
```

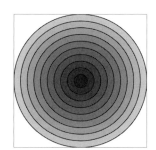

6.3 「終了」条件

おそらく実感し始めていると思いますが、ループは非常に便利です。しかし、ループの世界には、その反面、**無限ループ**と言われる厄介なものが存在します。**図6-6**を見てください。

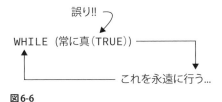

図6-6

例6-3で試した脚の例で、すぐにxが150より大きくなりループがすぐに止まるのを見ました。これは、xがspacingで増加し、常に正の値であるため必ず発生します。これは偶然の出来事ということではなく、ループ構造を使ってプログラミングを行う時は、常にループの終了条件に必ず行き着くことを確認しなければなりません！

Processingは、終了条件が発生しないからといってエラーを表示しません。結果は、丸い大石を丘に向かって繰り返し永遠に転がし上げるような、果てしないものとなります。

例6-4　無限ループ。これを行ってはいけません！

```
int x = 0;
while (x < 10) {
  println(x);
  x = x - 1;
}
```

xの値を減算した結果、無限ループになっています。なぜなら、xは決して10かそれより大きくならないからです。注意してください！

スリルを味わうために、上記のコードを実行してみましょう（すべての作業を保存し、他に重要なソフトウェアをコンピュータ上で実行していないことを確認してください）。実行してすぐにProcessingがハングしてしまいます。この状況を抜け出す唯一の方法は、おそらくProcessingを強制終了することです。無限ループは通常、**例6-4**のようにすぐに分かるものではありません。もうひとつ**時々**無限ループをもたらし、クラッシュする欠陥のあるプログラムがあります。

例6-5　もうひとつの無限ループ。これを行ってはいけません！

```
int y = 80;            // 各線の垂直方向の位置
int x = 0;             // 最初の線の水平方向の位置
int spacing = 10;      // 各線の間隔
int len = 20;          // 各線の長さ
int endLegs = 150;     // 線はどこで止まるべきか？

void setup() {
  size(200, 200);
}
```

```
void draw() {
  spacing = mouseX / 2;         ← 各線の間隔を設定しているspacing変数には、mouseXを2で
                                  割った値が割り当てられます。
  background(0);
  stroke(255);

  x = 0;
  while (x <= endLegs) {        ← 終了条件（xがendLegs以上の時）
    line(x, y, x, y+len);
    x = x + spacing;            ← xの増加。xは、常にspacingの値で増加します。spacing
  }                               で見込まれる値の範囲は何でしょう？
}
```

　無限ループは発生するでしょうか？もしxが150以上にならなければ、ループに永遠に捉えられてしまうことが分かるでしょう。そして、xがspacingによって増加することから、もしspacingが0（もしくは、負の数）であれば常に同じ値の状態が続きます（もしくは、値が小さくなっていきます）。

　4章で説明したconstrain()関数を思い出し、spacingの値を正の値の範囲に限定してやることで、無限ループに陥らないよう保証することができます。

```
    int spacing = constrain(mouseX/2, 1, 100);    ← 終了条件に行き着くことを確実にするために
                                                    constrain()を使います。
```

　spacingは、必要な終了条件に直結していることから、無限ループに出くわさないように、明確に値の範囲を指定することがあります。すなわち、擬似コードで考えると「nが1より小さくならないnピクセルの間隔で一連の線を描きなさい」となるでしょう。

　次もまたmouseXの興味深い事実を明らかにするのに役立つ例です。皆さんは、次のようにmouseXを直接インクリメント部分に入れようとするかもしれません。

```
  while (x <= endLegs) {
    line(x, y, x, y+len);
    x = x + mouseX/2;      ← mouseXをループ内に配置することは、無限
  }                          ループ問題の解決策ではありません。
```

　マウスを急いで0より大きい位置に移動したら、ループ終了条件が満たされると考えるかもしれません。良い考えではありますが、残念ながら致命的な欠陥があります。mouseXとmouseYは、draw()の繰り返しの最初に新しい値で更新されます。ですから、ユーザーがマウスのx座標を0から50へ移動させたとしても、mouseXはこの新しい値を知る由もないのです。というのも、無限ループにはまってしまい、draw()の次の繰り返しに到達することができないからです。

6.4　forループ

　特定の値が繰り返し増加していくwhileループのスタイル（6.2節で説明した）は、特によく目にします。このことは、9章の配列を見るとより明らかになることでしょう。forループは、whileループでよく使う処理に対応するための便利で手短な方法です。細部の説明に入る前に、Processingで書くことができるいくつかの一般的なループについて、それらがforループではどのように記述されるのか説明しましょう。

ループ	書き方
0から始め9まで数え上げる	for (int i = 0; i < 10; i = i + 1)
0から始め100まで10ごとに数え上げる	for (int i = 0; i < 101; i = i + 10)
100から始め0まで5ごとにカウントダウンする	for (int i = 100; i >= 0; i = i - 5)

　上記の例を見ると、forループは次のような3つの部分で構成されていることが分かります。

初期化

　変数はループの実行部分の本体内で使用されるために、宣言され、初期化されます。この変数は、ループ内部でカウンターとして、もっともよく使用されます。

ブーリアンテスト

　これは、条件文とwhileループで見たブーリアンテストとまったく同じものです。真か偽か判定するどのような表現でも用いることができます。

繰り返し式

　最後の要素は、各ループのサイクルで何を行いたいかの手順を示します。その手順は、各サイクルの最後にループを介して実行されることに注意してください（複数の反復表現や変数の初期化を使うこともできますが、ここでは説明を簡単にするために、この点については気にしないことにします）。

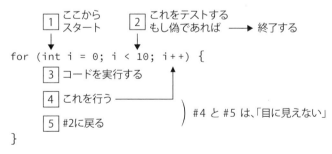

図6-7

　言葉で説明すると、上記のコードは「このコードを10回繰り返しなさい」を意味します。より簡単に言うと、「0から9までカウントしなさい！」となります。

機械にとって、それは以下を指します。

- 変数iを宣言し、初期値に0を設定する。
- iが10より小さい間、このコードを繰り返す。
- 毎回の繰り返しの最後に、iに1を加える。

> forループは、カウントするという目的のために、独自の変数を持つことができます。コードの最初に宣言されていない変数は、ローカル変数と呼ばれます。それについては、間もなく説明し、定義します。

インクリメントとデクリメント演算子

変数に1を加算、または減算するための簡略表記は、次のとおりです。

- x++;は、x=x+1;と同じ（意味は：「xを1増加する」もしくは「現在のxの値に1を足す」）。
- x--;は、x=x-1;と同じ。

このような簡略表記もあります。

- x += 2;は、x = x + 2;と同じ。
- x *= 3;は、x = x * 3;と同じ。

まったく同じループをwhile形式で書くことができます。

```
int i = 0;
while (i < 10) {     // forループを、whileループで書き直したものです。

    // 実行するためのコードの行はここに

    i++;
}
```

for文を使って、脚を描くコードを書き換えると、**例6-6**のようになります。

例6-6　forループで脚を描く

```
int y = 80;              // 各線の垂直方向の位置
int spacing = 10;        // 各線の間隔
int len = 20;            // 各線の長さ

for (int x = 50; x <= 150; x += spacing) {    // 脚の移動のwhileループをforループに。
  line(x, y, x, y + len);
}
```

練習問題6-2

forループを使って、練習問題6-1を書き直してください。

```
size(200, 200);
background(255);

for (int y =_____;_____;_____) {
  stroke(0);

  line(_____,_____,_____,_____);
}

size(200, 200);
background(255);

for (_____;_____;_____ -= 20) {
  stroke(0);

  fill(_____);

  ellipse(_____,_____,_____,_____);
}
```

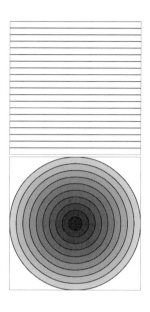

練習問題6-3

以下は、ループのいくつかの追加の例です。ループ構造を図形に一致させてください。各例は、最初の4行は同じコードになります。

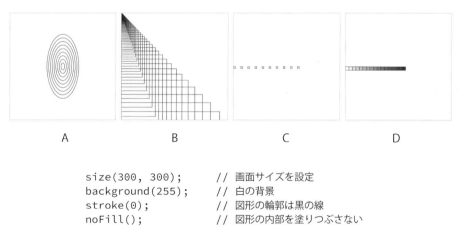

A　　　　　　　B　　　　　　　　　C　　　　　　　　D

```
        size(300, 300);      // 画面サイズを設定
        background(255);     // 白の背景
        stroke(0);           // 図形の輪郭は黒の線
        noFill();            // 図形の内部を塗りつぶさない

_____ for (int i = 0; i < 10; i++) {
           rect(i*20, height/2, 5, 5);
         }

_____ int i = 0;
         while (i < 10) {
```

```
        ellipse(width/2, height/2, i*10, i*20);
        i++;
      }
_____ for (float i = 1.0; i < width; i *= 1.1) {
        rect(0, i, i, i*2);
      }
_____ int x = 0;
      for (int c = 255; c > 0; c -= 15) {
        fill(c);
        rect(x, height/2, 10, 10);
        x = x + 10;
      }
```

6.5　ローカル vs グローバル変数（別名「変数のスコープ」）

ここまで、変数を使う時は、いつもsetup()の上のスケッチの最初で宣言してきました。

```
int x = 0;     いつもコードの最初で変数を宣言してきました。

void setup() {
  size(200, 200);
}
```

そうすることによって、物事を簡単にし、宣言、初期化、さらに変数の扱い方の基本に集中することができました。しかし、変数はプログラムのどこでも宣言できるので、ここでは、コードの最初ではない別の場所で変数を宣言することが何を意味するのか、また、変数を宣言するための正しい場所を選択する方法を見ていきます。

いったんここで、コンピュータプログラムが、皆さんの人生で動いていると想像してみてください。また、その人生では、変数は、覚えておくべきデータが書き込まれたポストイットだとします。ひとつのポストイットには、ランチをとるお店の住所が書かれているとします。朝、それをメモに取り、美味しいケールバーガーを楽しんだ後、捨ててしまうことでしょう。しかし、他のポストイットには、重要な情報（銀行の口座番号など）が書かれていて、それは安全な場所に何年も保管するでしょう。これが、**スコープ**の概念です。変数には、プログラムが実行される間はずっと存在（すなわち、アクセス可能）する——**グローバル変数**——と、一時的に、特定の命令や計算に値が必要な時に限られて存在する——**ローカル変数**——があります。

Processingでは、グローバル変数は、setup()とdraw()の外側、かつプログラムの最初に宣言されます。これらの変数は、プログラムのどこであっても使うことができます。これは、変数をどこで使えて、どこで使えないかを覚えておく必要がないことから、変数を扱うもっとも簡単な方法です。**いつでも**その変数を使えるわけです（そして、このことが、本書でグローバル変数のみを使って説明してきた理由です）。

ローカル変数は、コードブロック内で宣言された変数です。今までのところ、多くの異なるコードブロックの例、すなわちsetup()、draw()、mousePressed()、 keyPressed()、if文、whileとforループを見てきました。

　コードブロック内で宣言されたローカル変数は、その変数が宣言された特定のコードブロック内でのみ利用可能です。そのブロックの外部からローカル変数にアクセスしようとする場合、以下のようなエラーが表示されます。

　The variable "variableName" doesn't exist.
　（「variableName」という変数は、存在しません）

　これは、variableNameという変数を面倒なので宣言しなかった時に表示されるエラーとまったく一緒です。変数を使おうとしたコードブロック内に、指定したその変数が存在しないため、Processingは、それが何なのかまったく知らないのです。

　次に、whileループを実行する目的で、draw()内で使われているローカル変数の例を示します。

例6-7　ローカル変数

```
void setup() {
  size(200, 200);
}

void draw() {
  background(255);
```
> xは利用できません。xはdraw()内のコードブロックでの使用に限定されています。

```
  int x = 0;
  while (x < width) {
    stroke(255);
    line(x, 0, x, height);
    x += 5;
  }
}
```
> xを利用できます！　draw()内で宣言されているため、ここで利用できるのです。しかし注意点は、宣言部分よりも上のdraw()の箇所では使用できません。また、whileは、draw()の中にあるので、whileのコードブロック内でも利用できます。

```
void mousePressed() {
  println("Mouse pressed!");
}
```
> xは利用できません。xはdraw()内のコードブロックでの使用に限定されています。

　なぜ、このようなことに気をつけないといけないのでしょうか？ xをグローバル変数として宣言すればよいのではないでしょうか？ それは一理ありますが、ここではxはdraw()関数内でxを使用しているだけなので、グローバル変数として扱うことは無駄が多くなってしまいます。変数が必要とされるスコープ内でその変数を宣言することは、より効率的であり、変数の宣言をプログラミングする際に、結果的に混乱を減らすことになります。確かに、多くの変数は、グローバルである必要がありますが、ここで示すものはそのケースには当てはまりません。

　forループは、「初期化」部分にローカル変数のための場所を提供します。

```
for (int i = 0; i < 100; i += 10) {
  stroke(255);
  fill(i);
  rect(i, 0, 10, height);
}
```
← iは、forループ内でのみ利用できます。

　forループ内でローカル変数を使うことを要求しているのではありませんが、一般的にそうするのが便利です。

　グローバル変数と同じ名前のローカル変数を宣言することは、理論的に可能です。その場合、プログラムは、現在のスコープ内ではローカル変数を、それ以外の場所ではグローバル変数を使用します。

練習問題6-4

　次の2つのスケッチの結果を予想してください。100フレーム後、スクリーンはどのような表示になっているでしょうか？それらを実行することで自身の予想を試してください。

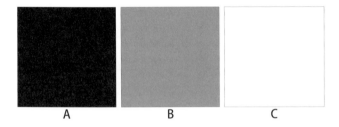

#1：グローバルなcount

```
float count = 0;    ← グローバルで宣言されています。

void setup() {
  size(200, 200);
}

void draw() {
  count = count + 1;
  background(count);
}
```

#2：ローカルなcount

```
void setup() {
  size(200, 200);
}

void draw() {
  float count = 0;    ← ローカルで宣言されています。
```

```
    count = count + 1;
    background(count);
  }
```

6.6　draw()ループ内のループ

　ローカル変数とグローバル変数を区別することによって、Zoog内にループ構造を正しく構築することへ一歩前進することができます。本章を終える前に、「動的な」Processingスケッチというコンテキストで最初のループを書く時に、混乱しやすい点について見ていきます。

　次のループ（練習問題6-2の答えになりますが）を考えてみてください。**図6-8**にループの結果を示しています。

```
  for (int y = 0; y < height; y += 10) {
    stroke(0);
    line(0, y, width, y);
  }
```

図6-8

　上記のループを使って、線が上から下へ向かって1本ずつ現れていくアニメーションを表示します。最初に考えることは、setup()とdraw()を使った動的なProcessingスケッチに上記のループを入れ込むことでしょう。

```
  void setup() {
    size(200, 200);
  }
  void draw() {
    background(255);
    for (int y = 0; y < height; y += 10) {
      stroke(0);
      line(0, y, width, y);
    }
  }
```

　このコードを読むと、各線がひとつずつ現れることが当然に見えるでしょう。「200×200ピ

クセルのサイズのウィンドウを用意する。白色の背景を描く。1本の線をyが0の位置に描く。1本の線をyが10の位置に描く。1本の線をyが20の位置に描く。」

2章を見直すと、Processingはdraw()の最後に到達するまで、表示されているウィンドウが更新されないことを思い出すでしょう。それは、whileループとforループを使う上で、覚えておかなければならない非常に重要なことです。

それらのループは、draw()が1回実行されるのに対し、何かを繰り返すという役割を果たすもので、スケッチのメインループであるdraw()内部のループなのです。

つまり、線を1本ずつ表示していくことは、draw()そのものが持っているループの性質とグローバル変数を組み合わせて使うことで実現できます。

例6-8　1本ずつ描かれる線

```
int y = 0;

void setup() {
  size(200, 200);
  background(255);
  frameRate(5);
}
void draw() {
  // 1本の線を描く
  stroke(0);
  line(0, y, width, y);
  // yを増加する
  y += 10;
}
```

◁ ここでは、ループを使いません。その代わりに、グローバル変数を使います。

◁ 効果を見やすくするために、フレームレートを低速にします。

◁ draw()の実行ごとに、1本の線だけを描きます。

このスケッチのロジックは、変数を使い動きを持たせた最初のスケッチである**例4-3**と同様です。**例4-3**では、円がウィンドウを水平方向に横切る動きでしたが、ここでは線を垂直方向に動かしています（しかし、フレームごとに背景を消去していません）。

練習問題6-5

forループを使って、1本の線を順に描画する効果を得ることができます。それがどのように行われているのか、解決方法を見つけ出してください。コードの一部は以下のとおりです。

```
int endY;

void setup() {
  size(200, 200);
  frameRate(5);

  endY = _____;
}

void draw() {
  background(0);
```

```
    for (int y = _____; _____; _____) {
      stroke(255);
      line(0, y, width, y);
    }

    _____;
  }
```

draw()内部のループを使うことは、インタラクティブ性の可能性を広げます。例6-9は、連続した矩形を表示しており（左から右へ）、各矩形は、マウスからの距離に応じた明度の色になっています。

例6-9　簡単なインタラクティブ性を持ったwhileループ

```
void setup() {
  size(255, 255);
  background(0);
}

void draw() {
  background(0);
  // iを0として開始する
  int i = 0;
  // iがウィンドウの幅より小さい間
  while (i < width) {
    noStroke();
    float distance = abs(mouseX - i);
    fill(distance);
    rect(i, 0, 10, height);

    // iを10増やす
    i += 10;
  }
}
```

現在の矩形とマウスの間の距離は、iとmouseXの差の値の絶対値に等しいです。その距離は、水平方向の位置iにある矩形の色を塗りつぶすために使われます。

図6-9

> **練習問題6-6**
>
> forループを使って、例6-9を書き直してください。

6.7　Zoogの腕が成長する

最後に、Processingのウィンドウ内を行ったり来たりするZoogを残すのみとなりました。この新しいバージョンのZoogは、ひとつの小さな変化を伴います。**例6-10**では、Zoogの体に腕に見立てた一連の線を与えるためにforループを使います。

例6-10　腕のあるZoog

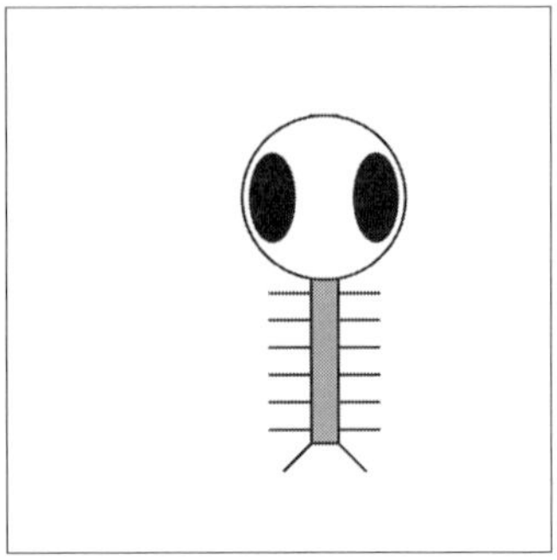

```
int x = 100;
int y = 100;
int w = 60;
int h = 60;
int eyeSize = 16;
int speed = 1;

void setup() {
  size(200, 200);
}

void draw() {
  // speedでZoogのx位置を変更する
  x = x + speed;

  // Zoogが端に到達した場合、speedを反転する（言い換えると、speedに-1を掛ける）
  // （注記　speedが正の数であれば、四角形は右へ、負であれば左へ移動する）
  if ((x > width) || (x < 0)) {
    speed = speed * -1;
  }

  background(255);  // 白い背景を描く

  // ellipseとrectをCENTERモードに設定する
  ellipseMode(CENTER);
  rectMode(CENTER);

  // forループでZoogの腕を描く
  for (int i = y + 5; i < y + h; i += 10) {    // 腕は、forループで描かれる一連の線でZoogの
    stroke(0);                                  // 設計に組み込まれます。
    line(x-w/3, i, x+w/3, i);
  }

  // Zoogの体を描く
  stroke(0);
  fill(175);
  rect(x, y, w/6, h*2);

  // Zoogの頭を描く
  fill(255);
```

図6-10

```
  ellipse(x, y-h/2, w, h);

  // Zoogの目を描く
  fill(0);
  ellipse(x-w/3, y-h/2, eyeSize, eyeSize*2);
  ellipse(x+w/3, y-h/2, eyeSize, eyeSize*2);

  // Zoogの脚を描く
  stroke(0);
  line(x-w/12, y+h, x-w/4, y+h+10);
  line(x+w/12, y+h, x+w/4, y+h+10);
}
```

また、forループ内にZoogの体を描くためのコードを配置することで、複数のZoogの実体を描くこともできます。**例6-11**を参照してください。

例6-11　複数のZoog

```
int w = 60;
int h = 60;
int eyeSize = 16;

void setup() {
  size(400, 200);
}

void draw() {
  background(255);
  ellipseMode(CENTER);
  rectMode(CENTER);

  int y = height/2;

  // Zoogの複数バージョン
  for (int x = 80; x < width; x += 80) {

    // Zoogの体を描く
    stroke(0);
    fill(175);
    rect(x, y, w/6, h*2);

    // Zoogの頭を描く
    fill(255);
    ellipse(x, y-h/2, w, h);

    // Zoogの目を描く
    fill(0);
    ellipse(x-w/3, y-h/2, eyeSize, eyeSize*2);
    ellipse(x+w/3, y-h/2, eyeSize, eyeSize*2);

    // Zoogの脚を描く
    stroke(0);
```

図6-11

> 変数xは、複数のZoogを繰り返し表示するために、forループ内に含まれています！

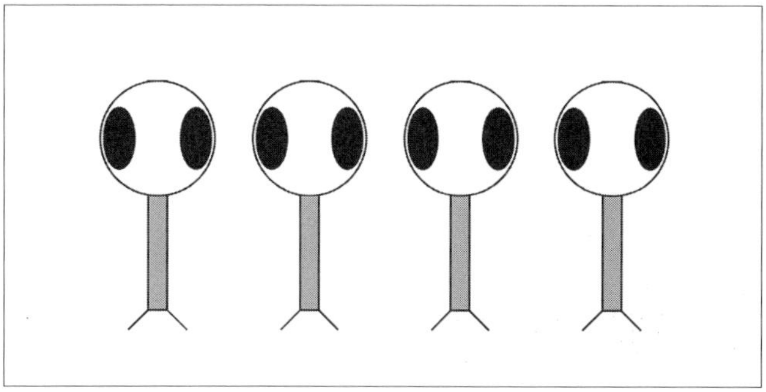

6.7　Zoogの腕が成長する　115

```
      line(x-w/12, y+h, x-w/4, y+h+10);
      line(x+w/12, y+h, x+w/4, y+h+10);
    }
}
```

練習問題6-7

forかwhileループを使い、皆さんのデザインに何か加えてください。すでに入れているもので、ループを使うことでもっと効果的にできる箇所はありませんか？

練習問題6-8

forループを使って、四角形のグリッド（それぞれの色はランダムに）を作ってください（ヒント：forループを2つ使います）。forループの代わりにwhileループを使い、同じパターンを表示するよう、コードを書き直してください。

レッスン2の
プロジェクト

❶ レッスン1でのデザインを、ハードコードされた値の代わりに変数で書き直してください。デザインの作成に、forループを使うように考えてください。

❷ それらの変数の値を変更し、デザインを動的にするために、割り当てた一連の操作を記述してください。width、height、mouseX、mouseYなどのシステム変数を使うこともできます。

❸ 条件文を使い、特定の条件に基づき、デザインの動作を変更してください。スクリーンの端に触った場合、もしくは、それが一定の大きさになった場合、何が起こるでしょうか？また、デザインした要素の上にマウスを動かすと、どうなりますか？

もし、元のデザインが、多くのコードで書かれた非常に複雑なものだとしたら、簡単な円や矩形でいたってシンプルなものに最初から書き直すことを検討してもよいかもしれません。そうすることによって、変数や条件式、ループを使ったアニメーションの動作にもっと集中することができます。

下の空欄を、プロジェクトのスケッチの設計やメモ、擬似コードを書くのに使ってください。

レッスン3
関数とオブジェクト

- 7章 関数
- 8章 オブジェクト

7章
関数

> すべてがごちゃ混ぜの時は、噛み砕いて把握したほうがよい。
> ── ティアーズ・フォー・フィアーズ

この章で学ぶこと
- モジュール化
- 関数の宣言と定義
- 関数の呼び出し
- 引数とパラメータ
- 戻り値
- 再利用性

7.1 分解する

　1章から6章で提供した例は短いプログラムばかりで、100行を超えるコードのスケッチはまだ示していません。100行以上のコードで作成するスケッチを本章全体を書くことに例えるなら、これまでの短いプログラムは、章の冒頭部分だけを書くようなものなのです。

　Processingは、少ないコードで視覚的に人の関心を引くスケッチを作れるという意味で、素晴らしいものです。しかし、ネットワークアプリケーションや画像処理プログラムなどのより複雑なプロジェクトを見ていくには、数百行に及ぶコードが必要になってきます。この作業は、パラグラフではなく、エッセイを書こうとしているようなものです。そして、これらの大規模なコードは、setup()とdraw()という2つの主なブロックの内部に書くには、扱い難いということが分かります。

　関数を使えば、プログラムをパーツ別に取り出し、それらをモジュール化した部分に分け、修正したり、コードを読みやすくしたりできるので便利です。では、ビデオゲームの『スペースインベーダー』を考えてみましょう。draw()に書かれるプログラムの擬似コードは、次のような手順になります。

- バックグラウンドを消去する

- 宇宙船（自機）を描く
- 敵を描く
- キーボード入力によって宇宙船（自機）を動かす
- 敵を動かす

> **名前は違っても中身は同じ**
>
> 関数は、よく「プロシージャ」「メソッド」「サブルーチン」などといった異なる名前で呼ばれます。あるプログラミング言語では、（タスクを実行する）プロシージャと（値を計算する）関数は区別されています。本章では、コードを分かりやすくするために、関数という用語を選択し使っています。しかし、Javaプログラミング言語の専門用語では、（Javaのオブジェクト設計に関連する）メソッドと呼ぶことから、8章のオブジェクトに入ると、オブジェクト内部の関数を記述するのにメソッドという用語を使います。

本章で取り上げる関数について詳しく説明する前に、上記の『スペースインベーダー』の擬似コードを実際のコードに変換し、draw()の中に入れてみます。関数を使うことで、次のように、記述することができます。

```
void draw() {
  background(0);
  drawSpaceShip();      ← draw()内部で、作成した関数を呼び出します！
  drawEnemies();
  moveShip();
  moveEnemies();
}
```

関数を用いることでコードの管理がしやすくなります。それによって私たちの作業も楽になります。とはいえ、重要な箇所、つまり関数の**定義**が欠けています。関数の呼び出しは、これまでやってきたことです。line()、rect()、fill()などと書く時は、いつもこれを行っているのです。新しく「作られた」関数を定義することは、作業が増えることになります。

細かいところを見ていく前に、なぜ、自分で関数を書くことがそれほど重要なのかを、よく考えてみましょう。

モジュール性

関数は、大規模なプログラムを小さなパーツに分解することで、コードをより管理しやすく、読みやすくするものです。例えば、いったん宇宙船の描き方が分かると、宇宙船を描くコードの塊を取り出すことができ、そのコードを関数内に格納しておき、必要になった時にいつでも（操作の詳細を心配することなく）その関数を呼び出せるのです。

再利用性

関数は、コードを入力し直すことなく再利用することができます。2台の宇宙船を使った2人用の『スペースインベーダー』ゲームを作る場合を考えてみましょう。drawSpaceShip()関数を複数回呼び出すことでコードを何度も繰り返すことなく、再利用できるのです。

本章では、関数を使わず書かれたいくつかの以前のスケッチを見ていき、関数を取り入れることで、モジュール性と再利用性の力を示していきます。加えて、関数内はローカル変数の使用を必要とする独立したコードブロックであることから、ローカル変数とグローバル変数の区別を明確にします。最後に、関数を使ってZoogのストーリーを続けていきます。

練習問題7-1

以下に答えを書いてください。

レッスン2のプロジェクトで、どんな関数を書きますか？	Pongゲームをプログラムするために、どんな関数を書きますか？

7.2 「ユーザー定義」関数

Processingで、皆さんは最初からずっと関数を使ってきたのです。line(0, 0, 200, 200);とプログラムした時は、Processing環境の組み込み関数である、line()関数を呼び出しているのです。line()関数を呼び出すことにより線を描けることは、魔法のように存在しているのではありません。誰かが、どこかで、Processingがどのように線を表示するべきかを定義したのです。Processingの強みのひとつは、本書の最初の6章を通して見てきたように、利用可能な関数のライブラリがあることです。ではここで、Processingの組み込み関数を超えて、自分の**ユーザー定義**（別名「お手製の」）関数を書くことに話を進めましょう。

7.3　関数を定義する

関数の定義（「宣言」とも言われます）は、3つの部分からなります。

- 戻り値の型
- 関数名
- パラメータ

それは、次のような形式です。

```
戻り値の型 関数名(パラメータ) {
    // 関数のコード本体
}
```

> **デジャブ？**
>
> 　3章で紹介した、setup()とdraw()関数を覚えていますか？ それらは、今学んでいるものと同じ形式に従っていることに気づくでしょう。
> 　setup()とdraw()は、皆さん自身で定義する関数で、スケッチを実行するためにProcessingによって自動的に呼び出されものです。書かれるその他の関数は、すべて書いた人によって呼び出されるはずです。

ここでは、**関数名**と**コード本体**にのみ集中し、戻り値の型とパラメータは無視しましょう。簡単な例です。

例7-1　関数を定義する

```
void drawBlackCircle() {
  fill(0);
  ellipse(50, 50, 20, 20);
}
```

これは、「位置座標 (50, 50) に黒色の楕円形を描く」という基本的な作業を実行する簡単な関数です。

　関数の名前は任意です。drawBlackCircle()という名前は私が作りました。コード本体は2つの指示で構成されています。これは、関数を定義しているだけであるという点も、意識しておくべき重要な点です。コードは、実行されているプログラムの一部から実際に関数が呼び出されるまで何も起こりません。関数は、関数の名前を参照すること、つまり関数を呼び出すことにより実行されます。それを**例7-2**に示します。

例7-2　関数の呼び出し

```
void draw() {
```

```
  background(255);
  drawBlackCircle();
}
```

練習問題7-2

Zoog（もしくは、各自のデザインしたグラフィック）を表示する関数を書いてください。draw()内で、作成した関数を呼び出してください。

```
void setup() {
  size(200, 200);
}

void draw() {
  background(0);

  _____

}
_____  _____  _____ {




_____
```

7.4　簡単なモジュール性

　プログラムをモジュール化した部品へ分解するひとつの方法を示すために、5章の跳ね返るボールの例を取り上げ、関数を使って書き換えてみましょう。作業しやすいように**例5-6**を**例7-3**に再掲します。

例7-3　跳ね返りボール

```
// グローバル変数を宣言する
int x = 0;
int speed = 1;

void setup() {
  size(200, 200);
}

void draw() {
  background(255);
```

```
  // speedでxを変える                    ← ボールを動かします！
  x = x + speed;

  // それが端に到達したら                ← ボールが跳ね返ります！
  // speedを反転する
  if ((x > width) || (x < 0)) {
    speed = speed * -1;
  }

  // x位置に円を表示する                 ← ボールを表示します！
  stroke(0);
  fill(175);
  ellipse(x, 100, 32, 32);
}
```

どのようにコードを関数に分けたいか決めてしまえば、draw()からその箇所を取り出し、その取り出した部分を関数の定義内に挿入し、それら関数をdraw()内で呼び出すことができるのです。関数は、一般的にdraw()の下に書かれます。

例7-4　関数を使った跳ね返りボール

```
// すべてのグローバル変数を宣言する(現状を維持する)
int x = 0;
int speed = 1;

// setupは変更しない
void setup() {
  size(200, 200);
}

void draw() {
  background(255);
  move();                  ← ボールに関するすべてのコードをdraw()内に書くので
  bounce();                  はなく、単に3つの関数を呼び出します。どうやって、
  display();                 これら関数の名前を知ったのでしょう？ 自分で作った
}                            からです！

// ボールを動かすための関数
void move() {            ← 関数は、どこに置かれるべきでしょう？ 自分で作った
  // x位置をspeedで変える    関数をsetup()とdraw()のコードブロック外のどこ
  x = x + speed;            にでも定義できます。ただ、慣例では、その関数の定義
}                           はdraw()の下に置きます。

// ボールが跳ね返るための関数
void bounce() {
  //それが端に到達したら、speedを反転する
  if ((x > width) || (x < 0)) {
    speed = speed * -1;
  }
}
```

```
}
// ボールを表示するための関数
void display() {
  stroke(0);
  fill(175);
  ellipse(x, 100, 32, 32);
}
```

　draw()がいかに簡単になったか気づいたでしょう。コードは、関数の**呼び出し**のみになり、変数がどのように変化するか、図形が表示されるかについての詳細は、関数の**定義**に書かれています。この主な利点のひとつは、プログラマーが穏やかな気持ちでいられることです。例えば、このプログラムをカリブで2週間過ごす休暇の出発直前に書いていたとすると、よく日焼けして戻ってきた時、よく管理された読みやすいコードを見て喜ぶことでしょう。ボールの描画方法を変更するには、すべての長いコード内を探索したり、プログラムの残りの部分を気にすることなく、display()関数を編集するだけでよいのです。例えば、display()を次のコードで置き換えてみましょう。

```
void display() {              ◁── 図形の表示を変えたいなら、スケッチの他のすべての主
  background(255);                要箇所はそのまま残して、display()関数を書き換え
  rectMode(CENTER);               ることができます。
  noFill();
  stroke(0);
  rect(x, y, 32, 32);
  fill(255);
  rect(x-4, y-4, 4, 4);
  rect(x+4, y-4, 4, 4);
  line(x-4, y+4, x+4, y+4);
}
```

　関数を使うもうひとつの利点は、デバッグが非常に簡単にできることです。跳ね返りボール関数が適切に動作しなかった場合はどうするか想像してみてください。問題を見つけるために、プログラムの一部を有効にしたり無効にしたりする選択肢があります。例えば、move()とbounce()をコメントにし、display()だけのプログラムを単に実行してもよいでしょう。

```
void draw() {
  background(0);
  // move();         ◁── 関数は、それらがバグの原因かどうか特定するために、
  // bounce();           コメントにすることもできます。
  display();
}
```

　move()とbounce()の関数定義は、コメントにしても依然存在していますが、関数を呼び出していないだけです。関数の呼び出しをひとつずつ追加し、そのたびにスケッチを実行することで、問題を含むコードの場所をより簡単に見つけることができるのです。

練習問題 7-3

自分で書いた Processing のプログラムを選び、上述のように関数を使ってそれをモジュール化してください。次のスペースを関数のリストを作るために使ってください。

_____

_____

_____

_____

_____

7.5 引数

　数ページ前で「戻り値の型とパラメータを無視しましょう」と言いました。これは、基礎的な部分に着目することで関数を簡単に考えるためでした。しかし、関数は単にプログラムをパーツに分解するよりも、より大きな力を秘めています。その力を引き出すキーのひとつは、**引数**と**パラメータ**の概念です。

　引数は、関数に「渡される」値です。引数は、関数がその仕事をするのに必要な入力として考えられます。ある生き物を歩数で移動させる関数は、何歩動かしたいのか知る必要があります。単に「移動せよ」とだけ言うのではなく、「10歩移動せよ」と言ったとすると、「10」が引数なのです。

　「move（移動）」関数を定義する時、各引数に名前を与えることが必要です。そのようにして、関数定義で自分が名前を付けたパラメータに、呼び出し側で渡した値（引数）が設定されます。それを示すために、まずパラメータを含むように drawBlackCircle() を書き換えてみましょう。

```
void drawBlackCircle(int diameter) {
  fill(0);
  ellipse(50, 50, diameter, diameter);
}
```

> diameterは、関数drawBlcackCircle()のパラメータです。

　パラメータは、単に関数定義の括弧内で行われる変数の宣言です。この変数は、**ローカル変数**（6.5節で説明したのを覚えていますか？）で、その関数内（そしてその関数内だけで）使用されるものです。黒の円は、その関数を呼び出した時にその関数に渡した値が、自動的に割り当てられた diameter の値によって大きさが決まります。例えば、drawBlackCircle(100) とした時は、100という値が引数となります。その100は、パラメータ diameter に割り当てられ、関数は円を描くために diameter を使います。drawBlackCircle(80) と呼び出した時は、引数80がパラメータ diameter に割り当てられ、そして関数本体で円を描くために、diameter を使います。

```
drawBlackCircle(16);    // 16の直径で円を描く
drawBlackCircle(32);    // 32の直径で円を描く
```

もちろん、他の変数や数式の結果（mouseX 割る10 など）を渡すこともできます。例えば、以下のように行います。

```
drawBlackCircle(mouseX / 10);
```

ところで、これは初めてProcessingで描画を行った1章で、まさに行ったことなのです。例えば、線を描く場合に「線を描け」と言うだけでは十分ではありません。正しくは、「ある点(x,y)から別の点(x,y)まで線を描け」と言わなければなりませんでした。**4つの引数**が、必要でした。

```
line(10, 25, 100, 75);    // (10, 25)から(100, 75)へ線を描け
```

こことの主な違いは、line()関数の定義を書かなかったということです。Processingの制作者たちがそれを書いているので、皆さんがProcessingのソースコードを掘り下げて調査すれば、**4つのパラメータ**を持つ関数の定義を見つけられます。

```
void line(float x1, float y1, float x2, float y2) {
    // この関数は、線の端点(x1, y1)と(x2, y2)を定義した
    // 4つのパラメータを必要とします！
}
```

パラメータにより、関数をより柔軟に使え、その結果、関数は再利用可能になります。これを示すために、図形の集まりを描くコードを詳しく見ていき、関数がいかにして同じコードを繰り返し入力せず、多様なバージョンの図案を描けるかについて調べてみましょう。

しばらく、Zoogから離れ、（**図7-1**に示すように、上から見た）車に見立てた次の図案について考えてみましょう。

```
size(200, 200);
background(255);
int x = 100;              // x位置
int y = 100;              // y位置
int thesize = 64;         // 大きさ
int offset = thesize/4;   // 車に対応した車輪の配置

// 車体を描く（すなわち、rect）
rectMode(CENTER);
stroke(0);
fill(175);
rect(x, y, thesize, thesize/2);

// 中心に対応する4つの車輪を描く
fill(0);
rect(x - offset, y - offset, offset, offset/2);
rect(x + offset, y - offset, offset, offset/2);
```

> 車の図形は、5つの矩形からできています。ひとつの大きな矩形が中央にあり….

> ….そして、4つの車輪を外側に。

```
rect(x - offset, y + offset, offset, offset/2);
rect(x + offset, y + offset, offset, offset/2);
```

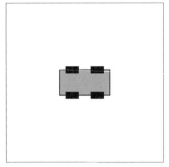

図7-1

2台目の車を描くために、**図7-2**に示すように、異なる値で上記のコードを繰り返します。

```
x = 50;                    // x位置
y = 50;                    // y位置
thesize = 24;              // 大きさ
offset = thesize/4;        // 車に対応した車輪の配置

// 車体を描く（すなわち、rect）      ← コードのすべての行が2台目の車を描くために、繰り返
rectMode(CENTER);                      されます。
stroke(0);
fill(175);
rect(x, y, thesize, thesize/2);

// 中心に対応する4つの車輪を描く
fill(0);
rect(x - offset, y - offset, offset, offset/2);
rect(x + offset, y - offset, offset, offset/2);
rect(x - offset, y + offset, offset, offset/2);
rect(x + offset, y + offset, offset, offset/2);
```

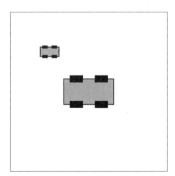

図7-2

　このコードがどこに向かっているのか、明確なはずです。結局は、同じことを2回繰り返しているのです。なぜ、わざわざコードを繰り返し入力しなくてはならないのでしょうか？ それ

を解決するために、そのコードを関数内に移動し、またその関数は、いくつかのパラメータ（位置、大きさ、そして色）によって車を表示します。

```
void drawCar(int x, int y, int theSize, color c) {
  // ローカル変数offsetを使う
  int offset = theSize/4;   ← ローカル変数は関数内で宣言され、使用できます！
  // 車体を描く
  rectMode(CENTER);
  stroke(200);                このコードは関数の定義です。関数drawCar()は、「水
  fill(c);                ←  平位置」「垂直位置」「大きさ」「色」の4つの引数に基づき、
  rect(x, y, theSize, theSize/2);  車の図形を描きます。
  // 中心に対応する4つの車輪を描く
  fill(200);
  rect(x - offset, y - offset, offset, offset/2);
  rect(x + offset, y - offset, offset, offset/2);
  rect(x - offset, y + offset, offset, offset/2);
  rect(x + offset, y + offset, offset, offset/2);
}
```

draw()関数内で、3回drawCar()関数を呼び、毎回4つの**引数**を渡します。**図7-3**の出力結果を見てください。

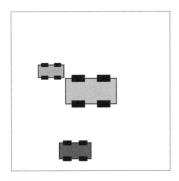

図7-3

```
void setup() {
  size(200, 200);
}

void draw() {
  background(255);
  drawCar(100, 100, 64, color(200, 200, 0));
  drawCar(50, 75, 32, color(0, 200, 100));
  drawCar(80, 175, 40, color(200, 0, 0));   ← このコードは、パラメータに則した順番で具体的
}                                               な値を与え、関数を3回呼び出しています。
```

厳密に言うと、**パラメータ**は、void drawCar(int x, int y, int thesize, color c)のように、関数を定義している括弧内にある変数のことです。一方**引数**は、void drawCar(80, 175, 40, color(100, 0, 100))のように、関数が呼ばれる時、関数に渡される値のことです。引数とパラメータの意味的な違いは、些細なものなので、これら2

つの語が使われるたびに混乱するのであれば、あまり深刻に考えないほうがよいでしょう。

注目すべき概念は、引数を**渡す**ことの利便性です。このテクニックを難なく使いこなせるようになると、プログラミングの知識も進歩します。

渡すという言葉の意味を見ていきましょう。素敵な晴れた日に公園で友人とキャッチボールをしていることを想像してみてください。あなたはボールを持っているとします。あなた（メインプログラム）が、関数（友人）を呼び、そしてボール（引数）を渡すのです。今度は、友人（関数）が、ボール（引数）を持っていて、彼もしくは彼女（関数内のコード自身）は、それをどのようにでも使うことができるのです。図7-4を見てください。

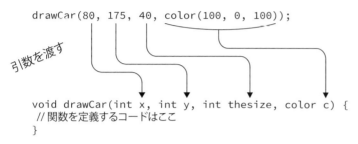

図7-4

引数を渡す際に覚えておくべき重要事項

- 関数のパラメータを定義したのと同じ順番で同じ数の引数を渡さなくてはなりません。
- 引数を渡す際、関数の定義内のパラメータで宣言された**型**と同じでなくてはなりません。整数には整数を渡さなくてはなりませんし、浮動小数点数には浮動小数点数を渡さなくてはなりません。
- 関数に渡す値は、具体的な値（20、5、4.3など）、変数（x、yなど）、または、式の結果（8 + 3、4 * x/2、random(0, 10)など）です。
- パラメータは、関数のローカル変数として機能し、関数内でのみ利用可能です。

練習問題7-4

次の関数は、3つの数を取り、それらを加えメッセージウィンドウに和を表示します。

```
void sum(int a, int b, int c) {
  int total = a + b + c;
  println(total);
}
```

上記の関数の定義を見て、その関数を呼び出すコードを書いてください。

練習問題7-5

では、先ほどとは反対の問題です。以下に、ある関数を前提とした1行のコードがあります。それは2つの数を取り、それらを掛け合わせた結果をメッセージウィンドウに表示します。この関数の呼び出しと対になる関数の定義を書いてください。

```
multiply(5.2, 9.0);
```

_____

_____

_____

練習問題7-6

花のデザインを作ってください。花の見た目（丈、色、花びらの数など）がパラメータで変化する関数を書けるでしょうか？ もし異なる引数で、複数回その関数を呼び出すことができたら、さまざまな種類の花で庭を作れますか？

7.6 コピーを渡す

「キャッチボール」の比喩には、若干の問題があります。本当は次のように言うべきなのです。ボール（引数）を投げる前に、2つ目のボール（引数のコピー）を用意し、受け取り側（関数）にそれを渡すのです。

プリミティブ型の値（`int`、`float`、`char`など）を関数に渡す時は常に、実際には値そのものを渡すのではなく、その変数のコピーを渡しているのです。それは、ハードコードされた値を渡す場合には、些細な差異でしかありませんが、変数を渡す時は些細なことではなくなります。

次のコードは、ひとつのパラメータ（浮動小数点数）を受け取る`randomizer()`という名前の関数で、–2から2までの間の乱数をそのパラメータに加える関数です。以下は、擬似コードです。

- `num`は、数値10です。
- `num`は、10と表示されます。
- `num`のコピーは、`randomizer()`関数の`newnum`というパラメータに渡されます。
- `randomizer()`関数内で、
  — 乱数が`newnum`に加えられます。
  — `newnum`は、10.34232と表示されます。
- `num`が再び表示されます。まだ10です！ コピーが`newnum`に送られたため、`num`は変更されていません。

そして、実際のコードです。

```
void setup() {
  float num = 10;
  println("The number is: " + num);
  randomizer(num);
  println("The number is: " + num);
}

void randomizer(float newnum) {
  newnum = newnum + random(-2, 2);
  println("The new number is: " + newnum);
}
```

変数 num が、変数 newnum に渡され、すぐに値を変更したとしても、変数 num の元の値は、コピーが作られたことから影響を受けませんでした。

私は、この処理のことを「コピーで渡す」と好んで言いますが、「値で渡す」と言うのがより一般的です。これは、すべてのプリミティブ型データ（これまで説明してきた、整数、浮動小数点数などの種類）のみに当てはまりますが、次章で学ぶ**オブジェクト**では若干異なります。

この例は、関数を使う時のプログラムの**流れ**を見る良い例でもあります。コードは、行が書かれた順に実行されますが、関数が呼び出された時は、コードが現在実行中の行を離れ、関数内の行を実行してから中断したところに戻ってきます。以下は、上述の例の流れについての説明です。

1. num に 10 を設定します。
2. num の値を表示します。
3. 関数 randomizer を呼び出します。
   a. newnum に乱数を加えた値を新しい newnum の値として設定します。
   b. newnum の値を表示します。
4. num の値を表示します。

練習問題 7-7

ここに書かれたプログラムの出力結果を、メッセージウィンドウに書き出すことで何が表示されるか予想してください。

```
void setup() {
  println("a");
  function1();
  println("b");
}

void draw() {
  println("c");
  function2();
  println("d");
```

```
    function1();
    noLoop();
}
void function1() {
    println("e");
    println("f");
}

void function2() {
    println("g");
    function1();
    println("h");
}
```

> 新出です！ noLoop()は、Processingに組み込まれた関数で、draw()がループするのを止めます。この場合、draw()が一度だけ実行することを保証するために使っています。コード内の他の場所でloop()関数を呼ぶことで再開できます。

> 関数内から関数を呼ぶことは、まったく理にかなっています。実際に、setup()やdraw()内から関数を呼び出す時に、いつもやっていることです。

出力:

1: _____   7: _____

2: _____   8: _____

3: _____   9: _____

4: _____   10: _____

5: _____   11: _____

6: _____   12: _____

7.7 戻り値の型

これまで、どのようにして関数がスケッチから小さなパーツに分けられ、また、そのパーツを再利用可能にするために、引数と組み合わせるかについて見てきました。しかし、今までの説明でまだ解決されていないことがひとつあります。それは、最初からずっと疑問に思っている「voidの意味はなんだろう？」という問いに対する答えです。

思い出すために、関数の定義の構造をもう一度見てみましょう。

```
戻り値の型 関数名(パラメータ){
    // 関数のコード本体
}
```

では、ここで関数のひとつを見てみましょう。

```
void drawCar(int x, int y, int theSize, color c) {
    int offset = theSize/4;
    // 車体を描く
    rectMode(CENTER);
    stroke(200);
    fill(c);
    // 中心に対応する4つの車輪を描く
```

```
    fill(200);
    rect(x - offset, y - offset, offset, offset/2);
    rect(x + offset, y - offset, offset, offset/2);
    rect(x - offset, y + offset, offset, offset/2);
    rect(x + offset, y + offset, offset, offset/2);
}
```

drawCarは**関数名**、xは関数の**パラメータ**、そしてvoidは戻り値の型です。ここまでで定義したすべての関数は、戻り値の型を持っていませんでした。これがまさにvoidの意味することです。戻り値の型がないのです。しかし、戻り値の型とは何で、いつ必要になってくるのでしょうか？

4章で見たrandom()関数をもう一度思い出してみましょう。関数に0からある値の間の乱数を要求し、random()は、その要求を快く聞き入れ、適切な範囲内で乱数を返しました。random()関数は、値を**返し**ました。その値の型はなんでしょう？ 浮動小数点数です。したがって、random()の場合、その**戻り値の型**は**float**です。

戻り値の型は、関数が戻すデータの型です。random()の場合、戻り値の型を指定しませんでした。というのも、すでにProcessingの制作者がそれをやってくれて、random()のリファレンスページで以下のように説明しているからです。

> random()関数が呼ばれるたびに、指定された範囲内の予測不可能な値を返します。例えば、ひとつの引数が関数に渡されると、0から引数の値の間のfloat値を返します。random(5)として関数を呼ぶと0から5の間の値を返します[*1]。また、2つの引数が渡されたとすると、それらの引数の間のfloat値を返します。つまり、random(-5, 10.2)として関数を呼ぶと、-5から10.2の間の値を返します。
>
> —— http://www.processing.org/reference/random.html より

値を返す関数を書きたい場合、関数の定義でその型を指定しなくてはなりません。簡単な例を作ってみましょう。

```
int sum(int a, int b, int c) {      ← 3つの値を足し合わせるこの関数は、戻り値の型がintです。

    int total = a + b + c;
    return total;                    ← return文が必要です！ 戻り値がある関数は、その型の値を常に返さなくてはなりません。
}
```

先述の例では戻り値の型としてvoidを記述しましたが、ここではintと書きます。これは、関数が整数型の値を返さなくてはならないことを指定しているのです。関数がある値を返すためにはreturn文が必要です。return文は次のように書きます。

```
return 返す値;
```

return文を含めないと、Processingでは次のようなエラーが出ます。

[*1] 訳注：半開区間で、0以上5未満の値を返します。したがって、5は含みません。

- This function must return a result of type int.（この関数は、int 型の結果を返さなくてはなりません）

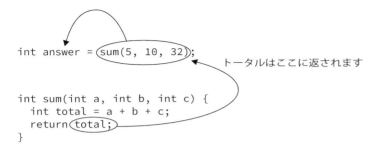

図7-5

return 文が実行されるとすぐに、プログラムの処理は関数を抜け、関数が呼ばれたコードの位置に戻り値を送り返します。その値は、（他の変数に値を与えるために）代入演算や適切な式に使われます（**図7-5**）。例をいくつか示します。

```
int x = sum(5, 6, 8);
int y = sum(8, 9, 10) * 2;
int z = sum(x, y, 40);
line(100, 100, 110, sum(x, y, z));
```

公園でのキャッチボールの例を再度出したくはありませんが、次のように考えることができます。あなた（**メインプログラム**）が、友人（**関数**）にボールのコピーを投げます。友人はそのボールを受け取った後、彼/彼女は一瞬考え、ボールの中に数を入れ（**戻り値**）、あなたに投げ返すのです。

値を返す関数は、慣例では、一連のプログラムを通し何度も計算する必要がある複雑な計算を実行するために使われます。その一例が、2点間(x1, y1)と(x2, y2)の距離を計算するものです。ピクセル間の距離は、インタラクティブ性を持つアプリケーションにおいて非常に有用な情報です。実際にProcessingには、dist()と呼ばれる、距離を計算する組み込み関数があります。

```
float d = dist(100, 100, mouseX, mouseY);
```
（100, 100）と (mouseX, mouseY) の間の距離を計算します。

このコードは、マウスの位置と点(100, 100)との間の距離を計算します。しばらく、Processingがライブラリ内にこの関数を含んでいないものとして話を進めましょう。この関数がないと、**図7-6**に示すようなピタゴラスの定理を使い、手動でその距離を計算しなくてはなりません。

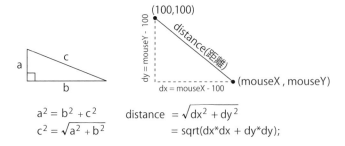

図7-6

```
    float dx = mouseX - 100;
    float dy = mouseY - 100;
    float d = sqrt(dx*dx + dy*dy);
```

一連のプログラム内で、多くの異なる座標のペアで何度もこの計算を実行したい場合は、その計算をdという値を返す関数に移すのがより簡単です。

```
    float distance(float x1, float y1, float x2, float y2) {
      float dx = x1 - x2;
      float dy = y1 - y2;
      float d = sqrt(dx*dx + dy*dy);
      return d;
    }
```

> Processingのdist()関数に代わる、私たちのユーザー定義関数です。

float型の戻り値を使っている点に注意しましょう。繰り返しになりますが、Processingではこの関数を提供してくれているので、書く必要はありません。しかし、せっかく関数を書いたので、あえてこの関数を使った例を示してみます。

例7-5　距離を返す関数を使用する

```
void setup() {
  size(200, 200);
}
void draw() {
  background(255);
  stroke(0);
  
  float d = distance(width/2, height/2, mouseX, mouseY);
  
  fill(d*3, d*2, d);
  ellipseMode(CENTER);
  ellipse(width/2, height/2, 100, 100);
}
float distance(float x1, float y1, float x2, float y2) {
  float dx = x1 - x2;
```

> distance()関数の結果は、円の色に使われます。代わりに組み込み関数のdist()を使うことができたのですが、値を返す関数をどのように定義するかを実際にやって見せています。

```
  float dy = y1 - y2;
  float d = sqrt(dx*dx + dy*dy);
  return d;
}
```

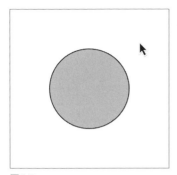

図7-7

練習問題7-8

華氏（F）の引数をひとつ取る関数を書き、次の式の結果を計算してください（温度を摂氏に変換します）。

ヒント：Processingでは、整数を整数で割るとその計算結果は整数となり、浮動小数点数でも同様です。つまり、1/2は0となり、1.0/2.0は0.5となります。

```
// 式: C = (F - 32) * (5/9)

_____ convertToCelsius(float _____) {

  _____ _____ = _____

  _____

}
```

7.8 Zoogの再編成

Zoogは、かなり大がかりなオーバーホールの段階に来ています。

- drawZoog()とjiggleZoog()という、2つの関数でZoogを再編成します。変化を持たせるために、前後にはね返る動きではなく、軽く揺れる（xとyの両方向にランダムに動く）Zoogを作ります。
- Zoogの振動は、mouseXの位置によって決定され、目の色はZoogのマウスからの位置によって決まるように、パラメータを組み込みます。

例7-6 関数のZoog

```
float x = 100;
```

```
float y = 100;
float w = 60;
float h = 60;
float eyeSize = 16;

void setup() {
  size(200, 200);
}

void draw() {
  background(255);  // 白い背景を描く

  // マウスからの距離に基づいた色
  float d = dist(x, y, mouseX, mouseY);
  color c = color(d);

  // mouseXの位置は、moveZoog関数の速度要素を決定する
  float factor = constrain(mouseX/10, 0, 5);

  jiggleZoog(factor);
  drawZoog(c);
}

void jiggleZoog(float speed) {
  // Zoogのxとyの位置をランダムに変える
  x = x + random(-1, 1) * speed;
  y = y + random(-1, 1) * speed;

  // Zoogをウィンドウサイズ内に制限する
  x = constrain(x, 0, width);
  y = constrain(y, 0, height);
}

void drawZoog(color eyeColor) {
  // 楕円形と矩形をCENTERモードに設定する
  ellipseMode(CENTER);
  rectMode(CENTER);

  // forループでZoogの腕を描く
  for (float i = y - h/3; i < y + h/2; i += 10) {
    stroke(0);
    line(x - w/4, i, x + w/4, i);
  }

  // Zoogの体を描く
  stroke(0);
  fill(175);
  rect(x, y, w/6, h);

  // Zoogの頭を描く
  stroke(0);
  fill(255);
```

図7-8

> Zoogに関連する変数を変えたり、Zoogを表示するためのコードは、draw()の外側に移動され、ここで呼び出される関数内に移されます。その関数は、「Zoogを次の要素で揺らしなさい」や、「次で指定した目の色でZoogを描きなさい」などといった引数が与えられます。

```
  ellipse(x, y - h, w, h);

  // Zoogの目を描く
  fill(eyeColor);
  ellipse(x - w/3, y - h, eyeSize, eyeSize*2);
  ellipse(x + w/3, y - h, eyeSize, eyeSize*2);

  // Zoogの脚を描く
  stroke(0);
  line(x - w/12, y + h/2, x - w/4, y + h/2 + 10);
  line(x + w/12, y + h/2, x + w/4, y + h/2 + 10);
}
```

練習問題7-9

一連のパラメータに基づいて、Zoogを描く関数を書いてください。いくつかのアイデアは、Zoogのxとy座標、その幅と高さ、目の色などです。

練習問題7-10

もしZoogに飽きてしまったらもうひとつのアイデアは、宇宙船をデザインし、関数に渡す引数に基づいて少し変化を与え、スクリーン上にいくつか描くことです。以下に、そのスクリーンショットと、例としてコードの初めの部分を示しておきます。

```
void setup() {
  size(640, 360);
}

void draw() {
  background(255);
  spaceShip(482, 159, 223);
  spaceShip(126, 89, 93);
  spaceShip(422, 286, 84);
  spaceShip(294, 49, 48);
  spaceShip(162, 220, 151);
}
```

> 3つの引数x、y、sizeしか使っていない点に注意してください。どのようなやり方でもかまわないので、色や窓の数などのパラメータを追加することを考えてみてください。

練習問題7-11

関数を使って、レッスン2のプロジェクトを書き換えてください。

8章
オブジェクト

常に美しい、常に醜いものは世の中に存在しない。
　── オスカー・ワイルド

この章で学ぶこと
- データと機能性の統合
- オブジェクトとは何か？
- クラスとは何か？
- クラスを書く
- オブジェクトを作る
- Processingのタブ機能

8.1 オブジェクト指向プログラミング（OOP）をよく理解する

　Processingにおいて、OOPがどのように動作するのか、その詳細についての説明を始める前に、まずは、「オブジェクト」という概念の簡単な説明をしましょう。それは、新しいプログラミングの基礎の紹介ではないことを理解することが重要です。オブジェクトは、これまで学んできたすべてのこと、変数、条件文、ループ、関数などを使います。本章では、それらを踏まえ、構造化し、そして体系化する方法を新しく学びます。

　例えば、あなたはProcessingでのプログラミングはせず、その代わりに、自分の1日の日程や指示のリストを書き出すとしましょう。それは、次のような書き出しになるでしょう。

- 起きる
- コーヒー（または、紅茶）を飲む
- 朝食を食べる：シリアル、ブルーベリー、豆乳
- 地下鉄に乗る

　何がここに含まれていますか？ 特に、どんな**物**が含まれていますか？ まず、上記の指示を私がどのように書いたかすぐには分からないでしょうが、主となるものは、**あなた**、人間、人です。あなたは、ある属性を示します。おそらく、茶色の髪で、メガネをかけていて、そして

少しだけ真面目そうに見えます。あなたは、起きる（または、寝る）、食べる、もしくは地下鉄に乗るといった動作を行うこともできるでしょう。オブジェクトとは、まさにあなたのような、属性を持っていて、何かを行うことができるものなのです。

　では、それがプログラムとどんな関係があるのでしょうか？オブジェクトの属性は変数であり、オブジェクトが行う何かは関数なのです。オブジェクト指向プログラミングは、1章から7章で取り上げたことすべてを組み合わせたものです。つまり、データと機能性のすべてを合わせてひとつの**もの**にするのです。

　非常に簡単な人間のオブジェクトに必要なデータと機能性を予想して書き出してみましょう。

人間のデータ
- 身長
- 体重
- 性別
- 目の色
- 髪の毛の色

人間の機能
- 寝る
- 起きる
- 食べる
- ある種の交通手段に乗る

　話が先に進みすぎる前に、簡単な形而上学の余談に触れておく必要があります。上記の構造は、人間そのものではありません。それは簡素化した人間の背後にある、考え方、または概念を説明しています。人間であることとは何かについて述べているのです。人間であることとは、身長や髪などの属性を持つこと、寝ること、食べることなど何かを行うということです。これは、プログラミングのオブジェクトにとって非常に重要な特徴です。この人間のテンプレートは、**クラス**（class）と言われています。クラス（class）は、**オブジェクト**（object）とは異なります。あなたは、オブジェクトです。私もオブジェクトです。地下鉄に乗っているあの男もオブジェクトです。アルバート・アインシュタインもオブジェクトです。私たちはみんな人であり、現実世界における人間という概念の**実体**（instance）なのです。

　クッキーの抜き型を考えてみましょう。クッキーの抜き型は、クッキーを作りますが、それはクッキーそのものではありません。クッキーの抜き型は、**クラス**であり、クッキーは**オブジェクト**です。

練習問題 8-1

車をオブジェクトとして考えてみましょう。車はどんなデータを持っていますか？どんな機能を持っていますか？

車のデータ　　　　　　　　　　　　　　車の機能

_____　　　　　_____

_____　　　　　_____

_____　　　　　_____

_____　　　　　_____

_____　　　　　_____

8.2　オブジェクトを使う

クラスそのものの書き方を実際に見ていく前に、メインプログラム内（例えば、setup()とdraw()）でオブジェクトをどのようにして使うのか簡単に見ていきましょう。

7章の車の例に戻り、スケッチの擬似コードは、次のようになっていることを確認しましょう。

データ（グローバル変数）：

- 車の色
- 車のx位置
- 車のy位置
- 車のx方向の速度

Setup（初期化）：

- 車の色を初期化する
- 車のスタート地点の位置を初期化する
- 車の速度を初期化する

Draw（描画）：

- バックグラウンドを塗りつぶす
- 車に色を付けて、ある位置に表示する
- 速度によって車の位置を増加させる

7章では、プログラムの最初にグローバル変数を定義し、それらをsetup()で初期化し、

そしてdraw()で車を移動し、表示するために**関数**を呼び出しました。

オブジェクト指向プログラミングによって、すべての変数と関数をメインプログラムから取り出し、車オブジェクト内にそれらを格納することができます。車オブジェクトは、それ自身のデータである**色**、**位置**、**スピード**を知っています。それがひとつ目の部品です。2つ目の部品は、車オブジェクトが実行する何か、つまりメソッド（オブジェクト内の関数）です。これら2つの部品、言い換えるとそれ自身のデータとメソッドを持つものが、車オブジェクトです。車は、**移動**し、**表示**されます。

オブジェクト指向設計を使うと、次のように擬似コードが改善されます。ここでは、Processingのメインプログラムに当たる部分の擬似コードを示します。

データ（グローバル変数）：
- 車オブジェクト

Setup（初期化）：
- 車オブジェクトを初期化する

Draw（描画）：
- バックグラウンドを塗りつぶす
- 車オブジェクトを表示する
- 車オブジェクトを移動する

最初の例から、すべてのグローバル変数を取り除いた点に、注目してください。車の色、位置、速度の変数を別々に持つのではなく、ここではひとつのCar型変数（擬似コードの車オブジェクト）だけを持っています。そして、これら3つの変数を初期化するのではなく、Carオブジェクトというひとつのものを初期化します。それらの変数は、どこに行ってしまったのでしょうか？ それらは、まだ存在していて、Carオブジェクト（Carクラス内で定義されるので、間もなくそれについても触れます）内でのみ存在します。

擬似コードから先に進むと、スケッチの実際のコードは、次のようになります。

```
Car myCar;    ◁ Processingでのオブジェクト

void setup() {
  myCar = new Car();
}

void draw() {
  background(255);
  myCar.move();
  myCar.display();
}
```

上記コードを詳しく見ていく前に、Carクラス自体がどのように書かれているかを見てみましょう。

8.3 クッキーの抜き型を書く

　上記の簡単な車の例は、Processingでオブジェクトを使うことによって、読みやすいコードがどのように作られるかを示しています。大変な作業は、オブジェクトのテンプレートであるクラスそのものを書くことです。オブジェクト指向プログラミングを初めて学ぶ方にとって、オブジェクトを使わずに書かれたプログラムの機能性をまったく変えることなく、オブジェクトを使ってプログラムを書き換えるのは、とても効果的な練習です。7章の車の例を、まさにオブジェクト指向のやり方で、まったく同じ見た目と動作のプログラムに作り直します。そして、本章の最後に、Zoogをオブジェクトとして作り直します。

　すべてのクラスには、**名前**、**データ**、**コンストラクタ**、**メソッド**の4つの要素が含まれなくてはなりません（厳密には、実際に要求される要素は、クラス名だけですが、オブジェクト指向プログラミングを行うポイントとしては、これらすべてを含めることです）。

　図8-1は、非オブジェクト指向の簡単なスケッチから、どのように要素を取り出し、それらをCarクラス内に配置し、そしてどのようにしてCarクラスからCarオブジェクトを作ることができるかを示しています。

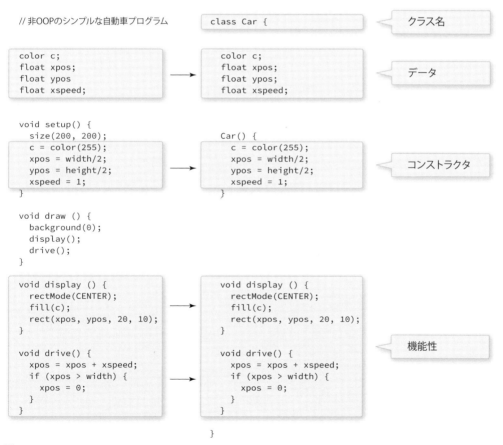

図8-1

クラス名

名前は「class あなたが選んだ任意の名前 {}」と記述します。クラスに必要なすべてのコードを、名前を宣言した後の波括弧内に入れます。クラス名は、慣例として最初の1文字を大文字で表記します（慣例として、小文字で表記する変数名と区別するために）。

データ

クラスのデータは、変数の集まりです。これら変数は、オブジェクトの**インスタンス**それぞれにこの変数一式が含まれていることから、よく**インスタンス変数**と言われます。

コンストラクタ

コンストラクタは、クラス内にある特別な関数で、オブジェクトのインスタンスそのものを作ります。コンストラクタには、オブジェクトをどのように設定するか書きます。Processingのsetup()関数のようなものですが、ここでいうコンストラクタは、新しいオブジェクトがこのクラスから作られるたびに、スケッチ内で個別のオブジェクトを作成するために使われます。コンストラクタは、常にクラスと同じ名前で、new演算子とともに呼び出されます。「Car myCar = new Car();」といったようにです。コンストラクタの呼び出しは、一般的にはCarクラス内ではなく、メインプログラム側で行われます。

機能性

メソッドを書くことによって、オブジェクトに機能性を与えることができます。これらは、7章で説明した方法と同じやり方で、戻り値、名前、パラメータ、メソッド自体のコードからなります。

このクラスのコードは、その独立したブロックとして存在し、setup()とdraw()の外側であればどこにでも置くことができます。

クラスは、新しいコードブロックです！

```
void setup() {
  ...
}
void draw() {
  ...
}
class Car {
  ...
}
```

練習問題8-2

次のHumanクラスの定義の穴埋めをしてください。sleep()関数を使うか、独自の関数を作ってください。例として挙げた車の書き方に従ってください（実際のコードには正解、不正解はありません。その構造こそが重要なのです）。

```
_____ _____ {
  color hairColor;
  float height;

  _____ {

    _____
    _____
  }

  _____ {

    _____
    _____
  }
}
```

8.4　オブジェクトを使う：その詳細

8.2節では、オブジェクトがProcessingスケッチの（setup()やdraw()といった）メイン部分をいかに簡素化できるかを簡単に見てみました。

```
Car myCar;          ◁ ステップ1：オブジェクトを宣言します。

void setup() {
  myCar = new Car();   ◁ ステップ2：オブジェクトを初期化します。
}

void draw() {
  background(255);
  myCar.move();        ◁ ステップ3：オブジェクトを使います。
  myCar.display();
}
```

スケッチでオブジェクトを使う方法を要約している上記3ステップの裏側にある詳細を見ていきましょう。

ステップ1：オブジェクト変数を宣言する

4章を見直すと、変数は、**型**と**名前**を指定することで宣言したことを思い出すでしょう。

```
// 変数宣言
// 型 名前
int var;
```

　上記は、**プリミティブ型**（この場合は整数）を保持する変数の例です。4章で学んだとおり、プリミティブデータ型は、整数、浮動小数点数、文字といった単一の情報です。オブジェクトを保持する変数の宣言は、これに非常に似ています。違いは、型がクラス名であるという点で、この場合はCarです。ちなみに、オブジェクトは、プリミティブ型ではなく、**複合データ型**とみなされます（これは、複数の情報すなわち、データと機能性を格納するからです。なお、プリミティブ型は、データを格納するのみです）。

ステップ2：オブジェクトを初期化する

　変数を初期化する（つまり、最初の値を与える）ために4章を確認し、**変数はあるものに等しい**という代入演算子を使います。

```
// 変数の初期化
// varは10に等しい
var = 10;
```

　オブジェクトを初期化することは、もう少し複雑です。単に整数や浮動小数点数のような変数に、プリミティブ値を割り当てるのではなく、まずは、オブジェクトを作らなくてはなりません。オブジェクトは、new演算子で作られます。

```
// オブジェクトの初期化
myCar = new Car();    ← new演算子が、新しいオブジェクトを作るために使われます。
```

　上記の例で、myCarは、オブジェクト変数の名前で、「=」は、それに何かが等しいと設定していることを意味し、その何かは、Carオブジェクトの新しい（new）インスタンスです。ここで実際に行っているのは、

　(1) Carオブジェクトの生成

　(2) Carオブジェクトの初期化

の両方です。整数などのプリミティブ型の変数を初期化する時、ある数値に等しいとして初期値を設定します。しかし、オブジェクトは複数のデータを含んでいます。前節からのCarクラスを思い出すと、この行のコードが、**コンストラクタ**を呼んでいることが理解できるでしょう。そのコンストラクタは、Car()という名前の特別な関数で、オブジェクトの変数すべてを初期化し[*1]、Carオブジェクトを確実に使えるようにします。我々がコンストラクタに記述する内容は、上記の(2)のみです。

＊1　訳注：厳密には、オブジェクトの変数は言語仕様に従って0やnullで初期化されていて、コンストラクタに記述した分だけがさらに追加で初期化されることになります。コンストラクタに初期化が記述されなかった変数も、実際には初期化されています。

もうひとつ、プリミティブ型のグローバル変数、整数varを（それに10を設定する）初期化し忘れたとすると、Processingは、0をデフォルト値として割り当てます。（myCarなどの）オブジェクト変数は、オブジェクトを初期化し忘れた場合、Processingはnullというデフォルト値を与えます。nullは、無を意味します。0ではありません。負の値でもありません。まったくの無、空です。何も代入していないオブジェクト変数はいかなるオブジェクトも指し示さないのです。もしあなたがメッセージウィンドウでエラーに出くわし、そのエラーがNullPointerExceptionと表示されていたら（そして、これはよくあるエラーです）、そのエラーのほとんどは、オブジェクト変数の初期化を忘れたために起こっています（詳細は付録を見てください）。

ステップ3：オブジェクトを使う

オブジェクト変数の宣言と初期化に成功したら、それを使うことができます。オブジェクトを使うことは、オブジェクトに組み込まれた関数を呼び出すことを意味します。人というオブジェクトは食べることができ、車は走ることができ、犬は吠えることができます。オブジェクトの内部にある関数は、厳密にはJavaで「メソッド」と言われることから、この用語（「7.1 分解する」を参照）を使い始められます。オブジェクト内部のメソッドは、ドットシンタックスを介して呼び出せます。

　　変数名.オブジェクトメソッド(メソッドの引数);

車の場合では、利用できる関数で引数を取るものがないので、次のようになります。

```
myCar.draw();         ← 関数は、「ドットシンタックス」で呼び出されます。
myCar.display();
```

練習問題8-3

Humanクラスがあると仮定します。Humanオブジェクトを宣言するためのコードを書き、またそのHumanオブジェクトのsleep()関数を呼び出したいとします。以下に、そのコードを書いてください。

　　Humanオブジェクトの宣言と初期化：＿＿＿＿＿＿＿＿＿＿＿＿＿＿

　　sleep関数の呼び出し：　　　　　　＿＿＿＿＿＿＿＿＿＿＿＿＿＿

8.5　タブを使ってひとつにまとめる

クラスを定義し、そのクラスから生成したオブジェクトをどのように使うかを説明してきたので、ここでは「8.2 オブジェクトを使う」と「8.3 クッキーの抜き型を書く」からのコードをひとつのスケッチにまとめることができます。

例8-1　CarクラスとCarオブジェクト

```
Car myCar;                              ← Carオブジェクトをグローバル変数として宣言します。

void setup() {
  size(200, 200);

  // Carオブジェクトを初期化する        ← コンストラクタを呼び出すことで、setup()でCarオ
  myCar = new Car();                      ブジェクトを初期化します。
}

void draw() {
  background(255);
  // Carオブジェクトを操作する          ← ドットシンタックスを使いオブジェクトのメソッドを呼び
  myCar.move();                           出すことで、draw()でCarオブジェクトを操作します。

myCar.display();
}

class Car {                             ← 以下の残りのプログラムでクラスを定義します。

  color c;
  float xpos;                           ← 変数
  float ypos;
  float xspeed;

  Car() {                               ← コンストラクタ
    c = color(255);
    xpos = width/2;
    ypos = height/2;
    xspeed = 1;
  }

  void display() {                      ← メソッド
    // 車はただの四角形です
    rectMode(CENTER);
    fill(c);
    rect(xpos, ypos, 20, 10);
  }

  void move() {                         ← メソッド
    xpos = xpos + xspeed;
    if (xpos > width) {
      xpos = 0;
    }
  }
}
```

　Carクラスを含むコードブロックは、プログラムの主要部分（draw()）の下に位置していることに気づくでしょう。この箇所は、「7章 関数」でユーザー定義の関数を置いた場所と同じです。厳密に言うと、コードブロックが完全（波括弧で囲まれている）である限り、順番は

問題ではありません。Carクラスは、setup()の上に来るかもしれませんし、setup()とdraw()の間に来るかもしれません。どの場所でも技術的には正しいのですが、プログラミングをする時、論理的に理解しやすい場所としてコードの下部に置くことから始めるとよいでしょう。Processingは、タブを使うことによって、コードブロックをそれぞれ分離し設置する便利な方法を提供してくれます。

Processingのウィンドウ内のスケッチ名が書かれた隣に、逆三角形を探してください。その三角形をクリックすると、それが**図8-2**のように［新規タブ］オプションを提供しているのが分かります。

図8-2

［新規タブ］を選択すると、**図8-3**に示したように、新しいタブに名前を入力するよう指示されます。

図8-3

好きな名前を選んでもよいのですが、そこに入れようとするクラスにちなんで名付けるのがよいです。また、最初から表示されている標準のタブ（**図8-4**の「ObjectExample」）にはメインとなるコード（`setup()`と`draw()`）を入れ、新しく作成したタブ（「Car」）内には各自のクラスのコードを入力することができます。

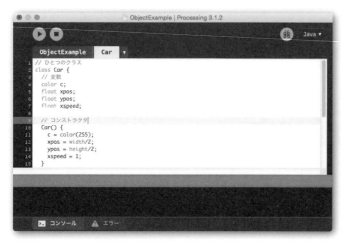

図8-4

タブを切り替えるのは簡単です。タブ名の表示をクリックするだけです。加えて、**8-5**に示すように、新しいタブを作ると、スケッチフォルダ内に新たに`.pde`ファイルが作成されます。プログラムは、`ObjectExample.pde`ファイルと`Car.pde`ファイルの両方を持つことになります。

図8-5

練習問題8-4

複数のタブでスケッチを作ってください。車の例がエラーなく実行されるようにしてください。

8.6 コンストラクタのパラメータ

前述の例で、Carオブジェクトは、**new**演算子とそれに続くクラスの**コンストラクタ**で初期化されました。

```
Car myCar = new Car();
```

これは、オブジェクト指向プログラミングの基本を学ぶための分かりやすい簡単なコードです。しかし、上記のコードには深刻な問題があります。2台のCarオブジェクトでプログラムを書きたい場合について考えてみましょう。

```
Car myCar1 = new Car();     ← 2つのCarオブジェクトを作成します。
Car myCar2 = new Car();
```

これは、コードが2つのCarオブジェクトを生成し、ひとつは変数myCar1に、もうひとつはmyCar2に格納します。しかし、Carクラスを学ぶと、これら2台の車がそれぞれ白色で、スクリーンの中央からスタートし、そして速度が1と同一であることに気づくでしょう。言葉にすると次のようになります。

　　新しい車を作りなさい。

代わりにこう言いたいのです。

　　新しい赤い車を、(0,10)の位置に1のスピードで作りなさい。

そして、次のようにも言えます。

　　新しい青い車を、(0,100)の位置に2のスピードで作りなさい。

そのために、コンストラクタ内に引数を与えます。

```
Car myCar = new Car(color(255, 0, 0), 0, 100, 2);
```

以下の引数を組み込むために、コンストラクタを書き換える必要があります。

```
Car(color tempC, float tempXpos, float tempYpos, float tempXspeed) {
  c = tempC;
  xpos = tempXpos;
  ypos = tempYpos;
  xspeed = tempXspeed;
}
```

経験上、オブジェクト変数を初期化するためにコンストラクタの引数を使うことは、ある意味混乱させるかもしれません。どうか混乱する自分を責めないでください。コードは、奇妙な見た目ですし、ひどく冗長に見えます。「ひとつひとつの変数をコンストラクタで初期化したいために、コンストラクタに渡された一時的な引数を変数に代入することを繰り返さなくてはならないのでしょうか？」

それでもやはり、これは非常に重要な学ぶべきスキルで、最終的には、オブジェクト指向プログラミングをパワフルなものにする要素のひとつなのです。しかしここでは、まだ難しいかもしれません。パラメータを渡すことが、この前後関係においてどのような役割を果たすのか理解するために、もう一度簡単に考え直してみましょう。**図8-6**を見てください。

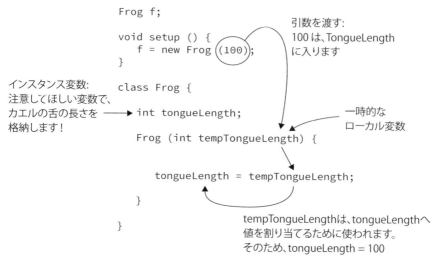

図8-6 舌の長さが100の新しいカエルを作る

　パラメータは、関数本体の内部に使われるローカル変数で、関数が呼び出された時に値が与えられます。例では、パラメータはオブジェクト内で変数を初期化するという、**たったひとつの目的**しかありません。この例では、車の実際の色、x座標等を扱うための変数を初期化しています。コンストラクタのパラメータは、**一時的な**ものであり、オブジェクトが作成されたところで、オブジェクト自体へ単に値を渡すためだけに存在します。

　コンストラクタにパラメータがあることで、同じコンストラクタを使い、さまざまなオブジェクトを作ることができます。パラメータの名前で何が起こっているのか（x vs. tempX）注意するために**temp**というワードを書いてもよいです。多くの例でプログラマーがアンダースコア（x vs. x_）を使っているのも目にするでしょう。本書の最後のほうにある例では、このような方法を用います。もちろん、これらパラメータに好きな名前を付けてよいのです。ただし、自分にとって意味があり、そして一貫性も保つ名前を選ぶことが望ましいです。

　次に、それぞれが固有の属性を持つ複数のオブジェクトのインスタンスを持つように、これまでのプログラムを書き直します。

例8-2　2つの車オブジェクト

```
Car myCar1;      ← 2つのオブジェクト！
Car myCar2;

void setup() {
  size(200, 200);
```

```
  myCar1 = new Car(color(255, 0, 0), 0, 100, 2);
  myCar2 = new Car(color(0, 0, 255), 0, 10, 1);
}

void draw() {
  background(255);
  myCar1.move();
  myCar1.display();
  myCar2.move();
  myCar2.display();
}
```

> 引数は、オブジェクトが生成される時に括弧内に与えられます。

> 複数のオブジェクトがあったとしても、依然ひとつのクラスだけを必要とします。いくつクッキーを作ろうとも、必要なクッキーの型はひとつだけです。オブジェクト指向プログラミングは素晴らしいと思いませんか？

```
class Car {

  color c;
  float xpos;
  float ypos;
  float xspeed;

  Car(color tempC, float tempXpos, float tempYpos, float tempXspeed) {
    c = tempC;
    xpos = tempXpos;
    ypos = tempYpos;
    xspeed = tempXspeed;
  }

  void display() {
    stroke(0);
    fill(c);
    rectMode(CENTER);
    rect(xpos, ypos, 20, 10);
  }

  void move() {
    xpos = xpos + xspeed;
    if (xpos > width) {
      xpos = 0;
    }
  }
}
```

> コンストラクタはパラメータで定義されます。

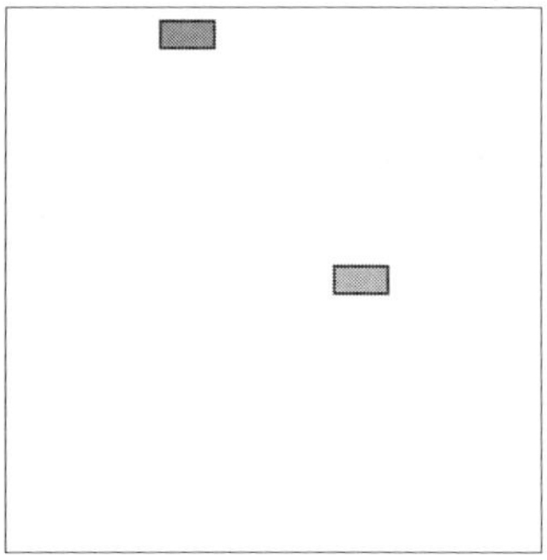

図8-7

練習問題8-5

「5章 条件文」から重力の例を、Ballクラスとオブジェクトを使って書き直してください。作業を始めやすいように、元の例を再掲します。動作するオブジェクトをひとつ作ったら、クラスを変更せずに2つのオブジェクトを作ってみてください！ 色や大きさの変数をクラスに追加できるでしょうか？

```
_____ _____;
float gravity = 0.1;

void setup() {
  size(200, 200);
  ball = new _____(50, 0);
}

void draw() {
  background(255);
  ball.display();
  _____
}

_____ {
  float x;
  _____
  float speed;
  ____(____,____,____) {
    x = ____;
    _____
    speed = 0;
  }

  void _____() {
    _____
    _____
    _____
  }

  _____
  _____
  _____
  _____
  _____
}
```

```
// 簡単な重力の例
// (x,y)座標
float x = 100;
float y = 0;

// 開始速度
float speed = 0;
// 重力
float gravity = 0.1;

void setup() {
  size(200, 200);
}

void draw() {
  background(255);

  // 円を表示する
  fill(175);
  stroke(0);
  ellipse(x, y, 10, 10);

  // y座標へ速度を加算する
  y = y + speed;
  //速度に重力を加算する
  speed = speed + gravity;

  //四角形がウィンドウの下端に到達したら
  // 速度を反転する
  if (y > height) {
    speed = speed * -0.95;
    y = height;
  }
}
```

8.7　オブジェクトはデータ型でもある！

　これは、皆さんにとって初めてのオブジェクト指向プログラミング体験なので、気軽に取り組んでほしいのです。本章の例は、すべてひとつのクラスとそのクラスから2つや3つのオブジェクトを生成することを扱ってきました。とはいえ、実際にはその数に制限はないのです。Processingのスケッチは、書きたいだけクラスを含むことができます。例えば、『スペースインベーダー』をプログラミングしていたとすると、ゲーム内でそれぞれ実在するオブジェクトに使うSpaceshipクラス、Enemyクラス、Bulletクラスを作るでしょう。

加えて、**プリミティブ型**ではないのですが、クラスは整数や浮動小数点数と同じようにデータ型です。そして、クラスがデータから作られていることから、オブジェクトは他のオブジェクトを含むことができます！ 例えば、ForkとSpoonクラスをちょうどプログラミングし終わったと仮定してみましょう。PlaceSettingクラスに進み、そのクラスの内部にForkオブジェクトとSpoonオブジェクトの両方の変数を含めたいとします。これは、オブジェクト指向プログラミングでは、非常に合理的で、かつ一般的なことです。

```
class PlaceSetting {

  Fork fork;        ◁── クラスは、他のオブジェクトをお互いにその変数として含むことができます。
  Spoon spoon;

  PlaceSetting() {
    fork = new Fork();
    spoon = new Spoon();
  }
}
```

　これまでのデータ型と同様に、オブジェクトを関数に引数として渡すこともできます。『スペースインベーダー』の例で、もし宇宙船が弾丸で敵を撃ったとすると、おそらくEnemyクラスの内部で敵が弾丸に当たったかどうかを判定するための関数を書きたくなるでしょう。

```
void hit(Bullet b) {     ◁── 関数は、そのパラメータとしてオブジェクトを持つことができます。
  // コードは弾丸が敵に当たったかどうかを決定する
}
```

　「7章 関数」で、プリミティブ値（int、floatなど）が、関数内に渡された時に、変数のコピーが作られ、またオリジナルの変数は、関数内で何が起きようと変わらずそのままであることを説明しました。これは、**値渡し**（pass by value）と言われています。オブジェクトでは、少し違います。オブジェクトが関数内に渡された後、そのオブジェクトに対して変更が加えられたとすると、これらの変更は元となるオブジェクトに影響を及ぼします。オブジェクトをコピーし、それを関数内に渡すのではなく、オブジェクトへの**参照**（リファレンス）のコピーが渡されるのです。参照とは、オブジェクトのデータが格納されているメモリのアドレスだと考えられます。よって、実際に各自の値を持つ2つの異なる変数がありますが、その値は単にひとつのオブジェクトだけを指し示すアドレスなのです。これらオブジェクト変数に対する変更は、同じオブジェクトに影響します。

図8-8

本書を読み進めると、例がより高度になり、複数のオブジェクトを使ってオブジェクトを関数に渡す等の例を目にするでしょう。実際に次章では、オブジェクトのリストの作り方に焦点を当てます。また、「10章 アルゴリズム」では、複数のクラスを含むプロジェクトの開発を段階的に説明していきます。ここでは、本章をZoogで締めるにあたり、ひとつのクラスだけに留めておきましょう。

8.8　オブジェクト指向のZoog

「オブジェクト指向プログラミングはいつ使うべきなのか？」という疑問が必ず持ち上がります。私の答えは**いつも**です。オブジェクトを用いて、ソフトウェアアプリケーション内部の概念をモジュール化や再利用可能なパッケージ内部に構造化することができます。本書のコースを通して、このことを繰り返し、繰り返し、目にします。しかし、オブジェクト指向を利用してすべてのプロジェクトを始めることは常に便利、もしくは必要というわけではありません。プログラミングを学んでいる時は特にそうです。Processingを使うことにより、オブジェクト指向でないコードで、視覚的アイデアを素早く「スケッチ」することができます。

　Processingのプロジェクトを作成する時は常に、ステップバイステップのアプローチをお勧めします。やろうとすることすべてをクラスで書き始める必要はありません。まずは、setup()とdraw()内にコードを書いてアイデアを形にします。何をしたいかと同様に、どのように見えてほしいかのロジックを明確にしてください。プロジェクトが大きくなり始めたら、最初に関数を、そして次にオブジェクトへとコードを再編成する時間を取りましょう。すなわち、スケッチで何を見せ、スクリーン上で何をするかに変更を加えることなく、この再編成プロセス（よく、**リファクタリング**と言われます）に、まとまった貴重な時間を確保しておくことは、非常に良いことです。

　これは、まさしく「1章 ピクセル（画素）」からここまで、宇宙飛行生物Zoogで行っていることです。Zoogの見た目をスケッチし、ある動作を試しました。ここで、私には考えがあり、Zoogをオブジェクトで作り、**リファクタリング**の時間を取ります。このプロセスは、Zoogの将来の人生をより複雑なスケッチとしてプログラミングする時に役立ちます。

　ですから、思い切ってZoogクラスを作る時なのです。私たちの小さなZoogは、ほぼ完全に成長しています。次の例は、ひとつ大きな違いがあるだけで、**例7-6**と実質的には同じです。すべての変数と関数は、少ないコードのsetup()とdraw()とともに、Zoogクラス内に組み込まれます。

例8-3　Zoogオブジェクト

```
Zoog zoog;          ◁ Zoogは、ひとつのオブジェクトです！

void setup() {
  size(200, 200);
  zoog = new Zoog(100, 125, 60, 60, 16);   ◁ Zoogは、コンストラクタ経由で最初の属性が与えられます。
}
```

```
void draw() {
  background(255);
  // mouseXの位置は、速度の要素を決定する
  float factor = constrain(mouseX/10, 0, 5);
  zoog.jiggle(factor);      ←─┤ Zoogは、関数で動作可能です！├
  zoog.display();
}

class Zoog {     ←─┤ Zoogに関するすべてのことは、このひとつのクラスに含まれます。Zoogは、位置、幅、高さ、目の大きさの属性を持っており、また、軽く揺れる、表示する能力を持っています。├

  // Zoogの変数
  float x, y, w, h, eyeSize;

  // Zoogコンストラクタ

  Zoog(float tempX, float tempY, float tempW, float tempH, float tempEyeSize) {
    x = tempX;
    y = tempY;
    w = tempW;
    h = tempH;
    eyeSize = tempEyeSize;
  }

  // Zoogを動かす
  void jiggle(float speed) {
    // Zoogの位置をランダムに変更する
    x = x + random(-1, 1)*speed;
    y = y + random(-1, 1)*speed;

    // Zoogをウィンドウ内に制限する
    x = constrain(x, 0, width);
    y = constrain(y, 0, height);
  }

  // Zoogを表示する
  void display() {
    // 楕円形と矩形をCENTERモードに設定する
    ellipseMode(CENTER);
    rectMode(CENTER);

    // forループでZoogの腕を描く
    for (float i = y - h/3; i < y + h/2; i += 10) {
      stroke(0);
      line(x - w/4, i, x + w/4, i);
    }

    // Zoogの体を描く
    stroke(0);
    fill(175);
    rect(x, y, w/6, h);

    // Zoogの頭を描く
```

```
    stroke(0);
    fill(255);
    ellipse(x, y - h, w, h);
    
    // Zoogの目を描く
    fill(0);
    ellipse(x - w/3, y - h, eyeSize, eyeSize*2);
    ellipse(x + w/3, y - h, eyeSize, eyeSize*2);
    
    // Zoogの脚を描く
    stroke(0);
    line(x - w/12, y + h/2, x - w/4, y + h/2 + 10);
    line(x + w/12, y + h/2, x + w/4, y + h/2 + 10);
  }
}
```

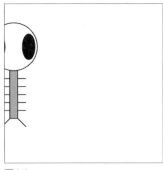

図8-9

練習問題8-6

練習問題8-3を2体のZoogを含むように書き換えてください。それらの見た目や動作を変えられますか？ Zoogの変数として色を加えることを考えてみましょう。

レッスン3の
プロジェクト

❶ 「レッスン2のプロジェクト」を、関数を使ったコードに再編成してください。

❷ クラスとオブジェクト変数を使うことで、一歩進んだコードに再編成してください。

❸ クラスのコンストラクタにパラメータを加え、異なるオブジェクトを2つか3つ作ってみてください。

下の空欄を、プロジェクトのスケッチの設計やメモ、擬似コードを書くのに使ってください。

レッスン4
配列処理

● 9章 配列

9章
配列

私は自分自身をゆっくりと慰めるように、心の底から出てくる美しい格言の数々を繰り返し、聞かせるかもしれない。くだらないそれらを思い出せたらの話なのだけど。
── ドロシー・パーカー

この章で学ぶこと
- 配列とは何か？
- 配列の宣言
- 配列の初期化
- 配列の操作 ── for ループの使用
- オブジェクトの配列

9.1　配列：なぜ気にしないといけないのか？

　ここで、前章のオブジェクト指向プログラミングから、車の例をもう一度考え直してみましょう。ひとつのクラスから作る複数のインスタンス、すなわち2つのオブジェクトを含むプログラムの開発には、非常に多くの労力が必要でした。

```
Car myCar1;
Car myCar2;
```

　それは、まさにコンピュータプログラマーとしての開発人生においてエキサイティングな瞬間でした。しかし、明らかな疑問がひとつ湧いてくるでしょう。どうやってこれを先に進め、100のCarオブジェクトのプログラムを書いたらよいのだろうか？ 扱いやすいコピー＆ペーストで、次のように始まるプログラムを書くかもしれません。

```
Car myCar1;
Car myCar2;
Car myCar3;
Car myCar4;
Car myCar5;
Car myCar6;
Car myCar7;
Car myCar8;
```

```
Car myCar9;
Car myCar10;
Car myCar11;
Car myCar12;
Car myCar13;
Car myCar14;
Car myCar15;
Car myCar16;
Car myCar17;
Car myCar18;
Car myCar19;
Car myCar20;
Car myCar21;
Car myCar22;
Car myCar23;
Car myCar24;
Car myCar25;
Car myCar26;
Car myCar27;
Car myCar28;
Car myCar29;
Car myCar30;
Car myCar31;
Car myCar32;
Car myCar33;
Car myCar34;
Car myCar35;
Car myCar36;
Car myCar37;
Car myCar38;
Car myCar39;
Car myCar40;
Car myCar41;
Car myCar42;
Car myCar43;
Car myCar44;
Car myCar45;
Car myCar46;
Car myCar47;
Car myCar48;
Car myCar49;
Car myCar50;
Car myCar51;
Car myCar52;
Car myCar53;
Car myCar54;
Car myCar55;
Car myCar56;
Car myCar57;
Car myCar58;
Car myCar59;
Car myCar60;
Car myCar61;
```

```
Car myCar62;
Car myCar63;
Car myCar64;
Car myCar65;
Car myCar66;
Car myCar67;
Car myCar68;
Car myCar69;
Car myCar70;
Car myCar71;
Car myCar72;
Car myCar73;
Car myCar74;
Car myCar75;
Car myCar76;
Car myCar77;
Car myCar78;
Car myCar79;
Car myCar80;
Car myCar81;
Car myCar82;
Car myCar83;
Car myCar84;
Car myCar85;
Car myCar86;
Car myCar87;
Car myCar88;
Car myCar89;
Car myCar90;
Car myCar91;
Car myCar92;
Car myCar93;
Car myCar94;
Car myCar95;
Car myCar96;
Car myCar97;
Car myCar98;
Car myCar99;
Car myCar100;
```

　もし、本当に頭痛を起こすような苦労をしたいのであれば、上記を手本として、残りのプログラムの完成に挑戦してみてください。それは、決して楽しい努力ではありませんし、また本書で、その練習をするつもりはまったくありません。

　配列を用いることで、これら100行のコードを1行で扱うことができます。配列は、100個の変数を持つのではなく、変数の**リスト**を含む**ひとつ**のものなのです。

　プログラムが複数の類似したデータのインスタンスを必要とする時は、常に配列を使うべきです。例えば、ゲームでの4人のプレイヤーの得点、デザインソフトでの10種類の色の選択肢、熱帯魚育成シミュレーションでの魚オブジェクトのリストなどを格納しておくために配列は使われます。

練習問題9-1

これまで作成してきたすべてのスケッチを見て、配列を使う利点を見つけ、その理由を書いてください。

_____

_____

_____

_____

_____

9.2　配列とは何か？

4章では、変数はデータを格納しているメモリの場所を指す名前の付いたポインタであると学びました。言い換えると、変数によって、プログラムは後になってからも、必要な情報にアクセスできます。配列はまったく同じですが、ひとつだけ違うのは、変数が単一の情報を指し示すのに対し、配列は複数の情報を指します。図9-1を見てください。

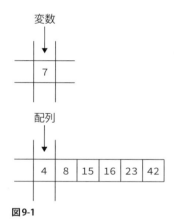

図9-1

ひとつの配列は、変数のリストと考えることができます。注意すべき点は、リストは、2つの重要な理由から便利だということです。まず、リストはリスト自身の要素を記録するということです。次に、リストはそれらの要素（リスト内の1番目、2番目、3番目など）を順番で管理するということです。これは多くのプログラムにおいて非常に重要です。情報の**順番**は、情報そのものと同じくらい重要なのです。

配列において、リストの各要素は、リスト内での位置（要素#1, 要素#2など）を指定するための整数、すなわち固有の**添字（インデックス）**を持ちます。配列の名前はリスト全体を指します。また、各要素にはその位置を指定することでアクセスできます。

図9-2で、0から9までの添字がどうなっているか説明しましょう。配列は全部で10要素あります。最初の要素の番号は0で、最後の要素は9です。おそらく、地団駄を踏み文句を言いたくなるでしょう。「おい、どうして要素の番号が1から10までじゃないんだい？ そのほうが簡単だろう？」と。

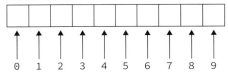

図9-2

1からカウントを始めるべき（そのようなプログラミング言語も実際にあります）と直感的に思うかもしれませんが、厳密に言うと配列の最初の要素は配列のスタートに位置し、配列の始まりからの隔たりが0なので、0から始めます。要素を0から番号付けすることは、多くの**配列操作**（リストの全要素に対し、1行のコードを実行し処理すること）において、非常に便利です。それについて、いくつかの例でもう少し見ていくと、0からカウントする利便性に気づくと思います。

練習問題9-2

1,000の要素を持つ配列の場合、配列の添字の値の範囲はどのようになるでしょう？

答え：＿＿＿＿ から ＿＿＿＿

9.3　配列の宣言と生成

4章で、すべての変数は名前とデータの型を持たなくてはならないと学びました。配列も同様です。ただ、宣言文の書き方は、異なります。データ型の宣言の後に空の角括弧（[]）を置くことで、配列の使用を明示します。では、プリミティブ値の一例である整数の配列から始めてみましょう（どんなデータ型の配列も使えます。またこの後すぐにオブジェクトの配列の作り方を説明します）。図9-3を見てください。

図9-3

図9-3での宣言は、arrayOfIntsが、整数のリストを格納することを示しています。配列名arrayOfIntsは、どんな名前も使えます（「array」という言葉を入れているのは、今ここ

で学んでいる内容を明確に示すためです)。

　ところで、配列の基本的な性質のひとつは、固定されたサイズがあることです。一度、配列のサイズを定義すると、それは決して変えることができません。10個の整数の要素を持つリストは、決して11個目を扱うことはできないのです。しかし、上記のコードでは、配列のサイズを定義しているでしょうか？ いや、していません。コードは、単に配列を宣言しているだけです。それゆえ、実際の配列のインスタンスを特定のサイズで**作成**しなくてはなりません。

　それを行うために、オブジェクトのコンストラクタを呼び出した時と同じ方法で、new 演算子を使います。オブジェクトの場合、「**新しい**（new）Carを作る」とか「**新しい**（new）Zoogを作る」と言います。配列では、「**新しい**（new）整数の配列を作る」や「**新しい**（new）Carオブジェクトの配列を作る」などと言います。**図9-4**の配列の宣言を見てください。

図9-4

　図9-4での配列の宣言により、配列のサイズを指定できます。配列にいくつの要素を保持してほしいか（または厳密に言うと、自分の重要なデータのためにコンピュータ内にどのくらいのメモリを要求するのか）など、それを指示する文は、次のように書きます。new 演算子の次にデータ型、そしてその次に括弧でくくられた中に配列のサイズを記述します。そのサイズは、整数でなくてはなりません。ハードコードした値、（整数型の）変数、もしくは整数となる数式（2+2など）が使用できます。

例9-1　追加の配列の宣言と生成の例

```
float[] scores = new float[4];              // 4つの浮動小数点数のリスト
Human[] people = new Human[100];            // 100のHumanオブジェクトのリスト
int num = 50;
Car[] cars = new Car[num];                  // サイズ指定のための変数使用
Spaceship[] ships = new Shapeship[num*2 + 3]; // サイズ指定のための数式使用
```

練習問題9-3

次の配列の宣言文を書いてみましょう。

　　30の整数：　　　　　＿＿＿＿＿＿＿＿＿＿＿＿＿＿＿
　　100の浮動小数点数：＿＿＿＿＿＿＿＿＿＿＿＿＿＿＿
　　56のZoogオブジェクト：＿＿＿＿＿＿＿＿＿＿＿＿＿＿＿

練習問題9-4

次の配列の宣言で、どれが有効で、どれが無効でしょうか（そしてそれはなぜですか）？

```
int[] numbers = new int[10];            _____

float[] numbers = new float[5 + 6];     _____

int num = 5;
float[] numbers = new int[num];         _____

float num = 5.2;
Car[] cars = new Car[num];              _____

int num = (5 * 6)/2;
float[] numbers = new float[num = 5];   _____

int num = 5;
Zoog[] zoogs = new Zoog[num * 10];      _____
```

ここまで順調に進み、配列の存在を宣言するのに成功しただけでなく、サイズを与えることで、格納するデータの物理的メモリの割り当てもしました。しかし、主要な部分が欠けています。配列に格納するデータそのものです！

9.4 配列の初期化

配列を埋めるひとつの方法は、ハードコードによって値を各配列の位置に格納することです。

例9-2　配列の要素をひとつずつ初期化する

```
int[] stuff = new int[3];

stuff[0] = 8; // 配列の1番目の要素は8
stuff[1] = 3; // 配列の2番目の要素は3
stuff[2] = 1; // 配列の3番目の要素は1
```

上記のように、配列の各要素は、0から始まる添字で指定することで個別に参照されます。そのシンタックスは、配列の名前に、括弧内に閉じられた添字の値が続きます。

配列名[添字]

配列の初期化には、波括弧内にカンマで区切った値のリストを手入力する方法もあります。この記法は、配列名の宣言と同時にしか使用することができません。

例9-3 配列の要素すべてを一度に初期化する

```
int[] arrayOfInts = { 1, 5, 8, 9, 4, 5 } ;
float[] floatArray = { 1.2, 3.5, 2.0, 3.4123, 9.9 } ;
```

練習問題9-5

3つのZoogオブジェクトを格納するための配列を宣言してください。添字を使い配列内の各Zoogオブジェクトを初期化してください。

```
Zoog__ zoogs = new _____[___];

_____[_____] = _____ _____(100, 100, 50, 60, 16);

_____[_____] = _____ _____(_____);

_____[_____] = _____ _____(_____);
```

上述した両方のアプローチは、一般的に使われるものではなく、本書の中でも（ほとんどの例で）見かけることはないでしょう。実際に、どちらの初期化の方法[*1]も章の最初で提起した問題を解決してはいません。100か1,000か1,000,000の要素を持つリストを個別に初期化することを想像してみてください。

解決方法は、配列と**反復**を組み合わせることです。ディング、ディング、ディング。おそらく、大きな鐘の音が、頭の中で鳴り響いていることでしょう。そうです、ループです！（混乱してしまった場合は、6章を見直してください）

9.5 配列の操作

次の問題をしばし考えてみてください。

1. 浮動小数点数の1,000の配列を作成する。
2. 0から10の間の乱数で配列のすべての要素を初期化する。

上記1.については、すでにやり方を知っているはずです。

```
float[] values = new float[1000];
```

ただ、2.で次のように実装することは避けたいのです。

```
values[0] = random(0, 10);
values[1] = random(0, 10);
```

[*1] 訳注：配列の各要素は（オブジェクトのフィールドと同様に）自動で初期化されます。int等の数値なら0で、booleanならfalseで初期化されます。ローカル変数は自動では初期化されないので、参照よりも前に明示的な代入（初期化）が必要ですが、配列の各要素は何らかの初期化が自動でなされるので、初期化が必要（初期化しないとコンパイルが通らない）ということはありません。

```
values[2] = random(0, 10);
values[3] = random(0, 10);
values[4] = random(0, 10);
values[5] = random(0, 10);
// などなど
```

プログラミングしたいことを言葉で説明してみましょう。

0から999までのすべての数nによって、配列に格納されるn番目の要素を、0から10の間の乱数で初期化する。これをコードで書くと、以下のようになります。

```
int n = 0;
values[n] = random(0, 10);
values[n + 1] = random(0, 10);
values[n + 2] = random(0, 10);
values[n + 3] = random(0, 10);
values[n + 4] = random(0, 10);
values[n + 5] = random(0, 10);
```

残念ながら、状況は改善していません。それでも大きな進歩を遂げています。配列の添字を説明するために変数（n）を用いることで、今からは、すべてのn要素を初期化するためにwhileループを適用することができます。

例9-4　配列の全要素を初期化するためにwhileループを使う

```
int n = 0;
while (n < 1000) {
  values[n] = random(0, 10);
  n = n + 1;
}
```

例9-5に示すように、forループを使うと、より簡潔になります。

例9-5　配列の全要素を初期化するためにforループを使う

```
for (int n = 0; n < 1000; n++) {
  values[n] = random(0, 10);
}
```

かつて1,000行だったコードが、今はたった3行です！

どんな型の配列操作でも同じ方法が使え、はるかに簡単に要素を初期化できるのです。例えば、配列を用い、各要素の値を2倍にすることができます（nの代わりに、ここではプログラマーにとってより一般的なiを使います）。

例9-6　ひとつの配列操作

```
for (int i = 0; i < 1000; i++) {
  values[i] = values[i] * 2;
}
```

例9-6では、ハードコードされた値（1,000）を使うというひとつの問題があります。より良いプログラマーになるためには、ハードコードされた値の存在に常に疑問を持つことです。この場合、2,000の要素を持つ配列に変更したいとするとどうでしょう？ もしプログラムが、非常に長く多くの配列操作を行っているとしたら、コード全体を通してこの変更を行わなくてはならないでしょう。幸い、Processingでは、8章のオブジェクトで学んだドットシンタックスを使い、配列のサイズに応じてアクセスする方法を提案しています。length（長さ）は、すべての配列が持つ属性のひとつで、それを次のように記述することでアクセスできます。

　　　配列名 ドット length

配列を削除する時に、lengthを使ってみましょう。それは、すべての値を0でリセットします。

例9-7　ドットlengthを用いることで配列を操作する

```
for (int i = 0; i < values.length; i++) {
  values[i] = 0;
}
```

練習問題9-6

以下のように10個の整数の配列を想定し、

```
int[] nums = { 5, 4, 2, 7, 6, 8, 5, 2, 8, 14 };
```

次の配列操作を実行するコードを書いてください（手がかりの数はさまざまです。[＿＿＿]は、明確に書かれていないからといって、括弧が必要ないということではありません）。

各数を二乗してください（例えば、それ自身の数をかける）

```
for (int i _____; i < _____; i ++) {
  _____[i] = _____*_____;
}
```

0から10までの乱数を各数に加算してください

```
_____

_____ += int(_____);
```

____

配列の各数をそれぞれ次の数に足しあわせてください。配列の最後の値はスキップします

```
for (int i = 0; i < _____; i++) {
  _____ += _____[_____];
}
```

すべての数の総和を計算してください

```
_____ _____ = ____;
for (int i = 0; i < nums.length; i++) {
  _____ += _____;
}
```

9.6 簡単な配列の例：蛇

　マウスを追跡する軌跡をプログラミングするという一見平凡な作業は、最初に思ったほど簡単ではありません。それを解決するには、マウスの位置の履歴を格納する役目の配列が必要となります。2つの配列を使い、ひとつは水平方向、そしてもうひとつは垂直方向のマウスの位置を格納します。直近の50のマウスの位置を格納するとしましょう。

　最初に、2つの配列を宣言します。

```
int[] xpos = new int[50];
int[] ypos = new int[50];
```

　次に、setup()内で、配列を初期化しなくてはなりません。プログラムの開始時には、マウスの動きがないため、とりあえず配列に0を代入します。

```
for (int i = 0; i < xpos.length; i++) {
  xpos[i] = 0;
  ypos[i] = 0;
}
```

　メインのdraw()ループが繰り返されるたびに、現在のマウス位置で配列を更新したいのです。現在のマウス位置を入れるために配列の最後の位置を選びましょう。配列の長さは50で、有効な添字の値の範囲は0～49です。最終位置は添字49、または配列の長さ（length）から1引いたものです。

```
xpos[xpos.length - 1] = mouseX;   ◁── 配列の最終位置は、長さ（length）から1を引いたものです。
ypos[ypos.length - 1] = mouseY;
```

　ここは、難しい部分です。最後（直近）の50個のマウスの位置だけを保存したいのです。配列の最後に現在のマウス位置を格納することで、そこに以前格納されていたものを上書きしてしまいます。マウスが、1フレームの間(10,10)の位置にあり、次のフレーム間で(15,15)にある場合、(10,10)を最後から2番目の位置に、そして(15,15)を最後の位置に入れたいのです。解決策は、配列のすべての要素を、現在の位置を更新する前に、ひとつ前の位置に移動させることです。それを**図9-5**に示します。

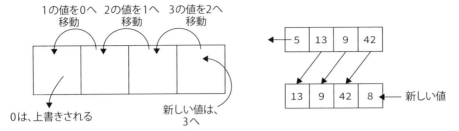

図9-5

添字49の要素は、48へ移動し、48の要素は47へ、47の要素は46へなどと続きます。これは、配列をループさせることにより実行でき、添字iの各要素にi+1の要素の値を設定します。このループは配列の最後の49の要素で止めなければならない点に注意してください。なぜならば、50(49+1)の要素は存在しないからです。つまり、次のような終了条件を与えるのではなく、

```
i < xpos.length;
```

次のようにしなければなりません。

```
i < xpos.length - 1;
```

この配列の移動が実行される完全なコードは、次のとおりです。

```
for (int i = 0; i < xpos.length - 1; i++) {
  xpos[i] = xpos[i + 1];
  ypos[i] = ypos[i + 1];
}
```

ついに、軌跡として一連の円を描くためにマウス位置の履歴を使えるようになりました。xpos配列とypos配列の各要素により、配列内に格納された値に一致したellipseを描きます。

```
for (int i = 0; i < xpos.length; i++) {
  stroke(0);
  fill(175);
  ellipse(xpos[i], ypos[i], 32, 32);
}
```

これをもう少し見栄えの良いものにするために、円の明るさと大きさを配列の位置に合わせることもできます。すなわち、最初の(より古い)値は、明るく、かつ小さく、後のほうの(より新しい)値は、より暗く、かつ大きくすることにします。カウント変数iを使うことで、色とサイズの値を決めることができます。

```
for (int i = 0; i < xpos.length; i++) {
  noStroke();
  fill(255 - i * 5);
  ellipse(xpos[i], ypos[i], i, i);
}
```

すべてのコードをひとつにまとめると、次のような例となり、その結果を**図9-6**に示します。

例9-8　マウスの後を追う蛇

```
// xとyの位置
int[] xpos = new int[50];    ← 50個の要素で2つの配列を宣言します。
int[] ypos = new int[50];

void setup() {
  size(200, 200);

  // 初期化

  for (int i = 0; i < xpos.length; i++) {
    xpos[i] = 0;    ← 各配列のすべての要素を0に初期化します。
    ypos[i] = 0;
  }
}

void draw() {
  background(255);

  // 配列の値を移す
  for (int i = 0; i < xpos.length - 1; i++) {
    xpos[i] = xpos[i + 1];
    ypos[i] = ypos[i + 1];
  }

  // 新しい位置
  xpos[xpos.length - 1] = mouseX;
  ypos[ypos.length - 1] = mouseY;    ← 配列の最後の場所をマウスの位置で更新します。

  // すべてを描画する

  for (int i = 0; i < xpos.length; i++) {
    noStroke();
    fill(255 - i*5);
    ellipse(xpos[i], ypos[i], i, i);    ← 配列の個々の要素で楕円形を描きます。色と大きさは、ループのカウンター「i」により、決まります。
  }
}
```

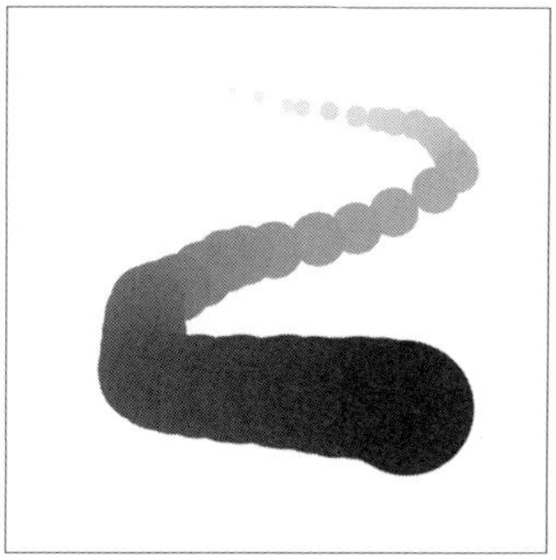

すべての要素の位置を、ひとつずつ前へ移します。xpos[0] = xpos[1]、xpos[1] = xpos = [2] などとします。最後の要素のひとつ前で止めます。

図9-6

練習問題9-7

オブジェクト指向のやり方で、Snakeクラスを使い、マウスの後を追う蛇の例を書き換えてください。少し違う見た目（異なる形状、色、大きさ）の蛇を作れますか？（高度な問題を解決するには、スケッチの一部としてxとy座標を格納するPointクラスを作ります。各Snakeオブジェクトは、別々にxとyの2つの配列を持つのではなく、Pointオブジェクトの配列を持ちます。これは、オブジェクトの配列が必要で、次節で説明します）

9.7　オブジェクトの配列

　もちろん分かっています。「どうやって100個の車オブジェクトを持つプログラムが書けるか」という質問に対し、いまだに完全に答えてはいません。

　オブジェクト指向プログラミングと配列を組み合わせることのもっとも素晴らしい特徴のひとつは、ひとつのオブジェクトから10個のオブジェクトへ、そして10,000個のオブジェクトへプログラムを移行することが簡単にできることです。事実、気をつけさえすれば、Carクラスをまったく変えなくてもよいのです。クラスは、そのクラスからいくつオブジェクトが作られたかなど気にしないのです。では、Carクラスのコードを変更せずにそのまま使うと仮定し、複数のオブジェクトの配列を使うために、ひとつのオブジェクトの時のメインプログラムをどのように拡張していくかを見ていきましょう。

　ひとつのCarオブジェクトの時のメインプログラムをもう一度見てみましょう。

```
Car myCar;

void setup() {
  myCar = new Car(color(255), 0, 100, 2);
}

void draw() {
  background(255);
  myCar.move();
  myCar.display();
}
```

　上記のコードには、3つの段階があり、それぞれ配列の説明を変更する必要があります。

変更前
```
// 車を宣言する
Car myCar;

// 車を初期化する
myCar = new Car(color(255), 0, 100, 2);

// メソッドを呼び出し、車を走らせる
myCar.move();
myCar.display();
```

変更後
```
// 車の配列を宣言する
Car[] cars = new Car[100];

// 配列の各要素を初期化する
for (int i = 0; i < cars.length; i++) {
  cars[i] = new Car(color(i*2), 0, i*2, i);
}

// 配列の各要素を実行する
for (int i = 0; i < cars.length; i++) {
  cars[i].move();
  cars[i].display();
}
```

　上記の変更箇所を含む全コードを**例9-9**に示します。なお、プログラムで示した車の数をどのように変えるかは、配列の定義を変更するだけでできます。それ以外の変更はまったく必要ありません！

例9-9　Carオブジェクトの配列

```
Car[] cars = new Car[100];     ← 100個のCarオブジェクトの配列！
void setup() {
  size(200, 200);

  for (int i = 0; i < cars.length; i++) {
    cars[i] = new Car(color(i*2), 0, i*2, i/20.0);
  }                ← forループで各車を初期化します。
}


void draw() {

  background(255);

  for (int i = 0; i < cars.length; i++) {    ← 100個のCarオブジェクトの配列！
    cars[i].move();
    cars[i].display();
  }
}

class Car {      ← 1台か100台、もしくは1,000台の車を作っていようと、
                    Carクラスは変更されません！
  color c;
  float xpos;
  float ypos;
  float xspeed;

  Car(color c_, float xpos_, float ypos_, float xspeed_) {
    c = c_;
    xpos = xpos_;
    ypos = ypos_;
    xspeed = xspeed_;
  }

  void display() {
    rectMode(CENTER);
    stroke(0);
    fill(c);
    rect(xpos, ypos, 20, 10);
  }

  void move() {
    xpos = xpos + xspeed;
    if (xpos > width) {
      xpos = 0;
    }
  }

}
```

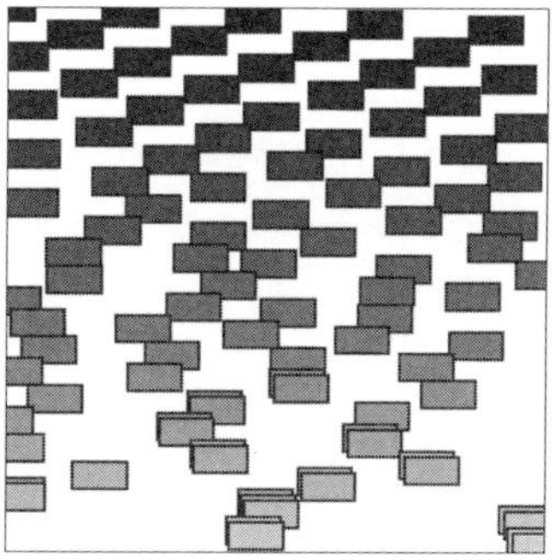

図9-7

9.7　オブジェクトの配列

9.8 インタラクティブなオブジェクト

変数（4章）と条件文（5章）を初めて学んだ時、簡単なロールオーバー効果をプログラムしました。矩形がウィンドウ内に現れ、マウスがその上に乗った時、ある色が表示され、マウスがその上にないと他の色になります。以下は、その簡単な考えを用いた例で、Stripeクラスの中にロールオーバー効果を組み入れます。10の縦縞があり、それぞれが独自のrollover()関数を持つことにより、マウスに個別に反応します。

```
void rollover(int mx, int my) {
  if (mx > x && mx < x + w) {
    mouse = true;
  } else {
    mouse = false;
  }
}
```

この関数は、縦縞内に点(mx,my)が含まれているかどうかをチェックします。縦縞の左端より大きく、そして右端より小さいか？ もしそうであれば、ブーリアン変数mouseには真が設定されます。クラスを設計する時、スイッチのようなオブジェクトの属性を記録するのであれば、ブーリアン変数を使うのが便利です。例えば、Carオブジェクトが走っているかいないか、Zoogはハッピーかハッピーでないか、などです。

このブーリアン変数は、Stripeオブジェクトのdisplay()関数の内部にある条件文で使われ、縦縞の色を決めます。

```
void display() {
  if (mouse) {
    fill(255);
  } else {
    fill(255, 100);
  }
  noStroke();
  rect(x, 0, w, height);
}
```

オブジェクトのrollover()関数を呼ぶ時は、mouseXとmouseYを引数として渡すことができます。

```
stripes[i].rollover(mouseX, mouseY);
```

rollover()関数の内部から直接mouseXとmouseYにアクセスできたとしても、引数を使ったほうがよいのです。そのほうがより柔軟に対応できるためです。Stripeオブジェクトは、その矩形の内部に(x,y)座標が含まれているかどうかをチェックし、判定することができます。この先、マウス以外の他のオブジェクトがその上に乗った時に、縦縞を白に変更させたいと思うことがあるかもしれません。

以下は、完成した「インタラクティブな縦縞」の例です。

例9-10 インタラクティブな縦縞

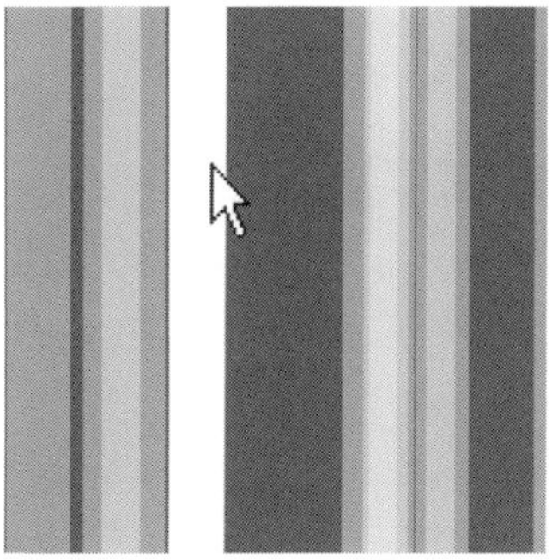

```
Stripe[] stripes = new Stripe[10];
                              ┌─ Stripeオブジェクトの配列 ─┐
void setup() {
  size(200, 200);
  for (int i = 0; i < stripes.length; i++) {
    stripes[i] = new Stripe();
  }
}

void draw() {
  background(100);
  // すべての縦縞を動かし表示する
  for (int i = 0; i < stripes.length; i++) {
    stripes[i].rollover(mouseX, mouseY);
    stripes[i].move();
    stripes[i].display();
  }
}
```

図9-8

Stripeクラスのrollover()関数にマウスの座標を渡すことで、縦縞の上にマウスがあるかどうかをチェックします。

```
class Stripe {
  float x;          // 縦縞の水平方向の位置
  float speed;      // 縦縞の速度
  float w;          // 縦縞の幅
  boolean mouse;    // 縦縞の上にマウスはあるか
```

ブーリアン変数が、オブジェクトの状態を記録します。

```
  Stripe() {
    x = 0;                   // すべての縦縞は0から始まる
    speed = random(1);       // すべての縦縞は、ランダムな正のスピードを持つ
    w = random(10, 30);
    mouse = false;
  }

  void display() {
    if (mouse) {
      fill(255);
    } else {
      fill(255, 100);
    }
    noStroke();
    rect(x, 0, w, height);
  }
```

ブーリアン変数は、縦縞の色を決定します。

```
  void move() {
    x += speed;
    if (x > width + 20) x = -20;
  }

  void rollover(int mx, int my) {
    // 左端はx、右端はx + w
    if (mx > x && mx < x + w) {
      mouse = true;
    } else {
```

この関数は、点(mx,my)が縦縞の内部にあるか(真)、外側か(偽)をチェックします。

9.8 インタラクティブなオブジェクト

```
      mouse = false;
    }
  }
}
```

練習問題 9-8

Buttonクラスを書いてください（非オブジェクト指向のボタンについては練習問題5-5を参照）。Buttonクラスは、マウスがその上で押された時に押されたことを記録し、色を変えます。配列を使って異なる大きさと位置のボタンを作ってみましょう。メインプログラムを書く前に、Buttonクラスの大枠を作ります。ボタンが画面に最初に現れた時は、オフの状態であると想定します。コードの枠組みは以下のとおりです。

```
class Button {
  float x;
  float y;
  float w;
  float h;
  boolean on;

  Button(float tempX, float tempY, float tempW, float tempH) {
    x = tempX;
    y = tempY;
    w = tempW;
    h = tempH;

    on = _____;
  }












  }
```

9.9 Processingの配列関数

さて、新しい配列を作るにあたって、告白することがあります。私は嘘を言いました。まあ、ちょっとした嘘ですが。本章の最初のほうで、一度配列のサイズを設定したら、そのサイズは決して変えることができないという、非常に重要な点を強調しました。つまり、一度10個のButtonオブジェクトを作ったら、11番目は作れないということです。

そして、それらの仮定を守ってきました。厳密に言うと、配列に10の場所を確保した時、Processingに、具体的にどのくらいのメモリ領域を使おうとしているのか伝えているのです。メモリブロックの隣にもっとスペースを確保する必要が生じても、配列のサイズを広げることができると期待してはいけないのです。

しかし、元の配列から10のオブジェクトを最初の10要素としてコピーし、11番目の最後の場所に、新しいButtonオブジェクトを追加すると、新しい配列（それは11の場所を持つ）を作れるのです。Processingは、実際にこのプロセスを管理することによって、配列のサイズを操作する関数一式を提供しています。それらは、shorten()、concat()、subset()、append()、splice()、expand()です。加えて、配列内の並べ替えを行うsort()とreverse()という関数もあります。

これらすべての関数についての詳細は、リファレンスで見ることができます。では、append()を使って配列のサイズを拡張する一例を見てみましょう（練習問題8-5の答えを含む）。この例は、ひとつのオブジェクトを保持する配列から始まります。マウスが押されるたびに、新しいオブジェクトが生成され、元の配列の最後に付け加えられます。

例9-11　append()を使って配列のサイズを変更する

```
Ball[] balls = new Ball[1];    ← ひとつだけの要素を持つ配列から始めます。
float gravity = 0.1;

void setup() {
  size(200, 200);
  // 添字0のボールを初期化する
  balls[0] = new Ball(50, 0, 16);
}

void draw() {
  background(100);
  // すべてのボールを更新し表示する
  for (int i = 0; i < balls.length; i++) {
    balls[i].gravity();
    balls[i].move();          ← 配列の長さに関係なく，すべてのオブ
    balls[i].display();         ジェクトを更新し表示します。
  }
}

void mousePressed() {
  // 新規のボールオブジェクト
  Ball b = new Ball(mouseX, mouseY, 10);   ← マウスの位置で新しいオブジェクトを作ります。
```

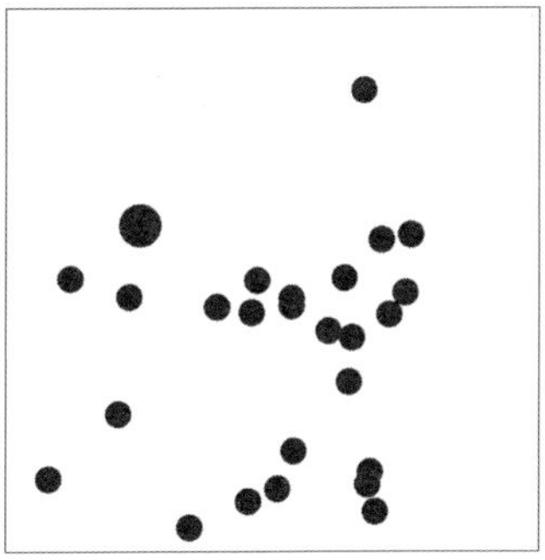

図9-9

```
  // 配列に追加する
  balls = (Ball[]) append(balls, b);
}

class Ball {
  float x;
  float y;
  float speed;
  float w;

  Ball(float tempX, float tempY, float tempW) {
    x = tempX;
    y = tempY;
    w = tempW;
    speed = 0;
  }

  void gravity() {
    // 速度に重力を加える
    speed = speed + gravity;
  }

  void move() {
    // yの位置に速度を加える
    y = y + speed;
    //四角形がウィンドウ下の端に到達したら
    // 速度を反転する
    if (y > height) {
      speed = speed * -0.95;
      y = height;
    }
  }

  void display() {
    // 円を表示する
    fill(255);
    noStroke();
    ellipse(x, y, w, w);
  }
}
```

> append()関数は、配列の最後に要素を追加します。append()は、2つの引数を取ります。第1引数は、追加したい配列を、そして第2引数は、追加したい要素です。元の配列にappend()関数の結果を再び割り当てなければなりません。加えて、append()関数には、丸括弧内にデータ型（Ball[]）を入れることによって、再度、配列のデータ型を明確に示すことが必要です。これはキャスティングと言われます。

配列のサイズを変更する別の方法は、ArrayListという特別なオブジェクトを使うことです。それについては、23章で説明します。

9.10　1001匹Zoogちゃん

いよいよZoogの旅を完結させ、そしてひとつのZoogからたくさんのZoogへとどうやって発展させるかに目を向ける時です。Car配列やStripe配列を作成した例と同じ方法で、単に例8-3で作ったZoogクラスそのものをコピーし、配列を実装するだけです。

例9-12　配列内の200個のZoogオブジェクト

```
Zoog[] zoogies = new Zoog[200];
void setup() {
  size(400, 400);
  for (int i = 0; i < zoogies.length; i++) {
    zoogies[i] = new Zoog(random(width), random(height), 30, 30, 8);
  }
}

void draw() {
  background(255);
  for (int i = 0; i < zoogies.length; i++) {
    zoogies[i].display();
    zoogies[i].jiggle();
  }
}

class Zoog {

  // Zoogの変数
  float x;
  float y;
  float w;
  float h;
  float eyeSize;

  // Zoogのコンストラクタ
  Zoog(float tempX, float tempY, float tempW, float tempH, float tempEyeSize) {
    x = tempX;
    y = tempY;
    w = tempW;
    h = tempH;
    eyeSize = tempEyeSize;
  }

  void jiggle() {
    // 位置の変更
    x = x + random(-1, 1);
    y = y + random(-1, 1);

    // Zoogをウィンドウ内に制限する
    x = constrain(x, 0, width);
    y = constrain(y, 0, height);
  }

  // Zoogを表示する
  void display() {

    // forループでZoogの腕を描く
    for (float i = y - h/3; i < y + h/2; i += 10) {
      stroke(0);
      line(x - w/4, i, x + w/4, i);
```

> この例と前章との唯一の違いは、複数のZoogオブジェクトに対しひとつの配列を使っていることです。

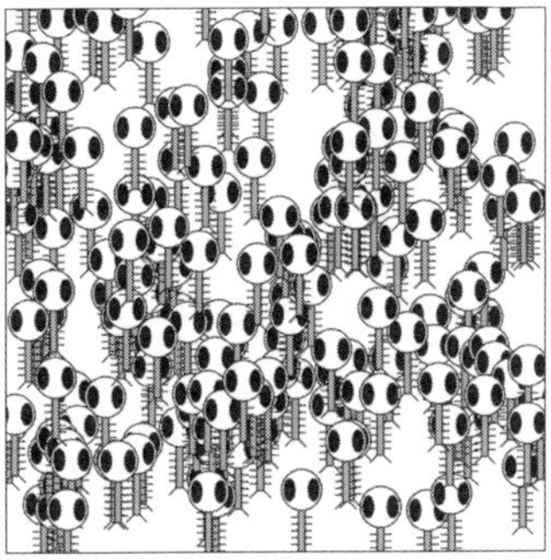

図9-10

> 分かりやすくするために、jiggle()関数から速度のパラメータも取り除いています。練習のためにそれを戻してみましょう。

```
  }

  // 楕円形と矩形をCENTERモードに設定する
  ellipseMode(CENTER);
  rectMode(CENTER);

  // Zoogの体を描く
  stroke(0);
  fill(175);
  rect(x, y, w/6, h);

  // Zoogの頭を描く
  stroke(0);
  fill(255);
  ellipse(x, y - h, w, h);

  // Zoogの目を描く
  fill(0);
  ellipse(x - w/3, y - h, eyeSize, eyeSize*2);
  ellipse(x + w/3, y - h, eyeSize, eyeSize*2);

  // Zoogの脚を描く
  stroke(0);
  line(x - w/12, y + h/2, x - w/4, y + h/2 + 10);
  line(x + w/12, y + h/2, x + w/4, y + h/2 + 10);
  }
}
```

レッスン4の
プロジェクト

❶ レッスン3で作ったクラスを用いて、そのクラスからオブジェクトの配列を作ってください。

❷ マウスに反応するオブジェクトを作れますか？ オブジェクトとマウスの近接性を決める、dist()関数を使ってみてください。例えば、各オブジェクトが、マウスにより近いとより揺れるようにできますか？

スケッチの動作が非常に遅くなるまで、いくつのオブジェクトを作れますか？

下の空欄を、プロジェクトのスケッチの設計やメモ、擬似コードを書くのに使ってください。

レッスン5
ひとつにまとめる

- 10章 アルゴリズム
- 11章 デバッグ
- 12章 ライブラリ

10章
アルゴリズム

泡。すすぎ。繰り返し。
── 無名の人

10.1　我々はどこにいて、どこに向かうのか？

　私たちの友人であるZoogとともに、これまで良い流れで学習してきました。初めにZoogを描くことでProcessingの図形描画のライブラリについての基礎を学びました。次にマウスによるインタラクションを行ったり、変数によってZoogを自動で動かしたり、条件文で方向を変えたり、ループでその体を拡張させたりしました。さらに関数を使ってコードを管理し、オブジェクト内にデータと機能性を格納し、最終的には、配列によってそれ自身を複製するまでに至りました。それはプログラミングを学習する上では良い流れであり、我々の学習をうまく導いてくれました。とはいえ、本書を読んだ後に、皆さんが取り組むすべてのプログラミングのプロジェクトが、スクリーン内を動き回る地球外生物の集団を作り出すということは、ありえません（もしそうなら、皆さんは幸運なプログラマーです！）。ここでやりたいことは、いったんこれまでやっていたことを中断し、今まで学んできたことを、**これからやりたいこと**にどうやって適用するかを考えることです。皆さんは、どんなアイデアを持っていますか？そのアイデアを形にする時に、変数、条件文、ループ、関数、オブジェクト、配列はどのように役に立ちますか？

　以前の章では、単純な「ひとつの特徴」を持ったプログラミングの例を重点的に扱っていました。Zoogは、軽く揺れていただけで、急にぴょんぴょん飛び始めたりもしませんでした。また、Zoogは大抵一人ぼっちであり、ここに至るまで他の地球外生物とインタラクションを行うことはありませんでした。簡単なZoogの例をより複雑にすることもできましたが、これまで、基本的な機能の学習に徹底したことで、確実に基礎を学ぶことができたのです。

　現実世界では、ソフトウェアのプロジェクトには、通常、多くの可動する部品が含まれています。大規模なプロジェクトは、「ひとつの機能」を持った多くの小さなプログラムからできています。本章の目的は、作り始めるのに適していると思われる小さなプログラムから、どうやって大規模なプロジェクトが作られているかを示すことにあります。皆さんのようなプログラマーは、全体的な構想から始めますが、その構想を成功裏に達成するためには、それをどの

ようにして独立した個々の部分に分解するのかを学ばなくてはなりません。

　まず、アイデアから始めます。本書を読んだ後に、皆さんが取り組むであろうすべてのプロジェクトの基礎となる「アイデア」を取り上げるのが理想的です。残念なことに、そのようなものは存在しません。ソフトウェアをプログラミングすることは、計り知れないほどの創造性に富み、非常にエキサイティングなことです。最終的には、独自の方法を見つけなければならないのです。しかし、基礎を学ぶために簡単な生き物を取り上げたように、一般的な選択から試みることはできます。それは、より大きなプロジェクトの開発過程を学ぶのに役立ちます。もちろん、プログラマー人生を通して、本当にそのような生き物をプログラミングすることはありません。

　ここでは、インタラクティブ性や、複数のオブジェクト、ゴールを持つ簡単なゲームを取り上げます。焦点は、良いゲーム設計を行うことではなく、良い**ソフトウェア設計**を行うことです。どうやって考えをコードに移行するでしょうか？　また、アイデアを実現するために独自のアルゴリズムをどうやって実装するでしょうか。ここでは、大きなプロジェクトを4つの小さなプロジェクトに切り分け、そのひとつひとつに取り組み、最終的には、元となるアイデアを実現するために、すべてのプログラムをひとつにする方法を示します。

　引き続きオブジェクト指向プログラミングの特徴に重点を置き、それらパーツのひとつひとつを、クラスを使って開発します。その結果、自己完結型で、すべての機能を持つクラスをひとつに統合することで、最終的に目標とするプログラムを作成することが、どれだけ簡単なものかが分かります。考え方とその細部について触れる前に、下のプロセスにあるステップ2aと2bに必要な**アルゴリズム**の概念について見てみましょう。

プロセス

1. **アイデア** ── あるアイデアから始める。
2. **パーツ** ── アイデアをより小さなパーツに分解する。
    a. **アルゴリズムの擬似コード** ── 各パーツのアルゴリズムを擬似コードで解決策を見つける。
    b. **アルゴリズムのコード** ── そのアルゴリズムをコードで実装する。
    c. **オブジェクト** ── そのアルゴリズムに関連するデータと機能性を取り出し、クラス内に組み入れる。
3. **統合** ── ステップ2のすべてのクラスを、ひとつのより大きなアルゴリズムに統合する。

10.2 アルゴリズム

アルゴリズムは、手続き、または問題解決の方法です。アルゴリズムは、コンピュータプログラミングで仕事をこなすために要求される一連のステップです。本書で作ってきたすべての例は、それぞれがアルゴリズムを含んでいます。

アルゴリズムは、料理のレシピとさほど変わりありません。

1. オーブンを華氏400度（摂氏200度）に予熱する。
2. バルサミコビネガーやオリーブオイル、マスタードをかき混ぜる。
3. ポートベローマッシュルーム4個を12〜15分間オーブンで焼く。
4. マッシュルームを皿の上に盛り付けし、ドレッシングをかける。

以上は、ポートベローマッシュルームを料理するための立派なアルゴリズムです。もちろん、マッシュルームを料理するためのプログラムをProcessingで書こうとしているわけではありません。そうは言っても、もし上記の擬似コードをプログラムで書こうとすると、次のようなコードになります。

```
preheatOven(400);
placeMushrooms(4, "baking dish");
bake(400, 15);
whisk("balsamic", "olive oil", "mustard");
combine("mushrooms", "dressing");
```

アルゴリズムを使って、数学の問題を解く例のほうが、皆さんの要求により近いもののはずです。1からNまでの連続した数値の合計値を求めるアルゴリズムについて説明しましょう。

$$\text{SUM}(N) = 1 + 2 + 3 + \ldots + N$$

Nは、0より大きな任意の数です。

1. SUM $= 0$ とカウンター $i = 1$ に設定する。
2. i が N 以下の間は、次のステップを繰り返す。
   a. SUM $+ i$ を計算し、その結果をSUMに保存する。
   b. i の値を1ずつ増やす。
3. 問題の解は、SUMに保存されている数です。

上記アルゴリズムをコードに変換すると、

```
int sum = 0;
int n = 10;
int i = 0;            ◁── ステップ1：iに0をカウンター i=0 と設定します。
while (i <= n) {      ◁── ステップ2：i <= n の間は繰り返します。
  sum = sum + i;      ◁── ステップ2a：sumを増加させます。
  i++ ;               ◁── ステップ2b：iを増加させます。
}

println(sum);         ◁── ステップ3：解はsumです。sumを表示します！
```

伝統的にプログラミングは、

❶ アイデアを出す
❷ そのアイデアを実装するためのアルゴリズムを開発する
❸ そのアルゴリズムを実装するためにコードを書く

というプロセスであると考えられています。

このことは、マッシュルームと合計の例で達成したことです。しかし、あるアイデアは、一挙に完成させるには大きすぎることがあります。ですから、これら3つのステップを見直し、プログラミングは、

❶ アイデアを出す
❷ アイデアを管理可能なより小さなパーツに分解する
❸ 各パーツのアルゴリズムを開発する
❹ 各パーツのコードを書く
❺ すべてのパーツをひとつにまとめアルゴリズムを開発する
❻ すべてのパーツをまとめてコードに統合する

こととします。

このやり方は、たとえもともとのアイデアを完全に変更したとしても、途中でその変更を試すべきではないと言っているのではありません。実際に、いったんコードが完成したらほとんどの場合、コードの整理やバグ取り、また追加機能の面で、やらなくてはならない仕事が残っているものです。しかし、この考えるプロセスが、皆さんをアイデアからコードへと導くはずです。この戦略でプロジェクトの開発を練習すると、アイデアをコードとして実装しやすくなるでしょう。

10.3　アイデアからパーツへ

この開発戦略を練習するために、非常に簡単なゲームのアイデアから始めます。その前に、文章の形式でゲームについて説明していきましょう。

レインゲーム

このゲームの目的は、地面に落ちてしまう前に、雨粒をキャッチすることです。ランダムな水平方向の位置からランダムな垂直方向の速度で画面の上部から新しい水滴が落ちてきます（落下する頻度は難易度のレベルによる）。プレイヤーは、スクリーンの下部に雨滴が1滴も落ちないように、マウスで雨粒をキャッチしなければなりません。

練習問題 10-1

作りたいプロジェクトのアイデアを書き出してください。いくつかの要素や動きが含まれる簡単なものにしましょう。ただし、簡単になりすぎないよう注意してください。

「レインゲーム」のアイデアを使い、それを小さなパーツに分解してみましょう。どうすればいいのでしょうか？ まず、ゲーム内の要素である雨粒とそれをキャッチするレインキャッチャーを考えることから始めます。次に、これらの要素の動作を考えなくてはなりません。例えば、雨粒が時々落ちてくるように時間を計る仕組みが必要です。そして、雨粒がキャッチされた時にそれを判定する必要があります。それらのパーツをより正式な形に整理しましょう。

1. マウスで操作される円のプログラムを開発する。この円は、ユーザーが操作する「レインキャッチャー」となる。
2. 2つの円が重なり合った時のテスト用のプログラムを書く。これは、レインキャッチャーが雨粒をキャッチした時の判定に使われる。
3. 毎 N 秒実行される機能のタイマープログラムを書く。
4. スクリーンの上から下に向かって落ちる円のプログラムを書く。これらは、雨粒となる。

パーツ1から3までは簡単で、それぞれは一挙に完成できます。しかし、パーツ4は、大きなプログラムの一部を示しているとしても、十分複雑であることから、より小さなステップに分解し再構築する必要があります。

練習問題 10-2

例 10-1 のアイデアから、個別のパーツを書いてください。可能な限りパーツを（ほとんどバカげて見えるほど）簡単に作るようにしましょう。もしパーツが複雑すぎるようであれば、それらをさらに分解してください。

「10.4 パーツ1：キャッチャー」から「10.7 パーツ4：雨粒」は、10.1節の末尾の「プロセス」で示したステップ2a、2b、2cに従っています。各パーツのために、最初に擬似コードでアルゴリズムを作り、次に実際のコードでそれを作成し、最後にオブジェクト指向化の作業をします。正しく行えば、すべての機能性は、クラス内に組み込まれるはずで、ステップ3（すべてのパーツの統合）に到達した時にそのクラスを最終プロジェクト内に簡単にコピーすることができます。

10.4　パーツ1：キャッチャー

これは、もっとも簡単に構築できるパーツで、3章での説明以上のものは必要ありません。たった2行の擬似コードであることは、扱うのに十分小さく、これ以上小さくする必要がないことを示しています。

擬似コード
- 背景を消去する。
- マウスの位置に楕円形を描く。

以下のように簡単にコードに変換できます。

```
void setup() {
  size(400, 400);
}

void draw() {
  background(255);    ◁─ 背景を消去します。
  stroke(0);
  fill(175);
  ellipse(mouseX, mouseY, 64, 64);    ◁─ マウスの位置に楕円形を描きます。
}
```

これは幸先の良い第一歩ですが、これで終わりではありません。前述のとおり、ここでのゴールはオブジェクト指向のやり方でレインキャッチャープログラムを開発することです。上記コードをクラスに分離し、そのクラスからCatcherオブジェクトを作ることで、最終的なプログラムに組み込み、使いたいのです。したがって、擬似コードは次のように修正されます。

Setup（初期化）：
- キャッチャーオブジェクトを初期化する。

Draw（描画）：
- 背景を消去する。
- キャッチャーの位置をマウス位置に設定する。
- キャッチャーを表示する。

例10-1では、Catcherオブジェクトを前提として書き直したコードを示しています。

例10-1　キャッチャー

```
Catcher catcher;

void setup() {
  size(400, 400);
  catcher = new Catcher(32);
```

```
}
void draw() {
  background(255);                          ← 背景を消去します。
  catcher.setLocation(mouseX, mouseY);      ← キャッチャーの位置をマウス位置に設定します。
  catcher.display();                        ← キャッチャーを表示します。
}
```

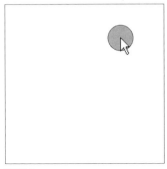

図10-1

　Catcherクラス自体は比較的シンプルで、位置と大きさに関する変数と、位置設定と表示のための関数が含まれます。

```
class Catcher {
  float r;    // 半径
  float x;    // 位置
  float y;

  Catcher(float tempR) {
    r = tempR;
    x = 0;
    y = 0;
  }

  void setLocation(float tempX, float tempY) {
    x = tempX;
    y = tempY;
  }

  void display() {
    stroke(0);
    fill(175);
    ellipse(x, y, r*2, r*2);
  }
}
```

10.5 パーツ2：交差判定

パーツ2は、キャッチャーと雨粒が交差した時にそれを判定する必要があります。交差の**機能性**は、このステップの開発で重点的に取り組む事柄です。**例5-6**で見た、簡単な跳ね返るボールクラスを用い、2つの跳ね返る円が交差した時、どのように判定するか解決します。「統合」の過程で、この「intersect()」関数は、雨粒をキャッチするためにCatcherクラス内に組み込まれます。

以下に、その交差部分のアルゴリズムを示します。

Setup（初期化）：

- 2つのボールオブジェクトを作成する。

Draw（描画）：

- ボールを動かす。
- ボール#1がボール#2に交差したら、両方のボールの色を暗くする。その他は、グレーカラーのまま。
- ボールを表示する。

明らかに大変な作業はこの後に説明する交差テストですが、まずここで必要なのは、交差テストを含まない、簡単な跳ね返るBallクラスです。

データ：

- xとyの位置。
- 半径。
- xとy方向への速度。

関数：

- コンストラクタ
    — 引数に基づいて半径を設定する。
    — ランダムな位置を選択する。
    — ランダムな速度を選択する。
- Move（移動する）
    — xをx方向の速度で増加させる。
    — yをy方向の速度で増加させる。
    — ボールがいずれかの端に到達したら、方向を反転する。
- Display（表示する）
    — 円をxとyの位置に描く。

このアルゴリズムをコードに変換する準備ができました。

例10-2　跳ね返るボールクラス

```
class Ball {
  float r;                // 半径
  float x, y;             // 位置
  float xspeed, yspeed;   // 速度

  Ball(float tempR) {

    r = tempR;            // 引数に基づいて半径を設定します。

    x = random(width);    // ランダムな位置を選択します。
    y = random(height);

    xspeed = random(-5, 5);  // ランダムな速度を選択します。
    yspeed = random(-5, 5);
  }

  void move() {

    x += xspeed;          // xとyの速度を増やします。
    y += yspeed;

    // 水平方向の端をチェックする
    if (x > width || x < 0) {   // ボールがいずれかの端に到達したら、方向を反転します。
      xspeed *= -1;
    }

    // 垂直方向の端をチェックする
    if (y > height || y < 0) {
      yspeed *= -1;
    }
  }

  //  ボールを描く
  void display() {
    stroke(0);
    fill(0, 50);
    ellipse(x, y, r*2, r*2);    // 円をその位置に描きます。
  }
}
```

　2つのボールオブジェクトを含むスケッチの作成はとても簡単です。最終的に完成させるスケッチでは多くの雨粒が含まれるために配列が必要となりますが、ここでは2つのボール型変数を使うほうがより簡単でしょう。

例10-3　2つのボールオブジェクト

```
// 2つのBall型変数
Ball ball1;
Ball ball2;
```

```
void setup() {
  size(400, 400);
  // Ballオブジェクトの初期化
  ball1 = new Ball(64);
  ball2 = new Ball(32);
}

void draw() {
  background(255);
  // Ballオブジェクトの移動と表示
  ball1.move();
  ball2.move();
  ball1.display();
  ball2.display();
}
```

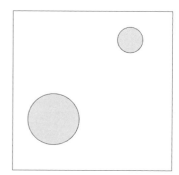

図10-2

スクリーン上を動き回る2つの円を持つシステムを設定したので、円同士が交差しているか否かを判定するアルゴリズムを次に開発する必要があります。Processingでは、dist()関数が2点間の距離を計算してくれます（「7.7 戻り値の型」参照）。また、それぞれの円の半径（各オブジェクト内部の変数r）も利用します。**図10-3**では、円の間の距離と円の半径の和を比較することで、円同士が重なり合っているかを判定する方法を示しています。

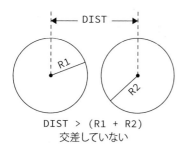 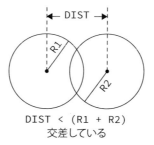

図10-3

そして、次のとおり仮定しました。

- x_1, y_1：円1の中心の座標
- x_2, y_2：円2の中心の座標
- r_1：円1の半径
- r_2：円2の半径

その結果、以下のような文になります。

　(x_1, y_1)と(x_2, y_2)間の距離がr_1とr_2の和よりも小さければ、円1は円2に交差します。

次の作業は、上記の文に提示した内容に従って真か偽を返す関数を書くことです。

```
// 2つの円が交差しているかどうかに基づき真か偽を返す関数
boolean intersect(float x1, float y1, float x2, float y2, float r1, float r2) {
  // 距離を計算する
  float distance = dist(x1, y2, x2, y2);
  if (distance < r1 + r2) {     ◁── 距離が半径の和よりも小さければ、円同士が接しています。
    return true;
  } else {
    return false;
  }
}
```

関数が完成したので、ball1とball2からのデータでテストすることができます。

```
boolean intersecting = intersect(ball1.x,ball1.y,ball2.x,ball2.y,ball1.r,ball2.r);
if (intersecting) {
  println("The circles are intersecting!");
}
```

上記のコードは、intersect()のパラメータの数が多く扱いにくいので、もうひと工夫し、Ballクラス自身の内部に交差テストを組み込むことで扱いやすくなります。まず、現状のまままメインプログラム全体を見てみましょう。

```
// 2つのボールの変数
Ball ball1;
Ball ball2;

void setup() {
  size(400, 400);
  // Ballオブジェクトの初期化
  ball1 = new Ball(64);
  ball2 = new Ball(32);
}

void draw() {
  background(255);
  // Ballオブジェクトの移動と表示
  ball1.move();
  ball2.move();
  ball1.display();
  ball2.display();
  boolean intersecting = intersect(ball1.x,ball1.y,ball2.x,ball2.y,ball1.r,ball2.r);
  if (intersecting) {
    println("The circles are intersecting!");
  }
}

// 2つの円が交差しているかどうかに基づき真か偽を返す関数
// 距離が半径の和よりも小さければ、円同士が接している
boolean intersect(float x1, float y1, float x2, float y2, float r1, float r2) {
  float distance = dist(x1, y2, x2, y2);    // 距離を計算する
```

```
      if (distance < r1 + r2) {                        // 距離とr1 + r2を比較する
        return true;
      } else {
        return false;
      }
    }
```

　ボールをオブジェクト指向のやり方でプログラミングしたので、ボールクラスの外側にある intersect() 関数を突然入れるということは、論理的ではありません。ボールオブジェクトには、それ自身が他のボールオブジェクトと交差しているかをテストする仕組みが組み込まれているべきです。コードは、クラス自身の中に、ball1.intersect(ball2); つまり、「ボール1はボール2と交差していますか?」といったような交差ロジックを組み込むことで改良できます。

```
void draw() {
  background(255);
  // Ballオブジェクトの移動と表示
  ball1.move();
  ball2.move();
  ball1.display();
  ball2.display();
  boolean intersecting = ball1.intersect(ball2);    // Ballクラス内のintersect()関数
  if (intersecting) {                                //  が真か偽かを返すと仮定します。
    println("The circles are intersecting!");
  }
}
```

　交差をテストするモデルとアルゴリズムに続き、次は、ボールクラス自身の内部の関数を示します。その関数がどのようにしてそれ自身の位置（x と y）と、他のボールの位置（b.x と b.y）の両方を使うか注目してください。

```
// 2つのBallオブジェクトが交差しているかどうかに基づき真か偽かを返す関数
boolean intersect(Ball b) {
  float distance = dist(x, y, b.x, b.y);     // 関数は、この「オブジェクトの位置と半径」vs
  if (distance < r + b.r) {                   //  「Ball b の位置と半径」をテストしています。
    return true;
  } else {
    return false;
  }
}
```

　すべてをひとつにまとめると、**例10-4**となります。

例10-4　交差を含む跳ね返るボール

```
// 2つのボールの変数
Ball ball1;
Ball ball2;

void setup() {
```

```
  size(400, 400);
  // Ballオブジェクトの初期化
  ball1 = new Ball(64);
  ball2 = new Ball(32);
}
void draw() {
  background(255);
  // Ballオブジェクトの移動と表示
  ball1.move();
  ball2.move();
  if (ball1.intersect(ball2)) {
    ball1.highlight();
    ball2.highlight();
  }
  ball1.display();
  ball2.display();
}

class Ball {
  float r; // 半径
  float x, y;
  float xspeed, yspeed;
  color c = color(100, 50);

  // コンストラクタ
  Ball(float tempR) {
    r = tempR;
    x = random(width);
    y = random(height);
    xspeed = random(-5, 5);
    yspeed = random(-5, 5);
  }

  void move() {
    x += xspeed;    // xを増やす
    y += yspeed;    // yを増やす
    // 水平方向の端をチェックする
    if (x > width || x < 0) {
      xspeed *= -1;
    }
    // 垂直方向の端をチェックする
    if (y > height || y < 0) {
      yspeed *= -1;
    }
  }

  void highlight() {
    c = color(0, 150);
  }

  // ボールを描く
  void display() {
```

> 新規追加！ オブジェクトは、引数として他のオブジェクトを受け取る関数を持つことができます。これはオブジェクト同士がやり取りするひとつの方法です。この場合、それらが交差しているかどうかを確認しています。

図10-4

> 円同士が接している時は常に、このhighlight()関数が呼ばれ、色が暗くなります。

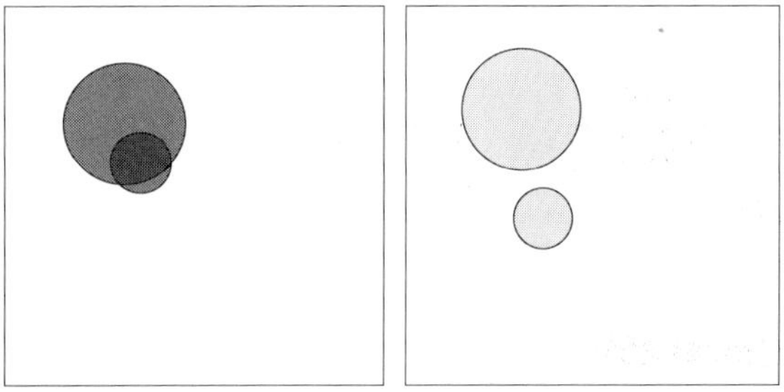

```
    stroke(0);
    fill(c);
    ellipse(x ,y, r*2, r*2);
    c = color(100, 50);           ← ボールが表示された後、色はリセットされ暗めのグレー
  }                                  に戻されます。

  // 2つの円が交差しているかどうかに基づき真か偽を返す関数
  // 距離が半径の和よりも小さければ、円同士が接している
  boolean intersect(Ball b) {   ← オブジェクトは、引数として関数に渡されることもできます!
    float distance = dist(x, y, b.x, b.y);  // 距離を計算する
    if (distance < r + b.r) {               // 距離を半径の和と比較する
      return true;
    } else {
      return false;
    }
  }
}
```

10.6　パーツ3：タイマー

　次の課題は、毎N秒に関数を実行するタイマーの開発です。繰り返しますが、この作業は2つの過程、すなわち、ひとつ目はプログラムのメイン部分だけを使う、2つ目はロジックを取り出し、それをTimerクラス内に入れ込むことで行います。Processingは、時間を扱うhour()、second()、minute()、month()、day()、year()といった関数を持っています。おそらくここでは、どれくらいの時間が経過したかを決定するためにsecond()関数が使えるでしょう。ただ、second()関数は、分の終わりごとに60から0へ戻ってしまうので、最適というわけではありません。

　タイマーを作るには、millis()関数が最適です。まず、millis()はスケッチが開始されてからのミリ秒の値を返すことから、より正確な値を得ることができます。1ミリ秒は、1/1,000秒（1,000ミリ秒＝1秒）です。次に、millis()は0に戻ることがないため、ある時点でのミリ秒を要求し、それとその後のミリ秒との差をとることで、どれくらいの時間が経過したか、その結果をいつでも知ることができるのです。

　では、スタートから5秒後に背景色が赤色に変化するスケッチを作ることにしましょう。5秒は5,000ミリ秒なので、millis()関数の結果が5,000より大きいかどうかを調べるだけです。

```
  if (millis() > 5000) {
    background(255, 0, 0);
  }
```

　もう少し問題を複雑にし、5秒ごとに新しいランダムな色で背景を変えるようにプログラムを拡張してみましょう。

Setup（初期化）：

- 起動時に時間を保存する（常にゼロであるべきですが、とにかくそれを変数に保存しておくと便利です）。これをsavedTimeとする。

Draw（描画）：

- 経過時間を現在の時間（つまり、millis()）からsavedTimeを引いたものとして計算する。それをpassedTimeとして保存する。
- passedTimeが5,000よりも大きいと、新しいランダムな背景色とし、savedTimeを現在の時間にリセットする。このステップは、タイマーを再スタートさせる。

例10-5にコードを示します。

例10-5　タイマーの実装

```
int savedTime;
int totalTime = 5000;

void setup() {
  size(200, 200);
  background(0);
  savedTime = millis();      ← 時間を保存します。
}

void draw() {
  int passedTime = millis() - savedTime;    ← 経過時間を計算します。

  if (passedTime > totalTime) {   ← 5秒が経過しましたか？
    println("5 seconds have passed!");
    background(random(255));  // 新しい背景色へ
    savedTime = millis();     // タイマーを再スタートさせるために、現在時間を保存する！
  }
}
```

　上記のロジックが問題なく動作することを確認できたので、次に、クラス内にタイマーを移動します。タイマーにはどのようなデータが含まれているか考えてみましょう。タイマーは、それがスタートした時間（savedTime）と、どのくらい実行される必要があるか（totalTime）を知らなくてはなりません。

データ：

- savedTime
- totalTime

タイマーは、**開始**と同様に、**終了**も確認できなければなりません。

関数：

- start()
- isFinished() ── 真か偽かを返す

非オブジェクト指向で書いた例からコードを取り出し、上記の構造で構築したものを**例10-6**に示します。

例10-6　オブジェクト指向タイマー

```
Timer timer;

void setup() {
  size(200, 200);
  background(0);
  timer = new Timer(5000);
  timer.start();
}

void draw() {
  if (timer.isFinished()) {
    background(random(255));
    timer.start();
  }
}

class Timer {
  int savedTime;   // Timerが開始された時
  int totalTime;   // Timerがどのくらい続くか

  Timer(int tempTotalTime) {
    totalTime = tempTotalTime;
  }

  // タイマーを開始する
  void start() {
    savedTime = millis();     ◁── タイマーが開始されると現在のミリ秒を格納します。

  }

  boolean isFinished() {
    // どのくらいの時間が経過したかチェックする
    int passedTime = millis() - savedTime;     ◁── isFinished()関数は、5,000ミリ秒が経過したら真を返します。タイマーの機能はこのメソッドに任されます。

    if (passedTime > totalTime) {
      return true;
    } else {
      return false;
    }
  }
}
```

10.7　パーツ4：雨粒

完成までもう少しです。Catcherクラスを作り、交差したかをテストする方法を知り、そしてTimerクラスを完成しました。パズルの最後のピースは、雨粒そのものです。最終的に、ウィンドウの上部から下部に向かって落ちるDropオブジェクトを配列にしたいのです。4つ目のパーツを作成するこのステップには、移動するオブジェクトの配列を作ることが含まれるので、もう一度必要な要素と動作を考え、より細かいステップに分解して、サブパーツ化するやり方が有効です。

パーツ4のサブパーツ：

- パーツ4.1：単一の動く雨粒
- パーツ4.2：雨粒オブジェクトの配列
- パーツ4.3：変更可能な雨粒の数（一度にひとつ現れる）
- パーツ4.4：より魅力的な雨粒の表現

パーツ4.1の雨粒（ここでは単純な円）の動きを作ることは簡単です。ちなみに、単純な動きについては3章で学びました。

- 雨粒のy座標を増加させる。
- 雨粒を表示する。

「パーツ4.1：単一の動く雨粒」のコードを**例10-7**に示します。

例10-7　雨粒の単純な動き

```
float x, y;  // 雨粒の座標の変数

void setup() {
  size(400, 400);
  x = width/2;
  y = 0;
}

void draw() {
  background(255);
  // 雨粒を表示する
  fill(50, 100, 150);
  noStroke();
  ellipse(x, y, 16, 16);
  // 雨粒を動かす
  y++;
}
```

繰り返しになりますが、このステップをさらに進め、Dropクラスを作成する必要があり、最終的に雨粒を配列として扱いたいのです。クラスを作るにあたり、速度と大きさなどのいくつかの変数を加え、同時に雨粒がスクリーンの下に到達したかどうかテストする関数も加えま

す。それは後にゲームの得点計算に役立ちます。

```
class Drop {

  float x, y;       // 雨粒の座標の変数
  float speed;      // 雨粒の速度          ← 雨粒オブジェクトは、座標、速度、色、大きさを持ちます。
  color c;
  float r;          // 雨粒の半径

  Drop() {
    r = 8;                        // すべての雨粒は同じ大きさ
    x = random(width);            // ランダムなx位置で開始
    y = -r*4;                     // ウィンドウの少し上から開始
    speed = random(1, 5);         // ランダムな速度を選択
    c = color(50, 100, 150);      // 雨粒の色
  }

  // 雨粒を下向きへ動かす
  void move() {

    y += speed;      ← yの増加は、move()関数内です。
  }

  // 下部に到達したかどうかチェックする
  boolean reachedBottom() {        ← 雨粒がウィンドウ外に出たかどうかを判定するための関数を加えます。

    if (y > height + r*4) {
      return true;
    } else {
      return false;
    }
  }

  // 雨粒を表示する
  void display() {
    fill(50, 100, 150);
    noStroke();
    ellipse(x, y, r*2, r*2);
  }
}
```

　パーツ4.3の雨粒の配列に進む前に、単一のDropオブジェクトの関数が適切に動作するか確認すべきです。練習として練習問題10-3のコードを完成させ、ひとつのDropオブジェクトの動作をテストしましょう。

練習問題10-3

以下の空欄を埋め「test drop」スケッチを完成させましょう。

```
Drop drop;

void setup() {
  size(200, 200);

  _____

}

void draw() {
  background(255);

  drop._____

  _____

}
```

ひとつの雨粒はこれで完成です。次は、単一の雨粒から雨粒の配列「パーツ4.2：雨粒オブジェクトの配列」へと進みます。これは、まさに9章で習得した技術です。

```
// 雨粒の配列
Drop[] drops = new Drop[50];         ◁── 単一のDropオブジェクトに代え、50の配列。

void setup() {
  size(400, 400);
  // すべての雨粒を初期化する
  for (int i = 0; i < drops.length; i++) {      ◁── すべての雨粒を初期化するために、ループを使います。
    drops[i] = new Drop();
  }
}

void draw() {
  background(255);
  // すべての雨粒を動かし表示する
  for (int i = 0; i < drops.length; i++) {      ◁── すべての雨粒を動かし表示するために、ループを使います。
    drops[i].move();
    drops[i].display();
  }
}
```

上記コードの問題は、雨粒がすべて一度に出現してしまうということです。「パーツ4.3：変更可能な雨粒の数（一度にひとつ現れる）」では、雨粒が一度に1滴ずつ、つまり毎 N 秒に1滴ずつ現れるべきです。ここでは、タイマーに関しては気にせず、フレームごとに新しい1滴の雨粒を出現させます。より多くの雨粒を出現させられるように、より大きな配列を作りましょう。

これを動作させるために、雨粒の総数を記録しておく新しい変数のtotalDropsが必要となります。ほとんどの配列の例は、リスト全体を扱うために、配列全体を処理することが必要とされます。しかしここでは、リストの一部にアクセスしたいので、totalDropsに格納された数を使います。このプロセスを説明する擬似コードを書いてみましょう。

Setup（初期化）：
- 1,000の領域を持つ雨粒の配列を作成する。
- totalDropsを0とする。

Draw（描画）：
- 新しい雨粒を配列内に作る（添え字totalDropsに）。totalDropsは0から始まるので、最初に新しい雨粒を配列の最初の場所に作る。
- totalDropsを増加させる（これによって次回は、1滴が配列の次の場所に作られる）。
- totalDropsが配列の大きさを超えてしまったら、それを0にリセットし、最初からやり直す。
- すべての利用可能な雨粒（すなわち、totalDrops）を動かし表示する。

例10-8は、上記の擬似コードをコードに変換したものです。

例10-8　一度に1滴を落とす

```
// 雨粒の配列
Drop[] drops = new Drop[1000];

int totalDrops = 0;   ← 雨粒の総数の記録を残すための新しい変数！

void setup() {
  size(400, 400);
}

void draw() {
  background(255);

  // 1滴を初期化する
  drops[totalDrops] = new Drop();
  // totalDropsを増加させる
  totalDrops++ ;
  // totalDropsが配列の最後に到達したら
  if (totalDrops >= drops.length) {
    totalDrops = 0; // 最初からやり直す
  }

  //雨粒を動かし表示する
  for (int i = 0; i < totalDrops; i++) {
    drops[i].move();
    drops[i].display();
  }
}
```

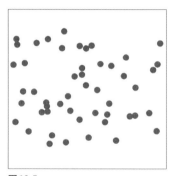

図10-5

新規追加！　すべての雨粒が表示されるのではなく、現在ゲーム内に存在するtotalDrops個の雨粒だけが表示されます。

雨粒が動く方法を見つけ出すために時間を割き、その動きを見せるクラスを作り、そしてそのクラスからオブジェクトの配列を作りました。ところで、最初からずっと雨粒を表示するために円を使ってきました。それによって、視覚的なデザインで必要とされるコードを気にすることなく、動きとデータと関数の管理に集中することができました。ここで、「パーツ4.4：より魅力的な雨粒の表現」の雨粒がどのような見た目なのかに焦点を当てます。

より「雨粒らしく見える」見た目を作るために、垂直方向に一連の円を描き、最初は小さく、そしてそれが下に移動するにつれ大きくなっていくようにします。

例10-9　より魅力的な雨粒の表現

```
background(255);
for (int i = 2; i < 8; i++) {
  noStroke();
  fill(0);
  ellipse(width/2, height/2 + i*4, i*2, i*2);
}
```

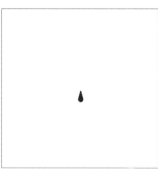

図10-6

例10-8からDropクラス内にこのアルゴリズムを組み込むことができ、xとyを楕円形の開始位置とし、また雨粒の半径rをforループ内のiの最大値として使っています。出力結果は、**図10-7**に示しています。

```
void display() {
  noStroke();
  fill(c);
  for (int i = 2; i < r; i++) {
    ellipse(x, y + i*4, i*2, i*2);
  }
}
```

図10-7

10.8　統合：ドレスアップする

これまで開発してきた、各パーツがうまく動作することを確認できたら、すべてをひとつのプログラムに組み立てることができます。**図10-8**に示すように、最初のステップは、3つのクラスそれぞれと、ひとつのメインプログラムに使用する4つのタブを持つ新しいProcessingスケッチを作ることです。

図10-8

　最初のステップは、各クラスのコードを各タブにコピー＆ペーストすることです。それらは変更する必要がないので、コードを見直す必要はありません。見直さなければならないのは、メインプログラムで、何を setup() と draw() に入れるかということです。もともとのゲームの説明を見直し、どうやって部品を組み立てたらよいのかを知り、ゲーム全体のアルゴリズムを擬似コードで書くとよいでしょう。

Setup（初期化）：
- Catcherオブジェクトを作る。
- Dropオブジェクトの配列を作る。
- totalDropsを0とする。
- Timerオブジェクトを作る。
- タイマーをスタートさせる。

Draw（描画）：
- キャッチャーの位置をマウスの位置に設定する。
- キャッチャーを表示する。
- 利用できるすべての雨粒を動かす。
- 利用できるすべての雨粒を表示する。
- キャッチャーが雨粒に交差したら、
  - スクリーンから雨粒を削除する。
- タイマーが終了したら、
  - 雨粒の数を増やす。
  - タイマーを再スタートさせる。

上記のプログラムで、各ステップが「スクリーンから雨粒を取り除く」というひとつの例外を除いては、本章ですでに作業しています。このような例外が発生することはよくあります。アイデアをパーツに分割し、それらをひとつずつ作業したとしても、細々としたところでミスを犯す可能性があります。幸い、この機能は、十分シンプルで実装に向けた構想があるので、それをどうやって組み立ての際に滑り込ませるか、そのやり方を確認してください。

上記のアルゴリズムを組み立てるひとつの方法は、すべての要素をひとつのスケッチ内で結びつけることから始めることであり、それらがどのように連携するかは気にしなくてよいです。すなわち、タイマーが動作させる雨粒と交差のテスト部分を除くすべてを組み入れます。それを行うために、各パーツのグローバル変数をsetup()とdraw()にコピー&ペーストすることが必要です。

グローバル変数の例を示します。上から、Catcherオブジェクト、Timerオブジェクト、Dropオブジェクトの配列、そして雨粒の総数を格納するための整数です。

```
Catcher catcher;        // ひとつのCatcherオブジェクト
Timer timer;            // ひとつのTimerオブジェクト
Drop[] drops;           // Dropオブジェクトの配列
int totalDrops = 0;     // totalDrops（雨粒の総数）
```

setup()で、変数は初期化されます。しかし、この雨粒を配列の中で初期化することは、一度に作成できるのでスキップできます。また、start()関数を呼び出す必要があります。

```
void setup() {
  size(400, 400);
  
  catcher = new Catcher(32);       // 半径32のキャッチャーを作成する
  drops = new Drop[1000];          // 配列内に1000の領域を作成する
  timer = new Timer(2000);         // 2秒ごとに停止するタイマーを作成する
  timer.start();                   // タイマーを開始する
}
```

draw()で、オブジェクトはそれらのメソッドを呼び出します。繰り返しになりますが、本章の前半で分解して説明してきたそれぞれのパーツから、コードを取り出して、順に貼り付けているだけです。

例10-10　ひとつのスケッチ内ですべてのオブジェクトを扱う

```
Catcher catcher;        // ひとつのCatcherオブジェクト
Timer timer;            // ひとつのTimerオブジェクト
Drop[] drops;           // Dropオブジェクトの配列
int totalDrops = 0;     // totalDrops（雨粒の総数）

void setup() {
  size(400, 400);
  
  catcher = new Catcher(32);       // 半径32のキャッチャーを作成する
  drops = new Drop[1000];          // 配列内に1000の領域を作成する
  timer = new Timer(2000);         // 2秒ごとに停止するタイマーを作成する
```

```
    timer.start();                  // タイマーを開始する
}
void draw() {
  background(255);

  // キャッチャーの位置を設定する          ◁─ パーツ1：キャッチャーから！
  catcher.setLocation(mouseX, mouseY);
  // キャッチャーを表示する
  catcher.display();

  // タイマーを確認する                ◁─ パーツ3：タイマーから！
  if (timer.isFinished()) {
    println("2 seconds have passed!");
    timer.start();
  }

  // 1滴を初期化する                  ◁─ パーツ4：雨粒から！
  drops[totalDrops] = new Drop();
  // totalDropsを増加させる
  totalDrops++;
  // totalDropsが配列の最後に到達したら
  if (totalDrops >= drops.length) {
    totalDrops = 0; // 最初からやり直す
  }

  // すべての雨粒を動かし表示する
  for (int i = 0; i < totalDrops; i++) {
    drops[i].move();
    drops[i].display();
  }

}
```

次のステップは、これまで開発したすべてのコンセプトを連携して動作するようにすることです。例えば、新しい雨粒は、(タイマーの`isFinished()`関数で示したように) 2秒経った時にだけ作り出されるべきです。

```
  // タイマーを確認する
  if (timer.isFinished()) {         ◁─ コンセプトを連携します！ ここでタイマーが「is finished,
                                       (完了した)」時、Dropオブジェクトは(totalDropsを増加させる
    // 1滴を初期化する                    ことで)追加されます。
    drops[totalDrops] = new Drop();
    // totalDropsを増加させる
    totalDrops++;
    // totalDropsが配列の最後に到達したら
    if (totalDrops >= drops.length) {
      totalDrops = 0; // 最初からやり直す
    }
    timer.start();
  }
```

また、Catcherオブジェクトが雨粒と交差した時を調べなければなりません。「10.5 パーツ2：交差判定」では、Ballクラス内のintersect()関数を呼び出すことで交差しているかテストしました。

```
boolean intersecting = ball1.intersect(ball2);
if (intersecting) {
  println("The circles are intersecting!");
}
```

ここでも同じことが可能で、Catcherクラス内のintersect()関数を呼び出し、システム内のすべての雨粒を通して確認することができます。メッセージを出力するのではなく、雨粒そのものに影響を与え、それに消滅しなさいと指示するのです。なお、このコードはcaught()関数がその仕事をすることを前提としています。

```
// すべての雨粒を動かし表示する
for (int i = 0; i < totalDrops; i++) {
  drops[i].move();
  drops[i].display();
  if (catcher.intersect(drops[i])) {
    drops[i].caught();
  }
}
```

> コンセプトを連携します！ ここで、Catcherオブジェクトは、drops配列内のDropオブジェクトが交差しているかどうか確認します。

Catcherクラスは、もともとintersect()関数を含んでおらず、またDropクラスはcaught()関数を含んでいません。ですから、これらは新しい関数で、統合するプロセスの一部として書き加えなくてはなりません。

その問題点は、「10.5 パーツ2：交差判定」ですでに解決されているので、intersect()の組み込みは、Catcherクラス内部にコピーすることで簡単にできます（パラメータは、BallオブジェクトからDropオブジェクトへ変更します）。

```
// キャッチャーが雨粒と交差したかどうかに基づき真か偽を返す関数
boolean intersect(Drop d) {
  // 距離を計算する
  float distance = dist(x, y, d.x, d.y);
  // 距離と半径の和を比較する
  if (distance < r + d.r) {
    return true;
  } else {
    return false;
  }
}
```

> 関数を呼び出すのに加え、オブジェクトの内部の変数は、ドットシンタックスを用いて、利用できます。

雨粒がキャッチされた時、その雨粒の位置をスクリーン外のどこかに設定し（それにより雨粒が見えなくなり、「消滅する」に等しくなります）、また速度を0に設定することで動きを止めます。統合プロセスで事前にこの機能の組み込み作業をしなかったのは、今ここで挿入するのがもっとも簡単なためです。

```
// 雨粒がキャッチされたら
void caught() {
  speed = 0;        // 雨粒の速度を0に設定することで動きを止める
  y = -1000;        // 位置をスクリーン外のどこかに設定する
}
```

いよいよ、完成です！参考のため、**例10-11**は、スケッチの全体を示したものです。タイマーは、300ミリ秒ごとに実行するように変更され、ゲームの難易度を若干上げています。

例10-11　雨粒キャッチゲーム

```
Catcher catcher;         // ひとつのCatcherオブジェクト
Timer timer;             // ひとつのTimerオブジェクト
Drop[] drops;            // Dropオブジェクトの配列
int totalDrops = 0;      // totalDrops(雨粒の総数)

void setup() {
  size(400, 400);

  // 半径32のキャッチャーを作成する
  catcher = new Catcher(32);
  // 配列内に1000の領域を作成する
  drops = new Drop[1000];
  // 300ミリ秒ごとに停止するタイマーを作る
  timer = new Timer(300);
  timer.start();
}

void draw() {
  background(255);
  catcher.setLocation(mouseX, mouseY);   // キャッチャーの位置を設定する
  catcher.display();                     // キャッチャーを表示する
  // タイマーを確認する
  if (timer.isFinished()) {
    // 1滴を初期化する
    drops[totalDrops] = new Drop();
    // totalDropsを増やす
    totalDrops++ ;
    // totalDropsが配列の最後に到達したら
    if (totalDrops >= drops.length) {
      totalDrops = 0; // 最初からやり直す
    }
    timer.start();
  }

  // すべての雨粒を動かし表示する
  for (int i = 0; i < totalDrops; i++) {
    drops[i].move();
    drops[i].display();
    if (catcher.intersect(drops[i])) {
      drops[i].caught();
    }
  }
}
```

図10-9

```
class Catcher {
  float r;        // 半径
  color col;      // 色
  float x, y;     // 位置
  Catcher(float tempR) {
    r = tempR;
    col = color(50, 10, 10, 150);
    x = 0;
    y = 0;
  }

  void setLocation(float tempX, float tempY) {
    x = tempX;
    y = tempY;
  }

  void display() {
    stroke(0);
    fill(col);
    ellipse(x, y, r*2, r*2);
  }

  // キャッチャーが雨粒に交差したら真を返し、それ以外は偽を返す
  boolean intersect(Drop d) {
    float distance = dist(x, y, d.x, d.y);   // 距離を計算する
    if (distance < r + d.r) {                // 距離と半径の和を比較する
      return true;
    } else {
      return false;
    }
  }
}

class Drop {

  float x, y;        // 雨粒の位置の変数
  float speed;       // 雨粒の速度
  color c;
  float r;           // 雨粒の半径

  Drop() {
    r = 8;                          // すべての雨粒は同じ大きさ
    x = random(width);              // ランダムなx位置で開始
    y = -r*4;                       // ウィンドウの少し上から開始
    speed = random(1, 5);           // ランダムな速度を選択
    c = color(50, 100, 150);        // 雨粒の色
  }

  // 雨粒を下向きへ動かす
  void move() {
    y += speed; // speedで増加させる
  }
```

```
  // 雨粒を表示する
  void display() {
    fill(c);
    noStroke();
    for (int i = 2; i < r; i++) {
     ellipse(x, y+i*4, i*2, i*2);
    }
  }

  // 雨粒がキャッチされたら
  void caught() {
    speed = 0; // 雨粒の速度を0に設定することで動きを止める
    y = -1000; // 位置をスクリーン外のどこかに設定する
  }
}

class Timer {

  int savedTime;   // タイマーが開始された時
  int totalTime;   // タイマーが動作する時間

  Timer(int tempTotalTime) {
    totalTime = tempTotalTime;
  }

  // タイマーを開始する
  void start() {
    savedTime = millis();
  }

  boolean isFinished() {
    // 経過時間を確認
    int passedTime = millis()- savedTime;
    if (passedTime > totalTime) {
      return true;
    } else {
      return false;
    }
  }

}
```

練習問題10-4

このゲームにスコアシステムを実装してください。開始時は、プレイヤーの持ち点は10ポイントとします。雨粒がウィンドウの下に到達するたびに1点ずつ減点します。もし1,000の雨粒すべてが終わった時点で0点になっていなければ、雨粒の出現速度がより速い新しいレベルが始まります。また、どのレベルにおいても10の雨粒が下に到達したら、プレイヤーの負けです。スコアは、スクリーン上の矩形の大きさを減らすことで表示してください。これらのすべての機能を一度に実装しようとしないことです。一度に1ステップずつ実装しましょう！

以下は、作業を始めるための手がかりとして、Dropオブジェクトがウィンドウの下に到達したかどうか判定するDropクラスの関数です。

```
boolean reachedBottom() {
    // 雨粒がウィンドウ下よりさらに少し下に到達したら
    if (y > height + r*4) {
      return true;
    } else {
      return false;
    }
}
```

10.9　この後の学習の進め方

　本章のポイントは、落下する雨粒を捕まえるゲームを、どのようにプログラミングするかについて学ぶことではありません。問題を解決するための開発手法、すなわち、アイデアを得て、それをパーツに分解し、それらパーツに関する擬似コードを開発し、さらにそれらパーツを非常に小さなステップごとにひとつひとつ実装していくことを学びました。

　このプロセスに慣れるには時間がかかり、かつ練習が必要であることを覚えておくことが大切です。誰しもプログラミングを初めて習う時には、この部分に苦労するのです。

　本書の残りの部分に進む前に、これまで何を学び、どこに向かっているのか考える時間を取りましょう。この10章では、プログラミングの基礎全体に焦点を合わせてきました。

- **データ** —— 変数と配列の形式で
- **制御フロー** —— 条件文とループの形式で
- **全体の構成** —— 関数とオブジェクトの形式で

　これらの概念は、Processing独自のものではなく、C++、Python、JavaScriptなど多くのプログラミング言語や環境にも共通することです。シンタックスは変わっても、基礎となる概念は変わりません。

　13章からは、Processingで利用可能な、3次元移動と回転、画像処理、ビデオキャプチャ、ネットワーク、サウンドなどいくつかの高度な概念に焦点を合わせていきます。これらの概念は、Processing独自のものでは決してありませんが、それら実装の細かい部分は、Processingという特別な環境により特化されたものです。

　これら高度なトピックに進む前に、コード内のエラーを修正する基本的な戦略（11章）とProcessingのライブラリの使い方（12章）について簡単に触れることにしましょう。これら高度なトピックの多くは、Processingと同梱されているライブラリやサードパーティのライブラリを読み込む必要があります。Processingの強みのひとつは、ライブラリによって簡単に拡張できる機能があることです。本書の最後では、独自のライブラリを作る方法について、いくつかのヒントを読むことができます。

　では、先に進みましょう！

レッスン5の
プロジェクト

❶ 簡単な図形の描画とプログラミングの基礎を使って、Processingで作成できるプロジェクトのアイデアを考えてください。考えに行き詰まってしまった場合は、ピンポンか三目並べゲームなどの作成について考えてみるとよいでしょう。

❷ 本章で示した戦略の概要に沿って、そのアイデアをより小さなパーツに分解し、そのひとつひとつのアルゴリズムを実装してください。各パーツには、必ずオブジェクト指向プログラミングを使ってください。

❸ ひとつのプログラムにそれら小さなパーツをまとめてください。プロジェクトに必要な要素や機能で実装し忘れたものはありませんか？

下の空欄をプロジェクトのスケッチの設計やメモ、擬似コードを書くのに使ってください。

11章
デバッグ

　正しい言葉とほぼ正しい言葉との間の差は、稲妻（lightning）とホタル（lightning bug）の違いくらい大きい。
　　── マーク・トゥウェイン

　「食欲は食べているうちに湧いてくる」
　　── フランスの諺

　バグは必ず発生します。
　5分前まで、あなたのコードは完璧に動いていて、あなたは自分が行ったことは、あるオブジェクトの色を変えただけだと断言できます！しかし今、宇宙船は小惑星に当たっても、回転しなくなってしまいました。でもそれは、5分前には完璧に回転していたのです！そして周りの友人も同意することでしょう。「そうだね、それが回るのを私も見たよ。かっこよかったよ。」rotate()関数もそこにあります。何が起こったのでしょうか？それは動作するはずです。今起こっていることは、まったくわけの分からない状況です！コンピュータがおそらく壊れてしまったのかもしれません。そうですね。それは、間違いなくコンピュータの問題です。
　どんなにコンピュータ科学の勉強をしても、プログラミングの本を読んでも、あるいは睡眠学習でコードの音声を聞き、そのような方法にどっぷり浸かり、時間を費やしたとしてもバグを解決できずに行き詰ることがあります。
　それは、非常にイライラするものです。
　バグは、プログラム内の不具合です。往々にして、バグが存在することは明らかで、スケッチは終了し（もしくはまったく実行できない）、またメッセージコンソールにエラーを表示します。それらのタイプのバグは、単純なタイプミス、変数を初期化していない、存在しない配列に要素を見にいくなどが原因で起きることがあります。その他の「エラー」となるバグの手がかりは、本書末尾の付録Aに掲載してあります。
　バグには、もっと悪質で不可解なものもあります。もし、皆さんのProcessingのスケッチが思ったように機能しなければ、そこにはバグが存在します。その場合、スケッチは、メッセージコンソールにエラーを表示することなく動作するかもしれません。このタイプのバグを見つけるのは、コードのどこから見たらよいのか必ずしも明らかでないため、より難しいのです。
　本章では、Processingでバグを修正するいくつかの基本的なやり方について述べていきます。

11.1　助言#1：休憩をとる

　真面目な話です。コンピュータから離れる。睡眠をとる。ジョギングをする。オレンジを食べる。スクラブルなどのゲームをする。コーディング作業以外のことをしてください。何時間もコードと格闘しても修正できなかったものを、翌日起きて、たった5分で解決したことが何度あったことか。

11.2　助言#2：他の人に参加してもらう

　友人と問題に関して話してみましょう。他のプログラマー（もしくは、プログラマーでない人でも可）にコードを見せてロジックを説明していると、バグが見つかることがよくあります。多くの場合、皆さんが自分のコードを知りすぎていることから、何か明白なことが見えていないのです。ところが、誰か他の人にコードを説明するという過程は、皆さん自身にもっとゆっくりとコード全体を見直すことを強いることになります。もし近くに友人がいなければ、自分自身に対して声を出してコードをひととおり説明することを行うとよいでしょう。確かに、バカげて見えるかもしれませんが、役には立ちます。

11.3　助言#3：単純化

　単純化。単純化！「単純化！」

　10章で、インクリメンタル開発の行程に集中しました。よりたくさんのプロジェクトを一歩一歩、小さく、かつ管理しやすいパーツとして開発することによって、エラーとバグを減らします。もちろん問題を完全に避けることはできませんが、インクリメンタル開発の考え方は、問題が起こった時のデバッグにも役立ちます。コードをひとつずつ積み重ねて構築していなければ、デバッグ時にコードをひとつひとつ個別に徹底的に調べる羽目になります。

　デバッグのひとつの方法は、特定の箇所を独立させるために、大量のコードをコメントアウトすることです。次の例は、スケッチ内のメインタブについてです。スケッチは、ひとつのSnakeオブジェクトの配列、ひとつのButtonオブジェクト、ひとつのAppleオブジェクトを持っています（クラスのコードは含まれていません）。スケッチに関して、Appleが表示されない以外は、適切に動作すると仮定しましょう。その問題をデバッグするためには、Appleオブジェクトを初期化し表示することを直接行っている数行のコードを除いたすべてをコメントアウトします。

```
// Snake[] snakes = new Snake[100];
// Button button;
Apple apple;

void setup() {
  size(200, 200);
  apple = new Apple();
```

> Appleオブジェクトを作成するコードが、唯一残されています。この方法で、他のコードがこの問題の原因ではないことを確かめることができます。

```
  /*
```

```
    for (int i = 0; i < snakes.length; i ++) {
      snakes[i] = new Snake();
    }
    button = new Button(10, 10, 100, 50);
    */
  }

  void draw() {
    background(0);
    apple.display();
    // apple.move();
```

再び、Appleオブジェクトを表示するコードだけがコメントされず残っています。

```
    /*
    for (int i = 0; i < snakes.length; i++) {
      snakes[i].display();
      snakes[i].slither();
      snakes[i].eat(apple);
    }

    if (button.pressed()) {
      apple.restart();
    }
    */

  }
/*
void mousePressed() {
  button.click(mouseX, mouseY);
}
*/
```

複数行のコードは/*と*/の間に入れることでコメントアウトできます。
/*ここのすべてがコメントアウトされます*/

　いったんすべてのコードがコメントアウトされると、2つの可能性がはっきりしてきます。リンゴがまだ表示されていないか、表示されているかです。前者は、リンゴ自身に原因がありそうなことは明らかで、次のステップは、display()関数の内部を調査し、間違いを見つけることでしょう。

　もし、リンゴが現れているのであれば、コードの他の行が問題の原因です。多分、move()関数が、リンゴをスクリーン外に送り出しているため、見ることができないのです。または、偶然蛇がリンゴを覆っているのかもしれません。これを解明するために、コードの行をひとつずつ戻していくことをお勧めします。コードの行を戻すたびに、スケッチを実行し、リンゴが消滅しているか目で見て確認します。リンゴが消えたところで、問題の原因を発見し、原因の根源をすべて取り除くことができます。上記の（多くのクラスを使った）オブジェクト指向によるスケッチでは、このデバッグのプロセスが大きな手助けになります。試せる他の方法は、新たにスケッチを作成し、複数あるクラスのひとつだけを使ってみて、その基本的な機能だけをテストすることです。すなわち、皆さんが作るプログラム全体を直す必要はまだありません。まずは、新しいスケッチを作り、それに関連するクラス（もしくは複数クラス）のひとつだけ

を実行し、エラーを再現するのです。単純化しバグを見つけるために、リンゴやボタンを排し、(配列ではなく) ひとつの蛇のみを使います。可能な限り排除することで、コードは非常に扱いやすくなります。

```
Snake snake;

void setup() {
  size(200, 200);
  snake = new Snake();
}

void draw() {
  background(0);
  snakes.display();
  snakes.slither();
  // snakes.eat(apple);
}
```

> このバージョンはAppleオブジェクトを含んでいないため、この行のコードは使えません。デバッグのプロセスの一部として、削除した行を徐々に戻し、appleが使えるようになった時点でこの行をコメントから戻します。

まだ外部装置を含む例は見ていませんが (以後の多くの章で扱っていきます)、スケッチを単純化することは、これら装置 ── カメラ、マイク、ネットワーク通信など ── の接続を止め、それらを「疑似 (ダミー)」情報に置き換えることも含みます。例えば、画像解析で発生する問題は、ライブビデオからの情報を扱うよりも読み込まれたJPGを使ったほうが、バグをより見つけやすいのです。または、URLに接続しXMLを取得するのではなく、作業するコンピュータのローカルにあるテキストファイルを読み込むほうが簡単なのです。もし問題がなくなれば、はっきりと「ああそうか、ウェブサーバーがおそらくダウンしているのだな」とか「カメラが壊れているに違いない」と言えます。もしそうでなければ、そこにある問題を知るために、コードを分解できます。もしコードの一片を取り出すことで問題が悪化することを心配しているのであれば、機能を取り除くことを始める前に、まずはスケッチのコピーを作ることです。

11.4　助言 #4：println()は、あなたの友人です

変数の値を表示するために、メッセージウィンドウを使うことは、非常に役立ちます。例えば、オブジェクトがスクリーン上から完全にいなくなってしまい、その原因を知りたい場合、その位置変数の値を出力することができます。それは、次のように表記します。

```
println(x, y);
```

結果は次のようになります。

```
9000000 -900000
9000116 -901843
9000184 -902235
9000299 -903720
9000682 -904903
```

これらの値は、ピクセル座標としては適切でないことが明らかです。オブジェクトはその(x,y) 位置で計算されるので、スクリーン上に見えないのでしょう。しかし、値が完全に妥当な

ものであれば、次を当たるべきです。おそらく色が問題かもしれません。

```
println("brightness: " + brightness(thing.col) + " alpha: " + alpha(thing.col));
```

結果は、次のようになります。

```
brightness: 150.0 alpha: 0.0
```
（明度：150.0 アルファ値：0.0）

オブジェクトの色のアルファ値が0だとすると、なぜそのオブジェクトが見えないのか説明がつきます。ここで、「11.3 助言#3：単純化」を思い出してみましょう。変数の値を表示させるこのプロセスは、Thingオブジェクトといった、ひとつのオブジェクトだけを扱っているスケッチ内であれば非常に効果的です。このようにして、偶然にThingオブジェクト上に別のクラスを描画しているのではないことを確かめることができます。

皆さんは、上記のプリント文が2つの異なる方法で書かれていることに気づくかもしれません。最初のものは、2つの変数がカンマで区切られています。println()は、いくつでも変数を受け取ることができ、自動的にそれらをスペース区切りで表示するのです。さらに、実際のテキストを変数やbrightness()とalpha()で見たような関数の呼び出しの結果と連結することもできます。それがどのように動作するかについては、17章で説明します。このような方法は、おおむね良い考えです。例えば、次のような、何の説明もなくxの値を出力するだけのコードの行を見てみましょう。

```
println(x);
```

これは、メッセージウィンドウ内で変数の値を追跡する時などに、混乱する可能性があります。コードの異なる箇所で異なる値を表示している場合は特にそうです。xが何でyが何かを、どのようにして知ることができるでしょうか？ println()にあなたのメモを含めていたら、そのような混乱は起こりません。

```
println("私が探しているthingのxの値は： " + x);
```

加えて、println()は、コードのある部分に処理が到達したかどうかを示すために使うことができます。例えば、「跳ね返るボール」の例で、ボールがウィンドウの右端で跳ね返らない場合を考えてみましょう。問題は、「ボールが端に到達した条件を定義していない」のかもしれませんし、「ボールが端に到達した時に間違った処理をしている」のかもしれません。ボールが端に到達した時に、コードがそれを正しく検出しているかを知るために、以下のように書くことができます。

```
if (x > width) {
  println("xは、widthよりも大きいです。このコードは現在処理されています！");

  xspeed *= -1;
}
```

スケッチを実行して、メッセージウィンドウにまったく何も表示されない場合は、おそらく、書いた論理式に何かしらの欠陥があるのでしょう。

最後に、コンソール内に配列の内容を表示したいのであれば、printArray()を使うべきです。printArray()関数は、配列の内容を添字の値とともに、書式を整え表示してくれます。

```
float[] values = new float[10];
for (int i = 0; i < values.length; i++) {
  values[i] = random(10);
}
printArray(values);
```

正直なところ、println()とprintArray()は、デバッグのための完璧なツールではありません。メッセージウィンドウで複数の情報を追跡することは大変です。また、それはスケッチの実行速度を著しく遅くもします（いくつ表示させているかによります）。Processing 3 では、デバッグツールも存在します（[デバッグ] メニューのオプションから、もしくは次の図に表示したデバッガーアイコンをクリックし有効にすることができます）。

デバッガーは、（**ブレークポイント**を指定することで）プログラムを一時停止することを可能にし、コード内の処理を1行ずつ進める（**ステップ実行**と言われる）ことができます。**図11-1**は、特定のブレークポイントで一時停止したスケッチを示しています。変数の現在の状況をデバッグウィンドウ内で見ることができます。そして、次のブレークポイントまでコードを再度実行し続けるか、1行ずつ進めるかのいずれかを選択します。

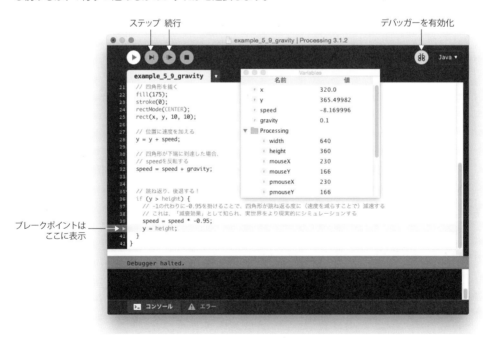

図11-1

デバッガーはとても便利ですが、皆さんに必要なのは、時には少し睡眠をとる、友人と話す、そしてほんの少しの常識なのです。

12章
ライブラリ

> 真実が美しさなら、図書館（ライブラリ）で誰も髪を切らないのは、なぜなのだろう？
> —— リリー・トムリン

　レッスン6以降の多くの章では、Processingのライブラリを使用することが必要となります。本章は、これらライブラリをどのようにダウンロード、そしてインストールし、使用するかについて説明します。今は、本章をライブラリの基本的な理解のために読んでおき、後にライブラリのダウンロードが必要になった時（最初にそうなるのは、16章のビデオです）は、ここに戻ることをお勧めします。

12.1　ライブラリ

　line()、background()、stroke()などのProcessing関数を呼び出すということは、言い換えれば、Processingリファレンスページから（もしくは、おそらく本書からでも）学んだ関数を呼び出すことなのです。そのリファレンスページは、Processingの**コアライブラリ**内の利用可能なすべての関数のリストです。コンピュータ科学では、ライブラリは「ヘルパー」コードの集合体を言います。ライブラリは、関数、変数、オブジェクトから構成されます。皆さんが行う大半のことは、Processingのコアライブラリによって可能となります。

　ほとんどのプログラミング言語では、どのライブラリを使用したいのかをコードの先頭で指定する必要があります。これは、コンパイラにソースコードをマシン語に変換するために、どこを見たらよいのか教えるためです（2章を参照）。Processingアプリケーション自体の内部にあるファイルを調べると、core.jarという名前のファイルを見つけるでしょう。そのファイルは、Processingにおいて、皆さんが行うすべてのことに必要なコンパイル済みのコードを含んでいます。Processingでは、すべてのプログラムでそれが使われていることから、インポートされていることが前提になっているためインポート文をあえて書く必要はありません。しかし、この前提がなければ、すべてのスケッチのコードの先頭に次の行を書かなくてはならないでしょう。

```
import processing.core.*;
```

importは、これからライブラリを使うことを意味し、また使っているライブラリは、「processing.core」ということを示しています。「.*」はワイルドカードで、ライブラリ内部のすべてを利用するということを意味します。ドットシンタックス（processing ドット core）を使ったライブラリの命名は、Javaプログラミング言語の「packages」内部でクラスの集合がどのように管理されているかに関連しています。Processingとプログラミングをもっと自由に扱えるようになった時、それはより深く調べたくなるトピックでしょう。ここで知っておくべきことは、「processing.core」がライブラリの名前であるということだけです。

コアライブラリはすべての基礎を網羅しますが、他のより高度な機能を使うためには、**前提**となっていない特定のライブラリをインポートする必要があります。最初に遭遇するライブラリは16章で登場し、カメラから画像を取り込むために、Processingのvideoライブラリが必要となります。

```
import processing.video.*;
```

以後の多くの章では、ビデオ、ネットワーク通信、シリアル通信などのProcessingライブラリが必要となります。これらのライブラリのドキュメンテーションは、Processingのウェブサイトのライブラリページ（http://www.processing.org/reference/libraries/）で見ることができます。そこでは、Processingに標準で用意されているライブラリのリストだけでなく、ウェブサイトからダウンロード可能なサードパーティのライブラリのリンクのリストも見ることができます。

12.2　組み込みライブラリ

いくつかの組み込みライブラリは、インストールする必要がありません。それらライブラリは、Processingアプリケーションに標準で用意されています。組み込みライブラリのリスト（全リストは上記URL）は膨大なものではなく、以下のライブラリは本書で扱っていきます。最後の2つ（ビデオとサウンド）は、次節で説明するように、Processingとは別のインストール手順が必要となります。

Serial

Processingと外部装置との間でデータをシリアル通信で送受信する。19章で説明します。

Network

クライアントとサーバースケッチを作成し、インターネットで通信を行う。19章で説明します。

PDF

Processingで生成したグラフィックスから高解像度のPDFを作成する。21章で説明します。

Video

カメラからの画像キャプチャや、ムービーファイルを再生する。16章で説明します。

Sound

音の分析や合成、再生。20章で説明します。

これらのライブラリを使うために用意された例は、上記に挙げた章で見ることができます。Processingウェブサイトでも、これらライブラリの素晴らしいドキュメンテーション（「libraries」ページで見られます）があります。Processingの組み込みライブラリに関連して、ただひとつ知っておいてもらいたい一般的な知識は、プログラムのトップで適切なインポート文を含まなければならないということです。この文は、[スケッチ] → [ライブラリをインポート] を選択することで、スケッチに自動的に追加することができます。もしくは、単に手入力で追加することもできます（[ライブラリをインポート] メニューのオプションを使用しても、インポート文のテキスト追加以外のことは何もしてくれません）。

```
import processing.video.*;
import processing.serial.*;
import processing.net.*;
import processing.pdf.*;
import processing.sound.*;
```

12.3　寄稿されたライブラリ（Contributed libraries）

Processingのサードパーティ（「寄稿された」とも言われる）ライブラリの世界は、あたかも西部開拓時代のようです。本書を書いている時も、113もの寄稿されたライブラリが物理シミュレーションからパケットスニフィング（パケットのデータ傍受）、コンピュータビジョン、文字の生成、GUIコントロールなどの幅広い範囲に渡り、Processingウェブサイト上で公式にリストアップされています。オンラインで探すと、おそらくその他に、100以上のリストにないライブラリが見つかるでしょう（そして、それらは現行のProcessingのバージョンに対応していない可能性があります）。本書の残りのコースで、いくつかの寄稿されたライブラリのコードについて触れます。ここでは、ライブラリそのもののインストールの仕方を見ていきましょう。

寄稿されたライブラリをインストールする手順は、Processingファンデーションのライブラリのvideoやsoundをインストールするのと同じやり方です。ここでは、例としてvideoを使いましょう。第一段階は、ProcessingのContribution Manager（寄稿マネージャー）を開きます。これは、メニューオプションの [スケッチ] → [ライブラリをインポート] → [ライブラリの追加] で利用できます。

図12-1

　Contribution Managerが起動してライブラリ管理画面が表示されます。必要なライブラリをこのリストから探せます。また、カテゴリーを選択した、リサーチボックスにキーワードを入力することでリストを絞ることもできます。例えば、Processingファンデーションのvideoライブラリは、「video」と入力することで、素早く見つけることができます（**図12-2**）。

図12-2

　ライブラリをインストールするためには、［install］ボタンを単に押し、ライブラリがダウンロードされるのを待ちます。それだけです！　要求はされませんが、実行時に問題が発生した場合は、インストール後にProcessingを再起動してみてください。また、アップデートが提供

された時は、管理画面からライブラリをアップデートすることもできます。どのライブラリがアップデート可能かを、ライブラリ管理画面を使いチェックできます。

12.4　手動でライブラリをインストールする

推奨されているライブラリのインストール方法は、管理画面を通したものなので、この節を本書に含めるかどうか悩みました。管理画面にリストされるすべてのライブラリは、Processingファンデーションによってテストされています。しかし、管理画面にリストされていなくても便利なライブラリをオンラインで見つけられるかもしれません。これらは、手動でインストールしなければなりません。それを行うために、まず初めに、作業しているスケッチのフォルダを見つける必要があります。Macでは、一般的に、~/書類/Processing/[*1]（~/Documents/Processing/）に、WindowsではC:\ユーザー\ユーザー名\ドキュメント\Processing（C:\Users\UserName\Documents\Processing）にあります。分からない場合は、Processingの環境設定からいつでも確認できます（**図12-3**）。

図12-3

スケッチフォルダの場所を確認できたら、librariesという名前のサブフォルダを見つけてください。

[*1] 訳注：~は、ホームディレクトリを示します。**図12-3**では、/Users/danielshiffman/が、ホームディレクトリです。なお、danielshiffmanの部分は、皆さんが現在使用しているユーザー名になります。

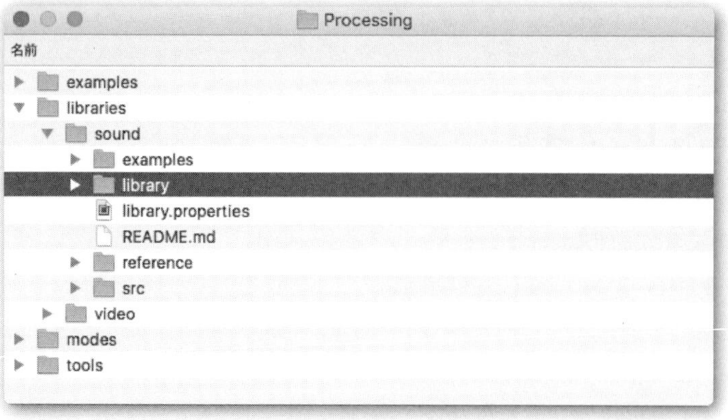

図12-4

　ライブラリディレクトリは、寄稿されたライブラリを手動でインストールできる場所です。ライブラリは、単にファイルのディレクトリで、またダウンロードしたいものを見つけたと仮定すると、そのほとんどはZIPファイルで提供されます。ファイルを入手したら、**図12-4**を参照しながら、以下の手順に沿ってください。

1. ZIPファイルを展開します。通常、ファイルをダブルクリックするか、WindowsのWinzipなどの展開アプリケーションで行うことができます。

2. 展開したファイルを`libraries`フォルダにコピーします。ダウンロードしたほとんどのライブラリは、自動的に正しいディレクトリ構造に展開されます。`libraryName`というライブラリでは、`libraries/libraryName/library/libraryName.jar`のようになるでしょう。
   ほとんどのライブラリは、ソースコードと例などの追加ファイルを含んでいます。もしライブラリが、上記のディレクトリ構造に自動的に展開されなければ、手動でそれらのフォルダ（Finderやエクスプローラーを使って）を作成し、また`libraryName.jar`ファイルを適切な場所に移動することができます。

3. Processingを再起動します。ステップ2を行っている間、Processingが実行されていたら、Processingをいったん終了し、ライブラリが認識されるように再起動する必要があります。

　ライブラリを手動で、またはContributions Manager を通してインストールしたとして、適切に動作していたら、**図12-5**に示した［スケッチ］→［ライブラリをインポート］オプションに表示されるはずです。ライブラリをインストールした時に何をすべきかは、どのライブラリをインストールしたかによります。ライブラリを使用したコードの例は、16章、18章、20章で見ることができます。

図12-5

　本書が目指す範囲外のトピックではありますが、皆さん自身でProcessingのライブラリを作成することもできます。作成方法と情報は、ProcessingのGitHubリポジトリ（https://github.com/processing/processing/wiki/Library-Overview）で見つけられます。ライブラリ以外にも、ツールとモードでProcessing開発環境（Processing Development Environment：PDE）自体を拡張することができます。ツールはPDEに小規模な機能を提供し、モードは（まったく異なるプログラミング言語でコードを書くような）非常に大きな変化を提供します。ツールとモードもContributions Managerからインストールできます（インストール先はスケッチフォルダのtoolsとmodesサブディレクトリ）。

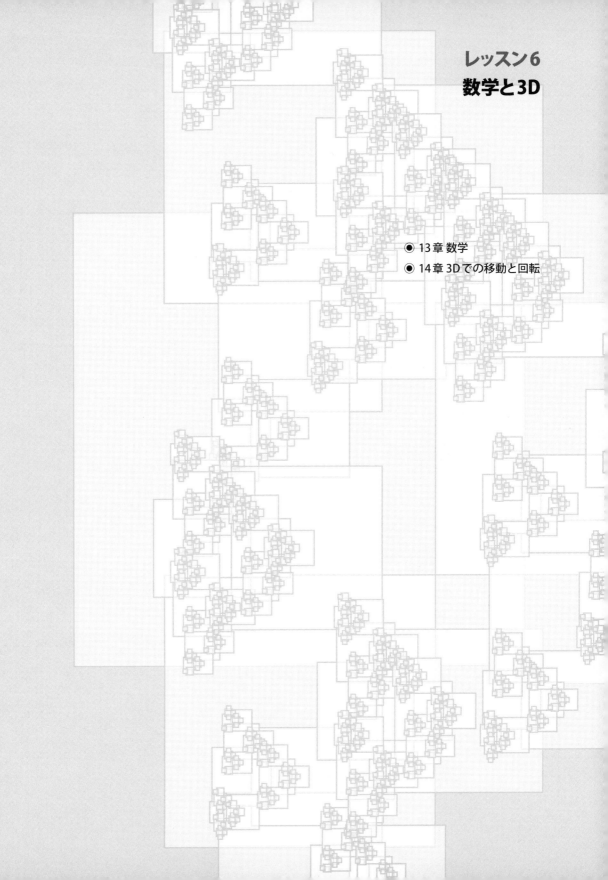

レッスン6
数学と3D

- 13章 数学
- 14章 3Dでの移動と回転

13章
数学

　もし人々が、数学はシンプルであると信じないのであれば、それは彼らが人生がどんなに複雑かを知らないからだ。
　　── ジョン・フォン・ノイマン

　もしあなたがコサインの二乗だとしたら、私はサインの二乗になろう。なぜなら私たちは二人でひとつだから。
　　── 作者不明

この章で学ぶこと
- モジュロ
- 確率
- パーリンノイズ
- map()関数
- 三角法
- 再帰
- 2次元配列

　さあ、ここまでたどり着きました。基礎は終わったので、Processingのより高度なトピックを見ていきましょう。ここからは、章から章へとつながる話が少ないことに気づくと思います。取り上げるさまざまな概念は、これまでのように、章が相互に関連するようには構築されていませんが、章の並びは、段階的な学習ができるように考慮されています。

　ここから行うすべてのことは、引き続き、setup()とdraw()からなる処理構造を用います。Processingライブラリと、条件文とループで作られたアルゴリズムの関数を使い続け、オブジェクト指向アプローチを念頭に置いてスケッチを構造化します。この時点で、説明はこれら重要なトピックの知識を前提にしており、必要であれば以前の章に戻り見直すことをお勧めします。

13.1　数学とプログラミング

　皆さんは、先生に名前を呼ばれ、黒板に数学の宿題の答えを書きなさいと言われた瞬間、額に汗をかくのを感じたことがありますか？「微積分学」という単語を聞くと、緊張から身震いするような気持ちになったりしますか？

　リラックスしてください、恐れる必要はないのです。数学自体への恐れを除けば、恐れるものは何もないのです。おそらく本書を読み始めた頃は、コンピュータプログラミングを恐れて

いたことでしょう。しかし今では、コードに関する恐怖感から解放され、落ち着いた気持ちで作業を楽しみ、喜びも感じていることでしょう。本章では、Processingのスケッチを開発するという旅の助けとなる数学を取り上げ、分かりやすいアプローチでいくつかの便利で有用なトピックについて学びます。

もうすでに分かっていると思いますが、これまでずっと皆さんは数学を使ってきています。例えば、変数を学んでからは、ほとんどすべてのページで代数式を使ってきました。

```
float x = width/2;
```

また直近の10章では、ピタゴラスの定理を使って交差をテストしました。

```
float d = dist(x1, x2, y1, y2);
```

これまでいくつかの例を見てきましたが、これからは例がさらに高度になります。例えば「Sinusoidal Spiral Inverse Curve」をグーグルで検索し、夜遅くにオンラインで答えを見つけることが必要になるかもしれません。では、便利で有用な数学のトピックのそれぞれを見ていきましょう。

13.2　モジュロ

Processingでパーセント記号で表記される、**モジュロ演算子**の話から始めましょう。**モジュロ**はとても単純な概念（初めて割り算を学んだ時、名前に言及することなく学んだもの）で、ある限度内の値（スクリーン上の図形、配列のある範囲内の添字など）を維持するのに、信じられないくらい便利です。モジュロ演算子は、ある値をその他の値で割った時の余りを計算します。それは、整数と浮動小数点数のどちらでも動作します。

20を6で割ると、商3余り2です（つまり、6掛ける3足す2は、20です）。

したがって、

20モジュロ6は2、もしくは、20％6＝2

穴埋め式の例をもう少し挙げます。

例	式
17割る4の商は4余り1	17 % 4 = 1
3割る5の商は0余り3	3 % 5 = 3
10割る3.75の商は2余り2.5	10 % 3.75 = 2.5
100割る50の商は＿＿＿余り＿＿＿	100 % 50 = ＿＿＿
9.25割る0.5の商は＿＿＿余り＿＿＿	9.25 % 0.5 = ＿＿＿

A％B＝Cの式を考えた時、CはBより大きくならないことに気づくでしょう。余りは、約数よりも決して大きくも等しくもなりません。

ヒント
0 % 3 = 0
1 % 3 = 1
2 % 3 = 2
3 % 3 = 0
4 % 3 = 1
etc.

よって、モジュロは、ゼロに戻る周期カウンター変数が必要な時はいつでも使うことができます。

```
x = x + 1;
if (x >= limit) {
  x = 0;
}
```

次のように置き換えることができます。

```
x = (x + 1) % limit;
```

配列の長さに到達した時は、常にゼロに戻るので、配列の要素をひとつずつカウントしたい時にとても便利です。

例13-1　モジュロ

```
// 4つの乱数
float[] randoms = new float[4];
int index = 0; // 配列の何番目か

void setup() {
  size(200, 200);
  // 配列に乱数を入れる
  for (int i = 0; i < randoms.length; i++) {
    randoms[i] = random(0, 256);
  }
  frameRate(1);
}

void draw() {
  // フレームごとに配列の1要素にアクセスする
  background(randoms[index]);
  //その後、次の要素に移動する
  index = (index + 1) % randoms.length;   ◁ カウンターを0に戻すためにモジュロ演算子を使います。
}
```

13.3　乱数

　4章で、変数に乱数を代入することができるrandom()関数を紹介しました。Processingの乱数ジェネレータは、「一様」分布と言われる数を生成します。例えば、0から9の間の乱数を

要求した場合は、0は10%、1は10%、そして2も10%の確率で出現します。この事実を証明するために、配列を使った簡単なスケッチを書くことができます。**例13-2**を見てください。

> **擬似乱数**
>
> 　random()関数から得られる乱数は、真のランダムではなく、「擬似乱数」と言われるものです。ランダム性をシミュレーションする数学的関数の結果です。この関数は、繰り返すことで規則性が生じますが、その時間的周期は非常に長いため、真のランダム性とほぼ同じです！

例13-2　乱数の分布

```
//乱数が選ばれる頻度を記録する配列

float[] randomCounts;

void setup() {
  size(200, 200);
  randomCounts = new float[20];
}

void draw() {
  background(255);

  // 乱数を選択し、カウントを増やす
  int index = int(random(randomCounts.length));
  randomCounts[index]++ ;

  // グラフの結果として矩形を描く
  stroke(0);
  fill(175);
  for (int x = 0; x < randomCounts.length; x++) {
    rect(x * 10, 0, 9, randomCounts[x]);
  }
}
```

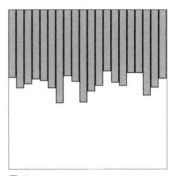

図13-1

　非均一分布の乱数を生成するために、少し工夫することでrandom()の使い方を変えることができ、またある事象を発生させる**確率**を生成することができます。例えば、背景色が10%の確率で緑に、90%の確率で青になるスケッチを作る場合を考えてみましょう。

13.4　確率レビュー

　確率の基本的な原理を見直し、最初に単一の事象の確率、つまりあることが起こる可能性を見てみましょう。

　起こり得る結果のうち特定のものを生成するようなシステムがある時、任意の事象が発生

する確率は、その事象とみなす結果の数を起こり得る結果の総数で割ることで計算できます。もっとも簡単な例は、コイントスです。コイントスには、全部で2つの起こり得る結果（表と裏）があります。表が出るのはたったひとつの方法しかないため、表が出る確率は1割る2、つまり1/2、または50%です。

一組52枚のカードを考えてみましょう。その一組からエースを引く確率は以下のとおりです。

エースの枚数 / カードの枚数 = 4/52 = 0.077 = ~8%

ダイヤを引く確率は以下のとおりです。

（ダイヤの枚数）/（カードの枚数）= 13/52 = 0.25 = 25%

各事象の個別の確率の結果を使い、連続して発生する複数の事象確率を計算することもできます。

3回立て続けにコインが表を向く確率は、以下のとおりです。

(1/2) * (1/2) * (1/2) = 1/8（あるいは0.125）

つまり、コインが3回連続で表を向くのは8回（ここの「回」は、3回のトスを「1回」とします）に一度です。

練習問題13-1

一組のカードからエースを2回連続して引く確率はどのくらいでしょうか？

13.5　コードでの発生確率

コードで、確率を扱うために、random()関数を使ういくつかの方法があります。例えば、配列を（何度か繰り返して）選択した数で埋めた場合、配列からランダムに数を選択し、何を選択したかで事象を発生させることができます。

```
int[] stuff = new int[5];
stuff[0] = 1;
stuff[1] = 1;
stuff[2] = 2;
stuff[3] = 3;
stuff[4] = 3;
int index = int(random(stuff.length));   ← 配列からランダムな要素を選択します。
if (stuff[index] == 1) {
  // 何かを実行する
}
```

このコードを実行したら、1の値を選択する可能性は40%、2の値を選択する可能性は20%、

最後に3の値を選択する可能性は40%でしょう。

その他の方法としては、乱数（分かりやすくするために、0から1の間のランダムな浮動小数点数で考えましょう）を求め、選択した乱数が特定の範囲内の場合だけ、事象が発生するようにします。次に、例を示します。

```
float prob = 0.10;        // 10%の確率
float r = random(1);      // 0から1の間のランダムな浮動小数点数
if (r < prob) {           // 乱数が0.1より小さい場合

    // ここで、この事象を発生させる！    ← このコードは10%の確率で実行されます。

}
```

同様の方法は、複数事象にも適用できます。

事象A ── 60% | 事象B ── 10% | 事象C ── 30%

これをコードで実装するために、ひとつの浮動小数点数の乱数を選択し、それがどこに収まるかチェックします。

- 0.00 と 0.60（60%）の間 ⇒ 事象A
- 0.60 と 0.70（10%）の間 ⇒ 事象B
- 0.07 と 1.00（30%）の間 ⇒ 事象C

例13-3は、上記の確率に基づき、3色の異なる色で円を描きます（赤：60%、緑：10%、青：30%）。この例は、図13-2に示します。

例13-3　確率

```
void setup() {
  size(200, 200);
  background(255);
  noStroke();
}

void draw() {

  float red_prob = 0.60;
  float green_prob = 0.10;     ← ここで、3つの異なる可能性の確率を定義します。赤の可能性は60%（0.6）、緑の可能性は10%（0.1）、青の可能性は30%（0.3）。これらの合計は、100%（1.0）になるべきです！
  float blue_prob = 0.30;

  float num = random(1);       ← 0と1の間の乱数を選択します。

  if (num < red_prob) {        ← 数が、0.6より小さい場合。

    fill(255, 53, 2, 150);

  } else if (num < green_prob + red_prob) {    ← 数が、0.6と0.7の間である場合。

    fill(156, 255, 28, 150);
```

```
} else {
    fill(10, 52, 178, 150);
}
```
← その他のすべての場合（0.7と1の間）

```
// ここで、その結果の円を描く！
ellipse(random(width), random(height), 64, 64);
}
```

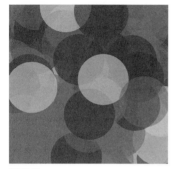

図 13-2

練習問題 13-2

次のコードの空欄を埋め、円が10％の可能性で上へ動き、20％の可能性で下に動き、そして70％の可能性で何も起こらないようにしてください。

```
float y = 100;

void setup() {
  size(200, 200);
}

void draw() {
  background(0);
  float r = random(1);




  ellipse(width/2, y, 16, 16);
}
```

13.6　パーリンノイズ

　良い乱数を生成する方法のひとつは、関連性がないように見える数を作ることです。関連性が認識できないパターンを示すと、それらは**ランダム**とみなされます。

　プログラミングで有機的要素を取り入れた動作では、生物的な特徴として、少しだけランダム性を持たせることが重要です。過剰なランダム性は、望ましくありません。これは、1980年代初頭に「パーリンノイズ (Perlin noise)」と名付けられた自然な順序 (例えば、「なめらかさ」) の擬似ランダム数を生成する関数を開発したケン・パーリン (Ken Perlin) によってとられた方法です。もともとは、アカデミー賞で技術賞を受賞したケン・パーリンが、プロシージャルテクスチャを作り出すために設計したものです。パーリンノイズは、雲、ランドスケープ、マーブル状のテクスチャなどを含む、多様な興味深い効果を作り出すために使用することができます。

　図13-3では、時間の経過を表す2つのグラフ、すなわちパーリンノイズのグラフ (x座標は時間軸で、カーブのなめらかさを示しています) と、純粋な乱数のグラフを比較しています (これらのグラフを生成したコードは、https://github.com/alignedleft/The-Nature-of-Code/tree/master/raw/noc_html/processingjs/introのNoise1DGraph、RandomGraphで見ることができます)。

パーリンノイズ
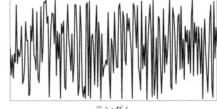
ランダム

図13-3

ノイズについて

　processing.orgのノイズに関するリファレンスを訪れると、ノイズがいくつかの「オクターブ」で計算されていることが分かります。noiseDetail()関数を呼び出すことで、オクターブ数と相対的な重要度を変更することができます。つまり、次々にノイズ関数の動作を変えることができます。http://processing.org/reference/noiseDetail_.htmlを見てください。

　ケン・パーリン自身による、ノイズの動作についての詳細説明は、以下のサイトで読むことができます。

　　http://www.noisemachine.com/talk1/

Processingには、noise()関数でパーリンノイズのアルゴリズムが組み込まれ、実装されています。noise()関数は1つか2つか3つの引数を取ります（ノイズが計算される「空間」の次元数——1次元、2次元x、3次元——を指します）。本章では、1次元のノイズのみを見ていきます。2次元、3次元のノイズに関する情報については、Processingのウェブサイトで見てください。

1次元パーリンノイズは、時間経過を線形の連続値で生成します。例えば、以下のようになります。

0.364, 0.363, 0.363, 0.364, 0.365

値がどのようにしてランダムに上下するのかについてですが、ひとつ前の値の近くにとどまるようになっています。これらの値をProcessingで出力するために、2つのことを行わなくてはなりません。

1. noise()関数を呼び出します。そして、
2. 現在の「時間」を引数として渡します。

一般的に時間をt = 0からスタートすることから、noise(t)のように関数を呼び出します。

```
float t = 0.0;
float noisevalue = noise(t);  // 時間が0の時のノイズ
```

上記のコードをdraw()内でループさせることもできます。

```
float t = 0.0;
void draw() {
  float noisevalue = noise(t);
  println(noisevalue);
}
```

出力：
```
0.28515625
0.28515625
0.28515625
0.28515625
```

上記のコードは、繰り返し同じ値を結果として表示します。なぜなら、繰り返し、**時間**「0.0」の同じ時点でnoise()関数の結果を求めているからです。もし時間変数tを増やすと、異なる結果が得られます。

```
float t = 0.0;
void draw() {
  float noisevalue = noise(t);
  println(noisevalue);
```

```
    t += 0.01;        ← 時間が先に進みます！
  }
```

出力:
```
0.12609221
0.12697512
0.12972163
0.13423012
0.1403218
```

　どのような速さでtを増やすかが、ノイズのなめらかさに影響を与えます。何度かコードを実行し、tの増加分を0.01、0.02、0.05、0.1、0.0001などに変えてみてください。

　そろそろ、noise()が常に0～1までの浮動小数点数を返すことに気づく頃でしょう。それは重要で、どのようにProcessingスケッチでパーリンノイズを使うかに影響します。**例13-4**では、noise()関数の結果を円の大きさに割り当てています。ノイズの値には、ウィンドウの幅が掛けられています。幅が200で、noise()の範囲が0.0～1.0の場合、noise()に幅を掛けた範囲は0.0～200.0です。これを下の表と**例13-4**で示します。

ノイズの値	掛ける	答え
0	200	0
0.12	200	24
0.57	200	114
0.89	200	178
1	200	200

例13-4　パーリンノイズ

```
float time = 0.0;
float increment = 0.01;

void setup() {
  size(200, 200);
}

void draw() {
  background(255);

  float n = noise(time) * width;    ← ある時点のノイズ値を得て、ウィンドウの幅に合わせて
                                      スケールします。
  fill(0);
  ellipse(width/2, height/2, n, n);  ← 円の直径は、ノイズ値nに設定されます。

  time += increment;                 ← draw()関数が繰り返すたびに、「time」を増やします。
}
```

図 13-4

練習問題 13-3

パーリンノイズを使って円の位置を設定するように、次のコードを完成してください。コードを実行すると、円は「自然な」動きに見えますか？

```
// ノイズ「time」変数

float xtime = 0.0;
float ytime = 100.0;
float increment = 0.01;

void setup() {
  size(200, 200);
}

void draw() {
  background(0);

  float x = _____;

  float y = _____;

  _____;

  _____;

  // パーリンノイズによって決定される位置で楕円形を描く
  fill(200);

  ellipse(_____, _____, _____, _____);
}
```

> このスケッチでは、2つの異なる値のノイズを使いたいのです。ですから、ノイズ関数の出力が一致しないように、2つの異なる時点からスタートします。

13.7　map()関数

パーリンノイズを用いて色やx座標を指定することは簡単です。例えば、楕円形のx座標が0からウィンドウの幅の範囲にある場合、ノイズ関数の結果（0と1の間の範囲を出力）にwidthを掛けるだけです。

```
float x = width * noise(t);
ellipse(x, 100, 20, 20);
```

この範囲の変換は、**マッピング**と言われています。0と1の間のパーリンノイズの値を0からウィンドウ幅の範囲のx座標に**写像**（マップ）しました。この種の変換は、プログラムで非常によく行われます。おそらくマウスのx座標を色の値（0と255の範囲）にマップしたいことがよくあるでしょう。数式は少し複雑ですが、十分に扱える範囲です。

```
float r = 255.0 * mouseX / width;
fill(r, 0, 0);
```

> mouseXをwidthで割ると0と1の範囲内の値が結果として得られ、それに255を掛けます。確実に浮動小数点数で計算されるために、「.0」を含めなくてはなりません。

では、もっと複雑なシナリオを考えてみましょう。センサーから値を読み込み、その範囲が65〜324の間だとしましょう。また、それらの値を0〜255の範囲の色の値にマップしたいのです。ここでコツが必要になります。幸いなことに、Processingはmap()関数を持っており、ある範囲から別の範囲に変換する計算を行ってくれます。なお、map()は、下に列挙する5つの引数を必要とします。

1. **値** —— マップしたい値。
2. **現在の最小値** —— その値の範囲の最小値。
3. **現在の最大値** —— その値の範囲の最大値。
4. **新しい最小値** —— 新しい値の範囲の最小値。
5. **新しい最大値** —— 新しい値の範囲の最大値。

上記のシナリオでは、値はセンサーから読み込むものです。現在の最小値と最大値は、センサーの範囲「65〜324」です。また、新しい最小値と最大値は、fill()が要求する範囲「0〜255」です。

```
float r = map(sensor, 65, 324, 0, 255);
fill(r, 0, 0);
```

新しい範囲を説明するのに最小値と最大値という言葉を用いることは、厳密には正確ではありません。map()は、反転した関係性も問題なく処理します。もし、図形をセンサーの値が低い時に赤色で、また高い時に黒で表示したいなら、0と255の場所を単に入れ替えるだけです。

```
float r = map(sensor, 65, 324, 255, 0);
fill(r, 0, 0);
```

次は、map()関数を説明する例です。ここで背景色の赤と青の値は、マウスのxとy座標に関連づけられています。

例13-5　map()の使用

```
void setup() {
  size(640, 360);
}
```

```
void draw() {
  float r = map(mouseX, 0, width, 0, 255);
  float b = map(mouseY, 0, height, 255, 0);
  background(r, 0, b);
}
```

> どのようにマッピングを入れ替えているかに注目します。マウスが画面の上部にある時、背景色はもっとも青いのです。

練習問題13-4

map()関数を使って、練習問題13-3の答えを書き換えてください。

13.8 角度

本書の例の中には、Processingで角度を定義する方法についての基本的な理解が必要なものがあります。例えば14章で使うrotate()関数です。オブジェクトを回転させたりスピンさせるためのrotate()を便利に使うためには、角度について知っておく必要があります。

これから出てくる例に備えるために、**ラジアン（弧度法）**と**度（度数法）**について学ぶ必要があります。度（度数法）における角度の概念にはすでに慣れているでしょう。全周回転するのは、0°〜360°です。90°の角度（直角）は、360°の4分の1で、**図13-5**で2つの直角に交わる線で示されています。

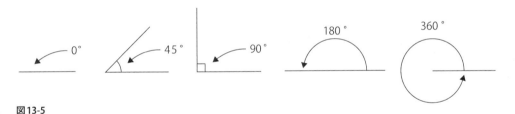

図13-5

度数法を例に角度を考えることはかなり直感的です。例えば、**図13-6**の矩形はその中心の周りを45°回転させています。

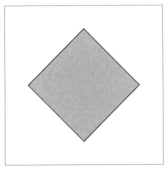

図13-6

しかし、Processingは角度を指定するのに**ラジアン**を必要とします。ラジアンは、円の弧の長さとその円の半径の比で定義される角度の単位です。1ラジアンは、その比が1に等しい角

度です（**図13-7**）。角度180°＝πラジアンです（πは、パイの記号です。これについての詳細は、コラム「pi（π）とは何だろう？」を参照）。角度360°＝2πラジアンで、90°＝π/2ラジアンなどとなります。

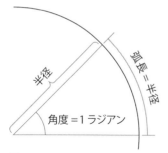

図13-7

度数法から弧度法への変換式を以下に示します。

　　　ラジアン ＝ 2π × (度 ÷ 360)

幸い、もし度数法で考えたいけれど、コード内ではラジアンを使用するといった場合、Processingではこれを簡単に行うことができます。radians()関数は自動的に度からラジアンへ値を変換してくれます。加えて、定数PIとTWO_PIは、よく使われる数を便利に利用できるように、あらかじめ用意されています（それぞれ180°と360°に等しい）。例えば、次のコードは、図形を60°回転します（回転については、次章で詳しく見ていきます）。

```
float angle = radians(60);
rotate(angle);
```

pi（π）とは何だろう？

　数学的な定数pi（またはπ）は、円の円周（外周の距離）とその直径（円の中心を通る直線）との比で定義される実数です。おおよそ3.14159に等しいです。

練習問題13-5

ダンサーが2回転のスピンをしました。ダンサーは合計何度回ったでしょうか？また、それは何ラジアンでしょうか？

　　度：＿＿＿＿＿＿＿＿＿＿　ラジアン：＿＿＿＿＿＿＿＿＿＿

13.9　三角法

sohcahtoa。このまったくおかしく、意味のないように見える言葉「sohcahtoa」(ソーカートア)は、コンピュータグラフィックス作業の基礎となるものです。角度の計算や、ポイント間の距離測定、さらに円、弧、線などを扱う時はいつも、三角関数の基本的な理解が要であることに気づくでしょう。

三角法は三角形の辺と角度の間の関係性に関する学問領域で、「sohcahtoa」は三角関数であるsine、cosine、tangentの定義を覚えるための短い語句なのです。**図13-8**を見てください。

soh
　sine = opposite/hypotenuse（サイン＝対辺÷斜辺）

cah
　cosine = adjacent/hypotenuse（コサイン＝隣辺÷斜辺）

toa
　tangent = opposite/adjacent（タンジェント＝対辺÷隣辺）

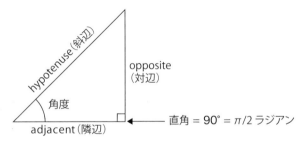

図13-8

Processingで図形を表示する時は常に、(x,y) 座標として与えられたピクセル位置を指定しなければなりません。それらの座標は、直交座標空間の基礎となる考え方を発展させたフランス人数学者のルネ・デカルト（René Descartes）の名前にちなんでデカルト座標（直交座標）と言われています。

極座標系と言われる、もうひとつの便利な座標系は、1点を空間内の原点に対する回転角と原点からの半径で表します。Processingでは、極座標を関数の引数として使うことはできません。しかし、三角関数の式によって、それらの座標をデカルト座標に変換することができるので、図形の描画に使うことは可能です。**図13-9**を見てください。

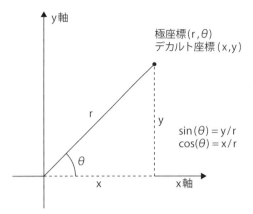

図13-9

$$\sin(\theta) = y/r \rightarrow y = \sin(\theta) \times r$$
$$\cos(\theta) = x/r \rightarrow x = \cos(\theta) \times r$$

例えば、半径をr、角度をthetaと仮定すると、上記の式を使い、xとyをそれぞれ計算することができます。Processingでサインとコサインの関数は、それぞれsin()とcos()です。それらは、ラジアンの浮動小数点数の角度ひとつを引数として取ります。

```
float r = 75;
float theta = PI / 4;     // float theta = radians(45);とすることもできる
float x = r * cos(theta);
float y = r * sin(theta);
```

このような変換は、ある特定のアプリケーションで活用できます。例えば、デカルト座標を使って円軌道で図形を動かすにはどうすればよいでしょう？こういった面倒な処理も極座標を用いれば簡単です。単に角度を増加させるだけです！

グローバル変数のrとthetaを使ってどのように実装したかを**例13-6**に示します。

例13-6　極座標系からデカルト座標系へ

```
// 極座標
float r = 75;           ← 極座標 (r,theta)
float theta = 0;

void setup() {
  size(200, 200);
  background(255);
}

void draw() {
  float x = r * cos(theta);     ← 極座標(r,theta)は、ellipse()で使うためにデカ
  float y = r * sin(theta);       ルト座標(x,y)へ変換されます。

  noStroke();
  fill(0);
```

```
    ellipse(x + width/2, y + height/2, 16, 16);
    
    // 角度を増加させる
    theta += 0.01;
}
```

> ウィンドウの中央の補正値を使い、デカルト座標 (x,y) に楕円形を描きます。

図13-10

練習問題 13-6

例13-6を使い、螺旋状のパスを描いてください。中心から始め、外側に動きます。これは、たった1行のコードを変更し、1行のコードを加えることで実現できる点に留意してください。

13.10 振動

三角関数は、直角三角形に関連する幾何学計算だけでなく、より多くの計算に利用できます。**図13-11**の $y = \sin(x)$ のサイン関数のグラフを見てみましょう。

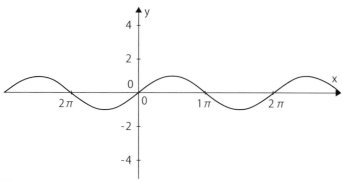

図13-11

　サインの出力は、-1から1の間で変化する滑らかな曲線になっています。この種の動作は、2点間の周期的な動きである、**振動**として知られています。その実例として、振り子の揺れが振動です。

　Processingスケッチでサイン関数の出力をオブジェクトの位置に割り当てることにより、振動をシミュレーションできます。これは、noise()をどのようにして円の大きさを制御するのに使うかということに似ていて（**例13-4**参照）、sin()のみを使い位置を制御しています。noise()は0と1.0の間の値を生成していましたが、sin()は-1と1の間の範囲で出力する点に注意してください。**例13-7**は、振れている振り子のコードです。

例13-7　振動

```
float theta = 0;

void setup() {
  size(200, 200);
}

void draw() {
  background(255);

  float x = map(sin(theta), -1, 1, 0, 200);

  // 実行するたびにthetaを増加させる
  theta += 0.05;

  // サイン関数で生成した値でellipseを描く
  fill(0);
  stroke(0);
  line(width/2, 0, x, height/2);
  ellipse(x, height/2, 16, 16);
}
```

> sin()関数の出力は-1と1の間で滑らかに振動します。map()を使うことで、0と200の間の範囲で値を得られ、ellipseのx位置として使用することができます。

図13-12

練習問題13-7

上記の機能を、Oscillatorオブジェクト内に取り込んでください。Oscillatorの配列を作り、xとy座標に沿ってそれぞれ異なる速度で動くようにします。作業を始めやすいように、Oscillatorクラスのコード一部を以下に示します。

```
class Oscillator {
  float xtheta;
  float ytheta;
  
  _____
  
  Oscillator() {
    xtheta = 0;
    ytheta = 0;
    
    _____
    
  }
  void oscillate() {
    
    _____
    
    _____
    
  }
  void display() {
    float x = _____
    float y = _____
    ellipse(x, y, 16, 16);
  }
}
```

練習問題13-8

サイン関数を使い、まるで「呼吸している」かのように、その場で大きくなったり小さくなったりする図形を作成してください。

一連の図形をサイン関数のパスに沿って描くことで、ある面白い結果を作り出すことができます。**例13-8**を見てください。

例13-8　波

```
// 開始角度
float theta = 0.0;

void setup() {
  size(200, 200);
}

void draw() {
  background(255);

  // thetaを増加させる(ここの「角速度」に異なる値を試してみる)
  theta += 0.02;

  noStroke();
  fill(0);

  float angle = theta;

  // 各位置において、楕円形で波を描く簡単な方法
  for (int i = 0; i <= 20; i++) {
    // map()を使って、サイン関数に基づいたyの値を計算する
    float y = map(sin(angle), -1, 1, 0, height);
    // 楕円形を描く
    ellipse(i * 10, y, 16, 16);
    // x軸に沿って移動する
    angle += 0.2;
  }
}
```

> forループは、サイン波に沿ったすべてのポイントを描くために使われています (ウィンドウのピクセル寸法に拡大します)。

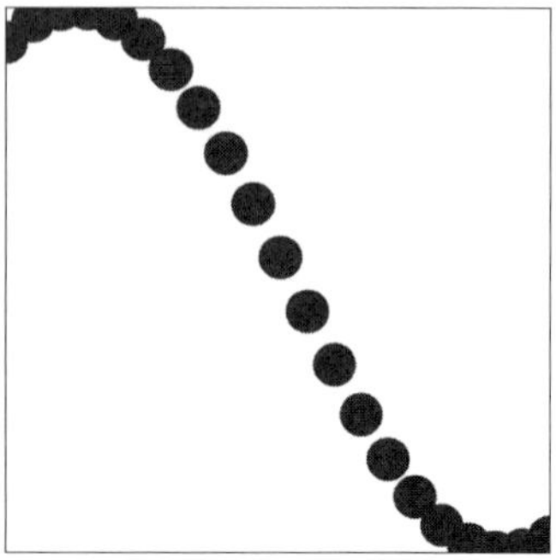

図13-13

練習問題13-9

例13-8のような波を、sin()ではなくnoise()関数を使って描いてください。

13.11 再帰

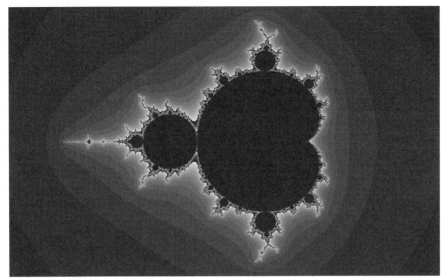

図13-14 The Mandelbrot set (http://processing.org/learning/topics/mandelbrot.html)

　1975年、ベノワ・マンデブロ（Benoit Mandelbrot）は、自然界で見つけた自己相似形を説明するために、**フラクタル**という言葉を作りました。物質世界で出会うほとんどのものは、幾何学的形状、例えば、はがきは矩形である、卓球の球は球形である、などにより説明できます。しかしながら、多くの自然界で発生している構造は、そのような簡単な方法で説明することはできません。例えば、雪の結晶、木々、海岸線、山々などです。フラクタルは、これら自己相似形タイプの形状（「自己相似」によって、どれだけ「拡大」や「縮小」させても、形状は最終的に同じ見た目となります）を説明し、シミュレーションするための構造を提供します。これら形状を生成するためのひとつのプロセスは、再帰として知られています。

　皆さんは、関数が他の関数を呼び出せることを知っていますね。それを、draw()関数内で任意の関数を呼び出すたびに行っています。しかし、関数は自分自身を呼び出すことができるのでしょうか？ draw()は、draw()を呼び出せるのでしょうか？ 実際には、できます（しかし、draw()内からdraw()を呼び出すのは、無限ループの結果になるので、酷い例です）。

　自分自身を呼び出す関数は、**再帰的**であり、また異なるタイプの問題を解決するのに適しています。それは、数学的な計算でも発生し、そのもっとも一般的な例は**階乗**です。

　任意の数 n の階乗は、通常 $n!$ と書かれ、次の式で定義されます。

$$n! = n \times (n-1) \times (n-2) \times (n-3) \ldots \times 1$$

つまり、階乗は、1から n までのすべての数の積です。

$$5! = 5 \times 4 \times 3 \times 2 \times 1$$

Processingでforループを使って、階乗を計算する関数を書くことができます。

```
int factorial(int n) {
  int f = 1;
  for (int i = 0; i < n; i++) {
    f = f * (i + 1);
  }
  return f;
}
```

しかし、階乗がどのように動作するかをよく見ると、ある面白いことに気づきます。4!と3!を計算してみましょう。

$$4! = 4 \times 3 \times 2 \times 1$$
$$3! = 3 \times 2 \times 1$$

つまり

$$4! = 4 \times 3!$$

よく使われる任意の正の整数 n で説明します。

$$n! = n \times (n\text{-}1)!$$
$$1! = 1$$

言葉で説明すると、以下のとおりです。

「n の階乗」は、「n」掛ける「$(n-1)$ の階乗」と定義されます。

階乗の定義に階乗が含まれている?! これでは、「疲れた」の定義は「あなたが疲れた時に得られる感覚」と言っているようなものです。関数内の自己参照のこの概念は、**再帰**と言われています。そして、それ自身を呼び出す階乗の関数を書くために再帰を使うことができます。

```
int factorial(int n) {
  if (n == 1) {
    return 1;
  } else {
    return n * factorial(n-1);
  }
}
```

とてもおかしいですね。分かっています。しかし、問題なく動作します。**図13-15**は、factorial(4)が呼ばれた時に起こる手順を説明しています。

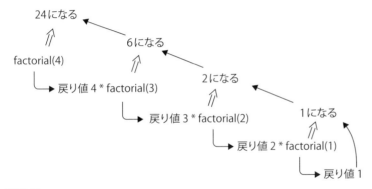

図13-15

同じ原理で、面白い結果のグラフィックスに適用することができます。次の再帰的関数を見てみましょう。**図13-16**にその結果を示しています。

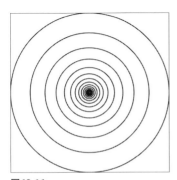

図13-16

```
void drawCircle(int x, int y, float radius) {
  ellipse(x, y, radius, radius);
  if (radius > 2) {
    radius *= 0.75;
    drawCircle(x, y, radius);
  }
}
```

　drawCircle()は、何をしているのでしょう？ 引数として受け取ったパラメータに基づきellipseを描いていて、また、それから同じパラメータ（それらを少しだけ調整しています）で、それ自身を呼び出します。結果は、描画ごとに前回の円の内側に連なる円となります。

　上記関数は、再帰的に半径が2より大きい場合に、それ自身を呼び出しているだけです。これは、とても重要な点です。**すべての再帰的な関数は、終了するための条件を持たなくてはなりません！** それは、繰り返しでも同様です。6章で、すべてのforとwhileループは、最終的に偽を評価するためのブーリアンテストを、ループを抜けるために含めなくてはならないことを学びました。それなしでは、プログラムは内部で無限ループに陥ってしまいます。再帰に

おいても同じことが言えます。もし、再帰的関数がそれ自身を永遠に呼び出し続けると、見事にフリーズしてしまったスクリーンを処理しなくてはならないでしょう。

　前述の円の例は、単純な繰り返しによって簡単に作られていることから、少々平凡なものです。しかし、メソッドがそれ自身を1回よりも多く呼び出すことで、より複雑な状況になり、再帰は非常に洗練されたものになります。

　drawCircle()をもう少し複雑なものへと修正してみましょう。表示されるすべての円で、その円の左右に半径が半分の円を描画します。例13-9を見てください。

例13-9　再帰

```
void setup() {
  size(200, 200);
}

void draw() {
  background(255);
  stroke(0);
  noFill();
  drawCircle(width/2, height/2, 100);
}

void drawCircle(float x, float y, float radius) {
  ellipse(x, y, radius, radius);
  if (radius > 2) {
    drawCircle(x + radius/2, y, radius/2);
    drawCircle(x - radius/2, y, radius/2);
  }
}
```

図13-17

> drawCircle()は、それ自身を2回呼び出し、枝のような効果を作り出しています。すべての円で、それ自身より小さな円を左右に描きます。

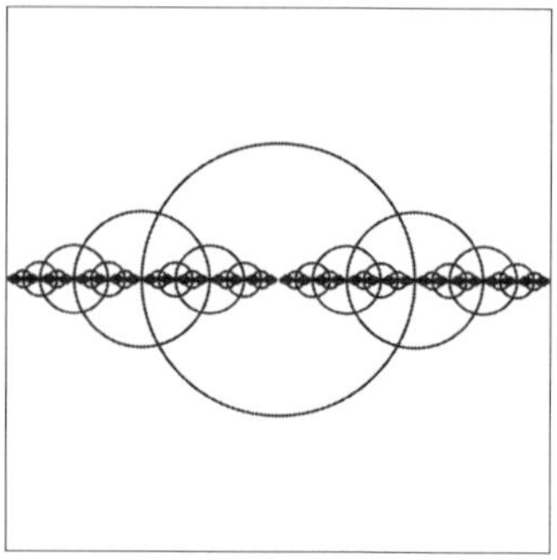

　もう少しコードを加えることで、円を上下にも追加することができます。この結果は、図13-18に示します。

図13-18

```
    void drawCircle(float x, float y, float radius) {
      ellipse(x, y, radius, radius);
      if (radius > 8) {
        drawCircle(x + radius/2, y, radius/2);
```

```
      drawCircle(x - radius/2, y, radius/2);
      drawCircle(x, y + radius/2, radius/2);
      drawCircle(x, y - radius/2, radius/2);
    }
  }
```

再帰の代わりに繰り返しでこのスケッチを作り変えてみましょう！さあ、やってみてください！

練習問題 13-10

次のパターンを生成するコードを完成させてください（問題を解くために、線を使うか、もしくは14章で学ぶ回転させた矩形を使って、画像を作り出すことも可能です）。

```
void setup() {
  size(400, 200);
}

void draw() {
  background(255);
  stroke(0);
  branch(width/2, height, 100);
}

void branch(float x, float y, float h) {

  _____;

  _____;

  if (_____) {

    _____;

    _____;

  }
}
```

13.12　2次元配列

9章では、1次元配列の場合、線形に並べられた複数の情報を記録することを学びました。ところで、あるシステムに関連したデータ（デジタル画像、ボードゲームなど）は、2次元で存在します。このデータを可視化するために多次元データ構造が必要です。それが多次元配列です。

2次元配列は、配列の配列以外のなにものでもありません（3次元配列は、配列の配列の配列です）。ある日の夕食を考えてみてください。食べた物のすべてを1次元のリストで持つことができるでしょう。

(レタス、トマト、サラダドレッシング、ステーキ、マッシュポテト、さや豆、ケーキ、アイスクリーム、コーヒー)

または、食べた物を3つずつ含んだ3コースの2次元リストで持つこともできるでしょう。

(レタス、トマト、サラダドレッシング) と (ステーキ、マッシュポテト、さや豆) と (ケーキ、アイスクリーム、コーヒー)

配列の場合、昔ながらの1次元配列は次のようになります。

```
int[] myArray = {0, 1, 2, 3};
```

また、2次元配列は次のようになります。

```
int[][] myArray = { {0, 1, 2, 3}, {3, 2, 1, 0}, {3, 5, 6, 1}, {3, 8, 3, 4} } ;
```

2次元配列は、行列として考えたほうがより簡単です。行列は、ビンゴボードのような、行と列で配置された、数のグリッドとして考えられます。この点を説明するために次のように2次元配列を書きます。

```
int[][] myArray = { {0, 1, 2, 3} ,
                    {3, 2, 1, 0} ,
                    {3, 5, 6, 1} ,
                    {3, 8, 3, 4} };
```

2次元配列の個別の要素を利用するために、2つの添字が必要となります。最初の添字は2次元配列の配列内でどの配列かを記述し、2つ目の添字はその配列の要素を記述します。したがって、myArray[2][1]は、5 (この点を説明するために、上記では太字にしてあります) です。

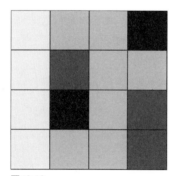

図13-19

このデータ構造のタイプを、画像に関する情報を作成するのに使ってみましょう。例えば、**図13-19**のグレースケール画像は次の配列で表現できます。

```
int[][] myArray = { {236, 189, 189,   0} ,
                    {236,  80, 189, 189} ,
                    {236,   0, 189,  80} ,
                    {236, 189, 189,  80} };
```

1次元配列のすべての要素にアクセスするために、以下のようにforループを使います。

```
int[] myArray = new int[10];
for (int i = 0; i < myArray.length; i++) {
  myArray[i] = 0;
}
```

2次元配列では、すべての要素を参照するために、入れ子になった2つのループを使わなければなりません。これにより、行列のすべての行と列で使用できるカウンター変数を提供します。**図13-20**を見てください。

```
int cols = 10;
int rows = 10;
int[][] myArray = new int[cols][rows];

for (int i = 0; i < cols; i++) {
  for (int j = 0; j < rows; j++) {
    myArray[i][j] = 0;
  }
}
```

入れ子の2つのループで、2次元配列のすべての場所へアクセスできます。すべての列iで、すべての行jにアクセスします。

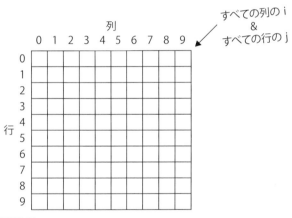

図13-20

例えば、**例13-10**のように、2次元配列を使ってグレースケール画像を描くプログラムを作成するとします。

例13-10　2次元配列

```
size(200, 200);
int cols = width;
int rows = height;


// 2次元配列を宣言する
int[][] myArray = new int[cols][rows];
```

2次元配列は、行と列のすべてのピクセルを持ちます。

2つの角括弧のセットが、2次元配列であることを示します。

```
for (int i = 0; i < cols; i++) {
  for (int j = 0; j < rows; j++) {
    myArray[i][j] = int(random(255));
  }
}

// ポイントを描画する
for (int i = 0; i < cols; i++) {     ◁ すべての2次元配列の要素を反復処理するために、入れ
  for (int j = 0; j < rows; j++) {      子のループが必要です。

    stroke(myArray[i][j]);           ◁ 各要素は、2つの添字の値、この場合iとjでアクセス
    point(i, j);                       されます。
  }
}
```

図13-21

　2次元配列は、オブジェクトを格納するために使うこともでき、ある種の「グリッド」や「ボード」を含むスケッチをプログラミングするのに、特に便利です。例13-11は、2次元配列に格納されたCellオブジェクトのグリッドを表示しています。各セルは、サイン関数の0から255で、色の明度が振動する矩形です。

例13-11　オブジェクトの2次元配列

```
Cell[][] grid;       ◁ 2次元配列を使って、オブジェクトを格納します。

int cols = 10;       ◁ グリッドの列と行の数
int rows = 10;

void setup() {
  size(200, 200);
  grid = new Cell[cols][rows];
  for (int i = 0; i < cols; i++) {
    for (int j = 0; j < rows; j++) {
      // Initialize each object
      grid[i][j] = new Cell(i*20, j*20, 20, 20, i+j);
    }
  }
}
```

図13-22

```
void draw() {
  background(0);
  for (int i = 0; i < cols; i++) {
    for (int j = 0; j < rows; j++) {
      // 各オブジェクトを振動させ、表示する
      grid[i][j].oscillate();
      grid[i][j].display();
    }
  }
}
```

> カウンター変数のiとjは、列と行の番号でもあり、グリッド内の各オブジェクトのコンストラクタの引数として使われます。

```
class Cell {
  float x;
  float y;
  float w;
  float h;

  float angle;
```

> Cellオブジェクトは、変数x、y、w、hで、グリッド内でのその位置と大きさを保持します。

> このangle変数は、セルの明度を振動させるために使われます。

```
  Cell(float tempX, float tempY, float tempW, float tempH, float tempAngle) {
    x = tempX;
    y = tempY;
    w = tempW;
    h = tempH;
    angle = tempAngle;
  }
```

> setup()を見ることで、各セルがそれぞれのangleの開始値をどのようにして得たかが分かります。開始角度を計算するその他の方法を考えられますか？

```
  void oscillate() {
    angle += 0.02;
  }
```

> 繰り返すことでangleを増加させます。

```
  void display() {
    stroke(255);

    float bright = map(sin(angle), -1, 1, 0, 255);

    fill(bright);
    rect(x,y,w,h);
  }
}
```

> sin()の結果を各セルの明度の値にマッピングします。

練習問題13-11

三目並べゲームの最初の部分を開発してください。○か無の2つの状態のうち、ひとつの状態を維持できるCellオブジェクトを作りましょう。セルをクリックした時に、その状態が無から「○」へと変化します。以下のコードは、作業を始める枠組みです。

```
Cell[][] board;

int cols = 3;
int rows = 3;

void setup() {
  // _____(ここはどうなる？)
}

void draw() {
  background(0);
  for (int i = 0; i < cols; i++) {
    for (int j = 0; j < rows; j + +) {
      board[i][j].display();
    }
  }
}

void mousePressed() {
  // _____(ここはどうなる？)
}

// Cellオブジェクト
class Cell {
  float x, y;
  float w, h;
  int state;

  // Cellコンストラクタ
  Cell(float tempX, float tempY, float tempW, float tempH) {
    // _____(ここはどうなる？)
  }

  void click(int mx, int my) {
    // _____(ここはどうなる？)
  }

  void display() {
    // _____(ここはどうなる？)
  }
}
```

練習問題 13-12

さらに先に進み、×（バツ印）を加え、またマウスのクリックでプレイヤーの順番を交代することも加えて、三目並べゲームを完成させてください。

14章
3Dでの移動と回転

マトリックスとは何か？
　──　映画『マトリックス』

この章で学ぶこと
- 2Dと3Dの移動
- P3DとP2Dのレンダラーを使う
- バーテックス図形
- 2Dと3Dの回転
- 変換状態の保存と復元：pushMatrix()とpopMatrix()

14.1　z軸

　本書を通して見てきたとおり、2次元ウィンドウ内のピクセルは、デカルト座標のx（水平方向）とy（垂直方向）の位置を使って表現されます。この概念については、1章ですでに、スクリーンを1枚のデジタルグラフ用紙として考えると説明しました。

　3次元空間（この本を読んでいる現実世界の空間など）では、3番目の軸（一般的にはz軸と言われています）は、任意の点に対する奥行きにあたります。Processingのスケッチウィンドウでは、このz軸に沿った座標は、ウィンドウから奥に向かってどのくらい離れてピクセルが存在するかを示しています。皆さんが頭を抱え込むのは、まったく理にかなった反応です。結局のところ、コンピュータウィンドウは、2次元でしかないのです。液晶モニターの前や背後の空間に浮かんでいるピクセルなどありません！　本章では、理論上のz軸をどのように扱って3次元空間の**錯覚**をProcessingウィンドウ内に作り出すかを説明していきます。

　実際に、これまで学んだことで、3次元の錯覚を作り出すことは可能です。例えばウィンドウ中央に矩形をひとつ描き、幅と高さをゆっくり大きくしていくと、スクリーンの前にいる人には、矩形が自分に向かって動いているかのように見えます。**例14-1**を見てください。

例14-1 大きくなる矩形、それとも矩形があなたに向かって動いている？

```
float r = 8;

void setup() {
  size(200, 200);
}

void draw() {
  background(255);

  // スクリーン中央に矩形を表示する
  stroke(0);
  fill(175);
  rectMode(CENTER);
  rect(width/2, height/2, r, r);

  // 矩形の大きさを大きくする
  r++;
}
```

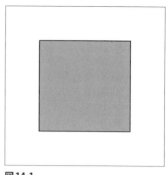

図14-1

　この矩形は、コンピュータスクリーンから飛び出して、あなたの鼻にぶつかろうとしているのでしょうか？ 厳密には、それはもちろん起こりえません。単純に矩形を大きくしているだけですから。しかし、矩形があなたに向かって動いているという**錯覚**は、作り出しています。

　幸い、3D座標の使用を選択すると、Processingが錯覚を作り出してくれます。平面のコンピュータモニター上で3次元を表現するというアイデアは、空想上のものに見えるかもしれませんが、Processingでは完全に現実のものなのです。Processingは、視点について熟知しているので、適切な2次元ピクセルを、3次元効果を作り出すために選択するのです。ただし、制限もあります。3Dピクセル座標の世界に入ったら、Processingのレンダラーに、ある程度の制御を譲らなければならないことを認識しておいてください。なぜなら(x, y)位置は、3Dの視点を考慮し調節されるからです。

　3次元で点を指定するために、座標は (x, y, z) の順で指定されます。デカルト座標系の3Dシステムは、**左手系**か**右手系**かで説明することができます。右手系であれば、人差し指がy座標の正の方向（上）で親指がx座標の正の方向（右へ）、残りの指はz座標の正の方向に向いています。左手系であれば、左手を使って同じことをします。**図14-2**に示すように、Processingでのシステムは左手系です。

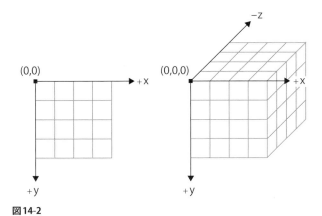

図14-2

最初の目標は、Processingの3次元の機能を使って**例14-1**を書き換えることです。次の変数を前提とします。

```
int x = width/2;
int y = height/2;
int z = 0;
int r = 10;
```

矩形の位置を指定するために、rect()関数は「x位置」「y位置」「幅」「高さ」の4つの引数を取ります。

```
rect(x, y, w, h);
```

直感的に、rect()関数に他の引数を追加すると考えるのではないでしょうか。

```
rect(x, y, z, w, h);
```

> 誤りです！ rect()、ellipse()、line()などのProcessingの図形関数では、(x,y,z)座標は使えません。(x,y,z)の3つの引数を取ることができるProcessingの他の関数については本章の後半で取り上げます。

しかし、rect()に関するProcessingのリファレンスページでは、この選択肢は認められません。Processingの世界で、図形に3D座標を指定するためには、translate()と呼ばれる新しい関数の使い方を学ばなくてはなりません。

translate()関数は、3Dスケッチだけの使用に限定されていないので、まず2次元に戻ってこの関数がどのように動作するかを見てみましょう。

translate()関数は、以前の状態を基準にして座標の原点「(0, 0)」を移動します。スケッチが開始された最初の時点では、原点はウィンドウの左上にあります。仮に、関数translate()を引数(50, 50)で呼び出したならば、結果は**図14-3**に示すようになります。

原点はどこですか？

Processingスケッチでの座標の原点は、2次元では (0, 0)、3次元では (0, 0, 0) です。translate()を使って原点を移動させるまでは、常にウィンドウの左上にあります。

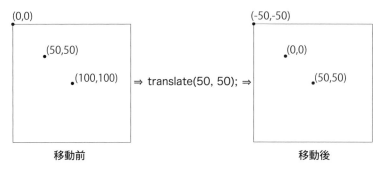

図14-3

ペンを原点とみなすことで、原点をスクリーン上を動き回るペンとして考えることができます。

さらに原点は、draw()の開始時に、自身を左上の隅に必ずリセットします。つまり、translate()の呼び出しはdraw()ループの現在のサイクルにだけ適用されます。**例14-2**を見てください。

例14-2　複数回の移動

```
void setup() {
  size(200, 200);
}

void draw() {
  background(255);
  stroke(0);
  fill(175);

  // マウスの座標を取得し、ウィンドウのサイズで制限する
  int mx = constrain(mouseX, 0, width);
  int my = constrain(mouseY, 0, height);

  translate(mx, my);         ← マウスの位置に移動します。
  ellipse(0, 0, 8, 8);

  translate(100, 0);         ← 100ピクセル、右へ移動します。
  ellipse(0, 0, 8, 8);

  translate(0, 100);         ← 100ピクセル、下へ移動します。
```

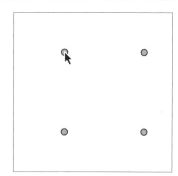

図14-4

```
  ellipse(0, 0, 8, 8);

  translate(-100, 0);   ← 100ピクセル、左へ移動します。
  ellipse(0, 0, 8, 8);
}
```

これまで、translate()がどのように動作するか説明してきたので、3D座標を指定するというもともとの問題に戻ることにしましょう。translate()は、rect()やellipse()などの他の図形関数とは違い、z位置にあたる3番目の引数を受け取ることができます。

```
translate(0, 0, 50);   ← z軸に沿った移動です！
rectMode(CENTER);
rect(100, 100, 8, 8);
```

上記のコードは、z軸に沿って50移動し、(100, 100) の座標に矩形を描きます。このコードは技術的に正しいですが、translate()を使う時には (x, y) 位置も移動の一部として指定するのが良い習慣です。以下のようになります。

```
translate(100, 100, 50);
rectMode(CENTER);
rect(0, 0, 8, 8);
```
← translate()を使う時には、translate()が矩形の位置を移動したため、矩形の位置は(0, 0)です。

これで、**例14-3**に示すようにz位置の変数を使い、図形が見る者に向かってくる動きを表現できます。

例14-3 z軸に沿って移動する矩形

```
float z = 0;  // z座標(奥行き)の変数
void setup() {
  size(200, 200, P3D);
}
```
← (x,y,z)座標を使う時、3Dスケッチを必要としていることをProcessingに知らせなければなりません。これは、size()に3番目の引数P3Dを加えることでできます。より詳細な情報は、14.2節で見てください。

```
void draw() {
  background(0);
  stroke(255);
  fill(100);

  // (x,y,z)座標へ移動する
  translate(width/2, height/2, z);
  rectMode(CENTER);
  rect(0, 0, 8, 8);

  z++;   ← zを増やします(つまり、図形を見る者に向かって動かします)。
}
```

結果は**例14-1**とさほど変わっていないように**見えます**が、実は概念的に非常に大きな違いがあります。なぜなら私たちは、Processingの3Dエンジンでスクリーン上にさまざまな3次元効果を作り出す扉を開いたのですから。

練習問題 14-1

translate()関数に適切な値を与えることで、このパターンを作ってください。完成したら、translate()に3番目の引数を加えて、そのパターンを3次元に移動してください。

```
size(200, 200);
background(0);
stroke(255);
fill(255, 100);

translate(_____, _____);
rect(0, 0, 100, 100);

translate(_____, _____);
rect(0, 0, 100, 100);

translate(_____, _____);
line(0, 0, -50, 50);
```

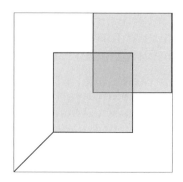

---

translate()関数は、任意の中心点を基準にして図形の集合を描く時などは特に便利です。本書前半の10章までのZoogを思い返すと、このようなコードを見たはずです。

```
void display() {
  // Zoogの体を描く
  fill(150);
  rect(x, y, w/6, h*2);

  // Zoogの頭を描く
  fill(255);
  ellipse(x, y-h/2, w, h);
}
```

上記のdisplay()関数は、Zoogの(x,y)位置を基準にして、Zoogのすべてのパーツ（体と頭など）を描きます。xとyは、rect()とellipse()の両方で使われる必要があります。translate()を用いることで、Processingの原点(0,0)をZoogの(x,y)位置へ簡単に設定できることから、図形を(0,0)を基準にして描きます。

```
void display() {
  // 原点(0,0)を(x,y)に移動する
  translate(x, y);    ◁── translate()は、任意の点を基準にして図形の集合を描くことに使えます。

  // Zoogの体を描く
  fill(150);
  rect(0, 0, w/6, h*2);

  // Zoogの頭を描く
  fill(255);
  ellipse(0, -h/2, w, h);
}
```

14.2　P3Dとはいったい何？

　例14-3をよく見ると、size()関数に3番目の引数を加えていることに気づくでしょう。従来、size()は、「Processingのウィンドウの幅と高さを指定する」というひとつの役割を果たします。しかし、size()関数は、描画モード、または「レンダラー」を指す3番目の引数も受け取ります。レンダラーは、Processingにディスプレイウィンドウをレンダリングする時、その環境の背後で何をするか指定するのです。既定のレンダラー（指定がない時）は、すでに存在するJava 2Dライブラリを使用して図形を描画したり、色を設定したりします。その仕組みについて心配する必要はありません。なぜなら、Processingの制作者が、Java 2Dライブラリなどの細かいところは対処してくれています。

　また、3D移動（または、本章の後半で説明する回転）を使用したい場合、標準のレンダラーでは対応できません。例題を実行すると、次のようなエラーが発生します。

> translate(), or this particular variation of it, is not available with this renderer.
> （translate()、または3D移動でのtranslate()は、このレンダラーでは利用できません。）

　おそらく、translate(x, y)に戻すのではなく、別のレンダラーP3Dを選択したくなるでしょう。P3Dは3Dレンダラーです。P3Dはハードウェアアクセラレーションを使用します。コンピュータにOpenGLに準拠したグラフィックカードが搭載されていたら（ほとんどのコンピュータは搭載しています）、P3Dレンダラーを使うことができます。P3Dには大抵の場合、速さというもうひとつの利点があります。高精細度のウィンドウで多量の図形をスクリーン上に表示する場合、この選択は最高の性能を引き出すでしょう。その他に、OpenGLの性能を使って2Dグラフィックスを描画するためのP2Dレンダラーもあります。

　レンダリングモードを指定するために、size()関数に3番目の引数をすべて大文字で追加します。

```
size(200, 200);          // 標準のレンダラーを使用する
size(200, 200, P3D);     // P3Dを使用する
size(200, 200, P2D);     // P2Dを使用する
```

　高画素密度（high pixel density）ディスプレイ（Apple社の「Retina」ディスプレイなど）を使用している場合、ProcessingはpixelDensity()を使って「2倍（のピクセル数）」でレンダリングすることもできます。画素密度は、実際の画像のピクセルの幅と高さで定義される画素解像度とは異なります。高密度（high density）ディスプレイは、DPI（dots per inch）で測定されます。ここでの密度とは、物理的なディスプレイの各インチにいくつのピクセル（すなわち、ドット）が納まるかを意味します。Processingは、高密度ディスプレイ向けに、ピクセル数を2倍にすることで人間の目に図形がより精細に見えるようにするレンダラーを提供しています。すべての処理は背後で行われるため、コードの値を変える必要はありません。つまり、スケッチ内のwidthとheightはそのまま使用できます。しかし、ピクセルを直接利用する作業を

行う際には、いくつかの混乱が発生します。次章で簡単に説明します。

```
size(200, 200);
pixelDensity(2);
```

> ここでProcessingが高密度ディスプレイ向けに、「2倍」でレンダリングしなくてはならないと明示します。これは、スケッチ内で一度だけ、それもsetup()内のsize()の後でのみ呼び出されます。

練習問題 14-2

任意のProcessingスケッチを標準のレンダラーで実行し、その後P2DとP3Dに切り替えてみてください。何か違いがありますか？

14.3　バーテックス図形

今までスクリーンに描画する能力は、「矩形」「楕円形」「三角形」「線」「点」といった2次元の基本図形に限られていました。しかし、特定のプロジェクトでは、独自のカスタム図形を作ることが望ましいこともあります。その場合は、beginShape()、endShape()、vertex()という関数を使うことができます。

矩形を考えてみましょう。Processingにおける矩形は、基準点と幅と高さで決まります。

```
rect(50, 50, 100, 100);
```

しかし、矩形を4点で構成されているポリゴン（線分で囲まれた閉じた図形）だと考えることもできます。ポリゴンの点は、バーティシズ（vertices。vertexの複数形）やバーテックス（vertex。単数形）と言われます（vertexは日本語で「頂点」の意味です）。次のコードは、矩形のバーテックスを個別に設定することで、rect()関数とまったく同じ図形を描いています（図14-5）。

```
beginShape();
vertex(50, 50);
vertex(150, 50);
vertex(150, 150);
vertex(50, 150);
endShape(CLOSE);
```

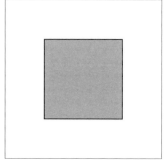

図14-5

beginShape()は、いつくかのバーテックスを使ってカスタム図形（ひとつの**ポリゴン**）を作ることを表します。vertex()は、ポリゴンの各バーテックスとなる点を指定するものです。endShape()は、バーテックスの追加を終えたことを表します。endShape(CLOSE)内の引数CLOSEは、図形は閉じている、つまり、最後のバーテックスの点は最初の点につながるべきだと宣言するものです。

単純な矩形でもカスタム図形を使う良い点は、柔軟性です。例えば、辺が直交している必要はありません（**図14-6**）。

```
stroke(0);
fill(175);
beginShape();
vertex(50, 50);
vertex(150, 25);
vertex(150, 175);
vertex(25, 150);
endShape(CLOSE);
```

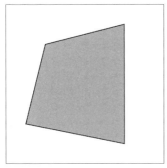

図14-6

また、ループを使ってひとつ以上の図形を作るといった選択肢もあります（**図14-7**）。

```
stroke(0);
for (int i = 0; i < 10; i++) {
  beginShape();
  fill(175);
  vertex(i*20, 10 - i);
  vertex(i*20 + 15, 10 + i);
  vertex(i*20 + 15, 180 + i);
  vertex(i*20, 180-i);
  endShape(CLOSE);
}
```

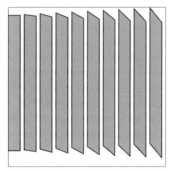

図14-7

　どのようなタイプの図形を作りたいか正確に指定するために、beginShape()に引数を追加することもできます。これは、ひとつ以上のポリゴンを作りたい時にはとても便利です。例えば6つのバーテックスの点を作っても、beginShape(TRIANGLES)と伝えない限り、あなたが2つの三角形（ひとつの六角形ではなく）を描きたいことをProcessingは知りません。ポリゴンではなく、点や線を描きたい時はbeginShape(POINTS)やbeginShape(LINES)と指定します（図14-8）。

```
stroke(0);
beginShape(LINES);
for (int i = 10; i < width; i += 20) {
  vertex(i, 10);
  vertex(i, height-10);
}
endShape();
```

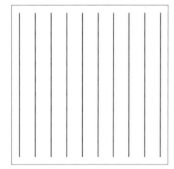

図14-8

　LINESは複数の独立した線を描くためのものであって、それらの線はつながってはいません。各線をつなげる場合はどの引数も使いません。その代わり、必要なすべてのバーテックスの点を指定し、またnoFill()を加えます（図14-9）。

```
noFill();
stroke(0);
beginShape();
for (int i = 10; i < width; i += 20) {
```

278　14章　3Dでの移動と回転

```
    vertex(i, 10);
    vertex(i, height - 10);
  }
  endShape();
```

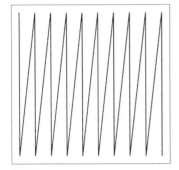

図 14-9

　beginShape()で利用可能な引数の全リストは、Processingリファレンス（http://processing.org/reference/beginShape_.html）にあります。具体的には、POINTS、LINES、TRIANGLES、TRIANGLE_FAN、TRIANGLE_STRIP、QUADS、QUAD_STRIPです。

　さらに、vertex()は、点を直線ではなくカーブでつなぐcurveVertex()に置き換えることができます。curveVertex()で、なぜ最初と最後の点が表示されないのか注意してください。それは、線の曲率を定義する必要があり、2番目の点から始まり、最後から2番目の点で終わるからです（**図14-10**）。

```
  noFill();
  stroke(0);
  beginShape();
  for (int i = 10; i < width; i +=20) {
    curveVertex(i, 10);
    curveVertex(i, height - 10);
  }
  endShape();
```

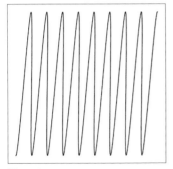

図 14-10

練習問題 14-3

この図形をバーテックスで完成させましょう。

```
size(200, 200);
background(255);
stroke(0);
fill(175);

beginShape();
vertex(20, 20);

vertex(_____, _____);

vertex(_____, _____);

vertex(_____, _____);

vertex(_____, _____);

endShape(_____);
```

14.4　カスタム3D図形

　3次元図形は、`beginShape()`、`endShape()`、`vertex()`を使い、複数のポリゴンを適切な設定で並べて置くことで作られます。すべてが1点（頂点）と平面（底面）でつながり、4つの三角形からなる、4面のピラミッドを作りたいとしましょう。単純な図形であれば、コードを書くだけでなんとかできるかもしれません。ですが、ほとんどの場合は、すべてのバーテックスの位置を決定するために、紙とペンでスケッチを書き出すことから始めるのが最善の方法です。ピラミッドの一例を**図14-11**に示します。

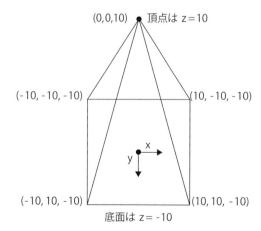

図14-11

図14-11からバーテックスを取り、**例14-4**に示すように、どのような大きさでもピラミッドを描けるようにそれらを関数内に入れます（練習として、ピラミッドをオブジェクトにしてみましょう）。**例14-4**の実行結果は、ピラミッドを真上から見ていることから**図14-12**のようになります。

例14-4　beginShape(TRIANGLES)を使ったピラミッド

```
void setup() {
  size(200, 200, P3D);
}

void draw() {
  background(255);
  translate(100, 100, 0);
  drawPyramid(150);
}

void drawPyramid(int t) {
  stroke(0);
  beginShape(TRIANGLES);
  fill(255, 150);
  vertex(-t, -t, -t);
  vertex( t, -t, -t);
  vertex( 0,  0,  t);

  fill(150, 150);
  vertex(t, -t, -t);
  vertex(t,  t, -t);
  vertex(0,  0,  t);

  fill(255, 150);
  vertex( t,  t, -t);
  vertex(-t,  t, -t);
  vertex( 0,  0,  t);

  fill(150, 150);
  vertex(-t,  t, -t);
  vertex(-t, -t, -t);
  vertex( 0,  0,  t);

  endShape();
}
```

> ピラミッドのバーテックスは、中心点を基準にして描かれるので、ウィンドウ内の適切な位置にピラミッドを置くために、translate()を呼び出さなければなりません。

> 関数は、ピラミッドを描くためのバーテックスを中心点の周りに設定します。バーテックスの位置は、引数として渡された数に応じて決まります。

> このピラミッドは4面からなり、それぞれは分離した三角形として描かれます。各面は、3つのバーテックスから構成され、三角形の図形を作ります。パラメータtは、ピラミッドの大きさを決定します。

図14-12

練習問題14-4

3面だけでピラミッドを作り、最後に底面を入れましょう（全部で4つの三角形）。**図14-11**のようなバーテックスの位置を以下の空欄に書き出してください。

練習問題 14-5

beginShape(QUADS) を使って、8個の四角形 (quads) からなる3次元の立方体を作ってください (Processingで立方体を作るより簡単な方法は、box() 関数を使うことですが、ここでは使わないことに留意してください)。

14.5 単純な回転

ピラミッドの例から得られた視覚的な結果には、3次元的な特徴は何もありません。画像は、平面の矩形の中に、2本の対角線が引かれただけのように見えます。繰り返しますが、今作り出しているのは、3次元の**錯覚**であることを思い出してください。仮想空間内でピラミッド構造を動かすなどしなければ、3次元的な効果を見ることはできません。その違いを実証するひとつの方法は、ピラミッドを回転させることです。では次に、回転について学びましょう。

ほとんどの人にとって、現実世界では、回転はごく単純で直感的な概念です。オブジェクトを回すことは、例えるならバトンをつかみ、それをクルクルと回すようなものです。

しかし残念ながら、回転のプログラミングは、そこまで単純ではありません。さまざまな疑問が生じます。どの軸の周りで、角度は何度で、どの原点の周りを回転させるべきかなどです。Processingは、いくつかの回転に関する関数を提供しているので、これから順を追ってゆっくり掘り下げていきます。ここでの目標は、複数の惑星が星の周りを異なる速度で回転する太陽系のシミュレーションをプログラミングすることです。同様に、3次元的な表現をさらに体験するために、ピラミッドを回転させることも行います。

まずは、簡単な試みとして、ひとつの矩形をその中心で回転させてみましょう。次の3つの原理に従って回転させることができます。

1. Processingでは、rotate() 関数を使って図形を回転させる。
2. rotate() 関数は、ラジアン単位の角度をひとつの引数として取る。
3. rotate() 関数は、**時計回り**の方向 (右回転) で図形を回転させる。

では、この知識に基づいて、rotate() 関数を単に呼び出し、角度を渡します。Processingで、45° (もしくは、PI/4ラジアン) としてみます。これが (たとえ不備があったとしても) 皆さんのrotate() 関数を使った最初の試みです (**図14-13**)。

```
rotate(radians(45));
rectMode(CENTER);
rect(width/2, height/2, 100, 100);
```

図14-13

何が間違っているのでしょうか？ 矩形は回転しているように見えますが、間違った場所にあります！

Processingの回転に関して覚えておくべき、もっとも重要なことのひとつは、**図形は常に原点の周りを回転する**ということです。この例で原点はどこなのでしょう？ それは、左上の角なのです！ 原点は移動されていません。よって、矩形は、それ自体の中心ではなく、左上の角の周りを回転するのです。**図14-14**を見てください。

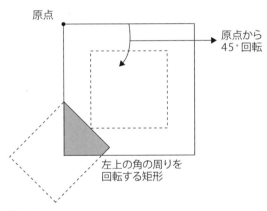

図14-14

図形を左上の角の周りを回転させたい場合もあるかもしれませんが、ここでは常に、回転させる前に原点を適切な位置に移動し矩形を表示します。translate()でそれを行いましょう！

```
translate(width/2, height/2);
rotate(radians(45));
rectMode(CENTER);
rect(0, 0, 100, 100);    回転させるために移動したので、矩形は点(0,0)にあります。
```

mouseX位置で回転の角度を計算することで上記のコードを拡張し、そして矩形に動きをつけることで、回転できるようにします。**例14-5**を見てください。

例14-5　中心を軸に回転する矩形

```
void setup() {
  size(200, 200);
}

void draw() {
  background(255);
  stroke(0);
  fill(175);

  // 中心に原点を移動する
  translate(width/2, height/2);

  // thetaは、角度を格納する変数の一般的な名前である
  float theta = map(mouseX, 0, width, 0, TWO_PI);

  // 角度thetaで回転させる
  rotate(theta);

  // CENTERモードで矩形を表示する
  rectMode(CENTER);
  rect(0, 0, 100, 100);
}
```

図14-15

> map()関数を使い、角度の範囲を0からTWO_PIとします。

練習問題14-6

中心を軸に回転する線を作ってください（バトンを回すように）。その線の両端に円を描いてください。

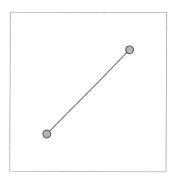

14.6　異なる軸での回転

ここからは、基本的な回転から離れて、次の回転に関する重要な疑問に移りましょう。

　　どの軸の周りを回転させたいのか？

前節では、四角形がz軸の周りを回転しました。それは、2次元の回転では標準となる軸です。図14-16を見てください。

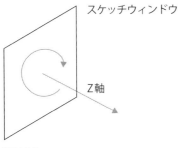

図14-16

Processingでは、関数rotateX()とrotateY()でx軸とy軸の周りを回転させることができます。rotateX()やrotateY()を使う場合は、P3Dレンダラーが必要です。また、関数rotateZ()も存在します。これはrotate()に相当します。例14-6、例14-7、例14-8を見てください。

例14-6　rotateZ

```
float theta = 0.0;

void setup() {
  size(200, 200, P3D);
}

void draw() {
  background(255);
  stroke(0);
  fill(175);
  
  translate(100, 100);
  rotateZ(theta);
  rectMode(CENTER);
  rect(0, 0, 100, 100);
  
  theta += 0.02;
}
```

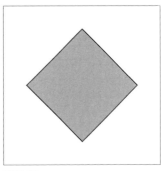

図14-17

例14-7　rotateX

```
float theta = 0.0;

void setup() {
  size(200, 200, P3D);
}

void draw() {
```

14.6　異なる軸での回転　285

```
  background(255);
  stroke(0);
  fill(175);

  translate(100, 100);
  rotateX(theta);
  rectMode(CENTER);
  rect(0, 0, 100, 100);

  theta += 0.02;
}
```

図14-18

例14-8　rotateY

```
float theta = 0.0;

  void setup() {
  size(200, 200, P3D);
}

void draw() {
  background(255);
  stroke(0);
  fill(175);

  translate(100, 100);
  rotateY(theta);
  rectMode(CENTER);
  rect(0, 0, 100, 100);

  theta += 0.02;
}
```

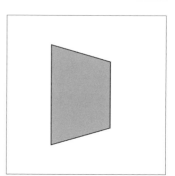

図14-19

rotate関数は、組み合わせて使うことも可能です。図14-20は、例14-9の結果です。

例14-9　1軸以上の周りを回転する

```
void setup() {
  size(200, 200, P3D);
}

void draw() {
  background(255);
  stroke(0);
  fill(175);

  translate(width/2, height/2);
  rotateX(map(mouseY, 0, height, 0, TWO_PI));
  rotateY(map(mouseX, 0, width, 0, TWO_PI));
  rectMode(CENTER);
  rect(0, 0, 100, 100);
}
```

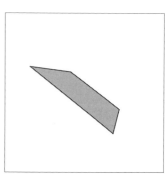

図14-20

ピラミッドの例に戻り、よりはっきりと3次元らしく図形を回転させるには、どうしたらよいか見ていきましょう。次の例では、2つ目のピラミッドを含むように拡張されており、translate()を使い、ひとつ目のピラミッドから描画位置を調整しています。ただし、ひとつ目のピラミッドと同じ原点の周りを回転している点に注意してください（rotateX()とrotateY()は、2つ目のtranslate()の前に呼び出されていることから）。

例14-10　ピラミッド

```
float theta = 0.0;

void setup() {
  size(200, 200, P3D);
}

void draw() {
  background(255);
  theta += 0.01;

  translate(100, 100, 0);    // ひとつ目のピラミッドを移動させます。
  rotateX(theta);
  rotateY(theta);
  drawPyramid(50);

  translate(50, 50, 20);     // ここで小さめの2つ目を移動させます。その位置は、最初の移動から調整
                             // され、rotateX()とrotateY()の呼び出しに従って回転します。
  drawPyramid(10);
}

void drawPyramid(int t) {    // この関数は、変わっていません。ここでも、ピラミッドは4面持っていて、
                             // それぞれは、パラメータtに従って大きさが決められた別々の三角形とし
  stroke(0);                 // て描かれます。

  fill(150, 0, 0, 127);
  beginShape(TRIANGLES);
  vertex(-t, -t, -t);
  vertex( t, -t, -t);
  vertex( 0,  0,  t);

  fill(0, 150, 0, 127);
  vertex( t, -t, -t);
  vertex( t,  t, -t);
  vertex( 0,  0,  t);

  fill(0, 0, 150, 127);
  vertex( t,  t, -t);
  vertex(-t,  t, -t);
  vertex( 0,  0,  t);

  fill(150, 0, 150, 127);
  vertex(-t,  t, -t);
  vertex(-t, -t, -t);
```

図14-21

```
  vertex( 0,  0,  t);
  endShape();
}
```

練習問題 14-7

例14-5で作った3D立方体を回転させてください。中心か角の周りを回転させられますか？
また、Processingの関数box()を使って立方体を作ることもできます。

練習問題 14-8

ピラミッドクラスを作ってください。

14.7　スケール

translate()とrotate()に加え、図形の向きや描画方法に影響を与える関数がもうひとつあります。scale()です。scale()は、画面上のオブジェクトの大きさを拡大したり縮小したりします。rotate()とまったく同じように、スケーリング効果は、原点の位置を基準にして実行されます。

scale()は、1.0は100%の縮尺率で浮動小数点数を取ります。例えば、scale(0.5)はオブジェクトを50%の大きさに縮小します。scale(3.0)はオブジェクトの大きさを300%に拡大します。

例14-11のコードは、scale()を使って**例14-1**（大きくなる矩形）を作り直したものです。

例14-11　scale()を使い、大きくなる矩形

```
float r = 0.0;

void setup() {
  size(200, 200);
}

void draw() {
  background(0);

  // ウィンドウの中心に移動する
  translate(width/2, height/2);

  scale(r);

  stroke(255);
  fill(100);
  rectMode(CENTER);
  rect(0, 0, 10, 10);

  r += 0.02;
}
```

scale()は、原点を基準にオブジェクトの大きさをパーセントで拡大します（1=100%）。この例で、スケーリング効果によって図形の輪郭が太くなる点に注意してください。

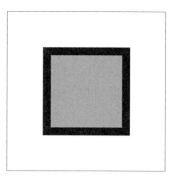

図14-22

scale()も2つの引数（xとy軸に沿って異なる値でスケーリングする）、または3つの引数（x、y、z軸）を取ることもできます。

14.8　行列：プッシュする、ポップする

行列（マトリクス）とは何でしょう？

回転と移動の経過を記録し、そして異なる変換に従って図形を表示する方法として、Processing（そして、どのコンピュータグラフィックスソフトウェアでも）は、行列を使います。

行列変換の仕組みは、本書の範疇外です。しかし、座標系関連の情報が**変換行列**と言われるものに格納されることを簡単にでも知っておくことは役に立ちます。移動や回転を適用した時は変換行列が変わります。後で復元できるように、現在の行列の状態を時々保存しておきましょう。これを突き詰めていくと、他に影響を与えることなく、個々の図形を移動や回転させることができるようになるのです。

行列とは何か？

行列は、行と列に並べられた数の表です。Processingでは、**変換行列**は、ウィンドウの**向き**、つまり移動や回転がされているかを示すために使われます。関数printMatrix()を呼ぶことで、現在の行列をいつでも見ることができます。以下は、translate()やrotate()を呼び出していない行列の「標準」状態がどのようなものかを示しています。

```
1.0000 0.0000 0.0000
0.0000 1.0000 0.0000
```

この概念は、次の課題に取り組むことにより、よく理解できます。その課題は、2つの矩形が、それぞれの中心点を軸に異なる速度と方向に回転するProcessingスケッチを作成することです。

以下の例を通して、そのスケッチの開発を始めることで、どこで問題が発生し、関数pushMatrix()とpopMatrix()をどのように利用するかが分かります。

基本的に、14.4節のコードから始めることで、ウィンドウの左上の角にあるz軸の周りで、四角形を回転させることができます。**例14-12**を見てください。

例14-12　ひとつの四角形を回転させる

```
float theta1 = 0;

void setup() {
  size(200, 200, P3D);
}

void draw() {
```

```
  background (255);
  stroke(0);
  fill(175);
  rectMode(CENTER);

  translate(50, 50);
  rotateZ(theta1);
  rect(0, 0, 60, 60);
  theta1 += 0.02;
}
```

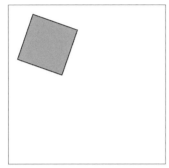

図14-23

小さな変更を加え、右下の角で回転する四角形を実装しましょう。

例14-13　回転する別の四角形

```
float theta2 = 0;

void setup() {
  size(200, 200, P3D);
}
void draw() {
  background(255);
  stroke(0);
  fill(175);
  rectMode(CENTER);

  translate(150, 150);
  rotateY(theta2);
  rect(0, 0, 60, 60);

  theta2 += 0.02;
}
```

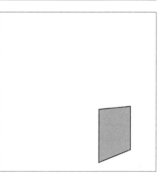

図14-24

　慎重に検討せず、単純に2つのプログラムを組み合わせることを考えるかもしれません。setup()関数はそのままで、2つのグローバル変数のtheta1とtheta2を組み入れ、そして各矩形の適切な移動と回転を呼び出すことでしょう。また、最初の四角形をすでに(50, 50)へと移動しているので、2つ目の四角形の移動をtranslate(150, 150);から

translate(100, 100);へと調整するのではないでしょうか。これで動作するはずですが……

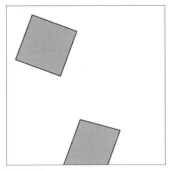

図14-25

```
float theta1 = 0;
float theta2 = 0;

void setup() {
  size(200, 200, P3D);
}

void draw() {
  background(255);
  stroke(0);
  fill(175);
  rectMode(CENTER);

  translate(50, 50);
  rotateZ(theta1);
  rect(0, 0, 60, 60);

  theta1 += 0.02;

  translate(100, 100);
  rotateY(theta2);
  rect(0, 0, 60, 60);

  theta2 += 0.02;
}
```

この最初に呼び出すrotateZ()は、この後に描かれるすべての図形に影響を与えます。両方の四角形は、最初の四角形の中心を軸に回転します。

この課題を実行すると、すぐに問題が浮き彫りになります。ひとつ目（左上）の四角形は、その中心を軸に回転します。一方、2つ目の四角形はその中心を軸に回転すると同時に、ひとつ目の四角形の中心を軸に回転してしまうのです！呼び出されているすべての移動と回転は、座標系の以前の状態を基準にしていることを思い出してください。行列を最初の状態に戻す必要があり、それにより個別の図形は独立して動くことができるのです。

回転・移動の状態を保存し、復元することは、関数pushMatrix()とpopMatrix()で実現できます。初めに、それらをsaveMatrix()とrestoreMatrix()という関数名に置

き換えて考えてみましょう（そのような関数は存在しないことに注意してください）。push = save（保存する）、pop = restore（復元する）とします。

各四角形がそれぞれ回転するために、次のようなアルゴリズムを書くことができます（新しい部分は太字で記しています）。

1. **現在の変換行列を保存する**。ウィンドウの左上の角 (0,0) が出発点で、ここではまだ回転させない。
2. ひとつ目の矩形を移動し、回転させる。
3. ひとつ目の矩形を表示する。
4. **ステップ1で保存した行列を復元することで、2つ目の矩形はステップ2とステップ3の影響を受けない！**
5. 2つ目の矩形を移動し、回転させる。
6. 2つ目の矩形を表示する。

例14-14のようにコードを書き換えることで、正しい結果が得られます（図14-26）。

例14-14　両方の四角形を回転させる

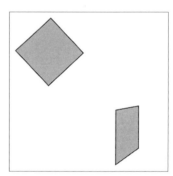

図14-26

```
float theta1 = 0;
float theta2 = 0;

void setup() {
  size(200, 200, P3D);
}

void draw() {
  background(255);
  stroke(0);
  fill(175);
  rectMode(CENTER);

  pushMatrix();          ← ステップ1：変換状態を保存します。

  translate(50, 50);     ← ステップ2
  rotateZ(theta1);
  rect(0, 0, 60, 60);    ← ステップ3

  popMatrix();           ← ステップ4：変換状態を復元します。
  pushMatrix();

  translate(150, 150);   ← ステップ5
  rotateY(theta2);
  rect(0, 0, 60, 60);    ← ステップ6

  popMatrix();

  theta1 += 0.02;
```

```
    theta2 += 0.02;
}
```

　技術的には必要ありませんが、2つ目の四角形もpushMatrix()とpopMatrix()で囲むことは、良い習慣です（念のため、コードに加えました）。始めるにあたって、一般的なやり方として、すべての図形の移動と回転の前後に、pushMatrix()とpopMatrix()を使うことで、それらは独立した存在として扱われます。実際には、オブジェクト内でpushMatrix()、translate()、rotate()、popMatrix()を呼び出すことで、オブジェクト指向にすべきです。**例14-15**を見てください。

例14-15　オブジェクトを使って、多くのものを回転させる

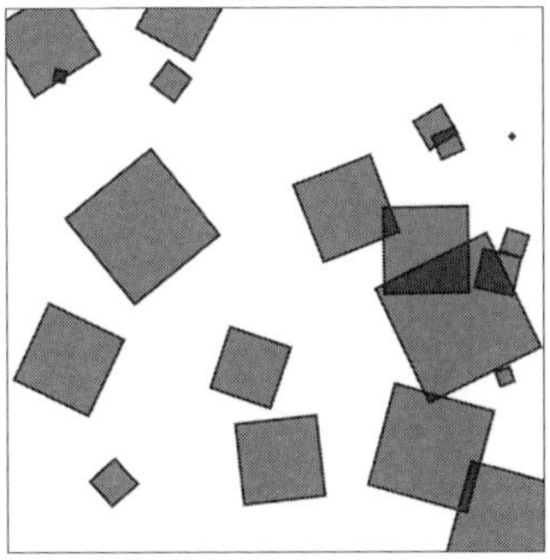

```
// Rotaterオブジェクトの配列
Rotater[] rotaters;

void setup() {
  size(200, 200);
  rotaters = new Rotater[20];
  
  // Rotaterは、ランダムに作られる
  for (int i = 0; i < rotaters.length; i++) {
    rotaters[i] = new Rotater(random(width),
      random(height), random(-0.1, 0.1), random(48));
  }
}

void draw() {
  background(255);
  // すべてのRotaterは回転し、表示される
  for (int i = 0; i < rotaters.length; i++) {
    rotaters[i].spin();
    rotaters[i].display();
  }
}

// Rotaterクラス
class Rotater {
  float x, y;    // x,y位置
  float theta;   // 回転の角度
  float speed;   // 回転の速度
  float w;       // 矩形の大きさ
  
  Rotater(float tempX, float tempY, float tempSpeed, float tempW) {
    x = tempX;
    y = tempY;
    theta = 0;            // 角度は常に0で初期化される
    speed = tempSpeed;
    w = tempW;
  }
```

図14-27

```
  // 角度を増加させる
  void spin() {
    theta += speed;
  }

  // 矩形を表示する
  void display() {
    rectMode(CENTER);
    stroke(0);
    fill(0, 100);
    pushMatrix();         ← pushMatrix()は、クラスのdisplay()メソッド内
    translate(x, y);         で呼び出されます...
    rotate(theta);
    rect(0, 0, w, w);     ← ...そしてpopMatrix()もここです。このやり方で、
    popMatrix();             すべてのRotaterオブジェクトはそれぞれ独立した移
  }                          動と回転で描画されます！
}
```

入れ子でpushMatrix()とpopMatrix()を複数呼び出すことにより、興味深い結果を作り出すことができます。pushMatrix()とpopMatrix()の両方は、常に同じ回数呼び出されなければならないのですが、それらは、必ずしもひとつが呼び出された直後にもう一方が呼び出されなくてもよいのです。

それがどのように動作するのか理解するために、プッシュ（push）とポップ（pop）をもっと詳しく見てみましょう！ プッシュとポップは、**スタック**と言われるコンピュータ科学の概念に基づいています。スタックがどのように動作するか理解しておくと、pushMatrix()とpopMatrix()を適切に使うことができます。

スタック（stack）は、まさしく積み重ねです。机の上に山ほど積んである論文の積み重ねの中で、一晩中成績をつけている英語の先生を考えてみてください。先生は、それらを1部1部積んでいき、そしてそれらを積み重ねたのとは逆の順番で読みます。積み重ねの一番最初に置かれた論文は、一番最後に読まれるのです。最後に加えられた論文は、一番最初に読まれるのです。これは、待ち行列の真逆であることに注目してください。仮に映画のチケットを買うために列に並んだとしたら、列の最初の人はチケットを入手する最初の人で、最後の人は最後に買う人です。**図14-28**を見てください。

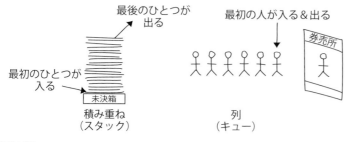

図14-28

プッシュはスタックに何かを入れる処理のこと、ポップは何かを取り出すことです。これが、pushMatrix()とpopMatrix()の呼び出しの回数が常に等しくなければならない理由です。そこに存在していないものはポップできません。呼び出した回数が合わなければ、エラーがコンソールに表示されます。例えば、popMatrix()を呼び出しすぎた場合は、Processingは「Missing a pushMatrix() to go along with that popMatrix() (popMatrix()に対応するpushMatrix()が見当たりません)」と報告します。

回転する四角形プログラムを基礎として使うことで、pushMatrix()とpopMatrix()を入れ子にすることがいかに便利か分かります。次のスケッチは、ひとつの円が中心にあり（それを太陽と呼びましょう）、その周りを異なる円が回転し（地球と呼びましょう）、そしてその周りをまた別の2つの円が回転します（月#1と月#2と呼びましょう）。

例14-16　簡単な太陽系

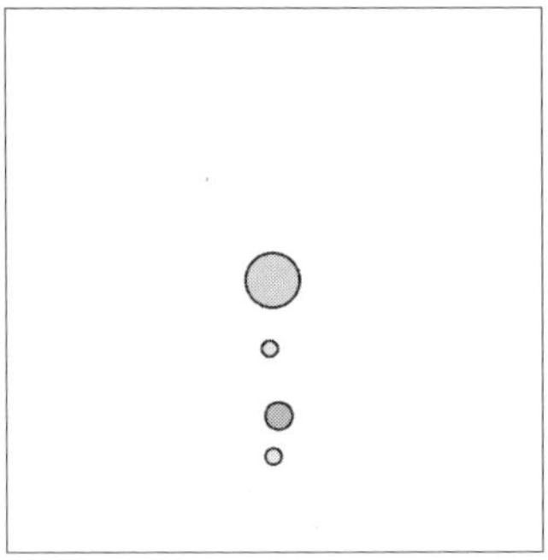

```
// 太陽と惑星の周りを回転する角度
float theta = 0;

void setup() {
  size(200, 200);
}

void draw() {

  background(255);
  stroke(0);

  // 太陽を描くためにウィンドウの中心に移動する
  translate(width/2, height/2);
  fill(255, 200, 50);
  ellipse(0, 0, 20, 20);

  // 地球は太陽の周りを回転する
  pushMatrix();
  rotate(theta);
  translate(50, 0);
  fill(50, 200, 255);
  ellipse(0, 0, 10, 10);

  // 月#1は、地球の周りを回転する
  pushMatrix();

  rotate(-theta*4);
  translate(15, 0);
  fill(50, 255, 200);
  ellipse(0, 0, 6, 6);
  popMatrix();

  // 月#2も地球の周りを回転する
  pushMatrix();
  rotate(theta*2);
```

図14-29

> pushMatrix()は、月#1が描かれる前の変換状態を保存するために呼び出されます。これにより、ポップすることで、月#2が描かれる前に地球の変換状態に復元することができます。2つの月は、太陽の周りを回転している地球の周りを回転します。

```
  translate(25, 0);
  fill(50, 255, 200);
  ellipse(0, 0, 6, 6);
  popMatrix();

  popMatrix();

  theta += 0.01;
}
```

pushMatrix()とpopMatrix()も、forやwhileループの中に入れ子にすることができ、それにより、かなりユニークで面白い結果が得られます。次の例は、少々難問ですが、挑戦してみることをお勧めします。

例14-17　入れ子にしたプッシュとポップ

```
// 回転のためのグローバルな角度
float theta = 0;

void setup() {
  size(200, 200);
}

void draw() {
  background(100);
  stroke(255);

  // ウィンドウの中心に移動する
  translate(width/2, height/2);

  // 0から360度(2*PIラジアン)までループする
  for(float i = 0; i < TWO_PI; i += 0.2) {
    // プッシュし、回転し、線を描く！
    pushMatrix();
    rotate(theta + i);
    line(0, 0, 100, 0);
    // 0から360度(2*PIラジアン)
    for(float j = 0; j < TWO_PI; j += 0.5) {

      // プッシュし、移動し、回転する！
      pushMatrix();         ◁── もうひとつのpushMatrix()
      translate(100, 0);
      rotate(-theta - j);
      line(0, 0, 50, 0);
      // ループの中で行われた、ポップ！
      popMatrix();          ◁── もうひとつのpopMatrix()
    }
    // ループの外で行われた、ポップ！
    popMatrix();            ◁── 最後のpopMatrix()
  }
  endShape();
```

> 変換状態は、forループが繰り返されるごとに、最初に保存され、最後で復元されます。これらの行をコメントアウトし、違いを見てください！

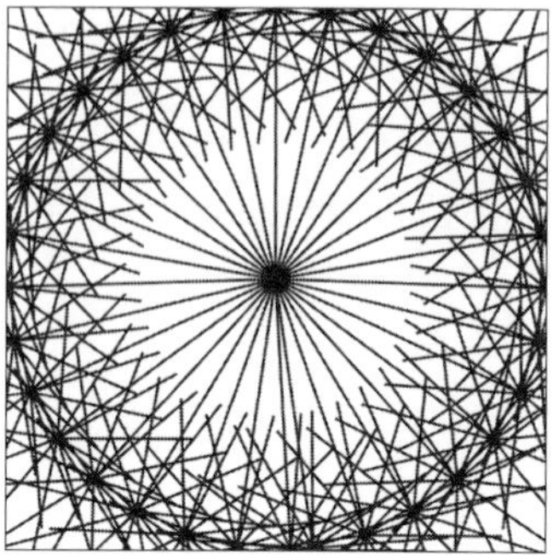

図14-30

```
  // thetaを増加させる
  theta += 0.01;
}
```

練習問題 14-9

ピラミッドか立方体のどちらかをクラスにしてください。それぞれのオブジェクトは、その中にpushMatrix()とpopMatrix()を持つように作ります。オブジェクトの配列で、すべての回転を3Dで独立して行えますか？

14.9　Processingの太陽系

本章の移動、回転、プッシュ、ポップのすべての手法を使い、Processingの太陽系を構築する準備ができました。次の例は、前節の**例14-16**を更新したもの（月は存在しない）で、2つの大きな変更を加えました。

- すべての惑星はオブジェクトで、Planetクラスのメンバーです。
- 惑星の配列は、太陽の周りを回ります。

例14-18　オブジェクト指向の太陽系

```
// 8つのplanetオブジェクトの配列
Planet[] planets = new Planet[8];

void setup() {
  size(200, 200);

  // planetオブジェクトは、カウンター変数を使い、初期化される
  for (int i = 0; i < planets.length; i++) {
    planets[i] = new Planet(20 + i*10, i + 8);
  }
}

void draw() {

  background(255);

  // 太陽を描く
  pushMatrix();
  translate(width/2, height/2);
  stroke(0);
  fill(255);
  ellipse(0, 0, 20, 20);

  // すべての惑星を描く
  for (int i = 0; i < planets.length; i++) {
    planets[i].update();
    planets[i].display();
  }
```

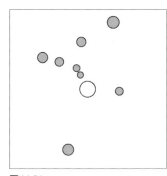

図 14-31

```
    popMatrix();
  }
class Planet {
  float theta;      // 太陽の周りを回るplanetオブジェクトは、それぞれが自身の回転角度の経過を保存する
  float diameter;   // 惑星の大きさ
  float distance;   // 太陽からの距離
  float orbitspeed; // 軌道上を回る速度
  Planet(float distance_, float diameter_) {
    distance = distance_;
    diameter = diameter_;
    theta = 0;
    orbitspeed = random(0.01, 0.03);
  }

  void update() {
    // 回転の角度を増加させる
    theta += orbitspeed;
  }

void display() {
    pushMatrix();        ← 回転と移動の前に、行列の状態をpushMatrix()で保存します。
    // 軌道上を回る
    rotate(theta);
    // distanceで移動する
    translate(distance, 0);
    stroke(0);
    fill(175);
    ellipse(0, 0, diameter, diameter);

    popMatrix();         ← 惑星が描画された時点で、行列はpopMatrix()によって復元され、よって次の惑星は影響を受けません。
  }
}
```

練習問題14-10

どのようにして惑星に月を追加しますか？

ヒント：Planetとほぼ同一であるMoonクラスを書きます。そして、Moon変数をPlanetクラス内に組み込みます（なお22章では高度なOOPを使ったより効果的な方法を説明します）。

練習問題14-11

太陽系の例を3次元に拡張してください。ellipse()に代えて、sphere()かbox()を使ってみましょう。sphere()は球の半径を引数として取り、box()はひとつの引数（立方体の場合は大きさ）か3つの引数（幅、高さ、奥行き）を取る点に留意してください。

14.10　PShape

本書のイントロダクションでまず初めに学んだのが、「基本」図形（矩形、楕円形、線、三角形など）をスクリーンにどのようにして描くかということです。本章では、2次元と3次元の両方でカスタムポリゴンのバーテックスを記述するために、より高度な描画オプションのbeginShape()とendShape()を見てきました。

それは、描画に関して完全ではないものの、皆さんはかなり進歩したところに到達しています。これまで学んだことを知っていただけでは描けないものも、非常に少ないとはいえ存在します。しかし、もうひとつの手順があります。その手順を使うことで、ある場合は、レンダリング速度の向上だけでなく、より高度に構成されたモデルをコードで扱うことができます。それが、PShape()です。

ここまでで、おそらくデータ型の概念を理解し、使いこなせるようになっているでしょう。それらデータ型を何度もよく指定しています。例えば、speedと呼ばれるfloat型変数、xと名付けられたint型、さらにletterGradeと名付けられたchar型かもしれません。これらすべては、**プリミティブ**データ型であり、コンピュータメモリ内に存在するビットです。そして、おそらくまだ少し扱い難いかもしれませんが、複数のデータと機能を格納する**複合**データ型のオブジェクトも、そこそこ使えるようになってきていることでしょう。例えばZoogクラスには、位置、大きさ、速度を示す浮動小数点数型変数を含み、また、動き（移動）とそれ自身を表示するメソッドも含みました。Zoogは、ユーザー定義のクラスなので、私がZoogをこのプログラミングの世界に誕生させ、Zoogとしての特徴を定義し、Zoogオブジェクトに関連したデータと関数を定義しました。

ユーザー定義のオブジェクトに加え、Processingには便利な組み込みクラスが数多くあります。次章では、それらの組み込みオブジェクトのひとつであるPImage（画像の読み込みと表示のクラス）について学びます。

次章に進む前に、図形を格納するデータ型PShapeについて説明しましょう。PShapeは、アルゴリズムで構築したものだけでなく、外部ファイル（SVGなど図形データの標準フォーマットのファイル）から読み込んだ図形も格納できます。

ファイルから読み込む場合、PShapeオブジェクトはcreateShape()かloadShape()のいずれかの関数で作成できます。簡単な例を見てみましょう。PShapeのより詳細な説明は本書の範囲を超えるため、Processingチュートリアルのページをご参照ください（https://processing.org/tutorials/pshape/）。

例14-19　PShape

```
PShape star;                    ← PShapeオブジェクトのインスタンスを使うことは、ユーザー定義
                                   のクラスを使うのと同じです。まず、PShape型の変数を宣言します。
void setup() {
  size(200, 200);
  star = createShape();         ← PShapeオブジェクトの新しいインスタンスをcreateShape()関
                                   数で作ります。
```

```
  star.beginShape();
  star.fill(102);
  star.stroke(0);
  star.strokeWeight(2);

  star.vertex(0, -50);
  star.vertex(14, -20);
  star.vertex(47, -15);
  star.vertex(23, 7);
  star.vertex(29, 40);
  star.vertex(0, 25);
  star.vertex(-29, 40);
  star.vertex(-23, 7);
  star.vertex(-47, -15);
  star.vertex(-14, -20);
  star.endShape(CLOSE);
}
void draw() {
  background(255);
  translate(mouseX, mouseY);
  shape(star);
}
```

> 描画に必要なすべての関数は、PShapeオブジェクトを使って呼び出すことができます。

> これらはすべてハードコードした値ですが、アルゴリズムで生成することもできます！

> translateはウィンドウ内の図形の位置を設定します。

> shape()は、PShapeをウィンドウに描画します。

図14-32

練習問題14-12

例14-19を書き直し、PShapeオブジェクト自体を自分で作ったStarクラス内に入れ、さらに位置変数のxとyもその中に含めてください。複数のオブジェクトのインスタンスを配列にします。以下に、最初のコードを一部示します。

```
class Star {

  // PShapeオブジェクト
  PShape s;
  // 図形を描く位置
  float x, y;

  Star() {
```

```
    // _____(ここはどうなる？)
  }

  void move() {
    // _____(ここはどうなる？)
  }

  void display() {
    // _____(ここはどうなる？)
  }
}
```

レッスン6の
プロジェクト

　仮想の生態系を作ってください。あなたの世界にいる「生物」それぞれをクラスで作りましょう。13章、14章の手法を使い、あなたが作った生物に個性を吹き込んでみてください。いくつかの選択肢を以下に示します。

- 生物の動きを制御するために、パーリンノイズを使う。
- 振動によって、生物が息をしているかのように見せる。
- 再帰を使って、生物をデザインする。
- `beginShape()`を使って、カスタムポリゴンをデザインする。
- 生物の行動に回転を使う。

　下の空欄を、プロジェクトのスケッチの設計やメモ、擬似コードを書くのに使ってください。

レッスン7
画像と動画

- 15章 画像
- 16章 ビデオ

15章
画像

政治は、最終的にはイメージに置き換えられてしまう。政治家は、自分のイメージを引き継ぐ人を後継者にしたがる。というのも、イメージは自分の能力よりもはるかに強力だからである。

—— マーシャル・マクルーハン

それがピクセルとなる時、もうたくさんだと思う。私の指や脳には十分なピクセルがあるとすると、それらすべてを要約するには、おそらく数十年は必要であろう。

—— ジョン・前田

この章で学ぶこと
- PImageクラス
- 画像の表示変更
- 画像の色の変更
- 画像のピクセル
- 簡単な画像処理
- インタラクティブな画像処理

デジタル画像というものは、データ以外のなにものでもありません。そのデータの数値は、グリッド状に並べられたピクセルの特定の位置における赤、緑、青の成分を示しています。多くの人は、これらのピクセルをコンピュータスクリーン上に表示された小さな矩形として見るだけです。しかし皆さんは、少しの創造的な思考と、コードを用いたより低水準なピクセル操作を行うことにより、情報をさまざまな方法で見せることができるのです。本章では、Processingでの簡単な図形描画から一歩進み、画像（およびそのピクセル）をProcessingのグラフィックスの構成要素として捉え、どのように扱うか、その使用法について説明していきます。

15.1 画像から始める

「14.10 PShape」で学んだように、Processingでは、多くの使い勝手の良いクラスが、すべてすぐに使える状態にあります。(後の23章で分かりますが、Javaクラスの膨大なライブラリも利用できます。14章でPShapeオブジェクトだけを簡単に見てきましたが、本章では、図15-1に示したような画像を読み込み、表示するための、もうひとつのProcessing定義クラスであるPImageを主に取り上げます。

図15-1

例15-1 「Hello World」画像

```
PImage img;              ← PImage型の変数を宣言します。そのクラスは
                            Processing コアライブラリから利用できます。
void setup() {
  size(320, 240);
  img = loadImage("runde_bird_cliffs.jpg");  ← 画像ファイルを読み込むことでPImageの新しいイ
                                                ンスタンスを作ります。
}

void draw() {
  background(0);
  image(img, 0, 0);   ← image()関数は、ある場所に画像を表示します。こ
                        の場合は(0,0)です。
}
```

　PShapeとまったく同じように、PImageオブジェクトのインスタンスを使うことは、**ユーザー定義**クラスを使うのと何ら違いはありません。最初に、imgと名付けられたPImage型の変数が宣言されます。次に、PImageオブジェクトの新しい（new）インスタンスは、loadImage()メソッドを用いて作られます。loadImage()は、ひとつの引数を取り、String（テキストの文字列は、17章でさらに詳しく見ていきます）でファイル名を指定し、そのファイルをメモリ内に読み込みます。loadImage()は、Processingスケッチのdataフォルダ内に保存された画像ファイルを探します。

dataフォルダ：どうやってそこにたどり着くの？

画像は、Processingウィンドウ内にファイルをドラッグすることで、dataフォルダに自動的に追加されます。また、次の方法でもファイルを追加できます。

　［スケッチ］→［ファイルを追加...］

もしくは、以下のように手動でも追加できます。

　［スケッチ］→［スケッチフォルダを開く］

これで、**図15-2**に示したように、スケッチフォルダが開きます。もしdataフォルダがなかったら作成してください。そして、その中に画像ファイルを置いてください。Processingは、画像用のファイル形式GIF、JPG、TGA、PNGに対応しています。ファイル名を参照する時は、「`file.jpg`」といったように、ファイル拡張子も必要です。

図15-2

例15-1では、PImageオブジェクトのインスタンスを作成するのに、コンストラクタ（constructor）を呼び出さなかった、つまり「`new PImage()`」と記述しなかったことを、少

しおかしく感じるかもしれません。なぜなら、今までのオブジェクト関連の各例において、コンストラクタは、オブジェクトのインスタンスを生成するために欠かせないものだったからです。

```
Spaceship ss = new Spaceship();
Flower flr = new Flower(25);
```

それにもかかわらず、PImageは、newではなくloadImage()を使って作られています。

```
PImage img = loadImage("file.jpg");
```

実際のところ、loadImage()関数は、コンストラクタの働きをし、指定されたファイル名から生成した新しいPImageオブジェクトのインスタンスを返します。それを、ファイルから画像を読み込むPImageのコンストラクタと考えることができるのです。なお、空の画像を作るには、createImage()関数が使われます。

```
// 200 X 200ピクセルでRGBカラーの空の画像を作る
PImage img = createImage(200, 200, RGB);
```

ハードドライブからメモリへ画像を読み込む処理は、負荷のかかる処理であるため、実行速度が遅くなることに注意してください。したがって、スケッチでは、この処理をsetup()で一度だけ行うべきである点を覚えておいてください。draw()関数内で画像を読み込むことは、実行速度を低下させ、「Out of Memory」エラーの原因になることがあります。さらに、setup()の上（スケッチの冒頭）でloadImage()を呼び出すことも避けるべきです。なぜならば、Processingは、その時点ではまだdataフォルダの場所が分からず、エラーを出力するためです。

画像が読み込まれたら、それはimage()関数で表示されます。image()関数には、3つの引数、すなわち、表示される画像、x位置、y位置を与えなくてはなりません。また、画像を任意の幅と高さでサイズ変更するために、2つの引数を追加することも可能です。

```
image(img, 10, 20, 90, 60);
```

練習問題 15-1

画像を読み込み、表示してください。画像の幅と高さをマウスで制御します。

15.2 画像を用いたアニメーション

これから見ていく画像の扱い方により、前章までの例を簡単に発展させることができます。次の例では、imageMode()を使い、画像をその中心を基準にして描く方法に注目してください。なお、rectMode()に似た働きのimageMode()は、画像に適用することができます。

例15-2 画像「スプライト」

```
PImage head; // 画像ファイルの変数
```

```
float x, y;      // 画像位置の変数
float rot;       // 画像回転の変数

void setup() {
  size(200, 200);
  // 画像を読み込み、変数を初期化する
  head = loadImage("face.jpg");
  x = 0;
  y = width/2;
  rot = 0;
}

void draw() {
  background(255);

  translate(x, y);
  rotate(rot);
  imageMode(CENTER);
  image(head, 0, 0);

  // アニメーションの変数を調整する
  x += 1.0;
  rot += 0.01;
  if (x > width) {
    x = 0;
  }
}
```

図15-3

> 変数、translate()、rotate()などを使い、通常の図形のように、画像に動きを与えることができます。

練習問題15-2

画像、位置、大きさ、回転などのデータがクラス内に含まれるオブジェクト指向の考え方で、この例を書き換えてください。画像がスクリーンの端に到達した時に、画像が入れ替わるクラスにできますか？

```
class Head {

    _____  // 画像ファイルの変数
    _____  // 画像位置の変数
    _____  // 画像回転の変数

    Head(String filename, _____, _____) {
      // 画像を読み込み、変数を初期化する

      _____ = loadImage(_____);

      _____

      _____

      _____

    }
```

> Stringクラスの詳細については17章で見ていきます...

15.2 画像を用いたアニメーション

```
  void display() {
    _____
    _____


  }

  void move() {
    _____
    _____
    _____
    _____
    _____


  }
}
```

15.3　最初の画像処理フィルター

　画像を表示している時に、その見た目を変更したくなることがあるでしょう。例えば、暗めな、そして透明な、さらに青みがかったような画像が欲しいかもしれません。そのようなタイプの簡単な画像フィルターは、Processingのtint()関数で得られます。tint()は、基本的に図形のfill()と同じで、スクリーン上に表示されている画像に色やアルファ値（透明度）を設定する関数です。そうは言っても、画像は、通常すべて1色というわけではありません。tint()の引数は、単純にその画像のすべてのピクセルに使う特定の色の度合いや、それらのピクセルが表示される透明度の度合いを簡単に指定します。

　次の例では、2つの画像（ひまわりと犬）が読み込まれ、犬の画像が背景として表示されることを前提としています（これにより透明度を示すことができます）。図15-4を見てください。

```
PImage sunflower = loadImage("sunflower.jpg");
PImage dog = loadImage("dog.jpg");
background(dog);
```

　　　A　　　　　　　B　　　　　　　C　　　　　　　D　　　　　　　E

図15-4

tint()がひとつの引数を受け取る場合は、画像の明度にのみ影響します。

```
tint(255);
image(sunflower, 0, 0);
```
← A：画像はもともとの状態を保持します。

```
tint(100);
image(sunflower, 0, 0);
```
← B：画像が暗めになります。

2つ目の引数は、画像のアルファ値（透明度）を変更します。

```
tint(255, 127);
image(sunflower, 0, 0);
```
← C：画像は50%の不透明度です。

3つの引数は、赤、緑、青の各色の要素の明度に影響します。

```
tint(0, 200, 255)
image(sunflower, 0, 0);
```
← D：赤の要素はなく（0）、緑の要素はかなり（200）、青の要素はすべて（255）。

最後に、4つ目の引数を関数に加えることで、アルファ値（2つの引数の時と同様に）を操作します。ちなみに、tint()で使われる値の範囲は、colorMode()で指定することができます（1章参照）。

```
tint(255, 0, 0, 100);
image(sunflower, 0, 0);
```
← E：画像は、赤い色合いで透明です。

練習問題15-3

tint()を使って画像を表示してください。マウスの位置を使って赤、緑、青の色合いの分量を調整します。また、角または中心からマウスまでの距離を使ってみましょう。

練習問題15-4

tint()を使い、画像を融合し、合成画像を作ってください。大量の画像をそれぞれ異なるアルファ値で上に重ね合わせていくと何が起こるでしょうか？ 異なる画像がフェードイン、フェードアウトするように、合成画像にインタラクティブ性を与えることはできますか？

15.4　画像の配列

1枚の画像を扱うことは、入門には適していますが、そのうち多くの画像を扱いたくなるでしょう。そうです、複数の変数で複数の画像を扱うことはできますが、ここで、配列を用いることで、配列の力を再び実感することになります。では、ここに5枚の画像があり、ユーザーがマウスをクリックするたびに背景の画像を新しく表示することを考えてみましょう。

最初に、画像の配列をグローバル変数として宣言します。

```
// 画像の配列
PImage[] images = new PImage[5];
```

次に、配列内の適切な位置にそれぞれの画像ファイルを読み込みます。これは、setup()

内で行います。

```
// 配列内に画像を読み込む
images[0] = loadImage("cat.jpg");
images[1] = loadImage("mouse.jpg");
images[2] = loadImage("dog.jpg");
images[3] = loadImage("kangaroo.jpg");
images[4] = loadImage("porcupine.jpg");
```

当然、これでは少し不便です。各画像を個別に読み込むことは、まったくもって効率的なやり方ではありません。5枚の画像は、もちろんこのやり方で管理可能ですが、仮に上記のコードで、100枚の画像を読み込むと想像してみてください。ひとつの解決策は、ファイル名をString型の配列に格納し、for文を使ってすべての配列要素を初期化することです。

```
// ファイル名を格納した配列を用いて画像を配列内に読み込む
String[] filenames = {"cat.jpg", "mouse.jpg", "dog.jpg", "kangaroo.jpg",
    "porcupine.jpg");
for (int i = 0; i < filenames.length; i++) {
  images[i] = loadImage(filenames[i]);
}
```

連結：新しい種類の加算

一般的に、プラス記号（＋）は、加算を意味します。2＋2＝4ですね。

（引用符で囲まれ、つまり**文字列**に格納された）テキストでは、＋は**連結**を意味し、すなわち、2つの文字列をひとつにまとめることです。

"cow" + "bell" ⇒ "cowbell"

"2" + "2" ⇒ "22"

文字列に関する詳細は、17章を見てください。

さらに、少し時間を割いて、事前に画像ファイルに番号を付ける（animal0.jpg、animal1.jpg、animal2.jpgなど）ことで、コードを非常に簡素化できます。

```
// 通し番号を付けたファイルの画像を読み込む
for (int i = 0; i < images.length; i++) {
  images[i] = loadImage("animal" + i + ".jpg");
}
```

画像が読み込まれるとすぐに、draw()に進みます。そこでは、添字（「0」以降）を参照し、表示する特定の画像をひとつ配列から選択します。

```
image(images[0], 0, 0);
```

もちろん、添字の値をハードコードすることはバカげています。時間によって異なる画像を

動的に表示するためには、変数が必要です。

```
    image(images[imageIndex], 0, 0);
```

　imageIndex変数は、グローバル変数（整数型）として宣言されるべきです。その値は、プログラムのどこからでも変更できます。**例15-3**に、全コードを示します。

例15-3　画像を入れ替える

```
int maxImages = 10;  // 画像の総数
int imageIndex = 0;  // 表示される初期画像は、1番目のもの
PImage[] images = new PImage[maxImages];  // 画像の配列     ← 画像の配列を宣言します。

void setup() {
  size(200, 200);
  // 配列内に画像を読み込む
  // JPGファイルをdataフォルダに入れるのを忘れないように！
  for (int i = 0; i < images.length; i++) {
    images[i] = loadImage("animal" + i + ".jpg");     ← 画像の配列を読み込みます。
  }
}

void draw() {
  image(images[imageIndex], 0, 0);  // 1枚の画像を表示する     ← 配列から1枚の画像を表示します。
}

void mousePressed() {
  // マウスがクリックされた時、新しい画像がランダムに選択される
  // 配列の添字は整数でなければならないことに注意！
  imageIndex = int(random(images.length));     ← 添字の変数を変更することで、表示する新しい画像を選択します！
}
```

　アニメーションとして、連続した画像を再生するのであれば、**例15-4**に従ってください（以下に示す、新しいdraw()関数にするだけです）。

例15-4　連続画像

```
void draw() {
  background(0);
  image(images[imageIndex], 0, 0);
  // 画像の添字をサイクルごとに増加させる
  // モジュロ演算子「%」を配列の大きさに到達したら0に戻すために使う
  imageIndex = (imageIndex + 1) % images.length;     ← モジュロを覚えていますか？ ％記号です。それは、カウンターを0に繰り返し戻せるようにします。13章を見直してください。
}
```

練習問題15-5

　スクリーン上に連続画像を表示する複数のインスタンスを作成してください。それらが同期しないように、連続画像内の異なる時間で各インスタンスを開始させてください。

ヒント：クラス内に連続画像を置くために、オブジェクト指向プログラミングを使いましょう。

15.5　ピクセル、ピクセル、さらにピクセル

皆さんが、所定の順番で本書を正確に、そして熱心に読んできたなら、これまでのところで、スクリーンに描画するには、関数を呼び出すことが唯一の方法であることが分かるはずです。「点の間に線を引く」「楕円形を赤で塗りつぶす」「JPG画像を読み込み、スクリーン上に置く」などです。これら関数の呼び出しで要求された図形をスクリーン上に反映するために、誰かがその関数の呼び出しに従い、ピクセルをスクリーン上に設定するコードを書かなくてはなりません。例えば線は、line()と言ったから現れるわけではなく、それは2点間の線形のパスに沿ってすべてのピクセルの色が変わったことにより、現れるのです。幸い、皆さんはこの低水準のピクセル設定を日常的に管理する必要はありません。Processing (と Java) のおかげで多くの描画関数がこの仕事を引き受けてくれます。

それでもなお、以前描いたありきたりの図形を分解し、スクリーン上のピクセルを直接操作したいこともあるでしょう。Processingは、その機能をpixels配列を介して提供しています。

皆さんは、画面上の各ピクセルが、2次元ウィンドウで(x,y) 座標を持つという考えに慣れています。しかし、pixels配列は1次元で、1列に並んだ形式で色の値を格納しています。**図15-5**を見てください。

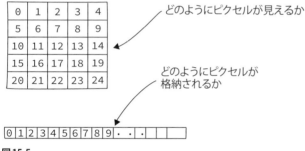

図 15-5

例15-5を見てください。このスケッチは、ウィンドウの各ピクセルにランダムなグレースケールの値を設定します。pixels配列は、もうひとつの配列ですが、ただ違う点は、Processingの組み込み変数なので、宣言しなくてもよいということです。

例15-5　ピクセルを設定する

```
size(200, 200);
// ピクセルを扱う前に
loadPixels();

// すべてのピクセルをループする
for (int i = 0; i < pixels.length; i++) {

  // 0から255の間の乱数を選ぶ
  float rand = random(255);
  // 乱数に基づきグレースケールの色を作る
  color c = color(rand);
```

> 他の配列と同様に、pixels配列の長さを得ることができます。

```
  // その位置のピクセルをランダムな色に設定する
  pixels[i] = c;         ◁── 他の配列と同様に、添字によってpixels配列の個別の要素を利用できます。
}

// ピクセルの処理が終わった時点で
updatePixels();
```

図15-6

まず、上記の例で、ある重要な点について説明します。Processingウィンドウのピクセルにアクセスする時は常に、Processingにこの操作を行うことを事前に知らせなければなりません。これは、2つの関数によって行われます。

- `loadPixels()` ── ピクセル配列を利用する**前**に呼び出され、「ピクセルを読み込み、それらと話をしたいんだ！」と言います。
- `updatePixels()` ── ピクセル配列の利用が終わった**後**に呼び出され、「次に進んで、ピクセルを更新しろ、すべて終わった！」と言います。

例15-5では、色がランダムに設定されるので、ピクセルにアクセスしている時、スクリーンのどこにそのピクセルがあるか心配する必要はありませんでした。なぜならば、ピクセル同士の相対的な位置と関係なく、すべてのピクセルを単に設定したためです。しかし、多くの画像処理アプリケーションでは、ピクセルの(x,y)位置それ自体が、非常に重要な情報です。その簡単な例として、すべての偶数行のピクセルを白色に、すべての奇数行を黒色に設定するとします。1次元ピクセル配列を使ってどのように実現できるでしょうか？ また、その任意の配列の中でどこの行、または列であるかが分かりますか？

ピクセル操作のプログラミングでは、すべてのピクセルは2次元配列の世界に存在しますが、1次元のデータとして考える必要があります（利用できるのは、1次元配列だからです）、これを次の式で行うことができます。

1. ウィンドウか画像のサイズを任意の幅と高さで仮定します。
2. それにより、ピクセル配列が、幅×高さに等しい要素の総数を持つことが分かります。
3. ウィンドウ内の任意の(x,y)点の、1次元ピクセル配列内の位置は「ピクセル配列の位置 = x + (y × 幅)」です。

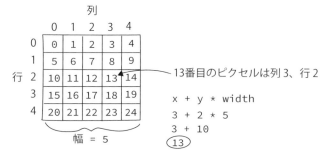

図15-7

これを見ると、13章の2次元配列を思い出すかもしれません。実際、2次元配列と同様の入れ子になったforループの手法を使う必要があります。その違いは、ピクセルを2次元で考えるためにforループを使いたいにもかかわらず、実際にピクセルを利用しようとする時、そのピクセルは1次元配列で存在するため、**図15-7**の式を適用しなければなりません。

偶数／奇数列問題の解決方法を**例15-6**に示します（**図15-8**）。

例15-6　2次元位置に従ってピクセルを設定する

```
size(200, 200);
loadPixels();

// すべてのピクセル列をループする
for (int x = 0; x < width; x++) {

  // すべてのピクセル行をループする
  for (int y = 0; y < height; y++) {

    int loc = x + y * width;

    if (x % 2 == 0) {
      pixels[loc] = color(255);
    } else {
      pixels[loc] = color(0);
    }
  }
}
updatePixels();
```

2つのループによって、すべての列 (x) と行 (y) にアクセスできます。

ピクセル配列の位置は、「1次元のピクセル位置 = x + y * width」という式によって計算されます。

色が黒か白かを決定するために、列番号 (x) を使います。

図15-8

ピクセル密度について再考する

「14.2 P3Dとはいったい何？」では、高画素密度ディスプレイ（Appleの「Retina」のような）でより高品質でレンダリングするために使えるpixelDensity()関数について簡単に説明しました。pixelDensity(2)を設定することで、実際にスケッチウィンドウに4倍の数のピクセルが使われます。水平方向と垂直方向のピクセルの数は、それぞれ2倍です。図形を描画する時、すべては、シーンの背後で処理されますが、pixels配列を使って作業する場合は、実際のピクセルの幅と高さ（スケッチのwidthとheightとは異なります）を把握しなければなりません。Processingには、まさにその状況に最適なpixelWidthとpixelHeightという便利な関数があります。その例として、pixelDensity(2)を用いた**例15-5**を示します。

```
size(200, 200);
pixelDensity(2);       ← ピクセル密度を2に設定します。
loadPixels();
for (int x = 0; x < pixelWidth x++) {
  for (int y = 0; y < pixelHeight; y++) {    pixelWidthとpixelHeightが
    int loc = x + y * pixelWidth;             widthとheightの代わりに使われます。
    pixels[loc] = color(random(255));
  }
}
updatePixels();
```

本章の残りは、ピクセル密度を1として進めます。

練習問題 15-6

それぞれの画像と一致するようにコードを完成させてください。

```
size(255, 255);

_____;
for (int x = 0; x < width; x++) {
  for (int y = 0; y < height; y++) {

    int loc = _____;

    float distance = _____);

    pixels[loc] = _____;
  }
}

_____;
```

```
size(255, 255);

_____;
for (int x = 0; x < width; x++) {
  for (int y = 0; y < height; y++) {

    _____;

    if (_____) {

      _____;

    } else {

      _____;

    }
  }

  _____;
}
```

15.6 画像処理入門

　前節では、任意の計算に従い、ピクセル値を設定する例を詳しく見ました。ここからは、すでに存在するPImageオブジェクトに従い、どのようにピクセルを設定するか見ていきます。以下に、その擬似コードを示します。

1. PImageオブジェクトに画像ファイルを読み込む。
2. 画像内の各ピクセルに対し、ピクセルの色を読み出し、画面のピクセルをその色に設定する。

　PImageクラスは、画像関連のデータを格納しておくのに便利なwidth、height、pixelsフィールドを含んでいます。ユーザー定義クラスと同じように、これらのフィールドはドットシンタックスで利用できます。

```
PImage img = createImage(320, 240, RGB); // PImageオブジェクトを作る
println(img.width);   // 320を得る
println(img.height);  // 240を得る
img.pixels[0] = color(255, 0, 0); // 画像の最初のピクセルに赤を設定する
```

　これらのフィールドを利用することによって、画像のすべてのピクセルをループし、それらをスクリーン上に表示することができます。

例15-7　画像のピクセルを表示する

```
PImage img;

void setup() {
  size(200, 200);
  img = loadImage("sunflower.jpg");
}

void draw() {
  loadPixels();
  img.loadPixels();         ← PImageのloadPixels()も呼び出さなくてはなりません。

  for (int y = 0; y < height; y++) {
    for (int x = 0; x < width; x++) {
      int loc = x + y * width;
      float r = red   (img.pixels[loc]);
      float g = green(img.pixels[loc]);   ← 関数red()、green()、blue()は、ピクセルから3つの色要素を取り出します。
      float b = blue (img.pixels[loc]);

      // 画像処理！
      // 画像処理！       ← RGBの値を変更するなら、ディスプレイウィンドウにピクセルを設定する前のここで行います。
      // 画像処理！

      // ディスプレイにピクセルを設定する
      pixels[loc] = color(r, g, b);
    }
  }
  updatePixels();
}
```

図15-9

ところで、皆さんは、画像を単に表示するだけなら、単純な方法をまず考えつくでしょう（例えば、image()関数を使うことで、すべてのピクセル処理を省略することができるのはもちろん、入れ子のループも必要ありません）。その一方、**例15-7**は、その空間座標(x,y)位置に基づき、各ピクセルの赤、緑、青の値を取得するための基本的なフレームワークを提供しています。最終的に、これによって、より高度な画像処理のアルゴリズムの開発が可能になります。

次に進む前に、この例は、ディスプレイの領域がソース画像と同じ大きさであるがゆえに動作することに留意してください。なお、同じ大きさでない場合は、ソース画像とディスプレイ領域の2つのピクセル位置の計算が必要となります。

```
int imageLoc   = x + y * img.width;
int displayLoc = x + y * width;
```

練習問題15-7

例15-7を使い、r、g、bを表示する前にそれらの値を変更してください。

15.7　2つ目の画像処理フィルター：独自のtint()を作る

少し前の段落で、気軽なコード練習として、扱いやすいtint()メソッドを用い、画像の色調を変えることやアルファ値による透明度の追加を楽しみました。基本的なフィルタリングのために、このメソッドはうまくいきました。その一方、ピクセルを個別に扱うメソッドを用いることで、画像の色を数学的に変化させる独自のアルゴリズムを開発できます。明度を考えると、より明るい色は、赤、緑、青の要素に対してより高い値を持ちます。当然の結果として、各ピクセルの色要素を増加、または減少させることで、画像の明度を変更できます。次の例では、マウスの水平位置に基づき、それらの値を動的に増減させます（次の2つの例は、画像処理のループのみ含んでいて、残りのコードは仮のものです）。

例15-8　画像の明度を調整する

```
for (int x = 0; x < img.width; x++) {
  for (int y = 0; y < img.height; y++) {
    // 1次元のピクセルの位置を計算する
    int loc = x + y * img.width;
    // 赤、緑、青の値を取得する
    float r = red   (img.pixels[loc]);
    float g = green(img.pixels[loc]);
    float b = blue  (img.pixels[loc]);

    // mouseXで明度を調整する
    float adjustBright
        = map(mouseX, 0, width, 0, 8);
    r *= adjustBright;
    g *= adjustBright;
    b *= adjustBright;

    r = constrain(r, 0, 255);
```

> map()関数を使って、mouseXの位置に基づき、0.0から8.0の範囲の乗数を計算します。乗数は、各ピクセルのRGB値を変更します。

```
    g = constrain(g, 0, 255);
    b = constrain(b, 0, 255);

    // 新しい色を作る
    color c = color(r, g, b);
    pixels[loc] = c;
  }
}
```

> RGB値は、新しい色として設定される前に、0から255の間で制限されます。

図15-10

　ピクセルごとに画像を変更するので、すべてのピクセルは同一に扱われる必要はありません。例えば、各ピクセルの明度をマウスからの距離に従って変更することもできます。

例15-9　ピクセルの位置に基づいて、画像の明度を調整する

```
for (int x = 0; x < img.width; x++) {
  for (int y = 0; y < img.height; y++) {
    // 1次元のピクセル位置を計算する
    int loc = x + y * img.width;
    // ピクセルから赤、緑、青の値を取得する
    float r = red   (img.pixels[loc]);
    float g = green (img.pixels[loc]);
    float b = blue  (img.pixels[loc]);

    // マウスとの近接に基づき明度を変更するために合計を計算する
    float distance = dist(x, y, mouseX, mouseY);
    float adjustBright = map(distance, 0, 50, 8, 0);
    r *= adjustBrightness;
    g *= adjustBrightness;
    b *= adjustBrightness;
    // RGBを0-255の間で制限する
    r = constrain(r, 0, 255);
    g = constrain(g, 0, 255);
    b = constrain(b, 0, 255);
    // 新しい色を作る
    color c = color(r, g, b);
    pixels[loc] = c;
  }
}
```

> マウスにより近いピクセルは、distanceの値がより低いです。より近いピクセルをより明るくしたいので、map()を使って、adjustBrightness係数を反転します。50(もしくは、それ以上)の距離のピクセルは、それらの明度に0.0を掛け(現在の明度の結果となり)、そして0の距離のピクセルの明度には8の係数を掛けます。

図15-11

練習問題15-8

マウスのインタラクションに従い、色の要素である赤、緑、青の明度をそれぞれ調整してください。例えば、mouseXが赤を制御し、mouseYは緑を、距離は青を制御するなどです。

15.8　もうひとつのPImageオブジェクトのピクセルへの書き込み

すべての画像処理の例は、ソース画像からすべてのピクセルを読み、また、新しいピクセルをProcessingウィンドウに直接書き込んでいます。しかし、大抵の場合、新しいピクセルを送り先の画像に書き込んだほうが、より便利です（その時は、image()関数を使い表示します）。別の簡単なピクセル操作である**閾値**を取り上げ、この手法を紹介します。

閾値フィルターは、画像の各ピクセルを黒か白のどちらかで表示します。その状態は、特定の閾値に応じて設定されます。ピクセルの明度が、閾値よりも大きければ、ピクセルの色を白にし、それよりも小さければ黒にします。**例15-10**では、任意の閾値100を使います。

例15-10　明度の閾値

```
PImage source;         // ソース画像
PImage destination;    // 送り先の画像
```
← ソース（オリジナルファイル）と送り先（表示するための）の2つの画像が必要です。

```
void setup() {
  size(200, 200);
  source = loadImage("sunflower.jpg");
  destination = createImage(source.width,
                  source.height, RGB);
}
```
← 送り先の画像は、ソース画像と同じ大きさの空の画像として作成されます。

```
void draw() {
  float threshold = 127;

  // スケッチは、両画像のピクセルを見ていく
  source.loadPixels();
  destination.loadPixels();

  for (int x = 0; x < source.width; x++) {
```

```
    for (int y = 0; y < source.height; y++) {
      int loc = x + y*source.width;
        // 閾値に対する明度をテストする
      if (brightness(source.pixels[loc]) > threshold){
        destination.pixels[loc] = color(255); // 白
      } else {
        destination.pixels[loc] = color(0);   // 黒
      }
    }
  }

  // 送り先のピクセルが変更される
  destination.updatePixels();
  // 送り先の画像を表示する
  image(destination, 0, 0);
}
```

> brightness()は、0と255の間の値、すなわち、ピクセルの色を総合した明度を返します。100よりも大きければ白に、100以下であれば黒にします。

> 送り先の画像のピクセルに書き込みます。

> 送り先の画像を表示しなければなりません！

図 15-12

練習問題 15-9

map()を使って、mouseXに従い、閾値を変えてください。

この特定の機能は、ピクセルごとの処理なしでもProcessingのfilter()関数の一部として利用可能です。ただ、filter()が使えない独自の画像処理アルゴリズムを実装したいなら、低水準なコードを理解することはきわめて重要です。

閾値処理だけ使いたいのであれば、**例15-11**がもっと簡単です。

例15-11　フィルターによる明度の閾値処理

```
// 画像を描画する
image(img, 0, 0);
// 閾値効果でウィンドウにフィルターをかける
// 0.5は、閾値が明度50%であることを意味する
filter(THRESHOLD, 0.5);
```

> ### filter()関数についての詳細情報
>
> ```
> filter(mode);
> filter(mode, level);
> ```
>
> 　filter()関数は、ディスプレイウィンドウのために、事前に作成されているフィルター一式を提供します。PImageを使う必要はなく、フィルターは、ウィンドウに描画されたものの見た目を、それが実行された時点で、変更します。THRESHOLD以外の利用可能なモードは、GRAY、INVERT、POSTERIZE、BLUR、OPAQUE、ERODE、DILATEです。それらの例は、Processingリファレンス (http://processing.org/reference/filter_.html) で見てください。
>
> 　加えて、本書の範囲外ではありますが、Processingは、PShaderクラスを介してシェーダーもサポートしています。シェーダーは、GLSL (OpenGL Shading Language) と呼ばれる特別な言語で書かれた低水準プログラムで、画像処理を含むさまざまなコンピュータグラフィックス効果に使われます。PShaderは、P3DとP2Dの両レンダラーで使うことができます。アンドレ・コルブリ (Andres Colubri) の書いたPShaderチュートリアル (https://processing.org/tutorials/pshader/) で学ぶことができます。

15.9　レベル2：ピクセル集合処理

　先述の例では、ソースと送り先のピクセルを一対一の関係で見てきました。画像の明度を増加させるために、ソース画像から1ピクセルを取り出し、RGB値を増加させ、そして出力ウィンドウに1ピクセル表示します。しかし、より高度な画像処理関数を実行するには、一対一対応の枠組みを超えて、**ピクセル集合処理**へと進まなければなりません。

　ソース画像の2つのピクセル（ひとつのピクセルとその左隣にあるピクセル）から新しいピクセルを作るところから始めてみましょう。

　ピクセルが (x,y) に位置するとします。

```
int loc = x + y * img.width;
color pix = img.pixels[loc];
```

それから、その左隣は (x-1,y) に位置します。

```
int leftLoc = (x - 1) + y * img.width;
color leftPix = img.pixels[leftLoc];
```

それで、ピクセルとその左隣のピクセルとの差から新しい色を作ることができます。

```
float diff = abs(brightness(pix) - brightness(leftPix));
pixels[loc] = color(diff);
```

　例15-12は、アルゴリズム全体を示しており、その結果は図15-13です。

例15-12　隣接ピクセルの差（エッジ）

```
// 左隣を見ていることから
// 最初の列をスキップする
for (int x = 1; x < width; x++) {
  for (int y = 0; y < height; y++) {
    // ピクセルの位置と色
    int loc = x + y * img.width;
    color pix = img.pixels[loc];      // ← ピクセルの左側を読み込みます。

    // ピクセルの左側の位置と色
    int leftLoc = (x - 1) + y * img.width;
    color leftPix = img.pixels[leftLoc];
    // 新しい色は、ピクセルとその左隣の差
    float diff = abs(brightness(pix)
        - brightness(leftPix));
    pixels[loc] = color(diff);
  }
}
```

図15-13

例15-12は、簡単な水平方向のエッジ検出アルゴリズムです。ピクセルがその隣接ピクセルと大きく異なる時、そのピクセルは「エッジ」ピクセルである可能性が高いです。例えば、黒いテーブル上にある1枚の白い紙の写真を考えてみましょう。その紙のエッジは、色にもっとも差があるところで、白が黒に接しているところです。

例15-12で、エッジを見つけるために、2つのピクセルを調べました。しかし、より洗練されたアルゴリズムは、通常、より多くの隣接ピクセルを調べます。結局、各ピクセルは、8つの隣接を持っており、具体的には、左上、上、右上、右、右下、下、左下、左です。**図15-14**を見てください。

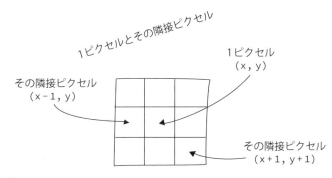

図15-14

これら画像処理アルゴリズムは、多くの場合「空間コンボリューション」と言われます。処理は、出力ピクセルを計算するために、入力ピクセルとその隣接ピクセルの**重み平均**を使います。つまり、その新しいピクセルは、ピクセルの領域の関数の戻り値です。異なる大きさの隣接領域を、3×3行列、5×5などのように、用いることができます。

各ピクセルの重み付けの異なる組み合わせは、結果的に多様な効果をもたらします。例えば、画像は、近隣ピクセルの値を引き、また中心点のピクセルを増加させることで、画像を**鮮鋭化**することができます。ぼかしは、すべての隣接ピクセルの平均をとることで実行できます（コンボリューション行列の値は、合計1になる点に注意してください）。

以下に例を示します。

鮮鋭化：

```
-1 -1 -1
-1  9 -1
-1 -1 -1
```

ぼかし：

```
1/9 1/9 1/9
1/9 1/9 1/9
1/9 1/9 1/9
```

例15-13は、3×3行列のピクセルの重みを格納するために、2次元配列（2次元配列の復習は13章を見てください）を使って、コンボリューションを実行します。この例は、本書のこれまでの中でおそらくもっとも高度な例でしょう。なぜなら、この例は、非常に多くのプログラミングの要素を含んでいるからです（入れ子になったループ、2次元配列、ピクセルなど）。

例15-13　コンボリューションを用いた鮮鋭化

```
PImage img;
int w = 80;

// 異なる行列を使い、画像に対してコンボリューションを実行できる
float[][] matrix = { { -1, -1, -1 },          ← 3×3の2次元配列として格納された「鮮鋭化
                     { -1,  9, -1 },            (sharpen)」効果のコンボリューション行列。
                     { -1, -1, -1 } } ;
void setup() {
  size(200, 200);
  img = loadImage("sunflower.jpg");
}

void draw() {
  // スケッチは、画像の一部だけを処理しようとする
  // そのため、最初に、画像全体を背景として設定する
  image(img, 0, 0);

  int xstart = constrain(mouseX - w/2, 0, img.width);   ← この例では、画像の一部分のみ（マ
  int ystart = constrain(mouseY - w/2, 0, img.height);    ウス位置を取り囲む80×80の矩
  int xend   = constrain(mouseX + w/2, 0, img.width);     形）が処理されます。
```

```
    int yend    = constrain(mouseY + w/2, 0, img.height);
    int matrixsize = matrix.length;
    loadPixels();
    // すべてのピクセルにアクセスするループを開始する
    for (int x = xstart; x < xend; x++) {
      for (int y = ystart; y < yend; y++) {
        color c = convolution(x, y, matrix, matrixsize, img);
        int loc = x + y*img.width;
        pixels[loc] = c;
      }
    }
    updatePixels();

    stroke(0);
    noFill();
    rect(xstart, ystart, w, w);
}
color convolution(int x, int y, float[][] matrix, int matrixsize, PImage img) {
    float rtotal = 0.0;
    float gtotal = 0.0;
    float btotal = 0.0;
    int offset = matrixsize / 2;
    // コンボリューション行列をループする
    for (int i = 0; i < matrixsize; i++) {
      for (int j = 0; j < matrixsize; j++) {
        // どのピクセルが調べられるか
        int xloc = x + i - offset;
        int yloc = y + j - offset;
        int loc = xloc + img.width * yloc;

        loc = constrain(loc, 0, img.pixels.length-1);

        // コンボリューションを計算する
        rtotal += (red(img.pixels[loc]) * matrix[i][j]);
        gtotal += (green(img.pixels[loc]) * matrix[i][j]);
        btotal += (blue(img.pixels[loc]) * matrix[i][j]);
      }
    }
    // RGBが範囲内か確認する
    rtotal = constrain(rtotal, 0, 255);
    gtotal = constrain(gtotal, 0, 255);
    btotal = constrain(btotal, 0, 255);
    // 結果の値を返す
    return color(rtotal, gtotal, btotal);
    }
}
```

> 各ピクセルの位置(x,y)は、表示される新しい色の値を返すconvolution()と呼ばれる関数に渡されます。

> 隣接ピクセルを見る際に、ピクセル配列のエッジの検出抜けがないか確かめることは良いことです。

> すべての隣接ピクセルにコンボリューション行列の値を掛けて合計します。

> 合計値が0から255の範囲内に制限された後、新しい色が作られ、返されます。

図15-15

> **練習問題15-10**

コンボリューション行列を違う値で試してみましょう。

> **練習問題15-11**

　画像処理の例で確立したフレームワークを使い、2つの画像入力からひとつの出力画像を生成するフィルターを作ってください。言い換えると、表示される各ピクセルは、2枚の画像それぞれから得られる、色の値を処理する関数であるべきです。例えば、tint()を使わずに、2つの画像をひとつにするコードを書けるでしょうか？

15.10　クリエイティブな可視化

　皆さんはおそらくこう考えるでしょう。「なんということだろう、これはとても面白いけど、実際のところ、画像をぼかしたり、明度を変えたりしたい時、本当にコードを書く必要があるのだろうか？ Photoshopを使えないのだろうか？」確かに、ここで取り上げた内容は、高い技術を有したプログラマーがAdobeでしていることの初歩的な理解にすぎません。とはいえ、Processingの威力は、リアルタイム、インタラクティブなグラフィックアプリケーションの可能性にあります。「ピクセルの点」と「ピクセルの集合」処理の制限の中だけに留まる必要はありません。

　次は、Processingの図形を描画するためのアルゴリズムに関する2つの例です。図形をランダムに、または以前示したようなハードコードした値で色付けするのではなく、PImageオブジェクトのピクセルから色を選択していきましょう。画像そのものは、表示されません。むしろ、画像は皆さんのクリエイティブな仕事のために利用できる情報のデータベースとしての役割を果たします。

　ひとつ目の**例15-14**では、draw()を繰り返すたびに、スクリーン上のランダムな位置に楕円形をひとつずつ埋めていきます。それら楕円形の色は、それぞれの位置に対応するソース画像内から取った色を使います。結果は、「点描画法的」効果になります（**図15-16**）。

例15-14 「点描画法」

```
PImage img;
int pointillize = 16;

void setup() {
  size(200, 200);
  img = loadImage("sunflower.jpg");
  background(0);
}

void draw() {
  // ランダムな点を選択する
  int x = int(random(img.width));
  int y = int(random(img.height));
  int loc = x + y * img.width;

  // ソース画像からRGBの色を探す
  img.loadPixels();
  float r = red(img.pixels[loc]);
  float g = green(img.pixels[loc]);
  float b = blue(img.pixels[loc]);

  noStroke();
  fill(r, g, b, 100);
  ellipse(x, y, pointillize, pointillize);
}
```

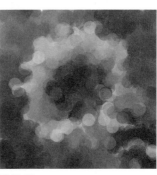

図15-16

> 図形に戻る！ ピクセルを画面上に設定するのではなく、ピクセルからの色を円の描画に使います。

次の**例15-15**では、2次元画像からデータを取得し、14章で説明した3次元移動手法を使い、3次元空間内で各ピクセルを矩形として描画します。z座標は、色の明度で決定されます。より明るい色は、見ている人に近く、より暗い色は離して表示します（**図15-17**）。

例15-15 3次元にマッピングされた2次元画像

```
PImage img;          // ソース画像
int cellsize = 2;    // グリッドでの各セルの大きさ
int cols, rows;      // システム内の列と行の数
void setup() {
  size(200, 200, P3D);
  img = loadImage("sunflower.jpg"); // 画像の読み込み
  cols = width / cellsize;          // 列の数を計算する
  rows = height / cellsize;         // 行の数を計算する
}

void draw() {
  background(255);
  img.loadPixels();
  // 列に対するループを開始する
  for (int i = 0; i < cols; i++) {
    // 行に対するループを開始する
    for (int j = 0; j < rows; j++) {
      int x = i*cellsize + cellsize/2; // x位置
```

15.10 クリエイティブな可視化　329

```
          int y = j*cellsize + cellsize/2;  // y位置
          int loc = x + y * width;
          color c = img.pixels[loc];        // 色を取得する

          // z座標をmouseXの関数とピクセルの明度で計算する
          float z = map(brightness(img.pixels[loc]), 0, 255, 0, mouseX);

          // 移動と描画！
          pushMatrix();
          translate(x, y, z);
          fill(c);
          noStroke();
          rectMode(CENTER);
          rect(0, 0, cellsize, cellsize);
          popMatrix();
        }
      }
    }
```

> z座標は、マウスのx位置にピクセルの明度をマッピングすることで計算されます。

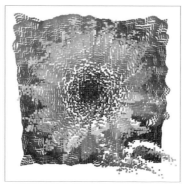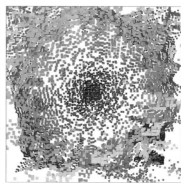

図 15-17

練習問題 15-12

ウィンドウ全体を覆うパターンを表示するために、図形を使ってスケッチを作ってください。画像を読み込み、図形を画像のピクセルに合わせて色付けしてください。例えば、次の画像は、三角形を使っています。

16章 ビデオ

> 私にはメモリがない。それは、鏡を見ても、鏡以外に何も見えないようなことである。
> —— アルフレッド・ヒッチコック

この章で学ぶこと
- ライブビデオを表示する
- 録画ビデオを表示する
- ソフトウェアミラーを作る
- コンピュータビジョンの基礎：センサーとしてのビデオカメラの使い方

16.1 ライブビデオの基礎

これまでProcessingで静止画像について見てきたので、ここからは、動画、特にライブカメラから（後に、録画映像も）の動画へ進みます。まず、videoライブラリのインポートと、ライブビデオを表示するCaptureクラスの使用についての基本的な手順から始めます。

ステップ1：videoライブラリをインポートする

もしProcessingライブラリを説明している12章を飛ばしたのであれば、その章に戻り詳細を読み直してください。videoライブラリは、Processingファンデーションによって開発、管理されていますが、そのサイズのために、Contribution Manager画面から別途ダウンロードしなければなりません。詳細な使い方は、「12.3 寄稿されたライブラリ（Contributed libraries）」で説明しています。

一度ライブラリをインストールしてしまえば、次のステップは、コードにライブラリをインポートすることです。それは、メニューオプションで［スケッチ］→［ライブラリをインポート］→［Video］を選択するか、次の行のコードを入力する（スケッチの一番先頭で行われるべき）かのいずれかで行います。

```
import processing.video.*;
```

［ライブラリのインポート］というメニューオプションを使うと、自動的にインポート文が挿

入されますが、これは手入力とまったく同じです。

ステップ2：Captureオブジェクトを宣言する

　PShapeとPImageのような、Processing言語に組み込まれているクラスからのオブジェクトの作り方を見てきました。これら両クラスは、processing.coreライブラリの一部であるため、インポート文は必要ない点に注意してください。processing.videoライブラリの内部には、2つの便利なクラスが用意されており、それらは、ライブビデオ用のCaptureと、録画ビデオ用のMovieです。このステップでは、Captureオブジェクトを宣言します。

```
Capture video;
```

ステップ3：Captureオブジェクトを初期化する

　Captureオブジェクト「video」は、他のオブジェクトと同じです。8章で学んだように、オブジェクトを作成するために、new演算子とその後にコンストラクタを使います。Captureオブジェクトの場合、通常そのコードをsetup()内に記述します。

```
video = new Capture();
```

　上記のコードは、コンストラクタの適切な引数が不足しています。このクラスは、皆さんが作成したものではないため、括弧内に何が必要か知る方法は、オンラインのリファレンスで調べるしかないことを覚えておきましょう（http://www.processing.org/reference/libraries/video/Capture.html）。

　リファレンスでは、Captureコンストラクタを呼び出すいくつかの方法を示しています（複数のコンストラクタが存在することについては、「22.5 オーバーロード」を見てください）。Captureコンストラクタを呼び出す一般的な方法は、次のように、3つの引数を用いて行うことです。

```
void setup() {
  video = new Capture(this, 320, 240);
}
```

　Captureコンストラクタで使われる引数について見ていきましょう。

- this —— thisが何を意味するかで混乱していますか。本書では、ここで初めてthisに言及しているので当然です。厳密に言うと、thisは、thisの言葉が含まれるクラス自身のインスタンスを指しています。残念ながら、そのような定義は頭が混乱するだけなので、より分かりやすく言うと、自己参照文と考えることです。例えば、自分のコード内で、自分のProcessingプログラムを参照したい場合を考えてみましょう。自分のことを「私に (me)」や「私は (I)」と言うでしょう。それらの言葉をJavaでは利用できないため、その代わりにthisと言います。Captureオブジェクトにthisを渡す理由は、そのオブジェクトに、「聞いてください、ビデオキャプチャをしたいので、カメラに新しい画像があれば、

thisスケッチに通知してください」と伝えているからです。

- 320 ── 幸い、ひとつ目の引数thisが、唯一、混乱する箇所です。320は、カメラからキャプチャされるビデオの幅のことです。
- 240 ── ビデオの高さです。

しかし、上記のように行わない場合もいくつかあります。例えば、コンピュータに、複数のカメラが接続されている場合を考えてみましょう。どのようにして、その中のひとつを選択するでしょうか？ 加えて、ある稀なケースとして、カメラからのフレームレートを指定したい場合もあるかもしれません。それらのケースで、Processingは、Capture.list()を介して、利用可能なすべてのカメラの機器構成のリストを得ることができます。これらの機器をメッセージコンソールに表示することができます。例えば、次のようにします。

```
printArray(Capture.list());
```

> コンソールに配列を表示する時、printArray()をprintln()の代わりに使うことで、配列を改行と添字の数値の形式に合わせます。

Captureオブジェクトを作成するために、これらの機器構成リストで得られたテキストを使うことができます。例えば、Macの内蔵カメラは、次のようになります。

```
video = new Capture(this, "name=FaceTime HD Camera (Built-in),size=320x240,fps=30");
```

Capture.list()は、実際には配列として得られるため、機器構成を単に添字で参照することもできます。

```
video = new Capture(this, Capture.list()[0]);
```

ステップ4：キャプチャ処理を開始する

カメラの準備ができたら、Processingに画像のキャプチャを開始するように伝えるだけです。

```
void setup() {
  video = new Capture(this, 320, 240);
  video.start();
}
```

ほとんどの場合、setup()内の正しい場所で、キャプチャを開始することでしょう。ですが、start()は、それ独自のメソッドであることから、別の条件があるまで（ボタンが押された時など）キャプチャを開始しない、と指示する選択肢もあります。

ステップ5：カメラから画像を読み込む

カメラからフレームを読み込むには2つの方法があります。まず、その両方を簡単に見ていき、その後の例では、そのうちのひとつを用います。とはいえ、両方の方法は、同じ基本的な考え方に基づいて操作します。**新しいフレームが読み込み可能になった時にだけ、カメラからの画像を読み込みたいのです。**

画像が利用できるかどうかをチェックするために、関数available()を使います。その

関数とは、あるものがそこにあるかどうかによって真か偽を返すものです。仮にそこにあった場合、関数read()が呼び出され、カメラからのフレームがメモリ内に読み込まれます。それをdraw()内で繰り返し実行し、新しい画像を読み込むことができるかどうか常にチェックすることができます。

```
void draw() {
  if (video.available()) {
    video.read();
  }
}
```

　2つ目の方法は、「event」アプローチで、あるイベント、この場合はカメライベントが発生するたびに、関数の実行を要求するやり方です。3章を思い出すと、関数mousePressed()は、マウスが押されるたびに実行されます。ビデオでは、関数captureEvent()を実装するという選択肢があります。その関数は、カメラからの新しいフレームが有効になったというイベントが起きた時には、いつも呼び出されます。これらのイベント関数（mousePressed()、keyPressed()、captureEvent()など）は、「コールバック」とも言われます。少し横道に外れますが、皆さんがしっかりとついてきているのであれば、これがthisを必要とする理由だと分かるでしょう。Captureオブジェクトのvideoは、captureEvent()を呼び出すことで、this（この）スケッチに通知することを知っています。なぜなら、Captureオブジェクト、videoを作った時に**このスケッチ**を参照として渡したからです。

　captureEvent()は関数なので、setup()とdraw()の外側に記述します。

```
void captureEvent(Capture video) {
  video.read();
}
```

　captureEvent()に関して、ある奇妙な点に気をつけなくてはなりません。それは、その定義内のCapture()型の引数です。冗長に見えるかもしれませんが、この例では、グローバル変数videoをすでに持っています。それにもかかわらず、複数のキャプチャデバイスを持っていることもあるため、同じイベント関数が、その複数で使われることになり、videoライブラリは、正しいCaptureオブジェクトがcaptureEvent()に渡されているかを確認します。

　以上のように、何か読み込むものがある時は、常に関数read()を呼び出したいので、それは、次のいずれかの方法で行うことができます。すなわち、draw()内でavailable()を使い、手動でチェック（ポーリング）する、または、あなたに代わってそれを行うコールバックのcaptureEvent()を用いる方法です。後の章で見ていく多くのライブラリ（19章など）も、まったく同じ方法で動作します。

　本書の例では、captureEvent()を使います。これにより、スケッチをカメラから読み込むロジック部分とメインのアニメーションループ部分を分離することで、より効率的に操作できます。

ステップ6：ビデオ画像を表示する

これは、間違いなくもっとも簡単な部分です。Captureオブジェクトを時間とともに変化するPImageとして考えることができ、また実際にCaptureオブジェクトは、PImageオブジェクトと同じ方法で扱うことができます。

```
image(video, 0, 0);
```

このすべてを**例16-1**でひとつにまとめます。

例16-1　ビデオを表示する

```
import processing.video.*;      ← ステップ1：videoライブラリをインポートする！

Capture video;      ← ステップ2：Captureオブジェクトを宣言する！

void captureEvent(Capture video) {      ← ステップ5：新しい画像が利用可能になった時に、カメラから読み込む！
  video.read();
}

void setup() {
  size(320, 240);
  video = new Capture(this, 320, 240);      ← ステップ3：Captureオブジェクトを初期化する！
  video.start();      ← ステップ4：キャプチャ処理を開始する。
}


void draw() {
  image(video, 0, 0);      ← ステップ6：画像を表示する。
}
```

図16-1

繰り返しますが、PImageでできること（リサイズ、色付け、移動など）は、Captureオブジェクトでもできます。そのオブジェクトからread()し続ける限り、ビデオ画像は、操作したとおりに更新されます。**例16-2**を見てください。

例16-2　ビデオ画像を操作する

```
import processing.video.*;

Capture video;
```

16.1　ライブビデオの基礎　　335

```
void setup() {
  size(320, 240);
  video = new Capture(this, 320, 240);
  video.start();
}

void captureEvent(Capture video) {
  video.read();
}

void draw() {
  background(255);

  tint(mouseX, mouseY, 255);
  translate(width/2, height/2);
  imageMode(CENTER);
  rotate(PI/4);
  image(video, 0, 0, mouseX, mouseY);
}
```

図16-2

> ビデオ画像は、PImageと同じように色付けができます。また、PImageと同様に移動する、回転する、サイズ変更することもできます。

15章からここまでの1枚の画像を使ったすべての例は、ビデオで作り直すことができます。

次の**例16-3**は、ビデオ画像での「明度調整」の例です。

例16-3　ビデオの明度を調整する

```
// ステップ1:videoライブラリをインポートする
import processing.video.*;

// ステップ2:Captureオブジェクトを宣言する
Capture video;

void setup() {
  size(320, 240);

  // ステップ3:コンストラクタでCaptureオブジェクトを初期化する
  video = new Capture(this, 320, 240);
  video.start();
}

// 新しいフレームが利用可能になった時のイベント
void captureEvent(Capture video) {
  // ステップ4:カメラから画像を読み込む
  video.read();
}
void draw() {

  loadPixels();
  video.loadPixels();

  for (int x = 0; x < video.width; x++) {
    for (int y = 0; y < video.height; y++) {
```

図16-3

```
    // 2Dのグリッドから1Dの位置を計算する
    int loc = x + y * video.width;

    // ひとつのピクセルから、赤、緑、青の値を取得する
    float r = red   (video.pixels[loc]);
    float g = green(video.pixels[loc]);
    float b = blue  (video.pixels[loc]);

    // マウスに対する近接に基づき、明度変更のための値を計算する
    float d = dist(x, y, mouseX, mouseY);
    float adjustbrightness = map(d, 0, 100, 4, 0);
    r *= adjustbrightness;
    g *= adjustbrightness;
    b *= adjustbrightness;

    // RGBが0-255の色の範囲内にあるか確認するために制限をかける
    r = constrain(r, 0, 255);
    g = constrain(g, 0, 255);
    b = constrain(b, 0, 255);

    // 新しい色を作り、ウィンドウ内のピクセルに設定する
    color c = color(r, g, b);
    pixels[loc] = c;
  }
}
updatePixels();
}
```

練習問題 16-1

ライブビデオで動作するように、**例15-14**（点描画法）を作り直してください。

16.2　録画ビデオ

録画ビデオを表示することは、ライブビデオの場合とほとんど同じ構造です。Processingのvideoライブラリは、ほとんどのビデオファイル形式を扱うことができます。仕様については、Movieリファレンス (https://www.processing.org/reference/libraries/video/Movie.html) を見てください。

ステップ1：Captureオブジェクトに代え、Movieオブジェクトを宣言する

```
Movie movie;
```

ステップ2：Movieオブジェクトを初期化する

```
movie = new Movie(this, "testmovie.mov");
```

唯一必要な引数は、thisとダブルクォーテーションで囲まれた動画のファイル名です。動画ファイルは、スケッチのdataフォルダ内に格納されるべきです。

ステップ3：動画の再生を開始する

動画を一度再生するplay()、または、動画を連続再生するloop()という2つのオプションがあります。

```
movie.loop();
```

ステップ4：動画からフレームを読み込む

繰り返しますが、これはキャプチャするのと同じです。新しいフレームが利用可能になったかどうか確認する、または、コールバック関数を使って行うことができます。

```
void draw() {
  if (movie.available()) {
    movie.read();
  }
}
```

あるいは、以下のようにします。

```
void movieEvent(Movie movie) {
  movie.read();
}
```

ステップ5：動画を表示する

```
image(movie, 0, 0);
```

例16-4は、すべてをまとめたプログラムを示しています。

例16-4　録画動画を表示する

```
import processing.video.*;

Movie movie;          ← ステップ1：Movieオブジェクトを宣言します！

void setup() {
  size(320, 240);
  movie = new Movie(this, "testmovie.mov");   ← ステップ2：Movieオブジェクトを初期化します！
                                                 ファイル「testmovie.mov」は、dataフォルダ
                                                 内に存在します。
  movie.loop();       ← ステップ3：動画の再生を開始します。play()を代わ
                         りに使うことで、一度だけ動画を再生します。
}
void movieEvent(Movie movie) {   ← ステップ4：動画から新しいフレームを読み込みます。
  movie.read();
}
void draw() {
  image(movie, 0, 0);   ← ステップ5：動画を表示します。
}
```

　Processingは、決して録画ビデオを表示し扱うのに、もっとも適した環境とはいえませんが、videoライブラリでいくつかのより高度な機能を利用できます。すなわち、ビデオの再生時間（秒数で測定した長さ）を得る、再生速度を速くしたり遅くしたりする、そしてビデオ（複数のビデオ間）のある特定の場所に飛ぶための関数があるのです。動作反応が鈍くビデオ再生がコマ落ちして滑らかでない場合は、「14.2 P3Dとはいったい何？」で説明したP2Dか、P3Dレンダラーを試すことをお勧めします。

　次の**例16-5**は、jump()（ビデオ内の特定のポイントに飛ぶ）とduration()（動画の長さを秒数で返す）を使う例です。

例16-5　動画を行ったり来たりする

```
import processing.video.*;

Movie movie;        ← この例では、mouseXが0に等しければ、ビデオは最初
                       に飛びます。もし、mouseXがwidthに等しければ、最
                       後に飛びます。他の値は、その間の各位置に対応する再
                       生時間です！

void setup() {
  size(200, 200);
  background(0);
  movie = new Movie(this, "testmovie.mov");
}

void movieEvent(Movie movie) {
  movie.read();
}
```

```
void draw() {
  // mouseXとwidthの比
  float ratio = mouseX / (float) width;
  movie.jump(ratio * movie.duration());
  image(movie, 0, 0);
}
```

> jump()関数を用いると、ビデオ内のある時点にすぐさま飛ぶことができます。duration()は、動画の総再生時間を秒数で返します。

練習問題 16-2

　Movieクラス内のspeed()メソッドを使い、ムービーの再生速度をマウスによってユーザーが制御できるプログラムを書いてください。speed()はひとつの引数を取り、その値でムービーの再生速度を増加させることに注意しましょう。0.5を掛けることで半分の再生速度となり、2で2倍の速度、–2で2倍速の逆再生になります。なお、すべてのビデオ形式が逆再生に対応しているわけではなく、逆再生はいくつかのビデオファイルでのみ機能する点に注意してください。詳細は、Processingのリファレンス（https://processing.org/reference/libraries/video/Movie_speed_.html）で提供されています。

16.3　ソフトウェアミラー

　多くのパソコンに小さなビデオカメラが装備されるようになり、リアルタイムで画像を操作するソフトウェアを開発することが一般的になってきています。これらのアプリケーションは、パソコンのカメラでキャプチャしたユーザー自身のビデオ画像を画面上にそのまま映すことから「ミラー」と言われることがあります。Processingの拡張ライブラリにおけるグラフィックスの関数と、リアルタイムでカメラから画像をキャプチャできることは、ソフトウェアミラーの試作品の制作と実験をするための素晴らしい環境を提供してくれます。

　本章で示したように、基本的な画像処理技術をビデオ画像に適用でき、また、個々のピクセルの読み込みと置き換えにも応用できます。そのアイデアを発展させると、ピクセルを読み込み、その色を画面上に描かれる図形に適用することもできます。

　80×60ピクセルでビデオをキャプチャし、それを640×480のウィンドウ上に描画する例から始めましょう。ビデオの各ピクセルを、横8ピクセル、高さ8ピクセルの矩形で描画します。

　最初に、矩形のグリッドを表示するプログラムを書きましょう。**図16-4**を見てください。

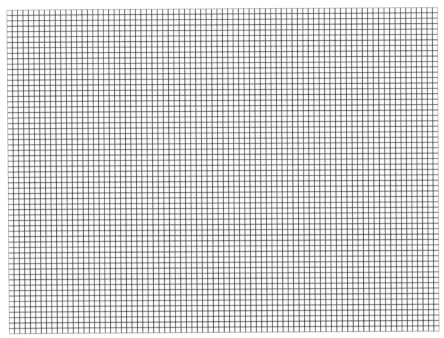

図16-4

例16-6 四角形で8×8グリッドを描画する

```
//  グリッドの各セルのサイズは、ウィンドウサイズとビデオサイズの比
int videoScale = 8;
//  システム内の列と行の数
int cols, rows;

void setup() {
  size(640, 480);
  //  列と行を初期化する
  cols = width/videoScale;
  rows = height/videoScale;
}

void draw() {
  //  列のループを開始する
  for (int i = 0; i < cols; i++) {
    //  行のループを開始する
    for (int j = 0; j < rows; j++) {
      //  (x,y)で矩形を描くために拡大する
      int x = i*videoScale;
      int y = j*videoScale;
      fill(255);
      stroke(0);
      rect(x, y, videoScale, videoScale);
    }
```

> videoScale変数は、ウィンドウのピクセルサイズとグリッドサイズの比を格納します。80×8＝640、60×8＝480

> すべての列と行において、矩形は、videoScaleの大きさで(x,y)位置に描かれます。

```
    }
}
```

幅8ピクセル高さ8ピクセルの矩形を使いたいので、列の数を「幅割る8」、行数を「高さ割る8」とすることで計算できます。

- 640 ÷ 8 = 80列
- 480 ÷ 8 = 60行

ここで、80×60でビデオ画像をキャプチャできます。640×480でビデオをキャプチャすると、80×60と比べて遅くなることがあるので、これは便利です。ここでは、スケッチで要求された解像度で色情報をキャプチャしたいだけなのです。

図16-5

列iで行jのすべての矩形で、ビデオ画像 (i, j) の位置にあるピクセル色を調べ、それに合わせて色を付けるのです。**例16-7**（新しい部分は太字）を見てください。

例16-7　ビデオのピクセル化

```
// グリッドの各セルの大きさは、ウィンドウサイズとビデオサイズの比
int videoScale = 8;
// システム内の列と行の数
int cols, rows;
// Captureオブジェクトを保持する変数
Capture video;
```

```
void setup() {
  size(640, 480);
  // 列と行を初期化する
  cols = width/videoScale;
  rows = height/videoScale;
  background(0);
  video = new Capture(this, cols, rows);
}

// カメラから画像を読み込む
void captureEvent(Capture video) {
  video.read();
}

void draw() {
  video.loadPixels();
  // 列のループを開始する
  for (int i = 0; i < cols; i++) {
    // 行のループを開始する
    for (int j = 0; j < rows; j++) {
      // ピクセルの位置はどこか？
      int x = i*videoScale;
      int y = j*videoScale;
      color c = video.pixels[i + j*video.width];
      fill(c);
      stroke(0);
      rect(x, y, videoScale, videoScale);
    }
  }
}
```

それぞれの矩形の色は、Captureオブジェクトのピクセル配列から取り出されます。

　お分かりのように、簡単なグリッドシステムを、ビデオからの色を反映させるように拡張するには、ほんの少しコードを追加するだけです。Captureオブジェクトを宣言し、初期化し、そのオブジェクトから読み込み、ピクセル配列から色を取り出すのです。

　より少ない文字で、グリッド内の図形にピクセルの色をマッピングすることにも利用できます。次の例は、白と黒の色だけが使われています。画面上の矩形は、ビデオのより明るいピクセルを表示しているものはより大きく、より暗いピクセルはより小さいのです。**図16-6**を見てください。

図16-6

例16-8　明度のミラー

```
// ビデオのソースからの各ピクセルは、明度に基づいた大きさの矩形として描画される
import processing.video.*;

// グリッド内の各セルの大きさ
int videoScale = 10;
// システム内の列と行の数
int cols, rows;
// キャプチャデバイスの変数
Capture video;

void setup() {
  size(640, 480);
  // 列と行を初期化する
  cols = width / videoScale;
  rows = height / videoScale;
  // Captureオブジェクトを作る
  video = new Capture(this, cols, rows);
  video.start();
}

void captureEvent(Capture video) {
  video.read();
}
void draw() {
  background(0);
```

```
  video.loadPixels();
  // 列のループを開始する
  for (int i = 0; i < cols; i++) {
    // 行のループを開始する
    for (int j = 0; j < rows; j++) {
      // ピクセルの位置はどこか？
      int x = i*videoScale;
      int y = j*videoScale;

      int loc = (video.width - i - 1) + j * video.width;

      color c = video.pixels[loc];
      float sz = (brightness(c)/255) * videoScale;

      rectMode(CENTER);
      fill(255);
      noStroke();
      rect(x + videoScale/2, y + videoScale/2, sz, sz);
    }
  }
}
```

> 画像を写すために、列を次の式で反転します。
> 反転した列×幅−列−1

> 矩形の大きさは、ピクセルの明度の関数で計算されます。明るいピクセルは大きな矩形、暗いピクセルは小さな矩形です。

ソフトウェアミラーの開発については、常に2つのステップで考えると便利です。それは、グリッド状に並んだ図形にピクセルを単にマッピングすることからさらに発展させたプロジェクトを考える時の助けにもなります。

ステップ1：ウィンドウ全体を覆う興味深いパターンを開発する

ステップ2：そのパターンを色付けるために、ビデオのピクセルを参照テーブルとして使う

ステップ1は、ウィンドウ内にランダムな走り書きの線を描くプログラムを作成するとします。以下は、擬似コードで書いたアルゴリズムです。

- スクリーン中心の (x,y) 位置から開始する。
- 次を永遠に繰り返す。
  — ウィンドウ内の新しい (x,y) を選ぶ。
  — ひとつ前の (x,y) から新しい (x,y) へ線を描く。
  — 新しい (x,y) を保存する。

例16-9　走り書き

```
// 2つのグローバル変数
float x;
float y;

void setup() {
```

```
  size(320, 240);
  background(255);
  // 中心のxとyから開始する
  x = width/2;
  y = height/2;
}

void draw() {
  float newx = constrain(x + random(-20, 20), 0, width);
  float newy = constrain(y + random(-20, 20), 0, height);

  // (x,y)から(newx, newy)までの線
  stroke(0);
  strokeWeight(4);
  line(x, y, newx, newy);

  x = newx;
  y = newy;
}
```

新しい(x,y)の位置は、現在の(x,y)から乱数を加算、または減算したものです。新しい位置は、ウィンドウのピクセル内に制限されます。

繰り返し処理を開始するために、新しい位置(x,y)を保存します。

図 16-7

　パターン生成のスケッチを作成したので、次はビデオ画像に従い色をstroke()で設定します。例16-10で新しく追加されたコード行は、太字で示しています。

例16-10　走り書きをするミラー

```
import processing.video.*;

// 2つのグローバル変数
float x;
float y;

// Captureオブジェクトを保持するための変数
Capture video;

void setup() {
  size(320, 240);
  background(0);
```

図 16-8

```
  // 中心のxとyから開始する
  x = width/2;
  y = height/2;
  // キャプチャ処理を開始する
  video = new Capture(this, width, height);
  video.start();
}

void captureEvent(Capture video) {
  // カメラから画像を読み込む
  video.read();
}

void draw() {
  video.loadPixels();

  // 新しいxとyを選択する
  float newx = constrain(x + random(-20, 20), 0, width-1);
  float newy = constrain(y + random(-20, 20), 0, height-1);

  // 線の中点を見つけ出す
  int midx = int((newx + x) / 2);
  int midy = int((newy + y) / 2);
  // ビデオから色を選択し、xを反転する
  color c = video.pixels[(width-1-midx) + midy*video.width];

  // (x,y)から(newx, newy)までの線を描画する
  stroke(c);
  strokeWeight(4);
  line(x, y, newx, newy);

  // (x,y)に(newx,newy)を保存する
  x = newx;
  y = newy;
}
```

> ウィンドウがより大きければ（800×600ピクセルといったように）、キャプチャした画像を縮小することで、そのような高解像度の画像をキャプチャする必要がなくなります。

> 走り書きのための色は、ビデオ画像のピクセルから持ってきます。

練習問題16-3

例16-9と例16-10の方法を使って、独自のソフトウェアミラーを作ってください。まず、ビデオを使わないシステムを作り、それから色や動作などを決めるために、ビデオのピクセルを使用する仕組みを組み込んでください。

16.4　センサーとしてのビデオ、コンピュータビジョン

本章のすべての例は、ビデオカメラを、スクリーン上にデジタル画像を表示させるデータソースとして扱ってきました。本節では、画像を表示せず、ビデオカメラでできること、つまり「コンピュータビジョン」について簡単に紹介します。コンピュータビジョンは、カメラをセンサーとして使い、機械が見るための科学的研究分野のひとつです。

コンピュータビジョンアルゴリズムの内部処理をより理解してもらうために、すべてのコー

ドをピクセル単位の処理レベルで書いていきます。しかし、これらのトピックをより深く知るためには、Processingで利用可能ないくつかの寄稿された（サードパーティの）コンピュータビジョンライブラリをダウンロードすることを検討してみてください。それらのライブラリには、本章で扱う内容より高度な機能が含まれています。お勧めのライブラリを16.7節で2つ紹介します。

簡単な例から始めましょう。

ビデオカメラは、膨大な情報を提供してくれる皆さんの友人です。320×240の画像の総ピクセル数は、76,800ピクセルにもなります！これらのすべてのピクセルをひとつの数に集約し、一室全体の明るさとした場合を考えてみましょう。これは、1ドルの光センサー（または「フォトセル」）で得られますが、練習としてウェブカムで同様のことを行ってみます。

他の例で、個別のピクセルから0〜255の浮動小数点数を返すbrightness()関数によって、明度値を読み出すことができることを見てきました。次のコードは、ビデオ画像の1番目のピクセルから明るさを取り出します。

```
float brightness = brightness(video.pixels[0]);
```

次に、全体（つまり、平均）の明るさは、すべての明度値を足し合わせ、ピクセルの総数で割ることで計算できます。

```
video.loadPixels();
// 総計0から開始する
float totalBrightness = 0;
// 各ピクセルの明度を加算する
for (int i = 0; i < video.pixels.length; i++) {
  color c = video.pixels[i];
  totalBrightness += brightness(c);    ◁ すべての明度値を加算します。
}

// 平均を計算する
float averageBrightness = totalBrightness / video.pixels.length;
// 平均明度で背景を表示する
background(averageBrightness);
```

◁ 平均明度＝明度の総計/総ピクセル数

ここで達成した結果は非常に嬉しいものですが、この例は、ビデオソースによって提供されたデータを分析するアルゴリズムの優れたデモンストレーションである一方、ビデオカメラで「見る」ことのパワーはまだ十分に活用されていません。結局は、ビデオ画像は、色の集合にすぎませんが、空間的な色の集合体でもあります。ピクセルを探索し、パターンを認識するアルゴリズムを開発することで、より高度なコンピュータビジョンのアプリケーションを開発することができます。

最初の一歩として適しているのは、もっとも明るい色を追跡することです。暗い部屋でひとつの動く光源を想像してみてください。これから学ぶ方法で、インタラクションにおいて、光源はマウスに置き換えることができます。そうです、フラッシュライトを使い、自分なりのやり方でPongをプレイできます。

まず、どのようにして画像からもっとも明るいピクセルの(x,y)位置を探し出すのか、検討してみましょう。私のとる戦略は、「世界記録」最明度ピクセルを(brightness()関数を使い)探し、すべてのピクセルをループすることです。最初は、ひとつ目のピクセルが世界記録を保持しています。他のピクセルがその記録を破ると、それが新たな世界記録保持者になるのです。ループの最後には、いずれかのピクセルが現在の記録保持者として「画像の最明度ピクセル」賞を獲得するのです。

そのコードは、以下のとおりです。

```
// 最初の世界記録は0である
float worldRecord = 0.0;
// どのピクセルが賞を獲得するか？
int xRecordHolder = 0;
int yRecordHolder = 0;

for (int x = 0; x < video.width; x++) {
  for (int y = 0; y < video.height; y++) {
    // 現在の明度は何でしょう
    int loc = x + y*video.width;
    float currentBrightness = brightness(video.pixels[loc]);
    if (currentBrightness > worldRecord) {
      // 新しい記録を設定する
      worldRecord = currentBrightness;
      // このピクセルが記録を保持する！
      xRecordHolder = x;
      yRecordHolder = y;
    }
  }
}
```

新しい最明度ピクセルを見つけたら、そのピクセルの(x,y)位置を配列に保存し、後にそのピクセルにアクセスできるようにします。

次にやるべきことは、簡単な最明度よりもむしろ、特定の色を追跡することです。例えば、ビデオ画像の中で、もっとも「赤い」ピクセルや、もっとも「青い」ピクセルを探すことができます。このタイプの分析を実行するために、色を比較する方法を開発する必要があります。c1とc2という2つの色を作りましょう。

```
color c1 = color(255, 100, 50);
color c2 = color(150, 255, 0);
```

色は、赤、緑、青の要素に関してのみ比較できるため、最初に、それらの値を分離しなくてはなりません。

```
float r1 = red(c1);
float g1 = green(c1);
float b1 = blue(c1);
float r2 = red(c2);
float g2 = green(c2);
float b2 = blue(c2);
```

これで、色を比較する準備ができました。ひとつの方法は、差の絶対値の合計を取ることです。それは長たらしい表現ですが、やることは非常に簡単です。r1引くr2を行うのです。差の大きさだけを気にしているので、その値が正か負かではなく、その絶対値を取ります（数の正のほう）。これを緑と青についても行い、それらすべてを足し合わせるのです。

```
float diff = abs(r1 - r2) + abs(g1 - g2) + abs(b1 - b2);
```

これは、いたって適切ではありますが（計算速度も速い）、より正確に色の差を計算する方法は、色の間の「距離」を取ることです。たぶん、「うーん、本当に？ どうやって色が他の色から、離れたり近づいたりできるのだろうか？」と考えるでしょう。皆さんは、2点間の距離はピタゴラスの定理で計算できることを知っているはずです。色を3次元空間内の点として、(x,y,z)の代わりに (r,g,b) で考えることができます。2つの色が、この色空間内で互いに近ければそれらは似ていて、遠ければ異なる色です。

```
float diff = dist(r1, g1, b1, r2, g2, b2);
```

例えば、画像の中で**もっとも赤い**ピクセルを探すことは、つまり、赤 (255,0,0) に**もっとも近い色**を探すことです。

明度を追跡するコードを調整し、（最明度ではなく）任意の色にもっとも近いピクセルを探すことで、カラートラッキングのスケッチをひとつにまとめることができます。次の**例16-11**では、ユーザーが画像内でマウスをクリックすることで、追跡したいある色を指定できます。黒い円がその選択した色にもっとも近くマッチした位置に現れます（**図16-9**）。

例16-11　簡単なカラートラッキング

```
import processing.video.*;

// キャプチャ装置の変数
Capture video;
color trackColor;         // ← 探している色の変数
void setup() {
  size(320, 240);
  video = new Capture(this, width, height);
  video.start();
  // 赤色の追跡を開始する
  trackColor = color(255, 0, 0);
}

void captureEvent(Capture video) {
  // カメラから画像を読み込む
  video.read();
}

void draw() {
  video.loadPixels();
  image(video, 0, 0);
```

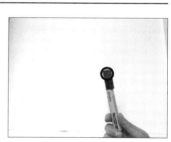

図16-9

```
    float worldRecord = 500;
    // もっとも近い色の(x,y)座標
    int closestX = 0;
    int closestY = 0;
    // すべてのピクセルを処理するループを開始する
    for (int x = 0; x < video.width; x++) {
      for (int y = 0; y < video.height; y++) {
        int loc = x + y * video.width;
        // 現在の色は何色？
        color currentColor = video.pixels[loc];
        float r1 = red(currentColor);
        float g1 = green(currentColor);
        float b1 = blue(currentColor);
        float r2 = red(trackColor);
        float g2 = green(trackColor);
        float b2 = blue(trackColor);
        // 色を比較するためにユークリッド距離を使用する
        float d = dist(r1, g1, b1, r2, g2, b2);

        // もし現在の色が、もっとも近い色の「世界記録」より追跡している色に似ていれば、
        // 現在の位置と現在の差を保存する。
        if (d < worldRecord) {
          worldRecord = d;
          closestX = x;
          closestY = y;
        }
      }
    }
    if (worldRecord < 10) {
      // 追跡したピクセルに円を描く
      fill(trackColor);
      strokeWeight(4);
      stroke(0);
      ellipse(closestX, closestY, 16, 16);
    }
}

void mousePressed() {
  // マウスがクリックされた位置の色をtrackColor変数に保存する
  int loc = mouseX + mouseY * video.width;
  trackColor = video.pixels[loc];
}
```

> 検索を開始する前に、もっとも近い色の「世界記録」は、最初のピクセルに破られやすいように高い数を設定しておきます。

> 追跡している色と現在の色を比較するために、dist()関数を使っています。

> 色距離が10より小さい色だけ考慮します。この閾値10は任意のもので、その数は、色の追跡に求められる精度によって調整できます。

練習問題16-4

より正確とはいえ、dist()は、その計算式に平方根計算を含んでいるため、絶対値の差を取る方法よりも処理速度は遅くなります。ひとつの回避方法は、平方根を使わない独自の色距離の関数を書くことです。以下の新しいメソッドを使い、**例16-11**を書き直してください。平方根を使わず閾値をどのように調整すべきでしょうか？

```
float colorDiff(float r1, float g1, float b1, _____) {
  return (r1-r2)*(r1-r2) + (g1-g2)*(g1-g2) + (b1-b2)*(b1-2);
}
```

練習問題16-5

以前に作ったProcessingのスケッチの中からマウスでのインタラクションを含むスケッチをどれかひとつを選び、マウスによるインタラクションをカラートラッキングに変更してください。また、高いコントラストが得られる簡単なカメラ環境を作ってください。例えば、黒い（または白い）机上の小さな白い（または黒い）物体にカメラを向けてください（単色の机上がなければ、白いTシャツなどで机を覆います）。スケッチを物体の位置で操作してください。下の写真は、瓶のキャップで**例9-8**の「蛇」を操作する例です。

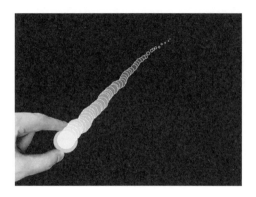

16.5 背景除去

色距離の比較は、その他のコンピュータビジョンのアルゴリズム、例えば背景除去などにおいても役に立ちます。あなたはフラダンスを踊っているビデオを見せたいのですが、オフィスで踊っているところは見せたくなく、ビーチで波が寄せる風景をバックにしたいとしましょう。背景除去は、画像の背景（あなたのオフィス）を取り除き、前景（踊っているあなた）をそのまま残し、あなたが望むどんなピクセル（ビーチ）にも置き換えることができます。

アルゴリズムは、以下のとおりです。

- 背景画像を記憶しておく。
- 現在のビデオフレームのすべてのピクセルをチェックする。それが背景画像に対応するピクセルから大きく異なる場合は、前景のピクセルであり、そうでない場合は、背景のピクセルである。前景のピクセルだけを表示する。

上記のアルゴリズムを説明するために、置き換え用のグリーンスクリーンを作りましょう。スケッチは、画像の背景を取り除き、それを緑のピクセルに置き換えます。

ステップ1は、背景を「記憶すること」です。背景は、基本的にビデオからのスナップショットです。ビデオ画像は時間とともに変化するため、ビデオのフレームのコピーを別のPImageオブジェクトに保存しなくてはなりません。

```
PImage backgroundImage;

void setup() {
  backgroundImage = createImage(video.width, video.height, RGB);
}
```

backgroundImageが作られると、それは空の画像で、ビデオと同じ大きさです。この構造が特別に便利ということではなく、背景を記憶したい時に、カメラからの画像をbackgroundImageにコピーする必要があります。それをマウスが押された時に実行するようにしましょう。

```
void mousePressed() {
  // ビデオの現在のフレームをbackgroundImageオブジェクトにコピーする
  // コピーは、以下の5つの引数を取る点に注意
  // ソース画像
  // x、y、width、heightの領域をソース画像からコピーする
  // x、y、width、heightのコピー先

  backgroundImage.copy(video, 0, 0, video.width, video.height,
      0, 0, video.width,video.height);
  backgroundImage.updatePixels();
}
```

> copy()を用いることで、ある画像からもうひとつの画像にピクセルをコピーすることができます。updatePixels()は、新しいピクセルがコピーされた後に、呼び出されるべきです。

いったん背景画像を保存すると、現在のフレーム内のすべてのピクセルを通しループすることで、距離計算を使って背景とそれらを比較することができます。任意のピクセル (x,y) について、次のコードを使用します。

```
int loc = x + y * video.width;        // ステップ1:1次元でのピクセルの位置はどこ？
color fgColor = video.pixels[loc];              // ステップ2:前景の色
color bgColor = backgroundImage.pixels[loc]; // ステップ3:背景の色

// ステップ4:前景と背景の色を比較する
float r1 = red(fgColor); float g1 = green(fgColor); float b1 = blue(fgColor);
float r2 = red(bgColor); float g2 = green(bgColor); float b2 = blue(bgColor);
float diff = dist(r1, g1, b1, r2, g2, b2);

// ステップ5:前景の色は、背景の色と異なるか？
if (diff > threshold) {
  // 異なる場合、前景の色を表示する
  pixels[loc] = fgColor;
} else {
  // 同じ色の場合、緑を表示する
  pixels[loc] = color(0, 255, 0);
}
```

上記のコードは、thresholdと名付けられた変数を想定しています。より低い

thresholdでは、ピクセルにとって前景によりなりやすいのです。それは、背景のピクセルと大きく異なる必要がないからです。thresholdをグローバル変数とした例を**例16-12**に示します。

例16-12　簡単な背景除去

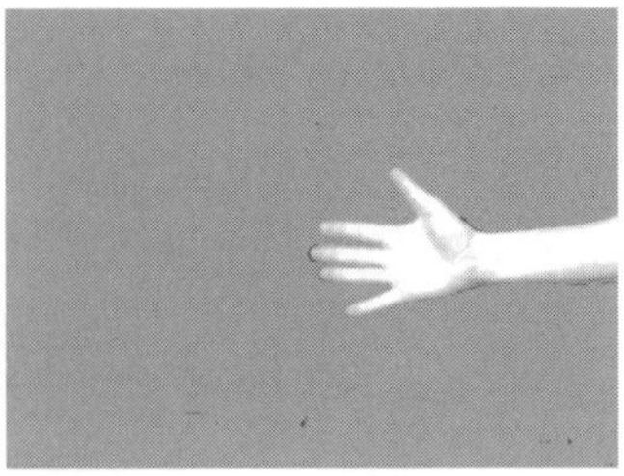

```
import processing.video.*;

// キャプチャデバイスの変数
Capture video;
// 保存された背景
PImage backgroundImage;
// 前景のピクセルになるために、どのくらいの差がなくてはならないか
float threshold = 20;

void setup() {
  size(320, 240);
  video = new Capture(this, width, height);
  video.start();
  // ビデオと同じサイズの空の画像を作る
  backgroundImage = createImage(video.width, video.height, RGB);
}

void captureEvent(Capture video) {
  video.read();
}

void draw() {
  loadPixels();
  video.loadPixels();
  backgroundImage.loadPixels();

  // 背景にvideo画像を描く
  image(video, 0, 0);
  // すべてのピクセルを処理するループを開始する
  for (int x = 0; x < video.width; x++) {
    for (int y = 0; y < video.height; y++) {
      // ステップ1:1次元でのピクセルの位置はどこ？
      int loc = x + y*video.width;
      // ステップ2:前景の色は何色？
      color fgColor = video.pixels[loc];
      // ステップ3:背景の色は何色？
      color bgColor = backgroundImage.pixels[loc];
      // ステップ4:前景と背景の色を比較する
      float r1 = red   (fgColor);
      float g1 = green(fgColor);
      float b1 = blue (fgColor);
      float r2 = red   (bgColor);
      float g2 = green(bgColor);
      float b2 = blue (bgColor);
      float diff = dist(r1, g1, b1, r2, g2, b2);
```

図16-10

> videoのピクセルと記憶されたbackgroundImageのピクセルを調べるとともに、表示するピクセルにアクセスします。そのすべてを行うためにloadPixels()を使用します！

```
      // ステップ5:前景の色は背景の色と異なるか？
      if (diff > threshold) {
        // 異なる場合、前景の色を表示する
        pixels[loc] = fgColor;
      } else {
        // 同じ色の場合、緑を表示する
        pixels[loc] = color(0, 255, 0);
      }
    }
  }
  updatePixels();
}

void mousePressed() {
  // ビデオの現在のフレームをbackgroundImageオブジェクトにコピーする
  // コピーは、以下の5つの引数を取る点に注意
  // ソース画像
  // x、y、width、heightの領域をソース画像からコピーする
  // x、y、width、heightのコピー先

  backgroundImage.copy(video, 0, 0, video.width, video.height,
      0, 0, video.width, video.height);
  backgroundImage.updatePixels();
}
```

> 背景のピクセルを緑以外の色で置き換えることもできます！

この例を実行する時、フレームの外に出て、マウスをクリックし、あなたの入っていない背景を記憶してから、再びフレームに戻ります。**図16-10**に見られるような結果となるでしょう。

もし、このスケッチが、まったく機能しないようであれば、カメラの「自動」機能が有効になっていないか確認してください。例えば、カメラの明度やホワイトバランスが自動的に調整するように設定されていると、それが問題となります。背景画像が記憶されたとしても、画像全体がより明るくなる、または色相が変わってしまうことで、スケッチは、すべてのピクセルが変化し、その結果として前景の一部だと判断してしまうのです。最高の結果を得るには、カメラのすべての自動機能を無効にすることです。

練習問題16-6

背景を緑色のピクセルで置き換える代わりに、他の画像で置き換えてください。閾値にはどの値がうまく機能し、どの値だとまったく機能しないでしょうか？ マウスによって閾値変数を調整してみてください。

16.6 モーション検出

今日は幸運な日です。なぜなら、ビデオの背景を取り除く方法を学んだことから、無料で、モーション検出が手に入るからです。背景除去の例で、保存された背景画像と各ピクセルとの関係を説明しました。ビデオ画像内のモーションは、ひとつ前のフレームからピクセルの色が大きく異なる時に発生したことになります。言い換えると、モーション検出は、背景画像を一

度だけ保存する代わりに、以前のビデオのフレームを繰り返し保存する以外は、まったく同じアルゴリズムなのです！

次の**例16-13**は、たったひとつの重要な変更 —— ビデオの新しいフレームが利用可能になった時は、常に、以前のフレームが保存されること —— を除けば、背景除去の例と同じです。

```
void captureEvent(Capture video) {
  // 新しいフレームを読み込む前に、比較のために、以前のフレームを常に保存する！
  prevFrame.copy(video, 0, 0, video.width, video.height, 0,
     0, video.width, video.height);
  prevFrame.updatePixels();   // カメラから画像を読み込む
  video.read();
}
```

表示された色は、白黒に変更されます。また、いくつかの変数名は異なりますが、これらは些細な変更にすぎません。

例16-13　簡単なモーション検出

```
import processing.video.*;

// キャプチャデバイスの変数
Capture video;
// 以前のフレーム
PImage prevFrame;
// ピクセルが「モーション」ピクセルになるには、どのくらいの差がなくてはならないか
float threshold = 50;

void setup() {
  size(320, 240);
  video = new Capture(this, width, height, 30);
  video.start();
  // ビデオと同じサイズの空の画像を作成する
  prevFrame = createImage(video.width, video.height, RGB);
}


void captureEvent(Capture video) {
  // 新しいフレームを読み込む前に、比較のために、以前のフレームを常に保存する！
  prevFrame.copy(video, 0, 0, video.width, video.height, 0,
     0, video.width, video.height);
  prevFrame.updatePixels();   // カメラから画像を読み込む
  video.read();
}

void draw() {
  loadPixels();
  video.loadPixels();
  prevFrame.loadPixels();

  // すべてのピクセルを処理するループを開始する
  for (int x = 0; x < video.width; x++) {
```

図16-11

```
    for (int y = 0; y < video.height; y++) {
      // ステップ1:1次元でのピクセルの位置はどこ？
      int loc = x + y * video.width;
      // ステップ2:現在の色は何色？
      color current = video.pixels[loc];
      // ステップ3:以前の色は何色？
      color previous = prevFrame.pixels[loc];
      // ステップ4:色を比較する(以前 vs. 現在)
      float r1 = red(current); float g1 = green(current); float b1 = blue(current);
      float r2 = red(previous); float g2 = green(previous);
      float b2 = blue(previous);
      float diff = dist(r1, g1, b1, r2, g2, b2);
      // ステップ5:色の差はどのくらいか？
      if (diff > threshold) {        ピクセルの色が変化したら、その時はそのピクセルに
        // モーションがある場合、黒を表示する 「モーション」があります。
        pixels[loc] = color(0);
      } else {
        // それ以外(モーションがない場合)は、白を表示する
        pixels[loc] = color(255);
      }
    }
  }
  updatePixels();
}
```

部屋の中の「全体的な」モーションだけを知りたい場合を考えてみましょう。「16.4 センサーとしてのビデオ、コンピュータビジョン」の最初に、各ピクセルの明度の合計を総ピクセル数で割ることで、画像の平均明度を計算しました。

　　平均明度 = 明度の合計 ÷ 総ピクセル数

同じ方法で平均モーションを計算することができます。

　　平均モーション = モーションの合計 ÷ 総ピクセル数

次の**例16-14**は、平均モーションの総量に基づき、色と大きさが変化する円を表示します。繰り返しますが、ビデオを分析するためにビデオを**表示する**必要はない点に注意してください。

例16-14　全体のモーション

```
import processing.video.*;

// キャプチャデバイスの変数
Capture video;
// 以前のフレーム
PImage prevFrame;
// ピクセルが「モーション」ピクセルになるには、どのくらいの差がなくてはならないか
float threshold = 50;
```

```
void setup() {
  size(320, 240);
  // 標準のキャプチャデバイスを使用する
  video = new Capture(this, width, height);
  video.start();
  // ビデオと同じ大きさの空の画像を作成する
  prevFrame = createImage(video.width, video.height, RGB);
}

// カメラから新しいフレームが利用可能になる
void captureEvent(Capture video) {
  // モーションを検出するために以前のフレームを保存する！！
  prevFrame.copy(video, 0, 0, video.width, video.height, 0, 0, video.width, video.height);
  prevFrame.updatePixels();
  video.read();
}

void draw() {
  background(0);

  // videoを表示したい場合、
  // それを分析するために表示する必要はない！
  image(video, 0, 0);

  loadPixels();
  video.loadPixels();
  prevFrame.loadPixels();

  // すべてのピクセルを処理するループを開始する
  // 合計を0から開始する
  float totalMotion = 0;
  // 各ピクセルの明度を合計する
  for (int i = 0; i < video.pixels.length; i++) {
    color current = video.pixels[i];
    // ステップ2:現在の色は何色？
    color previous = prevFrame.pixels[i];
    // ステップ3:以前の色は何色？
    // ステップ4:色を比較する(以前 vs. 現在)
    float r1 = red(current);
    float g1 = green(current);
    float b1 = blue(current);
    float r2 = red(previous);
    float g2 = green(previous);
    float b2 = blue(previous);
    float diff = dist(r1, g1, b1, r2, g2, b2);  // 個別のピクセルのモーションは、以前の色と現在の色との差です。

    totalMotion += diff;   // totalMotionは、すべての色の差の合計です。
  }
```

```
    float avgMotion = totalMotion / video.pixels.length;

    // 平均モーションに基づき円を描く
    fill(0);
    float r = avgMotion * 2;
    ellipse(width/2, height/2, r, r);
  }
```

> averageMotionは、モーションの合計割る分析したピクセル数です。

練習問題 16-7

モーションの平均位置を探すスケッチを作ってください。手振りに従い動く楕円形 (ellipse) が作れますか？

16.7 コンピュータビジョンのライブラリ

　Processingでは、すでにいくつかの利用可能なコンピュータビジョンのライブラリが存在します（今後さらに増えるでしょう）。独自のコンピュータビジョンのコードを書くことの良い点は、もっとも低水準でビジョンアルゴリズムを制御することができ、また、自分の要求を細部まで反映させた分析を実行できることです。寄稿されたライブラリを利用することの利点は、一般的なコンピュータビジョンの課題（エッジ検出、小さな塊（blob）、モーション、色追跡など）を解決する研究が非常にたくさんあるため、自分でそれらを実装するために苦労する必要がないことです！ 利用可能な全リストは、Processingのウェブサイト（http://processing.org/reference/libraries/#video&vision）で参照することができます。ここに、ぜひチェックしてほしいお勧めの2つを紹介します。

OpenCV for Processing (Greg Borenstein)

　https://github.com/atduskgreg/opencv-processing

　OpenCV (Open Source Computer Vision) は、C++で書かれたオープンソースライブラリで、もともとは、Intel研究所で開発されました。このライブラリは、画像フィルターから輪郭検出や物体検出まで、コンピュータビジョンと画像処理機能を幅広く提供しています。

BlobDetection (Julien "v3ga" Gachadoat)

　http://www.v3ga.net/processing/BlobDetection/

　このライブラリは、名前から分かるように、画像内の小さな塊（blob）を検出するために、特別に設計されています。小さな塊は、明度がある閾値よりも上、もしくは下にあるピクセルの領域として定義されます。ライブラリは、どんな画像も入力として取り、そのエッジの点と境界ボックスを示すBlobオブジェクトの配列を返します。

近年の深度センシング技術（特に注目すべきは、Microsoft Kinect センサーです）の革新により、多くの複雑なコンピュータビジョンの課題を Processing で実装することができるようになったことを最後に触れておきましょう。本章で示したすべての例のように、一般的なカメラはピクセルのグリッドを提供してくれます。カメラからの各ピクセルの距離を知ることができたらどうでしょう？ それは、例えば、背景差分を確実に、そして非常に簡単にしてくれるはずです。深度センサーを使用すると、それはすべて可能です。深度センシングの詳細は、本書のウェブサイトのリンクと例で見てください。

レッスン7の
プロジェクト

次のステップに従い、コンピュータビジョン技術と連携したソフトウェアミラーを開発してください。

❶ 色なしのパターンをデザインします。それは、静止したパターン（モザイクなど）か、動的なもの（**例16-10**の「走り書き」など）、もしくはそのコンビネーションのいずれかです。

❷ 画像からのピクセルに応じて、そのパターンに色を付けます。

❸ JPGをライブカメラ（または、録画ムービー）からの画像に置き換えます。

❹ コンピュータビジョン技術を使い、画像の特性（プロパティ）に応じて描かれた要素の動きを変化させてください。例えば、より明るいピクセルは図形が回る原因となる、もしくはピクセルがたくさん変化することで、図形がスクリーン外に飛んでいくきっかけとなる、などです。

下の空欄を、プロジェクトのスケッチの設計やメモ、擬似コードを書くのに使ってください。

レッスン8
テキスト処理

- 17章 テキスト
- 18章 データ入力
- 19章 データストリーム

17章
テキスト

このスーパーストリング（超ひも）理論のすべてがすごいと思うと言って、未来史家を演じることができたのだ。
  ── リチャード・ファインマン

この章で学ぶこと
- Stringオブジェクト内にテキストを格納する
- 基本的なStringの機能
- フォントを作り、読み込む
- テキストを表示する

17.1　Stringはどこから来るのか？

　15章では、画像を扱うためにProcessing環境内に組み込まれている、新しいオブジェクトデータ型PImageについて説明しました。本章では、Stringと呼ばれる別の新しいデータ型を紹介します。なお、StringもProcessingにおいてフリーで入手できます。

　Stringクラスは、完全に新しい概念というわけではありません。これまでも、あるテキストをメッセージウィンドウに表示する、またはファイルから画像を読み込む時は、文字列を扱っていました。

```
println("printing to the message window!");    ← 文字列を表示する。

PImage img = loadImage("filename.jpg");        ← ファイル名に文字列を使用する。
```

　ところどころで文字列を使ってきましたが、文字列をまだ完璧に理解してはいませんし、その潜在的な能力を引き出せてもいません。文字列の起源を理解するために、クラスがどこから来ているのか思い出してみましょう。皆さんは、自分自身のクラス（ZoogやCarなど）を作れます。また、PImageなど、Processing環境にすでに組み込まれているクラスを使うこともできます。さらに前章では、CaptureやMovieといったあるクラスを使うために、付加的なProcessingライブラリを読み込めることも学びました。

　そうはいうものの、これらのクラスは、Processingという閉じた世界の内でのみもたらさ

るものです。まだ、何千もの利用可能なJavaクラスという、素晴らしい未知の世界に踏み出してはいないのです（23章で扱います）。Java APIという崖を飛び越える前に崖の淵から覗き込み、そこでもっとも基礎的で、かつ根本的なJavaクラスのひとつであるStringクラスを詳しく学ぶことは、未知の世界へ進む準備として役に立つでしょう。Stringは、テキストを保存し操作するために使います。

Stringクラスに関するドキュメンテーションをどこで見つけられるか？

　組み込みの変数や関数、クラスの詳細を知りたい時、Processingリファレンスは常に素晴らしいガイドです。Stringクラスは厳密に言えばJavaクラスですが、Stringクラスはあまりにも一般的に使われるため、ProcessingリファレンスにはStringクラスのドキュメンテーションが含まれています。さらに言えば、インポート文も必要ないのです。

　Processingリファレンス（http://processing.org/reference/String.html）には、Stringクラスで利用可能なほんの一部のメソッドしか載っていません。完全なドキュメンテーションはオラクルのJavaサイト（http://docs.oracle.com/javase/jp/8/docs/api/java/lang/String.html）で見つけることができます。全Java APIのURLはhttp://docs.oracle.com/javase/jp/8/docs/api/です。

　ここではまだ、Javaドキュメンテーションの使い方については触れませんが（詳細は23章を見てください）、上記リンクを訪れて熟読すると、興味を刺激されることでしょう。

17.2　文字列とは何か？

　文字列は、文字の配列を保存するための素晴らしい方法です。もしStringクラスがなかったら、あるコードを次のように書かなくてはならなかったでしょう。

```
char[] sometext = {'H', 'e', 'l', 'l', 'o', ' ', 'W', 'o', 'r', 'l', 'd' } ;
```

　明らかに、これはProcessingの仕業で、イライラした気分になるはずです。次のようにしてStringオブジェクトを作るのがより簡単です。

```
String sometext = "どうやってStringを作るのですか？　クォーテーションの間に文字を入力します！";
```

　上記のように、文字列は、クォーテーションに囲まれた文字を列挙したものにすぎないのです。そうはいうものの、これは文字列のデータにすぎません。Stringは、（リファレンスのページで見ることができる）メソッドを持つオブジェクトです。これは、PImageオブジェクトが画像に関連するデータを保存する方法と、また、copy()やloadPixels()などのメソッド形式で機能していたのと同じなのです。Stringのメソッドについては、18章でより詳しく取り上げますが、ここではいくつかの例を見ていきます。

　メソッドcharAt()は、文字列内の個別の文字を任意の添字で返します。文字列は、配列と同様で、最初の文字は添字0です！

練習問題 17-1

次のコードの結果は何でしょう？

```
String message = "a bunch of text here.";
char c = message.charAt(3);
println(c);
```
_____

もうひとつの便利なメソッドは、length()です。これは、配列のlengthプロパティと間違えやすいです。すなわち、Stringオブジェクトの長さを求める時は、lengthと呼ばれるプロパティを利用するのではなく、length()と呼ばれる関数を呼び出すため、括弧を使わなくてはなりません。

```
String message = "This String is 34 characters long.";
println(message.length());
```

練習問題 17-2

一度にStringのすべての文字をループし、表示してください。

```
String message = "a bunch of text here." ;
for (int i = 0; i < _____); i++) {
  char c = _____ ;
  println(c);
}
```

---

toUpperCase()か、toLowerCase()メソッドを使い、Stringのすべての文字を大文字（または小文字）に変えることもできます。

```
String uppercase = message.toUpperCase();
println(uppercase);
```

ここで少し何かがおかしいと気づくかもしれません。なぜ、単純にmessage.toUpperCase();と書き、message変数を表示しなかったのでしょうか？ その代わりに、message.toUpperCase()の結果を異なる名前の新しい変数uppercaseに割り当てました。

これは、Stringが**イミュータブル（不変）**な種類のオブジェクトだからです。不変なオブジェクトは、データを決して変更することができないのです。一度、Stringオブジェクトを作成すると、それが存在する間は同じ状態を維持します。文字列を変更したいと思った時は、新しいものを作成しなくてはなりません。ですから、大文字に変換する場合、メソッドtoUpperCase()は、すべて大文字でStringオブジェクトのコピーを返します。

17.2 文字列とは何か？ 367

本章で扱う最後のメソッドは、equals()です。文字列を比較する場合、==演算子を使うことを考えるでしょう。

```
String one = "hello";
String two = "hello";
println(one == two);
```

厳密に言うと、==をオブジェクトに使った場合、それは各オブジェクトのメモリアドレスを比較します。たとえ、各文字列が同じデータの"hello"を含んでいたとしても、それらがオブジェクトの異なるインスタンスであれば、その時は、==の比較結果は、偽（false）となります。一方、equals()関数は、どこのコンピュータのメモリにそのデータが格納されているかに関係なく、2つのStringオブジェクトがまったく同じ連続した文字を含んでいるかを確実にチェックしてくれます。

```
String one = "hello";
String two = "hello";
println(one.equals(two));
```

上記のどちらの方法でも正しい結果が得られる場合もありますが、equals()を使うことでより安全に比較できます。==が正しく機能するか否かは、Stringオブジェクトがスケッチ内でどのように作成されるかによります。

練習問題17-3

次のStringの配列で重複する要素を見つけてください。

```
String[] words = { "I", "love", "coffee", "I", "love", "tea" } ;

for (int i = 0; i < _____; i++) {

  for (int j = ____; j < _____; j++) {

    if (_____) {

      println(_____ + " is a duplicate. ");
    }
  }
}
```

Stringオブジェクトのもうひとつの機能は、連結、すなわち2つの文字列を結合することです。文字列は、「+」演算子で結合されます。もちろん、「+」演算子は通常、数の場合は**足す**を意味しますが、文字列で使う時は、**結合する**を意味します。

```
String helloworld = "Hello" + "World";
```

変数は、連結を使うことで文字列に付け加えることもできます。

```
int x = 10;
String message = "The value of x is: " + x;
```

この例は、15章で、番号付けされたファイル名で画像の配列を読み込んだ時に出てきました。

練習問題17-4

次のメッセージを出力するように、文字列に変数を連結してください。

That rectangle is 10 pixels wide, 12 pixels tall and sitting right at (100,100).

（その矩形は、幅10ピクセル、高さ12ピクセル、そして (100,100) に位置します。）

```
float w = 10;
float h = 12;
float x = 100;
float y = 100;

String message = _____;
println(message);
```

17.3　テキストを表示する

Stringクラスについては、引き続き、18章でテキストを分析、操作する方法に注目し、利用可能な関数を調べていきます。これまで学んだ文字列に関する内容は、本章で焦点を当てる**テキストを描画する**ことを始めるのに十分です。

テキストを表示するもっとも簡単な方法は、それをメッセージウィンドウに表示することです。これは、デバッグする時に時々行ってきたことです。例えば、水平方向のマウス位置を知りたい時は、次のように書くでしょう。

```
println(mouseX);
```

もしくは、コードのある箇所が実行されているかどうか確認したい場合に、説明文のメッセージを表示するでしょう。

```
println("ここに到達し、マウスの位置を表示しています！！！");
```

これは、デバッグする上では有効であるものの、テキストを表示するためには役に立ちません。スクリーン上にテキストを配置するには、簡単な一連のステップに従う必要があります。

1. **PFont型のオブジェクトを宣言する。**

    ```
    PFont f;
    ```

2. **createFont()関数内でフォント名を参照することでフォントを指定する。**

    これは、通常setup()内で、一度だけ行われるべきです。画像を読み込む場合と同じく、メモリ内にフォントを読み込む処理は遅いため、もしdraw()内にこの処理を置くと、スケッチの実行速度に深刻な影響を与えるはずです。

    ```
    f = createFont("Georgia", 16);
    ```

createFont()関数は、2つ目の引数に、フォントのサイズも取ります。Processingのスケッチが実行している最中にも、動的にフォントのサイズを調整できますが、スタート時に予定するサイズを選択しておくべきです。printArray(PFont.list());を使うことで、利用可能なフォントのリスト（システム上にインストールされているフォントと同一）が分かります。

3. **textFont()** を使いフォントを指定する。

    textFont()は、ひとつ、または2つの引数を取ります。ひとつはフォントの変数です。もうひとつはオプションで、フォントのサイズです。フォントサイズを含めなかった場合は、フォントはもともと読み込まれたサイズで表示されます（P2DとP3Dレンダラーでは、もともと指示していたサイズから異なるフォントサイズの場合、結果として、ブロックノイズが発生するか低画質のテキストが表示されるかもしれません）。

    textFont(f, 36);

4. **fill()** を使い、色を指定する。

    fill(0);

5. テキストを表示するために**text()**関数を呼び出す。

    この関数は、図形または画像の描画と同様に、3つの引数、すなわち、表示されるテキストと、そのテキストが表示されるxとy座標を取ります。

    text("To be or not to be.", 10, 100);

すべてのステップをひとつにまとめたものを、**例17-1**に示します。フォントとサイズを指定しない場合、Processingが初期設定を使うことから、ステップ1、ステップ2、ステップ3は任意となります。

例17-1　簡単なテキスト表示

```
PFont f;         ◁ ステップ1：PFont変数を宣言する。

void setup() {
  size(200, 200);
  f = createFont("Georgia", 16);   ◁ ステップ2：フォントを読み込む。
}
void draw() {
  background(255);
  textFont(f, 16);    ◁ ステップ3：使用するフォントを指定する。
  fill(0);            ◁ ステップ4：フォントの色を指定する。

  text ("To be or not to be.", 10, 100);   ◁ ステップ5：テキストを表示する。
}
```

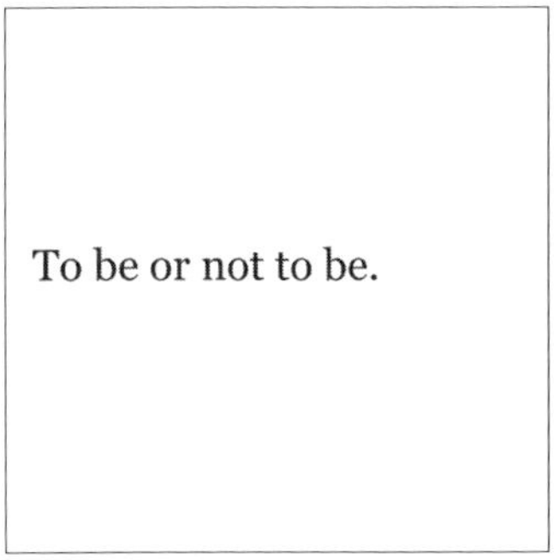

図 17-1

フォントは、loadFont()関数を使って作ることもできます。

```
f = loadFont("GothamMedium-48.vlw");
```

> loadFont()は、vlwフォーマットのフォントファイルから読み込みます。

loadFont()関数は、dataフォルダからフォントファイルを読み込みます。Processingは、各文字を表示するために画像を使うことから、特別なフォントフォーマット "vlw" を使用します。これは、スケッチに特別なフォントを内包し、確実に表示したい時に便利です（表示するマシンによってフォントが変化することがあるため）。［ツール］→［フォント作成］を選択し、フォントを選べます。これにより、フォントファイルをdataフォルダ内に作成し、配置します。上記ステップ3のためにフォントのファイル名をメモしておいてください。この画像に基づくやり方では、表示するサイズでフォントを作る必要があります（**図17-2**）。

図 17-2

17.3　テキストを表示する　371

本書では、すべての例にcreateFont()を使います。

練習問題 17-5

5章の跳ね返るボールの例を使い、ボールの横にテキストでxとy座標を表示してください。

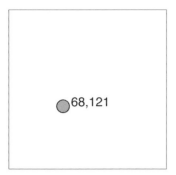

17.4 テキストアニメーション

これまで、テキストを表示するために必要なステップを紹介しましたが、これ以降では、リアルタイムでテキストを動かすことに応用していきます。

始めるにあたって、テキストの表示に関連する、さらに2つの便利なProcessingの関数を見てみましょう。

1. textAlign() ── テキストの位置をRIGHT、LEFT、CENTERで指定する。

例17-2　テキストの位置決め

```
PFont f;

void setup() {
  size(400, 200);
  f = createFont("Georgia", 16);
}

void draw() {
  background(255);

  stroke(175);
  line(width/2, 0, width/2, height);

  textFont(f);
  fill(0);

  textAlign(CENTER);
  text("This text is centered.", width/2, 60);

  textAlign(LEFT);
  text("This text is left aligned.", width/2, 100);
```

> textAlign() は、表示しているテキストの位置決めを設定します。CENTER、LEFT、RIGHTのいずれかひとつを引数として取ります。

```
  textAlign(RIGHT);
  text("This text is right aligned.", width/2, 140);
}
```

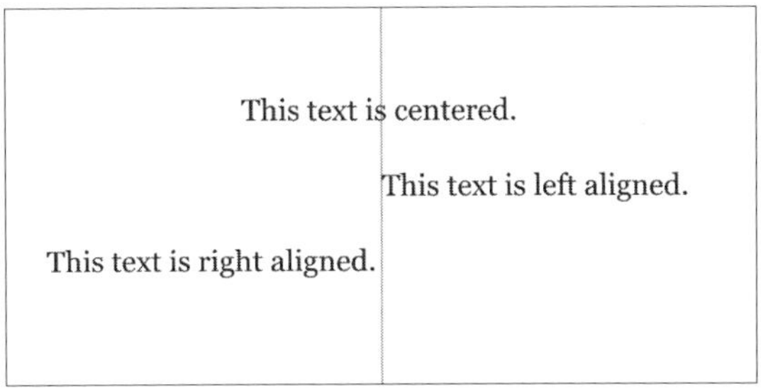

                    This text is centered.
                            This text is left aligned.
  This text is right aligned.

図17-3

   2. `textWidth()` ── 任意の文字、またはテキスト文字列の幅を計算し返す。

テキストがスクリーンの下部に右から左へスクロールするニューステロップを作りたいとしましょう。ニュースヘッドラインがウィンドウから出てしまった時、右手側に再度現れ、再びスクロールするのです。テキストの最初のx座標と、そのテキストの幅が分かれば、いつ見えなくなるか決めることができます（**図17-4**）。`textWidth()`は、その幅を与えてくれます。

まず初めに、テキストとフォント、ヘッドラインのx位置の変数を宣言し、それらを`setup()`内で初期化します。

```
// ヘッドライン
String headline = "New study shows computer programming lowers cholesterol.";
PFont f; // グローバルなフォントの変数
float x; // ヘッドラインの水平位置
void setup() {
  f = createFont("Arial", 16); // フォントの読み込み
  x = width; // ヘッドラインを右側の画面外に配置するように初期化する
}
```

`draw()`関数は、5章の跳ね返るボールの例に似ています。まず、テキストを適切な位置に表示します。

```
// ヘッドラインをx位置に表示する
textFont(f, 16);
textAlign(LEFT);
text(headline, x, 180);
```

xは、速度の値によって変化します（この場合、負の値なのでテキストは左へと動きます）。

```
// xを減少させる
x = x - 3;
```

ここから、より難しいところに差しかかります。円がスクリーンの左端に到達した時を調べることは簡単でした。簡単に、xは0より小さいの？ と聞くだけです。しかし、テキストは、

左揃えであるため、xが0に等しい場合、そのテキストはまだスクリーン上で見ることができます。一方、xが、0引くテキストの幅より小さい場合、テキストは見えなくなります（**図17-4**）。その時は、xがウィンドウの右側に戻るようにwidthでリセットします。

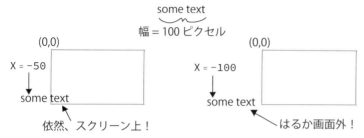

図17-4

```
float w = textWidth(headline);

if (x < -w) {          ◁─ xが幅の負の値よりも小さければ、その時、完全に画面外です。
  x = width;
}
```

例17-3は、前出のヘッドラインが画面から離れるたびに、異なるヘッドラインが表示される例です。そのヘッドラインは、String配列に格納されます。

例17-3　ヘッドラインをスクロールする

```
// ニュースヘッドラインの配列
String[] headlines = {
  "Processing downloads break downloading record.",
  "New study shows computer programming lowers cholesterol.",
};

PFont f; // グローバルなフォントの変数
float x; // 水平位置
int index = 0;

void setup() {
  size(400, 200);
  f = createFont("Arial", 16);
  // ヘッドラインを画面外に初期化する
  x = width;
}

void draw() {
  background(255);
  fill(0);
  
  // x位置にヘッドラインを表示する
  textFont(f, 16);
  textAlign(LEFT);
  text(headlines[index], x, 180);   ◁─ 配列からの特定の文字列は、添字の値に従って表示されます。
```

```
    // xの減少
    x = x - 3;

    // xが幅の負の値よりも小さい場合、
    // 画面外である。
    float w = textWidth(headlines[index]);

    if (x < -w) {
      x = width;
      index = (index + 1) % headlines.length;
    }
}
```

> textWidth() は、現在の文字列の幅を計算するのに使われます。

> 新しい文字列を表示するために、現在の文字列が画面を離れた時、添字は増加します。

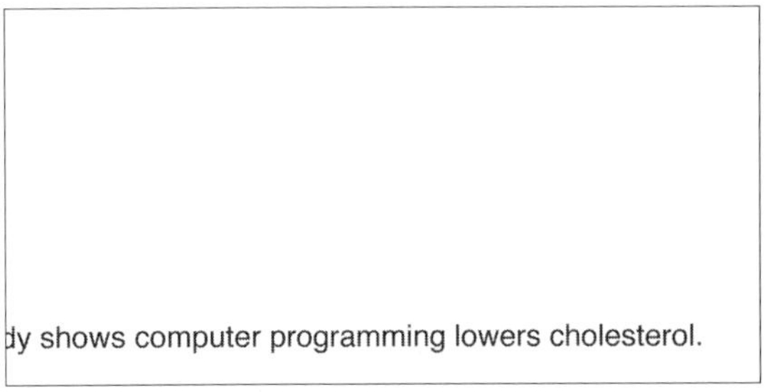

dy shows computer programming lowers cholesterol.

図17-5

textAlign()とtextWidth()に加え、Processingは、textLeading()と、textMode()、textSize()関数も追加表示機能として提供しています。これらの関数は、本章で扱う例には必要ありませんが、Processingリファレンスを使って調べることができます。

練習問題17-6

何度も繰り返して流れる株式テロップを作ってください。最後の株式がウィンドウに入ると、最初の株式はすぐさまその右に現れます。

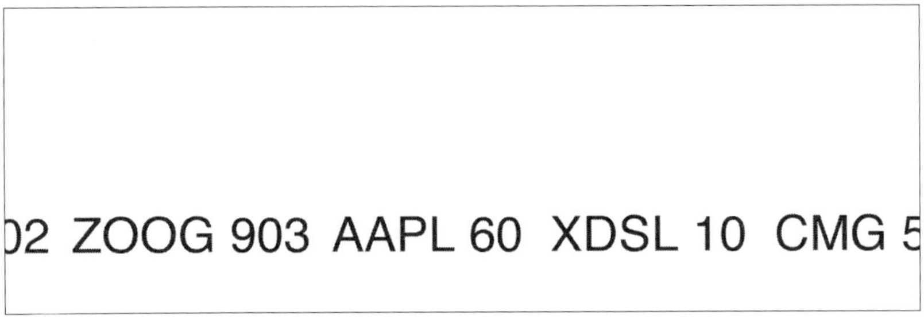

02 ZOOG 903 AAPL 60 XDSL 10 CMG 5

17.5 テキストモザイク

ピクセル配列について、15章と16章で学んだことを組み合わせて、画像のピクセルを使い文字のモザイクを作ることができます。**例17-4**は、16章のビデオミラーで用いたコードを拡

張したものです（**図17-6**）。新たに追加したテキスト関連のコードは太字で示します。

図17-6

例17-4 テキストミラー

```
import processing.video.*;

// グリッドの各セルの大きさ、ビデオの大きさに対するウィンドウの大きさの比
int videoScale = 10;
// システム内の列と行の数
int cols, rows;

// キャプチャオブジェクトを格納する変数
Capture video;

// 文字列とフォント
String chars = "helloworld";
PFont f;

void setup() {
  size(640, 480);
  // 列と行を設定する
  cols = width / videoScale;
  rows = height / videoScale;
  video = new Capture(this, cols, rows);
  video.start();
```

> ソーステキストは、モザイクのパターンに使われます。より長い文字列は、より面白い結果を生み出すでしょう。

```
  // フォントを読み込む
  f = createFont("Courier", 16);
}

void captureEvent(Capture video) {
  video.read();
}

void draw() {
  background(0);
  video.loadPixels();

  // 文字列内の文字をカウントする変数を使う
  int charcount = 0;

  // 行のループを開始する
  for (int j = 0; j < rows; j++) {
    // 列のループを開始する
    for (int i = 0; i < cols; i++) {
      // ピクセルの位置はどこか？
      int x = i * videoScale;
      int y = j * videoScale;

      // ピクセル配列内で適切な色を調べる
      color c = video.pixels[i + j* video.width];

      // 文字列から個別の文字を表示する
      // 矩形に代えて
      textFont(f);
      fill(c);
      text(chars.charAt(charcount), x, y);
      // 次の文字へ進む
      charcount = (charcount + 1) % chars.length();
    }
  }
}
```

> 「固定幅」フォントを使用します。ほとんどのフォントでは、個々の文字は異なる幅を持ちますが、固定幅フォントでは、すべての文字は同じ幅を持ちます。このことは、ひとつずつ均等に配置された文字を表示するのに便利です。なお、非固定幅フォントのテキスト文字の表示については17-7を見てください。

> ソーステキストからの1文字は、ピクセル位置に応じて色付け、表示されます。カウンター変数「charcount」は、1回にソース文字列の1文字を処理するために使われます。

練習問題17-7

　各文字は、白色で、その大きさはピクセルの明度によって決まるビデオテキストモザイクを作成してください。より明るいピクセルは、より大きくなります。作業を始めやすいように、ピクセルループから一部のコードを示します。

```
float b = brightness(video.pixels[i + j*video.width]);

float fontSize = ____ * (____ / ____);
textSize(fontSize);
```

17.6　回転するテキスト

14章の移動と回転は、テキストにも適用できます。例えば、その中心を軸に回転するためには、原点へ移動し、テキストを表示する前に`textAlign(CENTER)`を使います。

例17-5　回転するテキスト

```
PFont f;
String message = "this text is spinning";
float angle;

void setup() {
  size(200, 200);
  f = createFont("Arial", 20);
}


void draw() {
  background(255);
  fill(0);

  textFont(f);                    // フォントを設定する
```

図17-7

```
  translate(width/2, height/2);   // 中央に移動する
  rotate(angle);                  // angleによって回転する
  textAlign(CENTER);
  text(message, 0, 0);
```

> テキストは、移動し回転した後、中央揃えで(0,0)に表示されます。14章を見るか、移動と回転の復習をしてください。

```
  angle += 0.05;                  // angleを増やす

}
```

練習問題 17-8

テキストを平面に見えるように、中央に集め、回転させ、表示してください。テキストを画面の奥にスクロールさせます。

```
String info = "A long long time ago\nIn a galaxy far far away";
PFont f;
float y = 0;
```

> \nは「改行」を意味します。Javaでは、不可視文字は文字列内に「エスケープ文字列」を使うことで組み込むことができます。バックスラッシュ "\" に文字が続きます。いくつか例を紹介します。\n（改行）、\r（復帰改行）、\t（タブ）、\'（シングルクォーテーション）、\"（ダブルクォーテーション）、\\（バッススラッシュ）

```
void setup() {
  size(400, 200, P3D);
  f = createFont("Arial", 80);
}

void draw() {
  background(255);
  fill(0);
  translate(_____,_____);
  _____(_____);
  textFont(f);
  textAlign(CENTER);
  text(info,_____,_____);
  y--;
}
```

17.7 テキストを1文字ずつ表示する

あるグラフィックアプリケーションでは、テキストをそれぞれ単独の文字で表示することが求められます。例えば、各文字を個別に動かしたい時は、単にtext("a bunch of letters", 0, 0)とするだけでは動きません。

解決策は、Stringを通してループさせ、各文字をひとつずつ表示することです。

すべてのテキストを一度に表示する例から始めましょう（**図17-8**）。

```
PFont f;
String txt = "Each character is not written individually.";

void setup() {
  size(400, 200);
  f = createFont("Arial", 20);
}

void draw() {
  background(255);
  fill(0);
  textFont(f);
  text(txt, 10, height/2);    ← text()を使って、すべてのテキストを一度に表示します。
}
```

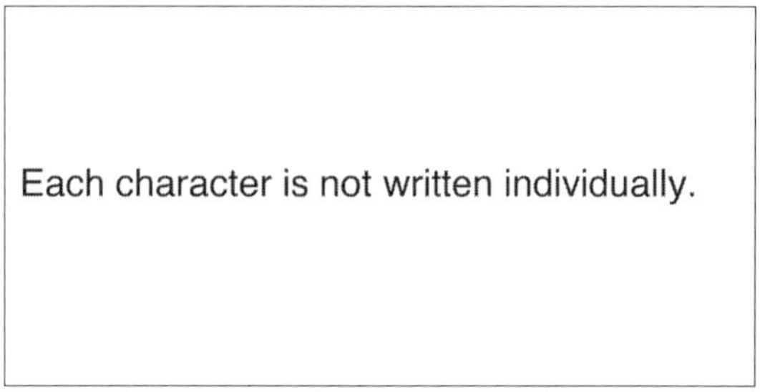

図17-8

charAt()関数を用い、ループ内に各文字を表示するようにコードを書き直します（**図17-9**）。

```
int x = 10;    ← 最初の文字は10ピクセルの位置です。

for (int i = 0; i < txt.length(); i++) {      ← 各文字は、charAt()関数でひとつずつ表示され、それ
  text(msg.charAt(i), x, height/2);              ぞれの間隔は10ピクセルずつです。
  x += 10;
}
```

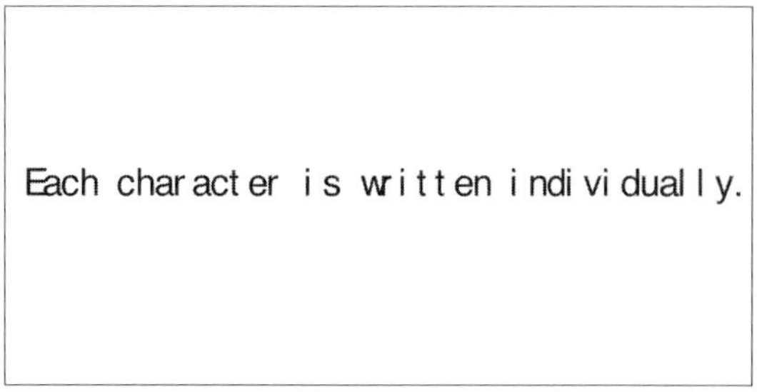

図17-9（間隔がおかしい点に注目）

各文字のtext()関数を呼び出すことで、この先の例において、ひとつの文字列から個別の文字を色付けしたり、大きさを変更したり、配置したりすることが、より柔軟にできるようになります。しかし、この例には、かなり大きな欠陥が含まれています。ここでは、x位置は、それぞれの文字で10ピクセルずつ増えています。それはほぼ正確ではありますが、各文字は、正確に10ピクセル幅ではないため、間隔がずれています。正確な間隔は、次のコードで説明するtextWidth()関数を使うことで得られます（**図17-10**）。各文字がランダムな大きさにもかかわらず、どのようにして正確な間隔を実現しているのか、注目してください！

```
int x = 10;
for (int i = 0; i < txt.length(); i++) {
  textSize(random(12, 36));
  text(txt.charAt(i), x, height/2);
  x += textWidth(txt.charAt(i));     ← textWidth()は、適切に文字の間隔を空けます。
}
```

図17-10　（どうやると間隔が正しくなるか注目！）

練習問題17-9

　非固定幅フォントを使い適切な文字間隔が得られるように、textWidth()を使って**例17-4**を作り替えてください。次の画像は、Georgiaフォントを使っています。

この「letter-by-letter」技法は、文字列からの文字が互いに独立して動くスケッチにも適用できます。次の例は、元の文字列Letterオブジェクトから個別の文字を作るために、オブジェクト指向設計を使っています。それによって、適切な位置に表示されるのと同時に、スクリーンを個別に動き回ることもできます。

例17-6　テキストを分解する

```
PFont f;
String message = "click mouse to shake it up";
// Letterオブジェクトの配列
Letter[] letters;

void setup() {
  size(260, 200);
  // フォントを作る
  f = createFont("Arial", 20);
  textFont(f);

  // Stringと同じ大きさの配列を作る
  letters = new Letter[message.length()];
  // 正しいx位置でLetterを初期化する
  int x = 16;
  for (int i = 0; i < message.length(); i++) {
    letters[i] = new Letter(x, 100, message.charAt(i));
    x += textwidth(message.charAt(i));
  }
}
```

> Letterオブジェクトは、Stringオブジェクト内の位置と、表示される文字によって初期化されます。

```
}
void draw() {
  background(255);
  for (int i = 0; i < letters.length; i++) {
    // すべての文字を表示する
    letters[i].display();
    
    // マウスが押されたら、文字が振動する
    // 押されていなければ、文字は最初の位置に戻る
    if (mousePressed) {
      letters[i].shake();
    } else {
      letters[i].home();
    }
  }
}

// ひとつのLetterを描くためのクラス
class Letter {
  char letter;
  
  float homex, homey;        // ← オブジェクトは、スクリーン内を動き回っている現在の
                             //   (x,y)位置とテキストの文字列内での最初の「home」位
                             //   置を知っています。
  //現在の位置
  float x, y;
  
  Letter (float x_, float y_, char letter_) {
    homex = x = x_;
    homey = y = y_;
    letter = letter_;
  }
  
  // 文字を表示する
  void display() {
    fill(0);
    textAlign(LEFT);
    text(letter, x, y);
  }
  
  // 文字がランダムに動く
  void shake() {
    x += random(-2, 2);
    y += random(-2, 2);
  }
  
  void home() {      // ← どの時点であっても、home()関数を呼び出すことに
    x = homex;       //   よって、現在の位置をhome位置に戻すことができます。
    y = homey;
  }
}
```

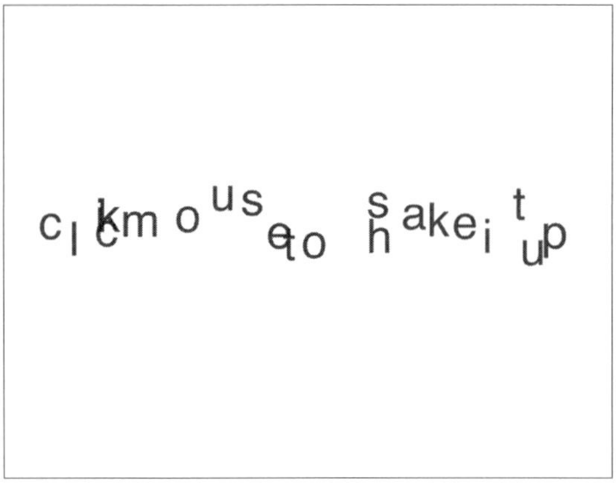

図17-11

「letter-by-letter」技法は、曲線に沿ってテキストを表示することもできます。文字に進む前に、まずは、曲線に沿ってどのようにして一連のボックスを描くのか見ていきましょう。この例では、13章で扱った三角関数を多用します。

例17-7　曲線に沿ったボックス

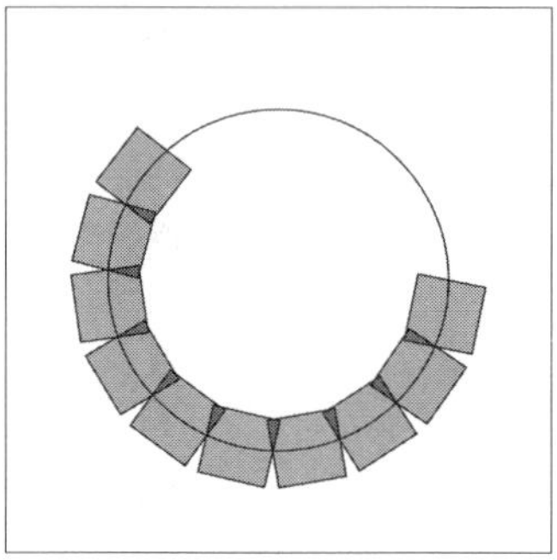

```
PFont f;
// 円の半径
float r = 100;
// ボックスの幅と高さ
float w = 40;
float h = 40;

void setup() {
  size(320, 320);
}

void draw() {
  background(255);

  // 円を中心から描き始める
  translate(width/2, height/2);
  noFill();
  stroke(0);
  ellipse(0, 0, r*2, r*2);        ← 曲線は、ウィンドウの中心で半径rの円です。

  // 曲線に沿った10個のボックス
  int totalBoxes = 10;
  // 曲線に沿った位置を記録しなくてはならない
  float arclength = 0;

  // すべてのボックスを処理する
  for (int i = 0; i < totalBoxes; i++) {

    arclength += w/2;       ← ボックスの幅に準じて曲線に沿って動きます。それぞれ
                              のボックスは中央揃えのため、w/2を使います。
```

図17-12

```
    float theta = arclength / r;    ← ラジアン角度は、arclength割る半径です。
    pushMatrix();
    // 極座標からデカルト座標への変換
    translate(r * cos(theta), r * sin(theta));
    // ボックスを回転する
    rotate(theta);
    // ボックスを表示する
    fill(0, 100);
    rectMode(CENTER);
    rect(0, 0, w, h);
    popMatrix();
    // 再び部分的に動かす
    arclength += w/2;
  }
}
```

　この例の数学が難しいと感じたとしても、**図17-12**では、次にやるべきことがはっきりしています。つまり、各ボックスを文字列からの文字に置き換え、ボックス内に収まるようにすることです。そして、文字はすべて同じ幅ではないので、一定値を維持する変数wを使うのではなく、各ボックスはtextWidth()関数により、曲線に沿った各文字の幅の変数を使います。

例17-8　曲線に沿った文字

```
// 表示されるメッセージ
String message = "text along a curve";

PFont f;

// 円の半径
float r = 100;

void setup() {
  size(320, 320);
  f = createFont("Georgia", 40, true);
  textFont(f);
  textAlign(CENTER);    ← テキストは中央揃えでなくてはなりません！
}

void draw() {
  background(255);

  // 円を中心から描き始める
  translate(width/2, height/2);
  noFill();
  stroke(0);
  ellipse(0, 0, r*2, r*2);

  // 曲線に沿った位置を記録する
  float arclength = 0;
```

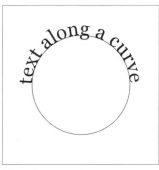

図17-13

```
// すべてのボックスを処理する
for (int i = 0; i < message.length(); i++) {
  // 文字とその幅
  char currentChar = message.charAt(i);
  float w = textWidth(currentChar);
```
← 一定の幅の代わりに、各文字の幅をチェックします。

```
  // 各ボックスは中央揃えなので、幅の半分を移動する
  arclength += w/2;
  // ラジアン角度は、arclength割る半径
  // PIを加えることで、円の左側から開始する
  float theta = PI + arclength / r;
  
  pushMatrix();
  translate(r*cos(theta), r*sin(theta));
```
← 極座標からデカルト座標への変換によって、曲線に沿った点を知ることができます。この概念を復習するには、13章を見てください。

```
  // ボックスを回転する（90度で補正する）
  rotate(theta + PI/2);
  // 文字を表示する
  fill(0);
  text(currentChar, 0, 0);
  popMatrix();
  // 再び部分的に動かす
  arclength += w/2;
  }
}
```

練習問題 17-10

ランダムに散在（回転も）する文字で始まるスケッチを作ってください。また、文字がゆっくりとそれらのホームポジションに戻るようにしてください。例17-6に示したオブジェクト指向のやり方を使ってください[*1]。

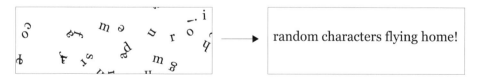

これを解決するひとつの方法は、補間を使うことです。補間とは、任意の2つのデータ間の値を計算する処理のことです。この練習問題では、開始時のランダムな点から、文字列の各文字の目標位置の間のx位置（y位置も）を知りたいのです。ひとつの補間方法は、単純に平均を取ることです。壁に向かって歩く時、常にその中間をたどることを考えてみてください。

```
x = (x + targetX) / 2;
y = (y + targetY) / 2;
```

[*1] この練習問題のオリジナルは、ジョン・前田の1995年の作品Flying Lettersです。

別のやり方は、単純にそこまでの経路の10%とするものです。

```
x = 0.9*x + 0.1*targetX;
y = 0.9*y + 0.1*targetY;
```

Processingのlerp()関数は、補間を行ってくれます。詳細は、リファレンスページ（http://processing.org/reference/lerp_.html）で確認してください。

インタラクティブなスケッチを作ることを考えてください。マウスで文字を振り回すなど。

18章 データ入力

> 100万の猿が100万のタイプライターを与えられた。それをインターネットと呼ぶ。
> —— サイモン・ムネリー（コメディアン）

この章で学ぶこと
- 文字列の操作
- テキストファイルの読み書き
- 表形式データ
- 文字のカウントおよびテキスト分析
- XMLとJSONデータ
- スレッド
- APIからのデータ使用

　本章では、テキストを表示することからさらに進み、データの読み込みと書き出しの基礎として、Stringオブジェクトの使い方を見ていきます。まず、文字列の操作として、検索、分割、結合するのにより洗練された方法を取り上げることから始めます。その後、これらの方法を、データソース、すなわちテキストファイル、ウェブページ、XMLフィード、JSONデータ、サードパーティAPIなどからの入力に、どのように使うかを示し、それによって、データ可視化の世界への第一歩を踏み出すことになります。

18.1　文字列の操作

　17章では、JavaのStringクラスで利用可能ないくつかの基本的な関数、charAt()、toUpperCase()、equals()、length()などに触れました。これらの関数は、ProcessingリファレンスのStringページにまとめられていますが、より高度なデータ解析処理を実行するためには、いくつかの付加的な文字列操作関数をJavaのウェブサイト（http://docs.oracle.com/javase/jp/8/docs/api/java/lang/String.html）で調べる必要があります（Java APIに関する詳細は、23章で説明します）。

　indexOf()とsubstring()という2つの関数について詳しく見ていきましょう。

　indexOf()は、文字列内の一連の文字を検索します。それは、検索文字列というひとつの

引数を取り、検索されるStringオブジェクト内部の検索文字列が最初に出現した位置の値を返します。

```
String search = "def";
String toBeSearched = "abcdefghi";
int index = toBeSearched.indexOf(search);
```
← この例の添字の値は3です。

文字列は、配列のようなもので、文字列での最初の文字の添字は0で、最後の文字は文字列の長さ引く1です。

練習問題18-1

下のコードの結果を予想してください。

```
String sentence = "The quick brown fox jumps over the lazy dog.";

println(sentence.indexOf("quick"));        _____

println(sentence.indexOf("fo"));           _____

println(sentence.indexOf("The"));          _____

println(sentence.indexOf("blah blah"));    _____
```

もし練習問題18-1の最後の行を解けずに行き詰まったのであれば、Javaのリファレンスを調べる（もしくは目星をつける）必要があります。検索文字列が見つからない場合、indexOf()は−1を返します。これはよく考えられた選択であり、−1は文字列内では正規の添字の値ではないことから、これを返すことで「見つからない」ということを示せるからです。文字列中の文字、または配列には**負**の添字はありません。

文字列内の検索語句が見つかった後、文字列の一部を切り出し、異なる変数内に保存したくなるでしょう。文字列の一部は、**サブストリング**（substring）と言われ、サブストリングは、開始の添字と末尾の添字の2つの引数を取るsubstring()関数によって作られます。substring()は、2つの添字間のサブストリングを返します。

```
String alphabet = "abcdefghi" ;
String sub = alphabet.substring(3, 6);
```
← 文字列subは、「def」です。

サブストリングは、指定された**開始添字**（第1引数）から始まり、**終端添字**（第2引数）**引く1**の文字までです。皆さんの疑問は、分かっています。サブストリングを開始添字から終端添字に至るまでとしたほうがより簡単ではないでしょうか？これは、最初は正しいように見えますが、実際には終端添字引く1で止めたほうが非常に便利なのです。例えば、文字列の最後までのサブストリングを作りたい場合、単純にthestring.length()で完了できます。加えて、終端添字引く1を終わりにすることで、サブストリングの長さは、**終端添字引く開始添字**とすることで計算できます。

練習問題 18-2

空欄を埋めてサブストリング「fox jumps over the lazy dog」(ピリオドを除く) を作成してください。

```
String sentence = "The quick brown fox jumps over the lazy dog.";

int foxIndex = sentence.indexOf(_____);
int periodIndex = sentence.indexOf(".");

String sub = _____._____(_____,_____);
```

練習問題 18-3

「文字列」「開始位置」「文字の総数」という、独自の3つの引数を受け取る「substring」関数を書いてください。関数は、開始位置と、数に一致した長さに対応するサブストリングを返します。以下に、作業を始めやすくするためにコードの一部を示します。

```
void substring(String txt, int start, int num) {
    return _____;
}
```

18.2 分割と結合

17章では、「+」演算子を使ってどのようにして文字列同士を結合するかを見てきました (「連結」とも言われます)。キーボードから得たユーザー入力に連結を使う例を見ていきましょう。

例18-1 ユーザー入力

```
PFont f;

// 現在入力されているテキストを格納する変数
String typing = "";
// Enterキーが押された時、typingに保存されていたテキストを格納する変数
String saved = "";

void setup() {
  size(300, 200);
  f = createFont("Arial", 16);
}

void draw() {
  background(255);
  int indent = 25;
  
  // テキストのフォントと塗りの色を設定する
  textFont(f);
  fill(0);
```

> キーボード入力には、2つの変数を使います。ひとつは、入力されているテキストを格納するものです。もうひとつは、Enterキーが押されたらそれまで入力されていたテキストのコピーを保持するものです。

```
  // すべてを表示する
  text("Click in this sketch and type. \nHit return to save what you typed.",
indent, 40);
  text(typing, indent, 90);
  text(saved, indent, 130);
}

void keyPressed() {
  // Enterキーが押されたら、Stringを保存してからそれを消去する
  if (key == '\n') {
    saved = typing;
    typing = "";           ◁── 文字列は、ある変数が""に等しいと設定することで、消去できます。

  // それ以外の場合、Stringを連結する
  } else {
    typing = typing + key;  ◁── ユーザーによって入力された各文字は、文字列の末尾に追加されます。
  }
}
```

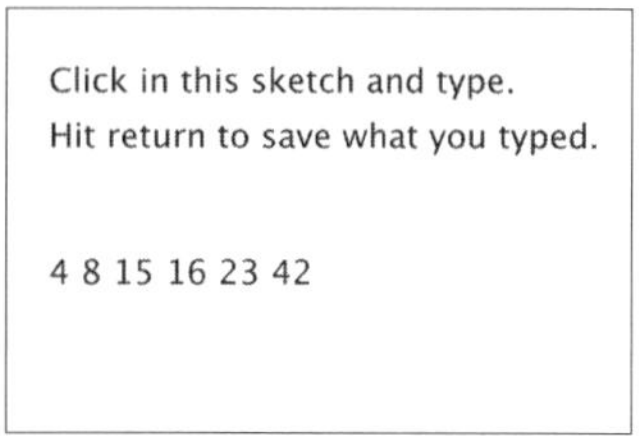

```
Click in this sketch and type.
Hit return to save what you typed.


4 8 15 16 23 42
```

図18-1

練習問題18-4

ユーザーとチャットするためのスケッチを作ってください。例えば、ユーザーが「cats」と入力したら、スケッチが「How do cats make you feel?」などと返答します。

　Processingには、簡単に文字列を結合（または、反転や分割）できるさらなる2つの関数があります。ファイルやウェブからのデータを解析するスケッチでは、そのデータを文字列の配列、またはひとつの長い文字列としての形式で保持します。そのデータで何をしたいのかによって、2つの保持方法をどうやって切り替えるかを知っておくと便利です。この処理では、新しい2つの関数split()とjoin()が役に立ちます。

```
"one long string or array of strings"
  ↑↓
{ "one", "long", "string", "or", "array", "of", "strings" }
```

　split()関数を見ていきましょう。split()は、**区切り文字**と言われる分割文字に基づき、長い文字列を文字列の配列に分解して格納します。また、分割されるStringオブジェクトと区切り文字の2つの引数を取ります（区切り文字は、1文字か文字列で指定できます）。

```
// スペースで文字列を分割する
String spaceswords = "The quick brown fox jumps over the lazy dog.";
String[] list = split(spaceswords, " " );
printArray(list);
```

> printArray()は、配列の内容とそれに関連する添字をメッセージコンソールに出力するのに使われます。

> このピリオドは、区切り文字として設定しないため、配列の最後に「dog.」が含まれます。

ここに、コンマを区切り文字として使った例を示します（今回は、','という1文字だけを渡しています）。

```
// コンマで文字列を分割する
String commaswords = "The,quick,brown,fox,jumps,over,the,lazy,dog.";
String[] list = split(commaswords, ',');
printArray(list);
```

テキストを分割するために、ひとつ以上の区切り文字を使いたい場合、Processingの関数であるsplitTokens()を使うべきです。splitTokens()は、ひとつの例外「渡された文字列に現れたどんな文字でも区切り文字とみなす」を除いては、split()と同じように動作します。

```
// 複数の区切り文字で文字列を分割する
String stuff = "hats & apples, cars + phones % elephants dog.";
String[] list = splitTokens(stuff, " &,+." );
printArray(list);
```

> このピリオドは、区切り文字として指定されているので、配列の最後に「dog.」が含まれません。

練習問題 18-5

上記のコードがProcessingのメッセージウィンドウ内に何を表示するのか、下の空欄を埋めてください。

hats_____
_____
_____
_____

文字列の数字を分割する場合、結果の配列は、Processingのint()関数で整数型の配列に変換できます。

```
// Stringの数字のリストの合計を計算する
String numbers = "8,67,5,309";
// String型の配列をint型の配列に変換する
int[] list = int(split(numbers, ','));
int sum = 0;
for (int i = 0; i < list.length; i++ ) {
  sum = sum + list[i];
}
println(sum);
```

> 文字列の数字は、数値ではないので、最初にそれらを変換しないと、数値演算に使うことはできません。

split()の反対に当たる関数は、join()です。join()は、文字列の配列を取り、それらをひとつにまとめ、ひとつの長いStringオブジェクトにつなぎ合わせます。join()関数も、つなぎ合わされる配列と**区切り文字**の2つの引数を取ります。区切り文字として、1文字か文字列のいずれかを使うことができます。

次の配列を考えてみましょう。

```
String[] lines = {"It", "was", "a", "dark", "and", "stormy", "night."};
```

「+」演算子をforループと一緒に使うことで、次のように文字列を結合することができます。

```
// 手動による連結
String onelongstring = "";
for (int i = 0; i < lines.length; i++) {
    onelongstring = onelongstring + lines[i] + " ";
}
```

しかし、join()関数ではこの処理を回避し、たった1行のコードで同じ結果が得られます。

```
// Processingのjoin()を使う
String onelongstring = join(lines, " ");
```

練習問題18-6

次の文字列を浮動小数点数型の配列に分割し、平均を計算してください。ドットは、区切り文字としてではなく、浮動小数点数の一部としてみなされる点に注意してください。

```
String floats = "5023.23:52.3:10.4:5.9, 901.3---2.3";

float[] numbers = _____(_____(_____, "_____"));
float total = 0;
for (int i = 0; i < numbers.length; i++) {
    _____ += _____;
}

float avg = _____;
```

18.3　データを扱う

データは、多くの異なる場所、すなわち、ウェブサイト、ニュースフィード、スプレッドシート、データベースなどから得られます。世界の花のマップを作ることにしたとしましょう。オンラインで検索したところ、PDFバージョンの花の百科事典や、花の種類のスプレッドシート、花のデータのJSONフィード、緯度/経度の座標の地理位置情報を提供するREST API、または誰かが美しい花の写真をまとめているウェブページなどを見つけたとします。その時、避けがたい疑問が出てきます。「こんなにたくさんのデータを見つけたけれど、どれを使うべきで、またどうやってProcessingに取り込むのだろう？」

運が良ければ、直接コードでデータを手渡すProcessingライブラリ（http://processing.org/

reference/libraries/）を見つけることができるでしょう。例えば以下のようなものです。

```
import flowers.*;

void setup() {
  FlowerDatabase fdb = new FlowerDatabase();
  Flower sunflower = fdb.findFlower("sunflower");
  float h = sunflower.getAverageHeight();
}
```

　この場合、誰かがすべての作業を終わらせてくれています。それらは、花に関するデータを集めており、また、分かりやすいフォーマットでデータを手渡す関数一式で、Processingライブラリを構築しています。残念なことに、このライブラリは、（まだ）存在していませんが、このようなことをしてくれるいくつかのライブラリは存在します。例えば、YahooWeather（https://github.com/onformative/YahooWeather）は、マルセル・シュイットリック（Marcel Schwittlick）によって作られたライブラリで、weather.getWindSpeed()やweather.getSunrise()のようにコードを記述することでYahoo!から気象情報を取得してくれます。ライブラリを使った場合でも、まだやるべきことがたくさんあります。

　もうひとつ別のシナリオを考えてみましょう。メジャーリーグベースボールの統計データの可視化を目指すとしましょう。データを提供してくれるProcessingライブラリを見つけることはできませんでしたが、探しているデータすべては、mlb.com（http://mlb.mlb.com/）にあるとします。もし、データがオンラインにあり、ウェブブラウザで見ることができるなら、Processingにデータを取り込むことはできないのでしょうか？あるアプリケーション（ウェブアプリケーションのような）から他のアプリケーション（Processingスケッチ）へデータを渡すことは、ソフトウェア工学では頻繁に起きることです。これを可能にするのが、API（application programming interface）です。2つのコンピュータプログラムがAPIを介して互いに応答し合うことができます。APIを知ったからには、「MLB API」をオンラインで検索することでしょう。残念ながら、mlb.comは、APIを介したデータの提供を行っていません。この場合、ウェブサイトそのものの生データを読み込み、手動でデータを探し出さなくてはなりません。この解決方法は、HTMLソースを読み込み、それを解析するためのプログラムアルゴリズムを実装するのに、かなりの時間を要することから、望ましいものではありません。

　本章の目的は、標準化されたフォーマットの解析から、より難しい手動での解析まで、その全体像を提供すること、さらにProcessingのために設計されたAPIを利用することです。データを取得するそれぞれの方法は、それら特有の一連の作業を必要とします。Processingライブラリが使いやすいのは、明快なドキュメンテーションと実例が用意されているからです。しかし、実際は、コンピュータのために設計されたフォーマット（スプレッドシート、XML、JSONなど）で、必要とするデータを見つけられる場合がほとんどなので、それを上手に見つけられると、大幅に作業の時間を短縮できます。

　もうひとつ、データ作業について言及しておくべきことがあります。データソースを含むアプリケーションを開発する時、例えば、データの可視化など、ダミーデータや擬似データを使

い開発することが、時には役に立ちます。あなたは、描画用のアルゴリズムに関する問題を解決するのと同時に、データを読み出す過程のデバッグを行いたくはないでしょう。**一度に1ステップ**という持説に従うなら、プログラムのある重要な部分をダミーデータで完成させたら、次に本当のソースから得た実際のデータを、どのように読み出すかだけに集中することができます。視覚的な表現のアイデアを試している時は、常に乱数かハードコードによる数をコード内に入れて使用し、後に実データをつなぎ合わせることができます。

18.4 テキストファイルで作業する

データ取得のもっとも簡単な方法である、テキストファイルからの読み込みから作業を始めてみましょう。テキストファイルは、もっとも簡単なデータベース（プログラムの初期設定、高得点のリスト、グラフの数などを格納できます）として、または、より複雑なデータソースを模倣するために使われることがあります。

テキストファイルを作るには、シンプルなテキストエディタを使うことができます。Windowsであればメモ帳、macOS（Mac OS X）であればテキストエディットなどです。ファイルを「プレーンテキスト」で保存することだけは確認してください。また、テキストファイルは、.txt拡張子を付けた名前にすることで混乱を避けられます。15章の画像ファイルと同様に、これらテキストファイルは、Processingのスケッチがそれらを認識するために、スケッチのdataフォルダに置いてください。

テキストファイルを所定の位置に置き、String配列内にファイルの内容を読み込むために、Processingの`loadStrings()`関数を使います。ファイル内のテキストの各行（**図18-2**）は、配列の各要素になります。

図18-2

```
String[] lines = loadStrings("file.txt");
println("There are " + lines.length + " lines.");
printArray(lines);
```

> このコードは、図18-2に示したように、ソーステキストファイルから読み込まれたすべての行を表示します。

コードを実行するために、「file.txt」という名前のテキストファイルを作成し、そのファイル内に一連の行を入力して、スケッチのdataフォルダ内に置きます。

練習問題 18-7

例17-3を書き換えて、テキストファイルからヘッドラインを読み込めるようにしてください。

データファイルからのテキストを使用することで、簡単な可視化を行えます。例18-2では、図18-3のデータファイルdata.csvを読み込んでいます。拡張子が.csvのファイルは、コンマ区切り（comma separated values：CSV）のファイルであることに注意してください。図18-4は、このデータファイルを可視化した結果です。

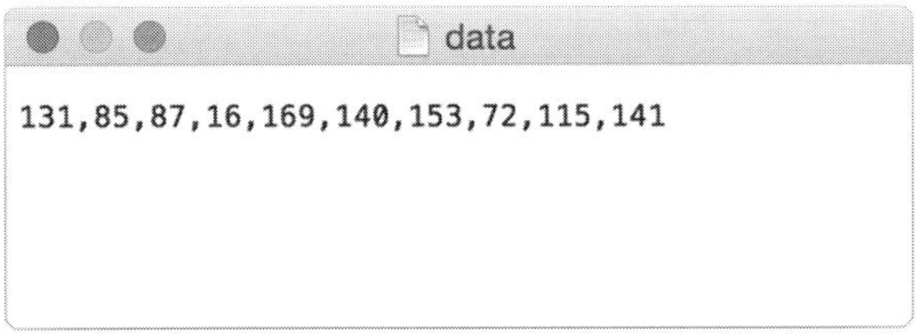

```
data
131,85,87,16,169,140,153,72,115,141
```

図18-3　data.csv

例18-2　テキストファイルのコンマ区切りされた数からグラフを描く

```
int[] data;

void setup() {
  size(200, 200);
  // Stringとしてテキストファイルを読み込む
  String[] stuff = loadStrings("data.csv");
  data = int(split(stuff[0], ','));
}

void draw() {
  background(255);
  stroke(0);
  for (int i = 0; i < data.length; i++) {
    fill(data[i]);
    rect(i*20, 0, 20, data[i]);
  }
  noLoop();
}
```

> ファイルからのテキストは、配列に読み込まれます。その配列は、ファイルの内容がたった1行しかないため、1要素しか持っていません。その要素は、','を区切り文字として使用し、文字列型の配列内に分割されます。最後に、配列は、int()を使い整数型の配列に変換されます。

> 整数型の配列は、各矩形の色と高さの設定に使われます。

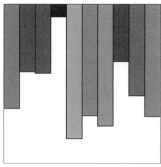

図 18-4

　CSVファイルを split() でどのように解析するかを見ることは、学習する上で良い練習となります。実際に、CSVファイル（Googleドキュメントなどの表計算ソフトウェアから簡単に生成することができます）を扱うことは、一般的な操作です。ProcessingがTableと呼ばれる、解析を扱うための組み込みクラスを持っていることからも分かるでしょう。

18.5　表形式データ

　テーブルは、行と列の組み合わせで配置されたデータで構成されており、「表形式データ」とも呼ばれます。もし一度でもスプレッドシートを使ったことがあれば、それが表形式データです。Processingの loadTable() 関数は、コンマ区切り（csv）かタブ区切り（tsv）の値を取り、自動的に行と列でデータを保管するTableオブジェクト内に内容をセットします。これは、split() を使った手動での大規模なデータファイル解析の苦労を考えると、ずっと便利です。例18-2のようなファイルであれば簡単に扱えますが、より大規模なファイルを扱うとすぐに複雑になってしまいます。このdata.csvを扱ってみましょう。

図 18-5　各行は表の行

次のように扱うのではなく、

```
String[] stuff = loadStrings("data.csv");
```

下記のように扱います。

```
Table table = loadTable("data.csv");
```

上記の図18-5では、重要な点を見落としました。どのようにして、テキストの最初の1行が

データそのものではなく、**ヘッダー行**として扱われるのか注目してください。その行は、次の各列がどのようなデータであるかを説明するラベルを含んでいます。幸い、Processingは、表を読み込む時に、"header"オプションを渡すことで、自動的に解釈し、ヘッダーを保存してくれます("header"の他にもオプションがあります。例えば、ファイルがdata.txtという名前だったとしても、それがコンマ区切りのデータであれば、"csv"というオプションを渡すことができます。ヘッダー行も含んでいる場合は、"header,csv"とし、両方のオプションを記述することができます)。オプションの全リストは、loadTable()のドキュメンテーションページ (http://processing.org/reference/loadTable_.html) で見ることができます。

```
Table table = loadTable("data.csv", "header");
```

表が読み込まれたので、次に、データの個別の要素を取得する方法、または表全体を繰り返し処理する方法について示します。**図18-6**は、グリッドとして可視化されたデータです。

x	y	diameter (直径)	name (名前)
160	103	43.19838	Happy
372	137	52.42526	Sad
273	235	61.14072	Joyous
121	179	44.758068	Melancholy

図18-6

図18-6のグリッドでは、データが行と列によって構成されていることが分かります。データへのアクセスは、アクセスしたいデータの行数と列数の位置により値をリクエストすることです (0は、最初の行、または列です)。これは、任意の(x,y)位置のピクセルの色にアクセスする時と似ていますが、この場合、y座標(行)が最初に来ます。次のコードは、任意の(行,列)位置でデータのひとつをリクエストしています。

```
int val1 = table.getInt(2, 1);        ← 235
float val2 = table.getFloat(3, 2);    ← 44.758068
String s = table.getString(0, 3);     ← 「Happy」
```

数の添字は、時として便利ですが、列名でデータのそれぞれにアクセスするほうが、一般的にはより便利です。例えば、Tableから特定の行を取り出すこともできます。

```
TableRow row = table.getRow(2);    ← 3行目を取得します (添字2)。
```

上記コードの行で、TableRow (http://processing.org/reference/TableRow.html) オブジェクトは、Table内データの個別の行を処理する一方、Tableオブジェクトは、表全体のデータを参照することに注意してください。

一度TableRowオブジェクトを持つと、いくつかまたは、すべての列からのデータをリク

エストすることができます。

```
int x = row.getInt("x");
int y = row.getInt("y");
float d = row.getFloat("diameter");
String s = row.getString("name");
```
← 273
← 235
← 61.14072
←「Joyous」

　メソッドgetRow()（http://processing.org/reference/Table_getRow_.html）は、表から1行を返します。もし、すべての行を取得し、それらを繰り返しで扱いたいのであれば、ループ内でカウンターを使うことにより、1行ずつアクセスすることができます。利用可能な行の総数は、getRowCount()で読み出すことができます。

```
for (int i = 0; i < table.getRowCount(); i++) {
  TableRow row = table.getRow(i);       ← ループ内で、一度に1行ずつ表の各行にアクセスします。
  float x = row.getFloat("x");
  float y = row.getFloat("y");
  float d = row.getFloat("diameter");
  String n = row.getString("name");

  // 各行のデータで何かを行う

}
```

　表内の選択した行番号で検索したい場合は、findRows()（http://processing.org/reference/Table_findRows_.html）とmatchRows()（http://processing.org/reference/Table_matchRows_.html）で行うことができます。

　読み込むことに加え、Tableオブジェクトは、スケッチが実行する間にその場で変更や作成を行うことができます。セルの値を調整する、行を削除する、さらに新しい行を追加することができます。例えば、セルに新しい値を設定するために、関数setInt()、setFloat()、setString()が用意されています。

```
row.setInt("x", mouseX);    ← 任意のTableRowで、「x」列の値をmouseXに更新します。
```

　新しい行をTableに追加するには、単にメソッドaddRow()（http://processing.org/reference/Table_addRow_.html）を呼び出し、各列に値を設定します。

```
TableRow row = table.addRow();          ← 新しい行を作成します。
row.setFloat("x", mouseX);              ← その行のすべての列に値を設定します。
row.setFloat("y", mouseY);
row.setFloat("diameter", random(40, 80));
row.setString("name", "new label");
```

　行を削除する場合は、単にメソッドremoveRow()（http://processing.org/reference/Table_removeRow_.html）を呼び出し、削除したい行の添字を渡します。例えば、次のコードでは、表のサイズが10行を超える場合は、必ず最初の行が削除されます。

```
// 表の行数が10行よりも大きければ
if (table.getRowCount() > 10) {
```

```
      table.removeRow(0);     ← 最初の行（添字0）を削除します。
    }
```

例18-3は、上記のコードすべてをひとつにまとめたものです。どのようにして、表の各行が
Bubbleオブジェクトのデータを含んでいるか注目してください。

例18-3　表形式データの読み込みと保存

```
Table table;            ← TableオブジェクトとBubbleオブジェクトの配列。
Bubble[] bubbles;         表からのデータで、配列を埋めます。

void setup() {
  size(480, 360);
  loadData();
}

void draw() {
  background(255);
  // すべてのbubblesを表示する
  for (int i = 0; i < bubbles.length; i++) {
    bubbles[i].display();
    bubbles[i].rollover(mouseX, mouseY);
  }
}

void loadData() {
  table = loadTable("data.csv", "header");   ← 表にファイルを読み込む。"header"は、ファイル
  bubbles = new Bubble[table.getRowCount()];   がヘッダー行を含んでいることを示します。配列の大
                                               きさは、表の行数によって決定されます。
  for (int i = 0; i < table.getRowCount(); i++) {
    TableRow row = table.getRow(i);        ← 表内のすべての行を繰り返します。
    float x = row.getFloat("x");           ← 列名（または、添字）で領域にアクセスします。
    float y = row.getFloat("y");
    float d = row.getFloat("diameter");
    String n = row.getString("name");
    bubbles[i] = new Bubble(x, y, d, n);   ← 各行から取り出したデータで、Bubbleオブジェクトを
  }                                          作成します。
}

void mousePressed() {
  TableRow row = table.addRow();           ← マウスが押された時、新しい行を作成し、その行の各列
  row.setFloat("x", mouseX);                 の値を設定します。
  row.setFloat("x", mouseX);
  row.setFloat("y", mouseY);
  row.setFloat("diameter", random(40, 80));
  row.setString("name", "Blah");

  if (table.getRowCount() > 10) {          ← 表が10行を超える場合は、もっとも古い行を削除します。
    table.removeRow(0);
  }

  saveTable(table, "data/data.csv");       ← これは、元のCSVファイルに表を書き込み、ファイルを
}                                            再読み込みしています。これにより、表と元ファイルの
                                             内容が一致します。
```

```
    loadData();
}

class Bubble {
  float x, y;
  float diameter;
  String name;

  boolean over = false;

  // Bubbleを作成する
  Bubble(float tempX, float tempY, float tempD, String s) {
    x = tempX;
    y = tempY;
    diameter = tempD;
    name = s;
  }

  // マウスがbubbleの上にあるかどうかをチェックする
  void rollover(float px, float py) {
    float d = dist(px, py, x, y);
    if (d < diameter/2) {
      over = true;
    } else {
      over = false;
    }
  }

  // Bubbleを表示する
  void display() {
    stroke(0);
    strokeWeight(2);
    noFill();
    ellipse(x, y, diameter, diameter);
    if (over) {
      fill(0);
      textAlign(CENTER);
      text(name, x, y+diameter/2+20);
    }
  }
}
```

> この簡単なBubbleクラスは、本章のいくつかのデータ例で使われます。そのクラスは、ウィンドウに円を描き、マウスが停止するとテキストラベルを表示します。

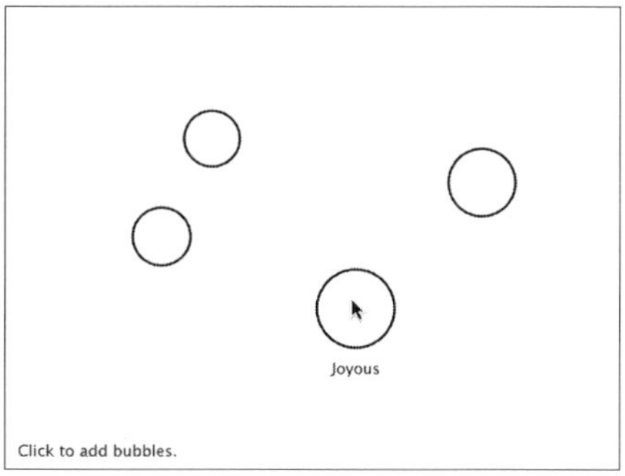

図18-7

本章のデータの主題には関連しないものの、**例18-3**は、練習問題5-5の2番目の部分、ロールオーバー（円の上にマウスポインタを重ね合わせる）についての解決方法を示しています。ここでは、**図18-8**に描かれるように、任意の点（この場合は、マウスの位置）と円の中心間の距離は、円の半径と比較されます。

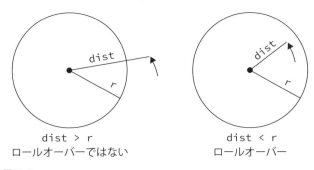

dist > r
ロールオーバーではない

dist < r
ロールオーバー

図 18-8

```
boolean rollover(int mx, int my) {
  if (dist(mx, my, x, y) < diameter/2) {
    return true;
  } else {
    return false;
  }
}
```

> この関数は、点(mx,my)が円の内側にあるかどうかで、ブール値(真か偽)を返します。半径が直径の半分である点に注意してください。

18.6 標準化されていないフォーマットのデータ

データが、表などのように標準フォーマットでない場合、どうやってそれに対応しますか？ loadStrings() の優れた特徴は、ファイルからテキストを取ってくるのに加え、URLも取得できることです。その例を示します。

```
String[] lines = loadStrings("http://www.yahoo.com");
```

loadStrings()にURLパスを送ると、リクエストされたウェブページのHTML（Hypertext Markup Language）のソースが返ってきます。それは、ブラウザのメニューオプションから［ソースを表示］を選択した時に表示されるのと同じものです。本節を理解するのに、HTMLのエキスパートである必要はありませんが、まったくHTMLに馴染みがないのであれば、https://ja.wikipedia.org/wiki/HyperText_Markup_Languageを読むとよいでしょう。

テキストファイルからのコンマ区切りのデータは、Processingのスケッチで扱うために特別にフォーマットされ、実用的であるのに対し、未加工のHTMLが文字列の配列に保存された結果は（配列の各要素はソースの1行に相当します）、実用的ではありません。配列からひとつの長い文字列へ変換すると、少し簡単になります。本章の最初のほうで見たとおり、これはjoin()を使うとできます。

```
String onelongstring = join(lines, " ");
```

ウェブページから未加工のHTMLを取得する時、ソースのすべてではなく、ほんの一部だけが必要な場合があります。例えば、気象情報、株価情報、ニュースのヘッドラインを探している時かもしれません。大きな塊のテキスト内からデータの一部を見つけるには、すでに学んだ

テキスト操作関数のindexOf()、substring()、length()が使えます。これに関連する例を練習問題18-2で見ました。次に、Stringオブジェクトの例を見てみましょう。

```
String stuff = "Number of apples:62. Boy, do I like apples or what!";
```

上記テキストでリンゴの数を取り出したい場合、次のようなアルゴリズムになるでしょう。

1. 部分文字列「apples:」の終わりを見つけ、それを始点と呼ぶ。
2. 「apples:」の後の**最初のピリオド**を見つけ、それを終点と呼ぶ。
3. 始点と終点の間の文字の**サブストリング**を作る。
4. 文字列を数値（そのように文字列を扱いたい場合）に変換する。

コードで書くと、次のようになります。

```
int start      = stuff.indexOf("apples:" ) + 7;   // ステップ1
int end        = stuff.indexOf(".", start);       // ステップ2
String apples  = stuff.substring(start, end);     // ステップ3
int apple_no   = int(apples);                     // ステップ4
```

> 文字列の終点の添字は、その文字列の検索した結果とその文字列の長さ（ここでは、7）を加えることにより得られます。

上記コードは、うまいやり方ではありますが、探している文字列が見つからなかった時に発生するエラーに陥らないように、もう少し慎重に処理すべきです。以下のように、エラーチェックをいくつか加え、関数として汎用化することができます。

```
// 2つのサブストリングの間のサブストリングを返す関数
String giveMeTextBetween(String s, String startTag, String endTag) {
  // 開始タグの添字を見つける
  int startIndex = s.indexOf(startTag);
  // 何も見つからない場合
  if (startIndex == -1) {
    return "";
  }
  // 開始タグの末尾に移動する
  startIndex += startTag.length();

  // 終了タグの添字を探す
  int endIndex = s.indexOf(endTag, startIndex);
  // 終了タグが見つからない場合
  if (endIndex == -1) {
    return "";
  }
  // 間のテキストを返す
  return s.substring(startIndex, endIndex);
}
```

> 2つの文字列の間にあるサブストリングを返すための関数です。もし、開始か終了の「タグ」が見つからなければ、その関数は空の文字列を返します。

> indexOf()は、2番目の引数を整数で取ることもできます。2番目の引数は添字を意味し、そこで指定された添字の後で最初に存在した検索文字列を見つけます。ここでは、それをendIndexがstartIndexに続くことを確実にするために使っています。

この方法で、Processing内部からウェブサイトに接続し、スケッチで使うデータを取り込むことができます。例えば、nytimes.com (http://www.nytimes.com/) でHTMLソースを読み込み、今日のヘッドラインを探したり、Yahoo! Finance (http://finance.yahoo.com/) で株価情報を探したり、お気に入りのブログで「flower」という単語が何回出ているか数えることなどができるのです。しかしながら、HTMLは一貫性のない形式のページであるため扱い難い場所であ

り、解析して模倣することや解析を効果的に行うことが難しいのです。企業はウェブページのソースコードを頻繁に変えるということは言うまでもなく、そのため、今私がこの文章を書いている間に作成した例は、皆さんがこの文章を読む頃にはうまく動作しないかもしれません。

ウェブからデータを取得するにあたって、XML（Extensible Markup Language）かJSON（JavaScript Object Notation）によるフィードは、解析する上で、信頼できて扱いやすいことを実証してくれます。（人が見るコンテンツ作成のために設計された）HTMLとは異なり、XMLとJSONは、コンピュータが見るコンテンツ作成のために、また異なるシステム間でのデータ共有を容易にするために設計されました。ほとんどのデータ（ニュース、天気など）はこの方法で利用可能です（「18.8 XML」と「18.10 JSON」でその例を見ていきます）。望ましくないものの、手動によるHTMLの解析は、いくつかの理由でいまだに便利ではあります。まず、重要なプログラミングの概念を強化するため、テキスト操作技術が練習できれば、それに越したことはありません。しかし、もっと重要なことは、時には、本当に使いたいデータがAPI形式では利用できず、そのような手法でしか処理できない場合があるということです（また、テキストパターンマッチングにおいて、非常にパワフルな手法である正規表現も、ここで使用できると付け加えておきます。正規表現を愛してやまないのですが、残念ながらそれは本書の範囲外です）。

HTMLとしてのみ利用可能なデータの例は、インターネットムービーデータベースのIMDb（http://imdb.com）です。IMDbには、映画に関する情報が公開年、ジャンル、評価などが順に並べられています。それぞれの映画で、キャストやスタッフ、概要、放映時間、映画のポスター画像などのリストを見つけることができます。しかし、IMDbは、APIを持っていないため、データをXMLやJSONとして提供していません。そのため、Processingにデータを取り込むことは、少々難問を解決しなければなりません。『Shaun the Sheep Movie（ひつじのショーン）』のページを見てみましょう（**図18-9**）。

図18-9

このページのHTMLソースを見れば、マークアップが非常に乱雑なことが分かります（**図18-10**）。

図18-10

生のソースコードを熟読し、探しているデータを見つけ出せるかは自分次第です。映画の上映時間を知り、映画のポスター画像を入手したいとしましょう。ある程度探り当てた後、次のHTMLの記載から映画が139分であることが分かりました。

```
<div class="txt-block">
  <h4 class="inline">Runtime:</h4>
    <time itemprop="duration" datetime="PT139M">139 min</time>
</div>
```

映画によって上映時間はさまざまですが、ページのHTML構造では同じ場所にあります。したがって、上映時間が以下の2つのタグの間に常に表示されることが推定できます。

```
<time itemprop="duration" datetime="PT139M">

</time>
```

データの開始と終了がどこかを知っているので、giveMeTextBetween()を使って、上映時間を引き出すことができます。

```
String url = "http://www.imdb.com/title/tt0058331";
String[] lines = loadStrings(url);

// 全ページを検索するために配列を取り除く
String html = join(lines, " ");
```

```
  // 上映時間を検索する
  String start = "<time itemprop=\"duration\" datetime=\"PT139M\">";
```

> Javaでは、クォーテーションは文字列の最初と末尾に付けます。では、実際のクォーテーションはStringオブジェクトにどうやって含めたらよいでしょうか？ 答えは、「エスケープ」シーケンスを用いるのです（これは練習問題17-8で触れています）。クォーテーションは、バックスラッシュ（日本語環境では、「エンマーク」）に続けてクォーテーションを用いることで含めることができます。例えば、String q = "This String has a quote \"in it";です。

```
  String end = "</time>";
  String runningtime = giveMeTextBetween(html, start, end);
  println(runningtime);
```

例18-4は、上映時間と映画のポスター画像の両方をIMDbから取得し、画面上に表示します。

例18-4　手動でIMDbの解析を行う

```
String runningtime;
PImage poster;

void setup() {
  size(300, 350);
  loadData();
}

void draw() {
  // 表示したいすべてのものを表示する
  background(255);
  image(poster, 10, 10, 164, 250);
  fill(0);
  text("Shaun the Sheep", 10, 300);
  text(runningtime, 10, 320);
}

void loadData() {
  String url = "http://www.imdb.com/title/tt2872750/";

  String[] lines = loadStrings(url);         // 文字列の配列内に未加工のHTMLソースを取得します（各
  String html = join(lines, "");             // 行は、配列の各要素）。次のステップは、join()を使っ
                                             // て、配列をひとつの長い文字列に変換することです。

  String start = "<time itemprop=\"duration\" datetime=\"PT139M\">";
  String end = "</time>";
  runningtime = giveMeTextBetween(html, start, end);    // 上映時間の検索を行います。

  start = "<link rel='image_src' href=\"";
  end = "\">";
  String imgUrl = giveMeTextBetween(html, start, end);  // ポスター画像のURLを検索します。
  poster = loadImage(imgUrl);       // ここで、画像を読み込みます！
}

String giveMeTextBetween(String s, String before, String after) {
                                    // この関数は、2つのサブストリング間（前と後ろ）のサブストリングを
                                    // 返します。何も見つからない場合は、空の文字列を返します。
  // 前の添字を見つける
  int start = s.indexOf(before);
```

```
      if (start == -1) {
        return "";
      }

      // 開始タグの末尾に移動し、
      // 「後ろ」の文字列の添字を見つける
      start += before.length();
      int end = s.indexOf(after, start);
      if (end == -1) {
        return "";
      }

      // 間のテキストを返す
      return s.substring(start, end);
    }
```

図 18-11

練習問題 18-8

例 18-4 を、IMDb で映画評価も検索できるように変更してください。

練習問題 18-9

例 18-4 を、複数の映画に関連するデータを検索できるように変更してください。任意の年に公開されたすべての映画のリストを読み出せますか？ Movie クラスを作ることを考え、それ自身が持つ映画に関するデータを読み出すための関数を作成してください。

練習問題 18-10

Wikipedia (http://www.wikipedia.org/) は、API では利用できない多くのデータを持っているもうひとつのサイトです。Wikipedia のページから情報を取り込むスケッチを作ってください。

18.7　データ分析

　URL からテキストを読み込むことは、些細な情報を解析して取り出す練習に必要なだけではありません。Processing では、ウェブで見つけたニュースフィード、記事、スピーチ内容から丸一冊の本まで大量のテキストを分析することが可能です。ソースとしての良い例は、何千ものパブリックドメインのテキストが利用可能な Project Gutenberg (http://www.gutenberg.org/) です。テキスト分析のためのアルゴリズムは、一冊の本で扱うに値する内容ですが、本書ではそのいくつかの基本的手法について見ることにします。

　用語索引は、書籍内やテキスト本文に現れた単語のアルファベット順のリストです。より高度な用語索引は、それぞれの単語がどこで現れ（インデックスのように）、それと同様に、どの単語が別のどの単語の次に現れるかのリストを持っていることもあります。データ分析の場合、簡単な用語索引を作成し、ワードのリストと、それらがテキスト内で現れた総数を簡単に格納します。用語索引は、スパムフィルターや感情分析などのテキスト分析アプリケーション

に使うことができます。この課題を達成するために、Processingの組み込みクラスIntDictを使用します。

9章で学んだように、配列は変数の順序付きリストです。配列の各要素は、番号が付けられ、その数の添字によって利用されます。

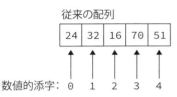

図18-12

ところで、配列の要素に番号を付ける代わりに、それらに名前を付けられるとしたらどうでしょうか？ この要素は「Sue」という名前、これは「Bob」、これは「Jane」などといった感じです。プログラミングで、このようなデータ構造は、**連想配列**、**マップ**、**辞書**などとよく言われます。それは、(キー,値)のペアの集合です。例えば、人々の年齢の辞書を持っていると想像しましょう。この場合、「Sue」(キー)を調べると、その定義(値)として24が得られます。

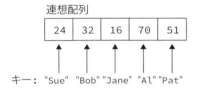

図18-13

連想配列は、さまざまな種類のアプリケーションにおいて非常に便利なものです。例えば、学生証(学生氏名、学籍番号)のリスト、または価格(商品名、価格)のリストを辞書に保持することができます。ここでの辞書は、用語索引を保持するための完璧なデータ構造なのです。辞書の各要素は、単語とその単語の総数のペアです。

Javaには、マップなどの高度なデータ構造を扱うための多くのクラスがあるのに対し、Processingは、扱いやすい3つの組み込み辞書クラス――IntDict、FloatDict、StringDict――を一式提供しています。これらすべてのクラスで、キーは常に文字列で、値は3種類(整数、浮動小数点数、文字列)のどれかが選べるようになっています。以下では、用語索引として、IntDictを使用します。

IntDictを作ることは、空のコンストラクタを呼び出すだけでよく、非常に簡単です。ここでは、辞書で生活用品の在庫の記録をつけたいとします。

```
IntDict inventory = new IntDict();
```

値は、set()メソッドを使い、そのキーとペアになります。

```
inventory.set("pencils", 10);        ◁─ set()は整数を文字列に割り振ります。
inventory.set("paper clips", 128);
inventory.set("pens", 16);
```

他にも、特定のキーに関連した値を変更するために使用できる、たくさんのメソッドがあります。例えば、5本の鉛筆を加えたければ、add()を使います。

```
inventory.add("pencils", 5);         ◁─ 「pencils」の値は現在「15」です。
```

用語索引の例で特に便利なメソッドは、キーの値に1加算するincrement()です。

```
inventory.increment("pens");         ◁─ 「pencils」の値は現在「16」です。
```

特定のキーに関連した値を読み出すには、get()メソッドが使われます。

```
int num = inventory.get("pencils");  ◁─ numの値は「16」です。
```

最後に、辞書はキー（アルファベット順にAからZへ、またはその逆）あるいは値（最小から最大へ、またはその逆）をメソッドsortKeys()、sortKeysReverse()、sortValues()、sortValuesReverse()によって並べ替えできます。

次に、用語索引は、プログラムで書くのは非常に簡単です。やることは、テキストファイルを読み込み、それをsplitTokens()で単語に細分化し、さらに、テキストの一語一語でIntDictのincrement()を呼び出すだけです。次の**例18-5**では、シェイクスピアの戯曲『A Midsummer Night's Dream（真夏の夜の夢）』の全テキストに対し、上記の処理を正確に行い、もっとも使われた単語を簡単なグラフで表示します（**図18-14**）。

例18-5　IntDictを用いたテキスト用語索引

```
String[] allwords;

String delimiters = " ,.?!;:[]";     ◁─ あらゆる句読点は、区切り文字として使われます。

IntDict concordance;

void setup() {
  size(360, 640);

  // 真夏の夜の夢を文字列の配列内に読み込む
  String url = "http://www.gutenberg.org/cache/epub/1514/pg1514.txt";
  String[] rawtext = loadStrings(url);

  // 巨大な配列を結合し、ひとつの長い文字列にする
  String everything = join(rawtext, " ");
  allwords = splitTokens(everything, delimiters);
                                      ◁─ 真夏の夜の夢のすべての行は、最初にひと
                                         つの巨大な文字列として結合され、それから
  // 新しい空の辞書を作る                    単一の単語の配列内に分割されます。スペー
  concordance = new IntDict();           スと句読点を区切り文字として選び使ってい
                                         るので、splitTokens()を使用している
  for (int i = 0; i < allwords.length; i++) {  点に注意してください。
    String s = allwords[i].toLowerCase()
                                      ◁─ 各語を小文字に変換することは便利で、例えば、「The」と
                                         「the」の両方が同じ単語としてカウントされます。
```

```
    concordance.increment(s);  ← 各語で、辞書内のそのカウントを増加します。
  }
  concordance.sortValuesReverse();  ← 最頻出の単語が最初に表示されるように、辞書を並べ替えます。
}

void draw() {
  background(255);

  // テキストと単語が現れた総数を表示する

  int h = 20;
  String[] keys = concordance.keyArray()  ← 辞書内のすべての単語を繰り返し処理するために、最初に、すべてのキーの配列を用意します。

  for (int i = 0; i < height/h; i++) {
    String word = keys[i];                ← それぞれのキーを一度にひとつずつ見ていき、そのカウントを取り出します。
    int count = concordance.get(word);

    fill(51);
    rect(0, i*20, count/4, h-4);          ← カウント数に従い矩形を簡単なグラフとして表示します。
    fill(0);
    text(word + ": " + count, 10+count/4, i*h+h/2);
    stroke(0);
  }
}
```

```
the: 592
and: 570
  i: 392
 to: 361
 of: 321
you: 300
  a: 265
 in: 245
 is: 197
 my: 186
 me: 173
that: 171
with: 170
```

図18-14

練習問題 18-11

用語索引を作成する過程を可視化するスケッチを作ってください。例えば、各単語が一度に一語ずつ読まれるアニメーションです。新しい語が見つかった時にはそれがスケッチウィンドウに追加され、その語がすでにあるものであれば、フォントのサイズが大きくなります。

練習問題 18-12

テキスト内に現れたアルファベット各文字の回数をカウントしてください。以下に、一例を示します（しかし、もっと工夫すべきです）。このスケッチは、charAt()関数を使う必要がある点に注意してください。どのように配列、またはIntDictを使って行うのでしょうか？

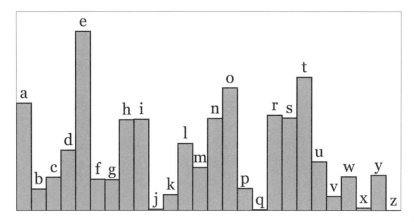

練習問題 18-13

ジェームス・W・ペネベーカー（James W. Pennebaker）は「The Secret Life of Pronouns」の中で、研究の結果、その単語の表す意味が薄い、または意味を持たない単語（I, you, they, a, an, theなど）の出現頻度は、著者や話者の感情状態や性格を覗く窓であると述べています。例えば、代名詞「I」の多用は、「絶望やストレス、不安感」を示しています。テキスト本文全体の代名詞の使用状況を分析するProcessingスケッチを作ってください。より詳しくは、http://www.analyzewords.com/で見てください。

次に進む前に、Processingには、数と文字列のリストのために3つのクラスIntList、FloatList、StringListがあることを言及しておきます。すなわち、単語のリストだけが（それらのカウントなしで）欲しい場合、IntDictよりはむしろStringListを使うほうがよいでしょう。これらのリストについては、「23.4 その他の便利なJavaクラス: ArrayList」で再び取り上げます。

18.8　XML

　「18.6 標準化されていないフォーマットのデータ」の例では、テキストを通して手動でデータの個別要素を検索する過程を示しました。しかし、XMLやJSONのような標準化されたフォーマットで利用可能なデータであれば、手動による手法はもはや必要なくなります。XMLは、異なるシステム間でのデータ共有のために設計され、またProcessingに組み込まれているXMLクラスを使うことでデータを取り出すことができます。

　XMLは、ツリー構造で情報をまとめます。学生のリストを考えることから始めましょう。各学生は、id（学籍番号）、name（氏名）、address（住所）、email（メールアドレス）、phone（電話番号）を持っています。各学生の住所には、street（通り）、city（町）、state（州）、zip（郵便番号）があります。このデータセットのXMLツリーは、**図18-15**のようになります。

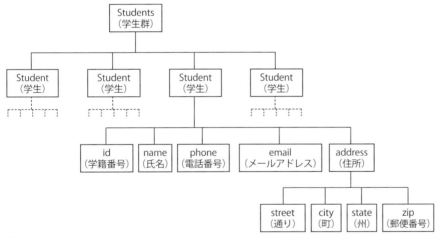

図18-15

XMLソース自体（2名の学生のリスト）は以下のとおりです。

```
<?xml version = "1.0" encoding = "UTF-8 "?>
<students>
  <student>
    <id>001</id>
    <name>Daniel Shiffman</name>
    <phone>555-555-5555</phone>
    <email>daniel@shiffman.net</email>
    <address>
```

```
        <street>123 Processing Way</street>
        <city>Loops</city>
        <state>New York</state>
        <zip>01234</zip>
      </address>
    </student>
    <student>
      <id>002</id>
      <name>Zoog</name>
      <phone>555-555-5555</phone>
      <email>zoog@planetzoron.uni</email>
      <address>
        <street>45.3 Nebula 5</street>
        <city>Boolean City</city>
        <state>Booles</state>
        <zip>12358</zip>
      </address>
    </student>
  </students>
```

オブジェクト指向プログラミングとの類似性に注目してください。次のように考えてみましょう。XMLドキュメントは、studentオブジェクトの配列を表しています。各studentオブジェクトは、学籍番号、氏名、電話番号、メールアドレス、住所といった複数の情報を持っています。その中の住所（address）も同じくオブジェクトで、通り、町、州、郵便番号といった複数のデータを持っています。

練習問題18-14

例18-3のBubbleクラスを再検討しましょう。これらBubbleオブジェクト用のXMLツリー構造を設計してください。ツリー構造の図表を書き、XMLソースをすべて書き出してください（空の図表を使い、下の空欄を埋めてください）。

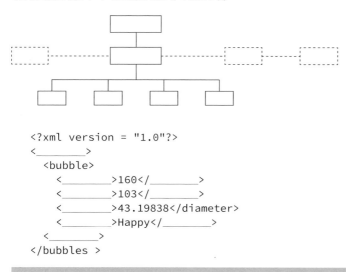

```
<?xml version = "1.0"?>
<_____>
  <bubble>
    <_____>160</_____>
    <_____>103</_____>
    <_____>43.19838</diameter>
    <_____>Happy</_____>
  <_____>
</bubbles>
```

Yahoo! Weatherなどのウェブサービスで利用可能な、データをひとつ見てみましょう。ここに未加工のXMLソースがあります（分かりやすく説明するために、若干の編集を加えてあります）。

```xml
<?xml version="1.0" encoding="UTF-8" standalone="yes" ?>
<rss version="2.0" xmlns:yweather="http://xml.weather.yahoo.com/ns/rss/1.0">
  <channel>
    <item>
      <title>Conditions for New York, NY at 12:49 pm EDT</title>
      <geo:lat>40.67</geo:lat>
      <geo:long>-73.94</geo:long>
      <link>http://us.rd.yahoo.com/dailynews/rss/weather/New_York__NY//link>
      <pubDate>Thu, 24 Jul 2014 12:49 pm EDT</pubDate>
      <yweather:condition text="Partly Cloudy" code="30" temp="76"/>
      <yweather:forecast day="Thu" low="65" high="82" text="Partly Cloudy"/>
    </item>
  </channel>
</rss>
```

データは、**図18-16**に示したツリー構造で書かれています。

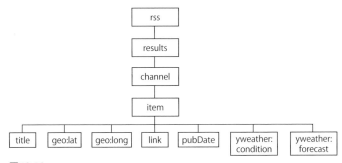

図18-16

おそらく、トップレベルにある「RSS」がいったい何なのか疑問に思うかもしれません。Yahoo!のXML気象データは、RSS形式で提供されます。RSS（Really Simple Syndication）は、ウェブコンテンツ（ニュース記事など）を配信するために標準化されたXML形式です。RSSの詳細についてはWikipedia（https://ja.wikipedia.org/wiki/RSS）で読むことができます。

ツリー構造を扱う前に、その内部構造の仕様を見ていきましょう。最初の1行（単純にこのページがXMLの形式であることを示す）の例外はありますが、このXMLドキュメントには開始タグ`<channel>`と終了タグ`</channel>`を持つ**要素**が入れ子になったリストが含まれます。これらの要素のいくつかは、次のようにタグの間にコンテンツを持ちます。

`<title>Conditions for New York, NY at 12:49 pm EDT</title>`

また、以下のような（**クォーテーション内の属性値**の形式は、**属性名**に等しい）属性を持つものもあります。

`<yweather:forecast day="Thu" low="65" high="82" text="Partly Cloudy"/>`

18.9 ProcessingのXMLクラスを使う

　XMLのシンタックスは標準化されているので、XMLソース内で必要な要素を見つけるために、split()、indexOf()、substring()を使うことは確かにできますが、ここでのポイントは、XMLが標準フォーマットであることから、それらを使う必要がないということです。その代わりに、XMLパーサーを使います。Processingでは、XMLはProcessingの組み込みクラスXMLを使うことで解析できます。

```
XML root = loadXML("http://query.yahooapis.com/v1/public/yql?format=xml&q=select
+*+from+weather.forecast+where+woeid=638242+and+u='C'");
XML root = loadXML("data.xml");
```

　ここで、loadStrings()やloadTable()に代えて、loadXML()を呼び出し、XMLドキュメントのアドレス（URLか、ローカルファイル）を渡します。XMLオブジェクトは、XMLツリーのひとつの要素を表します。ドキュメントが最初に読み込まれた時、XMLオブジェクトは常にルート要素です。前述の**図18-16**のXMLツリーを参照し、次のパスを介して現在の気温を見つけられます。

1. ツリーのルートはRSSです。
2. RSSは、resultsという名前の子を持ちます。
3. resultsは、channelという名前の子を持ちます。
4. channelは、itemという名前の子を持ちます。
5. itemは、yweather:conditionという名前の子を持ちます。
6. 気温は、yweather:conditionに属性tempとして格納されます。

　要素の子は、getChild()関数を介してアクセスされます。

```
XML results = xml.getChild("results");    ← ルート要素の子要素「results」にアクセスします。
```

　要素の内容自体は、getContent()、getIntContent()、getFloatContent()メソッドのいずれかで取り出されます。getContent()は、一般的な用法で、内容を常に文字列として返します。もし内容を数として使用するつもりなら、ProcessingはgetIntContent()かgetFloatContent()のいずれかでそれを変換してくれます。属性も数（getInt()、getFloat()）かテキスト（getString()）として読み込んでくれます。

　次の1から6までのステップは、上記XMLツリーの要点を説明しています。

```
XML root = loadXML("http://query.yahooapis.com/v1/public/yql?format=xml&q=select
+*+from+weather.forecast+where+woeid=638242+and+u='C'");    ← ステップ1
XML results     = root.getChild("results");                 ← ステップ2
XML channel     = results.getChild("channel");              ← ステップ3
XML item        = channel.getChild("item");                 ← ステップ4
XML yweather    = item.getChild("yweather:condition");      ← ステップ5
int temperature = yweather.getInt("temp");                  ← ステップ6
```

ただ、これは冗長なので、次のように短くできます。

```
XML root = loadXML("http://query.yahooapis.com/v1/public/yql?format=xml&q=select
+*+from+weather.forecast+where+woeid=638242+and+u='C'");
XML forecast =
  root.getChild("channel").getChild("item").getChild("yweather:condition");
int temperature = forecast.getInt("temp");
```
＞ステップ2から5

2行目のコードはさらに短くできます。
```
XML forecast = xml.getChild("results/channel/item/yweather:condition");
```
＞ステップ2から5

次に、上記コードを例の中にまとめ、Yahoo!のXMLフィードを解析することにより、複数のWOEID（場所に識別子を付けたデータベース）から気象データを取り出します。

例18-6　Yahoo!のXML気象データを解析する

```
int temperature = 0;
String weather = "";
String city = "";
// WOEID
String woeid = "638242";

void setup() {
  size(200, 200);

  // XML文書のURL
  String url = "http://query.yahooapis.com/v1/public/yql?format=xml&q=select+*+from+weather.forecast+where+woeid=" + woeid + "+and+u='C'";

  // XML文書を読み込む
  XML xml = loadXML(url);
  XML location = xml.getChild("results/channel/yweather:location");
  XML forecast = xml.getChild("results/channel/item/yweather:condition");
  temperature = forecast.getInt("temp");
  weather = forecast.getString("text");
  city = location.getString("city");
}

void draw() {
  background(255);
  fill(0);

  // 表示させたい項目すべてを表示する
  text("都市名: " + city, 10, 50);
  text("気温: " + temperature, 10, 70);
  text("天気: " + weather, 10, 90);
}
```

気温は数として、都市名と天気の説明は文字列として格納されます。

ここで、欲しいXML要素を取り込みます。
その後、そのXML要素から属性を取り出します。

都市名: Berlin
気温: 10
天気: Cloudy

図18-17

その他の便利なXML関数を以下に示します。

- hasChildren() —— 要素が子を持っているかどうかチェックする。
- getChildren() —— すべての子要素を含んだ配列を返す。
- getAttributeCount() —— 属性の特定要素の数をカウントする。
- hasAttribute() —— 要素が特定の属性を持っているかどうかチェックする。

この例では、それらの名前（「channel」や「item」など）で子ノードにアクセスしていますが、添字（配列と同様に、0から始まる）により数でもアクセスできます。それは、子のリストをループする時に便利で、そのやり方は、表形式データで表の行を繰り返した時によく似ています。

例18-3で、Bubbleオブジェクトに関連した情報を格納するのにTableを使いました。XML文書でも、同じ方法を使うことができます。例えば、練習問題18-14は、以下のBubbleオブジェクトのXMLツリーで解決できます（ここでは、xとy座標として要素の**属性**（attribute）を使っています。なお、練習問題18-14ではまだ属性について説明していなかったため、このフォーマットとは異なる点に注意してください）。

```xml
<?xml version="1.0" encoding="UTF-8"?>
<bubbles>
  <bubble>
    <position x="160" y="103"/>
    <diameter>43.19838</diameter>
    <label>Happy</label>
  </bubble>
  <bubble>
    <position x="372" y="137"/>
    <diameter>52.42526</diameter>
    <label>Sad</label>
  </bubble>
  <bubble>
    <position x="273" y="235"/>
    <diameter>61.14072</diameter>
    <label>Joyous</label>
  </bubble>
  <bubble>
    <position x="121" y="179"/>
    <diameter>44.758068</diameter>
    <label>Melancholy</label>
  </bubble>
</bubbles>
```

getChildren()を使って<bubble>要素の配列を取り出し、それぞれからBubbleオブジェクトを作成できます。**例18-7**に前出のBubbleクラス（以下の例ではBubbleクラスを省略している）と同じものを使う例を示します。新しく追加されたコードは太字で示しています。

例18-7 ProcessingのXMLクラスを使用する

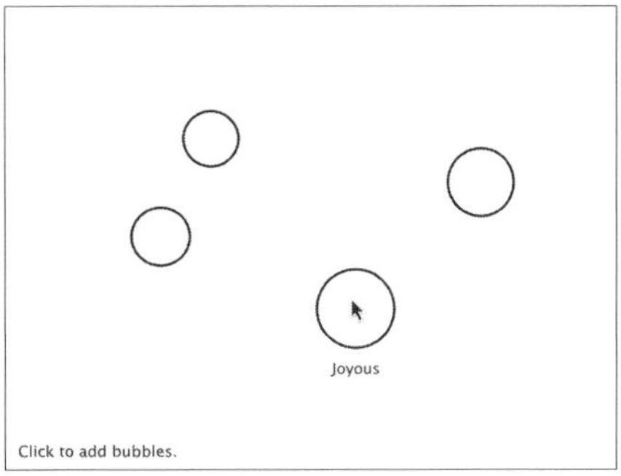

```
// Bubbleオブジェクトの配列
Bubble[] bubbles;
// XMLオブジェクト
XML xml;

void setup() {
  size(480, 360);
  loadData();
}

void loadData() {
  // XMLファイルを読み込む
  xml = loadXML("data.xml");
  // 「bubble」という名前のすべての子ノードを取得する
  XML[] children = xml.getChildren("bubble");

  bubbles = new Bubble[children.length];

  for (int i = 0; i < bubbles.length; i++) {

    XML positionElement = children[i].getChild("position");
    float x = positionElement.getInt("x");
    float y = positionElement.getInt("y");

    // 直径は、「diameter」という名の子の内容
    XML diameterElement = children[i].getChild("diameter");
    float diameter = diameterElement.getFloatContent();

    // ラベルは、「label」という名の子の内容
    XML labelElement = children[i].getChild("label");
    String label = labelElement.getContent();

    // データ読み込みの外でBubbleオブジェクトを作る
    bubbles[i] = new Bubble(x, y, diameter, label);
  }
}

void draw() {
  background(255);
  // すべてのbubblesを表示する
  for (int i = 0; i < bubbles.length; i++) {
    bubbles[i].display();
    bubbles[i].rollover(mouseX, mouseY);
  }
}
```

図18-18

Bubble配列の大きさは、「bubbles」という名のXML要素の合計で決定されます。

position要素は「x」と「y」という2つの属性を持ちます。属性は、整数か浮動小数点数としてgetInt()とgetFloat()を介してアクセスすることができます。

しかし、getIntContent()とgetFloatContent()を介してXMLノードの内容を読み出している点に注意してください。

練習問題 18-15

オブジェクトの配列を初期化するために、次のXML文書を使ってください。それぞれのXML要素内の値すべてを使うようにオブジェクトを設計しましょう（ある程度のデータを含めるために、XML文書の書き換えは自由に行ってください）。XMLを手動で入力したくないなら、本書のウェブサイトにあるものを利用できます。

```xml
<?xml version = "1.0"?>
<particles>
  <particle>
    <location x = "99" y = "192"/>
    <speed x = "-0.88238335 " y = "2.2704291"/>
    <size w = "38" h = "10"/>
  </particle>
  <particle>
    <location x = "97" y = "14"/>
    <speed x = "2.8775783" y = "2.9483867"/>
    <size w = "81" h = "43"/>
  </particle>
  <particle>
    <location x = "159" y = "193"/>
    <speed x = "-1.2341062" y = "0.44016743"/>
    <size w = "19" h = "95"/>
  </particle>
  <particle>
    <location x = "102" y = "53"/>
    <speed x = "0.8000488" y = "-2.2791147"/>
    <size w = "25" h = "95"/>
  </particle>
  <particle>
    <location x = "152" y = "181"/>
    <speed x = "1.9928784" y = "-2.9540048"/>
    <size w = "74" h = "19"/>
  </particle>
</particles>
```

Processingは、loadXML()に加え、スケッチフォルダにXMLファイルを書き込むためのsaveXML()関数も含んでいます。addChild()やremoveChild()で要素を追加したり削除することで、XMLツリー自体を変更できます。同様に、setContent()、setIntContent()、setFloatContent()、setString()、setInt()、setFloat()で、要素や属性の内容も変更できます。

練習問題 18-16

例18-7に、マウスをクリックすると新しいbubbleが作られる機能を追加してください。以下に、作業の最初のコードを示します。

```
void mousePressed() {

  // 新しいXML bubble要素を作成する

  XML bubble = xml.addChild(_____);

  XML position = bubble.addChild(_____);

  position.setInt("x", _____);

  position.setInt(_____, _____);

  XML diameter = bubble.addChild(_____));

  diameter._____(random(40, 80));
  XML label = bubble.addChild("label");

  label._____("new label");

  saveXML(xml, "data/data.xml");
  loadData();
}
```

18.10　JSON

もうひとつの最近人気のデータ交換形式は、JSON（人名のジェイソンのような発音）で、JavaScript Object Notationの略語です。その設計は、JavaScriptプログラミング言語のオブジェクトのシンタックスに基づいています（そして、ウェブアプリケーションとの間でデータを渡すためにもっとも一般的に用いられます）が、言語を超えて、予想以上に広く使われてきています。Processingで作業するために、JavaScriptについての知識が必須というわけではありませんが、JavaScriptシンタックスの基礎を知っておけば、それに越したことはありません。

JSONは、XMLに代わるもので、データは、類似したツリー構造のような方法で見ることができます。すべてのJSONデータは、以下に述べる、オブジェクトと配列の2つの方法で提供されます。幸い、皆さんはすでにこれら2つの概念について知っているので、必要なのは、それらをエンコードするための新しいシンタックスを学ぶだけです。

まず、JSONオブジェクトを見ていきましょう。JSONオブジェクトは、関数がないだけでProcessingオブジェクトに似ています。それは、単に「名前」と「値」（または「名前／値」のペア）の変数の集まりです。例えば、以下ではJSONデータで人を説明しています。

```
{
  "name":"Olympia",
  "age":3,
  "height":96.5,
  "state":"giggling"
}
```

> 名前／値のペアは、それぞれコンマで区切られています。

Processingのクラスにいかに密接に対応づいているか注目してください。

```
class Person {
  String name;
  int age;
  float height;
  String state;
}
```

JSONにはクラスがないため、それ自体は、オブジェクトリテラル（波括弧で囲まれ、その中に名前と値がペアで列挙されたもの）なのです。また、オブジェクトは、その一部として、他のオブジェクトを含むこともできます。

```
{
  "name":"Olympia",
  "age":3,
  "height":96.5,
  "state":"giggling"
  "brother":{
    "name":"Elias",
    "age":6
  }
}
```

> 「brother」の値は、2つの名前／値のペアを含むオブジェクトです。

XMLでは、上記のJSONデータは次のようになります（単純化のため、XML属性の使用を避けています）。

```
<xml version="1.0" encoding="UTF-8"?>
<person>
  <name>Olympia</name>
  <age>3</age>
  <height>96.5</height>
  <state>giggling</state>
  <brother>
    <name>Elias</name>
    <age>6</age>
  </brother>
</person>
```

複数のJSONオブジェクトは、配列としてデータ内に出現します。Processingで使う配列と同じように、JSON配列は単に値（プリミティブかオブジェクト）のリストです。しかし、シンタックスはこれまで使ってきた波括弧ではなく、配列の使用を示す角括弧を使う点が異なります。簡単な整数のJSON配列を示します。

```
[1, 7, 8, 9, 10, 13, 15]
```

オブジェクトの一部として配列が使われているのに気づくでしょう。

```
{
  "name":"Olympia",
  "favorite colors":[
    "purple",
    "blue",
    "pink"
  ]
}
```

「favorite colors」の値は、文字列の配列です。

または、オブジェクトそのものの配列です。例えば、bubblesがJSONではどのようになるか示します。このJSONデータは、単一のJSONオブジェクト「bubbles」からなります。「bubbles」は、JSONオブジェクトのJSON配列になっている点に注目してください。ページをさかのぼり、同一データのCSV版 (18.5節) やXML版 (18.8節) と比較してみましょう。

```
{
  "bubbles":[
    {
      "position":{
        "x":160,
        "y":103
      },
      "diameter":43.19838,
      "label":"Happy"
    },
    {
      "position":{
        "x":372,
        "y":137
      },
      "diameter":52.42526,
      "label":"Sad"
    },
    {
      "position":{
        "x":273,
        "y":235
      },
      "diameter":61.14072,
      "label":"Joyous"
    }
  ]
}
```

練習問題 18-17

JSONの残りの部分を完成させてください（大まかにYahoo! Weather APIに基づいています）。

```
{
  "cities": [
    {
      "name":"New York",
      "weather":{
          "high":_____,
          _____
      },
      "wind"_____

      _____

      }
    },
    {
      "name":_____,
      "weather":{
          "high":_____,
          _____
      },

      _____

      _____

      _____

      _____
    }
}
```

18.11　JSONObjectとJSONArray

　JSONのシンタックスを紹介したので、次にProcessingでのデータの扱いについて見ていきます。ProcessingにおいてJSONで作業することは、オブジェクトと配列を異なるやり方で扱わなくてはならないため、少し扱いにくいことがあります。XMLでは、解析のすべての機能はひとつのXMLクラスだけでした。JSONでは、JSONObjectとJSONArrayという2つのクラスがあり、データ解析処理でどちらのクラスを選択すべきか、慎重に決めなくてはなりません。

　最初のステップは、`loadJSONObject()`か`loadJSONArray()`のいずれかで単にデータを読み込みます。しかし、どちらを使うのでしょうか？ JSONファイルの根底にあるものが、オブジェクトか配列か見てみる必要があります。これは少し分かり難いかもしれません。以下のJSONの例を2つ見てみましょう。

サンプル1：
```
[
  {
    "name":"Elias"
  },
  {
    "name":"Olympia"
  }
]
```

サンプル2：
```
{
  "names":[
    {
      "name":"Elias"
    },
    {
      "name":"Olympia"
    }
  ]
}
```

　上記の2つのサンプルの見た目が、いかに似ているか注目してください。両方は、まったく同じ2つのデータ、「Elias」と「Olympia」という名前を含んでいます。しかし、データの最初の文字でどのように書式設定しているかという、非常に重要な違いがひとつあります。それは、角括弧（`[`）か、波括弧（`{`）のどちらかという違いです。その違いは、配列（`[`）か、オブジェクト（`{`）のどちらを読み込んでいるかで決定されます。

```
JSONObject json = loadJSONObject("file.json");
```
← JSONオブジェクトは波括弧（`{`）で始まります。

```
JSONArray json = JSONArray("file.json");
```
← JSON配列は角括弧（`[`）で始まります。

　一般的に、データが最終的にオブジェクトの配列（「bubble」オブジェクトの配列のように）で体系化されていたとしても、JSONデータのルート要素は、その配列を含むオブジェクトなのです。もう一度bubbleデータを見てみましょう。

```
{
  "bubbles":[
    {
      "position":{
        "x":160,
        "y":103
      },
```

```
      "diameter":43.19838,
      "label":"Happy"
    },
    {
      "position":{
        "x":372,
        "y":137
      },
      "diameter":52.42526,
      "label":"Sad"
    }
  ]
}
```

上記のように、最初にオブジェクトを読み込み、それからそのオブジェクトより配列を取り出します。

```
JSONObject json = loadJSONObject("data.json");    ← JSONファイル全体をオブジェクトとして読み込みます。

JSONArray bubbleData = json.getJSONArray("bubbles");    ← そのオブジェクトからbubbles配列を取り出します。
```

XMLと同じように、要素からのデータにはその名前経由（この場合「bubbles」）でアクセスします。しかし、JSONArrayでは、配列の各要素は、その数の添字を介して読み出されます。

```
for (int i = 0; i < bubbleData.size(); i++) {    ← JSONArrayを繰り返します。
  JSONObject bubble = bubbleData.getJSONObject(i);
}
```

JSONObjectから、整数や文字列などの特定のデータを探している時、関数は、XML属性の値に一致したものを使います。

```
JSONObject position = bubble.getJSONObject("position");    ← bubbleオブジェクトからpositionオブジェクトを取得します。

int x = position.getInt("x");    ← positionオブジェクトからxとyを整数として取得します。
int y = position.getInt("y");

float diameter = bubble.getFloat("diameter");
String label = bubble.getString("label");    ← diameterとlabelは、Bubbleオブジェクトから直接利用可能です。
```

すべてをひとつにまとめ、bubbles例のJSONバージョンを作ることができます（変更していないdraw()関数とBubbleクラスは除外します）。

例18-8　ProcessingのJSONクラスを使う

```
// Bubbleオブジェクトの配列
Bubble[] bubbles;

void setup() {
  size(480, 360);
  loadData();
}
```

```
void loadData() {
  JSONObject json = loadJSONObject("data.json");    ← JSONファイルを読み込み、配列を取得します。
  JSONArray bubbleData = json.getJSONArray("bubbles");

  bubbles = new Bubble[bubbleData.size()];          Bubbleオブジェクトの配列の大きさは、JSON配列
                                                    の長さで決まります。

  for (int i = 0; i < bubbleData.size(); i++) {
    JSONObject bubble = bubbleData.getJSONObject(i);  配列を繰り返し処理し、一度にひとつ
                                                      のJSONオブジェクトを取得します。

    //「position」オブジェクトを取得する
    JSONObject position = bubble.getJSONObject("position");

    // JSONオブジェクト「position」から(x,y)を取得する
    int x = position.getInt("x");
    int y = position.getInt("y");

    // diameterとlabelを取得する
    float diameter = bubble.getFloat("diameter");
    String label = bubble.getString("label");

    bubbles[i] = new Bubble(x, y, diameter, label);   ← 配列にBubbleオブジェクトを入れます。
  }
}
```

練習問題 18-18

http://openweathermap.org/current から得た次のJSONを使い、説明文（description）と現在の気温（temp）を引き出してください。なお、APIを介してデータを得るには、サインアップしAPIキーを取得する必要があります。http://openweathermap.org からサインアップし、APIキーを入手してください。コード内では、APIキーを文字列として変数に格納し使います。

```
{
  "weather":[
    {
      "id":801,
      "main":"Clouds",
      "description":"few clouds",
      "icon":"02d"
    }
  ],
  "main":{
    "temp":73.45,
    "humidity":83,
    "pressure":999,
    "temp_min":70,
    "temp_max":75.99
  }
}

String apiKey = "取得したAPIキー";
```

```
JSONObject json = loadJSONObject(
    "http://api.openweathermap.org/data/2.5/weather?q=New%20York+appid="+apiKey);

JSONObject main = json.getJSONObject(_____);

int temp = main._____("temp");

// descriptionを取得するやり方の一例です）
_____ weather = json.getJSON_____("weather");

String des = weather.getJSONObject(___)._____(_____);
```

18.12 スレッド

これまで見てきたように、さまざまな読み込みの関数、loadStrings()、loadTable()、loadXML()、loadJSONObject()は、URLからデータを引き出すために使うことができます。そうは言っても、スケッチのsetup()でデータを一度だけ読み込むだけでは、問題が発生するかもしれません。その例として、5分ごとにXMLフィードからAAPL株の価格を取得するスケッチを考えてみましょう。毎回loadXML()が呼び出され、スケッチはデータを受信している間、中断してしまいます。どのようなアニメーションもカクカクした動きになってしまいます。それは、読み込み関数が「遮っている」からです。言い換えると、スケッチはloadXML()がその仕事を完了するまで、そのコードの行に留まり、待機するのです。ローカルのデータファイルでは、これがきわめて早いのです。しかし、ProcessingのURLのリクエスト（「HTTPリクエスト」と言われる）は、**同期する**、すなわち、スケッチは処理を継続する前にサーバーからの反応を待つのです。誰もどのくらいの時間がかかるか分かりません。サーバー次第なのです！

この問題に対する答えは、**スレッド**という概念にあります。これまで、最初にsetup()、次にdraw()、そしてその繰り返し……といった、特定の連続したステップを追ってプログラムを書く考え方にかなり慣れたでしょう！スレッドも、最初、真ん中、最後という一連のステップとなります。Processingのスケッチは、シングルスレッドで、**アニメーションスレッド**と呼ばれます。しかし、他の一連のスレッドは、メインのアニメーションループから独立して実行できます。実際に、一度にいくつでもスレッドを立ち上げることができ、それらをすべて一斉に実行します。

Processingは、captureEvent()とmovieEvent()などのライブラリの関数のように、その処理をかなり頻繁に行います。これら関数は、シーンの裏側で実行している異なるスレッドにより動作し、また、Processingに何か伝えることがある時は常にそれを通知します。これは、処理に長い時間がかかりすぎるタスクを実行する必要があり、メインのアニメーションのフレームレートが遅くなると思われる、例えば、ネットワークからデータを取り込む時などに便利です。ここで、リクエストを異なるスレッドで**非同期**に扱いたいとしましょう。もし、そのスレッドが動かなくなる、もしくはエラーが発生したとしたら、そのエラーは個別のスレッ

ドのみを停止し、メインアニメーションループは止まらないため、プログラム全体は、急に止まったりしません。

独自のスレッドを書くことは、JavaのThread（https://docs.oracle.com/javase/tutorial/essential/concurrency/threads.html）クラスを拡張することなので、複雑になる場合があります。しかし、thread()メソッドは、Processingで簡単にスレッドを実装するための手っ取り早い方法です。スケッチ内のどこかで宣言された関数の名前に一致する文字列を渡すことで、Processingは、その関数を独立したスレッドとして実行します。これがどのように動作するか、そのスケルトンコード（必要最低限のコード）を見てみましょう。

```
void setup() {
  thread("someFunction");
}

void draw() {

}

void someFunction() {
  // この関数は、setup内のthread("someFunction")を介して
  // 呼び出された、スレッドとして実行される
}
```

thread()関数は、引数として文字列を受け取ります。文字列は、スレッドとして実行したい関数の名前に一致します。上記の例では、その文字列は「someFunction」です。

より実践的な例を見ていきましょう。頻繁に変化するデータの例で、現在時刻（ミリ秒で）が得られるhttp://time.jsontest.com/を使います。システムの時計から現在時刻を読み出すことができるので、これは経時データを連続的にリクエストする実例として適しています。スレッドを知らないと、思いつきで次のようにするでしょう。

```
void draw() {
  JSONObject json = loadJSONObject("http://time.jsontest.com/");
  String time = json.getString("time");
  text(time, 40, 100);
}
```

> コードはここで止まり、次に進む前にデータの受信を待ちます。

上記の例では、draw()が実行されるたびに現在時刻を取得できるでしょう。しかし、フレームレートを調べると、スケッチが恐ろしくゆっくりと実行されていることに気づきます（ひとつの文字列を描画するだけなのに！）。これは解析のコードを独立したスレッドとして呼び出すことで、だいぶ改善されるはずです。

```
String time = "";

void draw() {
  thread("requestData");
  text(time, 40, 100);
}
```

> コードは、独立したスレッド内でrequestData()が実行されている間、次の行に進みます。

```
void requestData() {
  JSONObject json = loadJSONObject("http://time.jsontest.com/");
  time = json.getString("time");
}
```

同じロジックで、draw()内で直接データをリクエストするのではなく、独立したスレッドとしてリクエストを実行しています。描画に関しての処理をrequestData()内で一切していない点に注意してください。これは、コード内の描画関数を実行する上では、重要な点で、描画関数を独立したスレッドで実行することはメインアニメーションスレッド（つまり、draw()）と衝突する原因になり、結果としておかしな動作やエラーを引き起こします。

上記の例で、1秒に60回（標準のフレームレート）もデータをリクエストしたくはありません。代わりに、「10.6 パーツ3：タイマー」のTimerクラスを使用し、1秒間に一度データをリクエストします。アニメーションを加えてもdraw()が決してカクカクせずに動作する例は、**例18-9**のとおりです。

例18-9　スレッド

```
Timer timer = new Timer(1000);
String time = "";

void setup() {
  size(200, 200);
  thread("retrieveData");        ◁── スレッド内で非同期にデータのリクエストを開始します。
  timer.start();
}

void draw() {
  background(255);
  if (timer.isFinished()) {      ◁── 毎秒、新たなリクエストを行います。
    thread("retrieveData");
    timer.start();               ◁── タイマーを再スタートします。
  }
  
  fill(0);
  text(time, 40, 100);
  
  translate(20, 100);
  stroke(0);
  rotate(frameCount*0.04);       ◁── ここでdraw()ループが決して停止しないことを示すために、
  for (int i = 0; i < 10; i++) {    ちょっとしたアニメーションを描画します。
    rotate(radians(36));
    line(5, 0, 10, 0);
  }
}

// データを取得する
void retrieveData() {
  JSONObject json = loadJSONObject("http://time.jsontest.com/");
```

```
    time = json.getString("time");
}
```

```
 ☼ 12:36:20 PM
```

図 18-19

練習問題 18-19

例 18-6（XML）や 例 18-8（JSON）を、スレッド内でデータをリクエストするようにアップデートしてください。

18.13　API

　本章の大部分を API からのデータについて述べてきたので、改めて、本節を「API」と呼ぶのは少しばかりバカげています。それでもやはり、一息ついて振り返る時間を取ることは意義のあることです。あるデータに対し API で何ができ、また API を使っている時に陥る落とし穴は何でしょうか？

　今まで述べたように、API（Application Programming Interface）は、あるアプリケーションが他のサービスを利用するためのインタフェースです。これらは、多くの形式で提供されます。練習問題 18-18 で見たように、openweathermap.org は、JSON と XML、HTML 形式でそのデータを提供する API です。このサービスの重要な点は、openweathermap.org の唯一の目的であるデータを提供することを、API によって正確に行うことです。それもただ提供するだけでなく、特定の形式で、特定のデータを問い合わせること（クエリー）を可能にしてくれます。サンプルとなる問い合わせの簡単なリストを見てみましょう。「appid=」以降の文字列は、取得した API キーです（ここでは、ダミーのキーを与えています）。

- 特定の緯度と経度の現在の気象データをリクエストする。
  https://api.openweathermap.org/data/2.5/weather?lat=35&lon=139&appid=40e2es0b3ca44563f9c62aeded4431dc:12:51913116
- ロンドンの 7 日間の天気予報を XML 形式、メートル法、中国語でリクエストする。
  http://api.openweathermap.org/data/2.5/forecast?q=London&mode=xml&units=metric&lang=zh_cn&appid=40e2es0b3ca44563f9c62aeded4431dc:12:51913116

サインアップしAPIキーの取得が必要なもうひとつの例として、「The New York Times」を見ていきましょう。Processingからリクエストを行う前に、「The New York Times」のディベロッパーサイト（http://developer.nytimes.com/）に行き、APIキーを取得する必要があります。そのキーを手に入れたら練習問題18-18で示したとおり、コード内に文字列としてそれを格納します。

```
// これは本物のキーではない
String apiKey = "40e2es0b3ca44563f9c62aeded4431dc:12:51913116";
```

URLがAPIにとって何であるかも知る必要があります。その情報は、ディベロッパーサイトにまとめられていますが、ここで簡単に説明します。

```
String url = "http://api.nytimes.com/svc/search/v2/articlesearch.json";
```

最後に、何を探しているのかAPIに伝えなければなりません。これは、アンパサンド（&）で結合された名前と値のペアからなる**クエリー文字列**（query string）で行われます。これは、Processingで関数に引数を渡す方法に似た機能です。search()関数から「processing」という言葉を検索したい場合、次のようにするでしょう。

```
search("processing");
```

ここで、APIが関数呼び出しとして動作し、クエリー文字列を介して引数を送っています。以下に「processing」という言葉を含むもっとも古い記事（もっとも古いものは1852年5月12日であることが分かります）のリストをリクエストする簡単な例を示します。

```
String query = "?q=processing&sort=oldest";
```
> APIクエリーが設定した名前／値のペアは、(q,processing)と(sort,oldest)

これは、当てずっぽうではありません。クエリー文字列をどのようにひとまとめにするか理解するには、APIのドキュメンテーションを読む必要があります。「The New York Times」のディベロッパーサイト（http://developer.nytimes.com/docs/read/article_search_api_v2）では、すべての要点が説明されています。クエリーが分かった時点で、それらすべてをひとつにまとめ、loadJSONObject()に渡すことができます。**例18-10**に、最新のヘッドラインを単に表示する簡単な例を示します。

例18-10　NYTimes APIのクエリー

```
void setup() {
  size(200, 200);

  String apiKey = "40e2ea0b3ca44563f9c62aeded0431dc:18:51513116";
  String url = "http://api.nytimes.com/svc/search/v2/articlesearch.json";
  String query = "?q=processing&sort=newest";

  // APIクエリーを作る
  JSONObject json = loadJSONObject(url+query+"&api-key="+apiKey);

  String headline = json.getJSONObject("response").getJSONArray("docs").
```
> ここで、URL、APIキーとクエリー文字列を結合することでAPIを呼び出す形式を整えます。

```
    getJSONObject(0).getJSONObject("headline").getString("main");
  background(255);                    ◁─ 結果から、単一のヘッドラインを取得します。
  fill(0);
  text(headline, 10, 10, 180, 190);
}
```

あるAPIは、APIアクセスキーよりさらに深いレベルでの認証を必要とします。例えば、Twitterはそのデータへのアクセスを提供するために**OAuth**と言われる認証プロトコルを使います。OAuthアプリケーションを書くことは、単にリクエスト内に文字列を渡す以上のことが必要であり、本書の範囲を超えています。しかしこれらの場合、運が良ければ、すべての認証を処理してくれるProcessingのライブラリを見つけることができます。ライブラリを介してProcessingで直接使うことができるいくつかのAPIがあり、そのリストをライブラリリファレンスページ（http://processing.org/reference/libraries/index.html）の「Data/Protocols」セクションで見つけることで、アイデアが浮かぶかもしれません。例えば、Temboo（https://www.temboo.com/processing）は、OAuthを処理するProcessingのライブラリを提供し、Processingで多くのAPI（Twitterを含む）への直接利用を提供します。Tembooで、次のようなコードを書くことができます。

```
TembooSession session = new TembooSession("ACCOUNT_NAME", "APP_NAME", "APP_KEY");
                              ◁─ Tembooは、皆さんとTwitterの橋渡し役を演じるので、最初にTembooで認証するだけです。

Tweets tweets = new Tweets(session);
tweets.setCredential("your-twitter-name");      ◁─ そして、Twitterに送るためにクエリーを設定
tweetsChoreo.setQuery("arugula");                   し、結果を取得することができます。
TweetsResultSet tweetsResults = tweets.run();

JSONObject searchResults = parseJSONObject(tweetsResults.getResponse());

JSONArray statuses = searchResults.getJSONArray("statuses");

JSONObject tweet = statuses.getJSONObject(0);   ◁─ 最後に、結果を検索し、ツイートを取得するこ
String tweetText = tweet.getString("text");         とができます。
```

19章
データストリーム

> 俺はとんでもなく怒っている。もうこれ以上耐えられない！
> —— ハワード・ビール（映画『ネットワーク』）

この章で学ぶこと
- ソケット
- サーバー
- クライアント
- マルチユーザー処理
- シリアル通信

19.1　ネットワーク通信

　本章では、リアルタイムで互いに応答し合うスケッチを作るために、Processingのネットワークライブラリを使います。このライブラリを使う例は、ゲーム、インスタントメッセンジャー、さらに（数ある中でも）チャットなどのマルチユーザーアプリケーションなどがあります。

　18章では、`loadStrings()`、`loadXML()`、`loadJSON()`を使い、URLの未加工のソースをどうやったらリクエストできるかを詳しく見ました。リクエストをし、ゆったりと腰掛け、そして結果を待ちます。この処理は、即時的に行われるものではないことに気づいたでしょう。時折、プログラムは、ドキュメントを読み込んでいる間、数秒（もしくは数分）に渡り停止するかもしれません。それは、Processingのシーンの背後で実行していること、すなわち、リクエストを送り、そしてそれに関連したレスポンスを読み込むのに必要な時間の長さが原因です。

　日常生活の中で、「リクエストとレスポンス」に似たような状況がどのようにして作り出されているのか、少し考えてみましょう。ある朝目覚めて、ふとトスカーナでの休暇を思いついたとしましょう。すると、コンピュータの電源を入れ、ウェブブラウザを立ち上げ、アドレスバーにwww.google.comと入力し、さらに「ロマンチックな門構えのトスカーナの別荘」と入力

します。その時、リクエストをした側は**クライアント**であり、レスポンスを提供するのは、**サーバー**であるGoogleの仕事です。

クライアント：こんにちは、私はウェブブラウザですが、**リクエスト**がひとつあります。トスカーナにある休暇向けの別荘についてのあなたのウェブページを送っていただけますか？
　…クライアントはドキドキしながらしばし待つ…

サーバー：かしこまりました。これが**レスポンス**です。たくさんのバイト数ではありますが、htmlとして読んでいただければ、トスカーナでの別荘レンタルについてきれいに整えられたページを見ることができますよ。楽しんでください！
　…クライアントとサーバーは握手をする…

上記の過程は、HTTPリクエストとレスポンス、クライアントとサーバー間の双方向通信と言われているものです。クライアントはリクエストをサーバーに送り、サーバーは、その空いた時間で反応し、クライアントは、その間レスポンスをのんびりと待ちます。HTTPはhyper-text transfer protocolの略で、ワールドワイドウェブ（world wide web）でデータをやり取りするためのプロトコルです。それぞれのリクエストで、クライアントとサーバー間の通信が開かれ、継続するリクエストがある場合は再利用され、しばらく通信がないと切断されます。この手段は、ブラウザでウェブページを読み込むのに使うとうまくいきます。しかし、リアルタイムに近い通信が必要なProcessingのアプリケーションでは、毎回のやり取りで接続を開けたり閉じたりすることは遅延の原因になりえます。これらアプリケーションでは、**ソケット通信**と呼ばれる連続した通信が必要とされます。

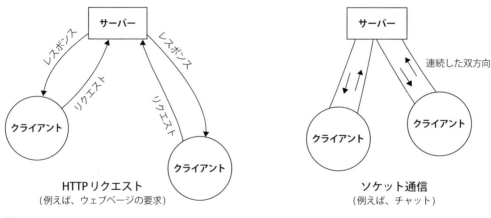

図19-1

19.2 サーバーを作る

ソケットに取り組むために、まずはサーバーを構築します。サーバーの仕事はクライアントに対して接続をオープンし、そしてそのリクエストに応答することです。ソケット通信は、IPアドレス（ネットワーク上のマシンの数値的アドレス）とポート番号（マシン上のプログラムを識別する番号）からなります。サーバーを作るために、まずはポート番号（IPアドレスは後で説明します）を選択する必要があります。サーバーに接続したいクライアントすべては、この番号を知る必要があります。ポート番号は、0から65535の範囲で、どの数字でも使うことができますが、ポート0から1023は、通常一般的なサービスで使うために予約されているので、それらを避けるのが最善です。もし予約されているポート番号が確かでないなら、Google検索でどのポートが他のアプリケーションで使われていそうかといった情報を調べるとよいでしょう。以下の例では、ポート5204を使います（これはProcessingのネットワークライブラリのリファレンス https://processing.org/reference/libraries/net で使われているのと同じポートです）。

サーバーを作るために、まずはライブラリをインポートし、Serverオブジェクトのインスタンスを作ります。

```
import processing.net.* ;

Server server;
```

サーバーは、コンストラクタによって初期化されますが、そのコンストラクタは、2つの引数を取ります。その引数は、this（16章で説明したこの(this)スケッチを参照）と、ポート番号の整数値です。

```
server = new Server(this, 5204);
```

サーバーが作られるとすぐにサーバーが始動し、接続を待ちます。stop()関数を呼び出すことでいつでも終了することができます。

```
server.stop();
```

16章のビデオキャプチャで説明した、カメラからの利用可能な新しいフレームを処理するためにコールバック関数（captureEvent()）を使ったことを思い出してください。同じく、コールバック関数serverEvent()を使う手法で、新しいクライアントがサーバーにつながったかどうかを知ることができます。serverEvent()は、サーバー（イベントを発生するもの）とクライアント（接続しているもの）という引数を必要とします。例えば、この関数を使い、接続されたクライアントのIPアドレスを読み出すことができます。

```
// serverEvent関数は、新しいクライアントが接続されるたびに、呼び出される
void serverEvent(Server server, Client client) {
```

> Serverイベントは、新しいクライアントが接続された時だけ、発生します。

```
  println("A new client has connected: " + client.ip());
}
```

コールバックの使用によって、「非同期」にネットワークメッセージを扱うことが可能になります。なお、「非同期」については、「18.12 スレッド」で説明しています。

クライアントが（接続後に）メッセージを送信した時、serverEvent()は発生**しません**。その代わりに、available()関数で、いずれかのクライアントからの読み込み可能な新しいメッセージがあるかどうか確認しなくてはなりません。新規メッセージがある場合、そのメッセージを送信してきたクライアントへの参照が返され、メッセージの内容はreadString()メソッドを使い読むことができます。利用可能なものが何もなければ、関数は値がない（もしくは、クライアントオブジェクトが存在しない）ことを意味する値nullを返します。

```
void draw() {
  // クライアントがなければ、someClientは、「null」となる
  Client someClient = server.available();
  // スケッチは、クライアントが「null」でない場合にのみ処理される
  if (someClient! = null) {
    println("Client says: " + someClient.readString());
  }
}
```

関数readString()は、テキスト情報がネットワークを介して送信されるアプリケーションにおいて便利です。データが、数値として別々に扱われる必要がある場合（後で、その例に触れます）、別のread()メソッドを呼び出すことがあります。

サーバーは、write()メソッドを使い、クライアントへメッセージを送り出すこともできます。

```
server.write("Great, thanks for the message!\n");
```

必要に応じて、メッセージの最後に改行文字を送るのがよいです。クライアントスケッチを書く時、すぐにその便利さが分かります。文字列に改行文字を追加するためのエスケープ文字列は、\nです（エスケープ文字については18章を見てください）。

以上をひとつにまとめることで、簡単なチャットサーバーを書くことができます。このサーバーは、受け取るすべてのメッセージに対して「How does 'that' make you feel?（「それで」どう感じますか？）」というフレーズで応答します。**例19-1**と**図19-2**を見てください。

例19-1　簡単なセラピーサーバー

```
// ネットワークライブラリをインポートする
import processing.net.*;

// サーバーを宣言する
Server server;

// 新しいメッセージが届いたことを示すために使われる
float newMessageColor = 255;

String incomingMessage = "";
```

```
void setup() {
  size(400, 200);
  // ポート5204でサーバーを作る
  server = new Server(this, 5204);   ◁── このスケッチは、サーバーをポート5204で実行します。
}

void draw() {
  background(newMessageColor);

  // newMessageColorは、徐々に白色へとフェードする
  newMessageColor = constrain(newMessageColor + 0.3, 0, 255);
  textAlign(CENTER);
  fill(255);
  text(incomingMessage, width/2, height/2);   ◁── 最新の着信メッセージがウィンドウに表示されます。

  // クライアントがなければ、clientはnullになる
  Client client = server.available();
  // スケッチは、clientがnullでない場合にのみ処理する
  if (client != null) {
    // Receive the message
    incomingMessage = client.readString();              ◁── メッセージは、readString()を使って読まれま
    incomingMessage = incomingMessage.trim();                す。trim()関数は、メッセージとともに送られて
                                                             くる余分な改行を取り除くのに使われます。
    // Processingメッセージウィンドウに表示する
    println("Client says: " + incomingMessage);

    // 返信を書き込む (すべてのクライアントに届くことに注意する)
    server.write("How does " + incomingMessage + " make you feel?\n");
                                                      ◁── 返信は、write()を使って送信されます。
    // newMessageColorを黒色にリセットする
    newMessageColor = 0;
  }
}

// serverEvent関数は、新しいクライアントが接続されるたびに呼び出される
void serverEvent(Server server, Client client) {
  incomingMessage = "A new client has connected: " + client.ip();
  println(incomingMessage);
  // newMessageColrを黒色にリセットする
  newMessageColor = 0;
}
```

　サーバーが実行されると、そのサーバーに接続するクライアントを作ることができます。Processingで書かれたサーバーとクライアントの例を構築します。そこで、サーバーが実際に動いていることを示すために、任意のネットワーククライアントアプリケーションで、そのサーバーに接続してみましょう。Telnetは、リモート接続のための一般的なプロトコルです。Telnetクライアントは、ほぼすべてのパソコンに最初から組み込まれています。MacやLinux

ではターミナルから、Windowsではコマンドプロンプトから実行されます[*1]。無料のTelnetクライアントのpuTTY (http://www.chiark.greenend.org.uk/~sgtatham/putty/) もおすすめです。

図19-2では、サーバーとTelnetクライアントを同一マシン上で実行しています。接続先は、ローカルなコンピュータを意味する`localhost`のポート5204です。`localhost`の代わりにアドレス`127.0.0.1`を使うこともできます。`127.0.0.1`は、ローカル（例えば、そのコンピュータ内）で互いに通信し合うプログラムのために予約された特別なアドレスです。Telnetクライアントを別のコンピュータで実行する場合は、サーバーマシンのネットワークIPアドレスが分からないと接続できません。

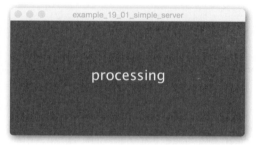

図19-2

Telnetクライアントは通常、ユーザーがEnterキーを押すと、サーバーにメッセージを送信します。復帰（CR：キャリッジリターン）と改行（LF：ラインフィード）をメッセージに入れることによって、サーバーからの返信は、「How does processing」と「make you feel」が異なる行として表示されることが分かるでしょう。

練習問題19-1

15章の文字列操作手法を使って、**例19-1**を修正し、クライアントが改行文字を送った時に、サーバーがクライアントに返信する前に、それらを削除するようにしてください。`incomingMessage`変数を修正しなければなりません。

```
incomingMessage = client.readString();

incomingMessage = incomingMessage._____(_____, _____);
```

19.3　クライアントを作成する

サーバーの実装、およびtelnetによる接続テストが完了したので、次は独自のクライアントをProcessingで開発します。サーバーで行ったのと同じ方法で着手します。`processing.net`ライブラリをインポートし、`Client`オブジェクトのインスタンスを宣言します。

---

　*1　訳注：最近のWindowsでは、デフォルトでは無効化されています。以下の手順が必要です。
　　　［コントロールパネル］→［プログラム］→［Windowsの機能の有効化または無効化］

```
import processing.net.*;

Client client;
```

クライアントのコンストラクタは、3つの引数を取ります。すなわち、this（この（this）スケッチを再度参照する）、接続先のIPアドレス（Stringオブジェクトとして）、ポート番号（intとして）です。

```
client = new Client(this, "127.0.0.1", 5204);
```

サーバーが、クライアントとは異なるコンピュータ上で実行している場合、そのサーバーコンピュータのIPアドレスを知っている必要があります。加えて、特定のIPとポートでサーバーを実行していなければ、Processingのスケッチは「java.net.ConnectException: Connection refused」のようなエラーメッセージを表示します。このエラーは、サーバーがクライアントを受け入れない、またはサーバーが存在しないことを意味します。

サーバーへの送信は、write()関数を使うと簡単にできます。

```
client.write("Hello!");
```

サーバーからのメッセージを読むのは、read()関数で処理されます。しかし、read()関数は、一度に1バイトを読み込みます。Stringとしてメッセージ全体を読み込むには、readString()を使います。この時、readStringUntil()を使うと、改行までのすべての文字列を確実に読み込むことができます。

サーバーからの読み込みを完了する前に、いつ新しいデータを読み込むのが適切か、決定しなければなりません。captureEvent()でカメラからの新しい画像を取得する時に行ったのと同様に、ネットワークライブラリは、clientEvent()を動作させます。clientEvent()は、データが読み込める時はいつでも動作します。

```
void clientEvent(Client client) {
   String msg = client.readStringUntil('\n');
}
```

> msgの値は、クライアントが改行文字までを読み込んで、その続きのデータがなければ、nullになります。

例18-1（ユーザー入力）のコードを使い、サーバーに接続し通信するProcessingクライアントを作ることで、ユーザーによって入力されたメッセージを送信することができます。

例19-2 簡単なセラピークライアント

```
// ネットワークライブラリをインポートする
import processing.net.*;

// クライアントを宣言する
Client client;

float newMessageColor = 0;           // 新しいメッセージが届いたことを示すために使う
String messageFromServer = "";       // サーバーが言うことすべてを保持する文字列
String typing = "";                  // ユーザーが入力するものを保持する文字列
```

```
void setup() {
  size(400, 200);
  // クライアントを作る
  client = new Client(this, "127.0.0.1", 5204);    ◁─ 127.0.0.1 (localhost)、ポート5204
}                                                       でサーバーに接続します。
void draw() {
  background(255);

  // サーバーからのメッセージを表示する
  fill(newMessageColor);
  textAlign(CENTER);
  text(messageFromServer, width/2, 140);
  // サーバーからのメッセージを白色へフェードする      ◁─ 新しいメッセージは、明度
  newMessageColor = constrain(newMessageColor + 1, 0, 255);   を増加させることで白色へ
                                                              とフェードします。
  // 操作方法を表示する
  fill(0);
  text("Type text and press Enter to send to server.", width/2, 60);
  // ユーザーによって入力されたテキストを表示する
  fill(0);
  text(typing, width/2, 80);
}

void clientEvent(Client client) {   ◁─ 読み込める情報があれば、このイベントが動作します。

  String msg = client.readStringUntil('\n');

  if (msg != null) {                ◁─ msgの値は、クライアントが改行を読み込むとnullになりま
    messageFromServer = msg;           す。メッセージが到着すると、残りのコード内で使うために、
    // 明度を0に設定する                グローバル変数messageFromServerに保存されます。
    newMessageColor = 0;
  }
}

// 簡単なユーザーのキーボード入力
void keyPressed() {
  //リターンキーが押されたら、Stringを保存しそれを消去する
  if (key == '\n') {
    client.write(typing);           ◁─ ユーザーがEnterキーを押すと、入力した文字がサーバーに送られます。
    typing = "";
  } else {
    typing = typing + key;
  }
}
```

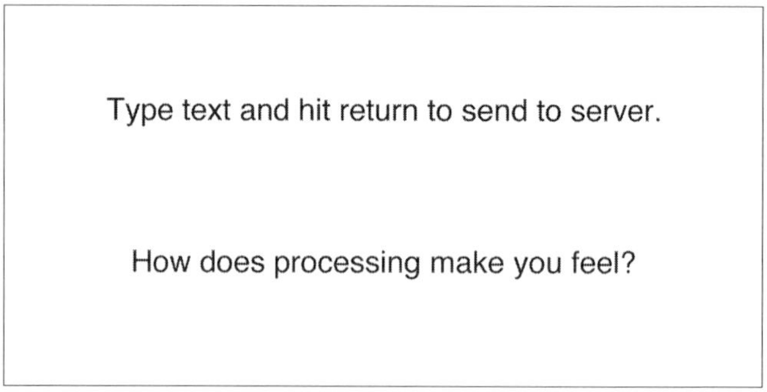

> Type text and hit return to send to server.
>
> How does processing make you feel?

図19-3

練習問題19-2

互いに通信し合うクライアントとサーバーを作成してください。クライアントはユーザーが入力したメッセージを送信し、サーバーは自動的に応答します。例えば、クライアントから送られてきた言葉を反転するために、Stringのデータ解析処理を使うことができます。クライアントが「How are you?」と送ると、サーバーは「You are how?」と返します。

練習問題19-3

<数><演算子><数>（3 + 5のような）型でサーバーにメッセージを送り、サーバーが計算結果を送り返すようにしてください。

19.4　ブロードキャスティング

クライアントとサーバーの仕組みの基礎を理解したので、次は、ネットワーク通信のより実践的な用法について調べることにします。セラピークライアント／サーバーの例では、文字列としてネットワークを介して送ったデータを扱いましたが、それがすべての場合に当てはまるとは限りません。本節では、クライアントに数値データをブロードキャスト[*1]するサーバーの書き方を見ていきます。

それがどのように便利なのでしょうか？ 例えば、家の外の温度や、株価情報、またはカメラで見た動きのすべてを連続的にブロードキャストしたい場合を考えてみましょう。処理のためにProcessingのサーバーが実行されている1台のコンピュータをセットアップし、その情報をブロードキャストできます。世界中のどのクライアントのスケッチからでも、この機器に接続し、情報を受け取ることができます。

そのようなプログラムのための枠組みの実例を示すために、0から255（ここではごく簡単にするために、一度に1バイトしか送りません）の間の数をブロードキャストするサーバーを書きましょう。そして、そのデータを受け取り、独自の方法で解釈するクライアントを見ていきます。

以下は、数値をランダムに増加させ、それをブロードキャストするサーバーです。

例19-3　数（0〜255）をブロードキャストするサーバー

```
// ネットワークライブラリをインポートする
import processing.net.*;

// サーバーを宣言する
Server server;

int data = 0;

void setup() {
```

[*1] 訳注：ここでは、ネットワーク通信や公共放送におけるブロードキャストではありません。一対多の一斉送信ではなく、一対一の通信を多重化しているものを指します。

```
  size(200, 200);
  // サーバーをポート5204で作る
  server = new Server(this, 5204);
}

void draw() {
  background(255);

  // データを表示する
  textFont(f);
  textAlign(CENTER);
  fill(0);
  text(data, width/2, height/2);

  //dataをランダムな値で任意に変更する
  data = (data + int(random(-2, 4))) % 256;
  server.write(data);
}
```

> 数は、すべてのクライアントに連続的に送信されます。なぜならwrite()は、draw()が繰り返されるたびに呼び出されるからです。

```
// serverEvent関数は、新しいクライアントが接続するたびに呼び出される
void serverEvent(Server server, Client client) {
  println("A new client has connected: " + client.ip());
}
```

図19-4

　次に、サーバーから数を受け取り、その数を変数に入れるクライアントを書きます。例は、サーバーとクライアントが同じコンピュータ上で実行しているという前提で書かれていますが（両方の例を開き、Processingで同時に実行できます）、現実世界の状況では、このようなケースはまず起こりません。サーバーとクライアントを異なるコンピュータ上で実行することを選択した場合は、それら機器は、（ルータかハブ、イーサーネットかWi-Fiを介して）ローカルのネットワーク上か、インターネットに接続されていなくてはなりません。IPアドレスは、機器のネットワーク設定で見つけることができます。

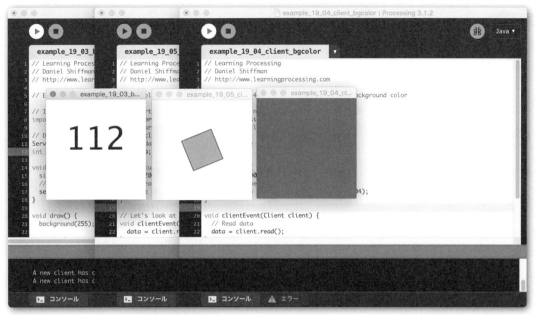

図19-5 2つのクライアントと同時に実行されるブロードキャスティングサーバー

例19-4 背景色としての値を読み込むクライアント

```
// ネットワークライブラリをインポートする
import processing.net.*;

// クライアントを宣言する
Client client;

// サーバーから読み込まれるデータ
int data;

void setup() {
  size(200, 200);
  // クライアントを作る
  client = new Client(this, "127.0.0.1", 5204);
}

void clientEvent(Client client) {        ここでは、一度に1バイトを読み込むことでプログラム
  data = client.read();                  が完璧に動作するので、read()だけが必要です。
}

void draw() {
  background(data);      取り込まれたデータは、背景の色付けに使われます。
}
```

練習問題19-4

図19-5に示した、2つ目のクライアントのコードを書いてください。そのコードでは、図形の回転を制御するためにサーバーからブロードキャストされた値を使います。

19.5　マルチユーザー通信 パート1：サーバー

　ブロードキャストの例では、サーバーがメッセージをブロードキャストし、多数のクライアントがそのメッセージを受信するという一方通行の通信を示しました。しかし、ブロードキャストモデルでは、クライアントが転じて、サーバーに返信することは考慮されていません。本節では、複数のクライアント間での通信を、サーバーによって容易に行うスケッチの作成方法について説明します。

　チャットアプリケーションの仕組みを詳しく見ていきましょう。5つのクライアント（あなたと4名の友人）が、サーバーにつながっています。1クライアントが「Hey everyone!（やあ、みんな！）」とメッセージを入力します。そのメッセージは、それをすべての5つのクライアントに中継するサーバーに送られます。ほとんどのマルチユーザーアプリケーションは、似たような方法で機能します（**ピアツーピア**として知られている、サーバーなしで直接通信できるアプリケーションもありますが）。例えば、マルチプレイヤーオンラインゲームは、クライアントの送る居場所やアクションに関連した情報を、ゲームをプレイしている他のすべてのクライアントにブロードキャストするサーバーをおそらく持っていることでしょう。

　マルチユーザーアプリケーションは、ネットワークライブラリを使い、Processingで開発することができます。その実例として、ネットワークにつながり、情報を共有できるホワイトボードを作ります。クライアントがマウスをスクリーン上でドラッグした時、スケッチは(x,y)座標をサーバーに送信し、そのサーバーは他の接続されたクライアントにそれらを返信します。接続した全員は、他の全員が描く動作を見ることができます。

　複数のクライアント間でどのように通信するかを学ぶのに加え、この例は、複数の数値をどのように送るかについても見ていきます。クライアントは、どうやって2つの値（xとyの座標）を送り、サーバーはどうやってそれらの値を判別するのでしょうか？

　この問いを解決するために、まずクライアント間の通信のためのプロトコルを開発しましょう。何の形式で情報を送信し、またどのようにその情報を受信し、解釈するのでしょうか？幸いにも、これまで時間をかけて17章と18章で学んだStringオブジェクトの作成と管理、解析に関する知識が、これらの作業に必要なすべてのツールを提供してくれるはずです。

　クライアントがマウス位置mouseX = 100とmouseY = 125を送信したいと仮定します。判読するのに便利な方法で、その情報を文字列としてフォーマットする必要があります。ひとつのやり方は、次のとおりです。

「コンマの前の1番目の数はx位置で、コンマの後の2番目の数は125です。データの最後には改行文字（\n）があります。」

コードでは、次のようになるでしょう。

```
String dataToSend = "100,125\n";
```

もしくは、より一般的には以下のとおりです。

```
String dataToSend = mouseX + "," + mouseY + "\n";
```

これで、データを送受信するためのプロトコルを開発しました。mouseXとmouseYの整数値は、送信している間は、文字列（数、続くコンマ、続く数、続く改行）としてエンコードされます。それらは、受信後は判読されなくてはなりませんが、それについては後ほど触れます。ほとんどの例は、**改行**または**復帰**をメッセージの最後を示すために使いますが（本章の最初の例で見たとおり）、決して要求されているわけではなく、クライアントとサーバーのコードで一致する限り、メッセージングプロトコルを選択し、設計と実装を行うことができます。

実際は何が送られているの？

ネットワークを介して送信されるデータは、個別のバイトの連続したリストとして送られます。4章でのデータ型についての説明を思い出してください。1バイトは、8ビット数で、それは、8つの0と1から作られた数、または0から255の間の数です。

数42を送りたいと仮定しましょう。2つの選択肢があります。

```
client.write(42);    // バイト42を送信する
```

これは、本当に実際のバイト42を送っています。

```
client.write("42");  // String「42」を送信する
```

今度は、文字列を送っています。その文字列は、2つの文字（「4」と「2」）で作られています。私は2バイトを送っているのです！これらバイトは、文字をエンコードするための共通基準である、ASCII（American Standard Code for Information Interchange）コードによって決定されます。文字「A」はバイト65、文字「B」はバイト66などです。文字「4」はバイト52、文字「2」はバイト50です。

スケッチがデータをバイトとして読み込む時、そのバイトを、文字どおりの数値、または文字のASCIIコードのどちらで解釈するかはスケッチ自身が知っています。これは、適切なread()関数を選択することで達成されます。

```
int val = client.read();           // client.write(42);に対応する
String s = client.readString();    // client.write("42");に対応する
int num = int(s);                  // 整数に変換する
```

次に、クライアントからのメッセージを受信するサーバーを作成します。プロトコルでメッセージをフォーマットすることはクライアントの仕事です。サーバーの仕事は単純なままで、

(1) データを受信し、(2) データを中継します。これは、「19.2 サーバーを作る」で用いた方法に似ています。

ステップ1：データを受信する

```
Client client = server.available();
if (client ! = null) {
  incomingMessage = client.readStringUntil('\n');
}
```

改行文字（'\n'）が、受信データの最後を示すために使われている点に再び注目してください。私は単に送信中に確立したプロトコルに従っています。このようにできるのは、サーバーとクライアントの両方を設計しているからです。

データが読まれたら、次を追加します。

ステップ2：クライアントへデータを中継する

```
Client client = server.available();
if (client != null) {
  incomingMessage = client.readStringUntil('\n');

  server.write(incomingMessage);   ◁ すべてのクライアントへメッセージを返信します。
}
```

例19-5が、オプション機能を付けた完全なサーバーです。メッセージは、サーバーが新しいデータを受信した時と同様に、新しいクライアントが接続した時にスクリーン上に表示されます。

例19-5　マルチユーザーサーバー

```
// ネットワークライブラリをインポートする
import processing.net.*;

// サーバーを宣言する
Server server;

String incomingMessage = "";

void setup() {
  size(400, 200);
  // ポート5204でサーバーを作る
  server = new Server(this, 5204);
}

void draw() {
  background(255);

  // 新しいメッセージの色で矩形を表示する
  fill(0);
  textFont(f);
  textAlign(CENTER);
  text(incomingMessage, width/2, height/2);
```

```
  // クライアントがなければ、clientはnullになる
  Client client = server.available();
  // スケッチは、clientがnullでない場合にのみ処理をする
  if (client != null) {
    // メッセージを受信する
    incomingMessage = client.readStringUntil('\n');
    // Processingのメッセージウィンドウに表示する
    println("Client says: " + incomingMessage);
    // メッセージを返信する（これはすべてのクライアントへ届くことに注意）
    server.write(incomingMessage);
  }
}

// serverEvent関数は、新しいクライアントが接続されるたびに呼び出される
void serverEvent(Server server, Client client) {
  incomingMessage = "A new client has connected: " + client.ip();
  println(incomingMessage);
}
```

> ひとつのクライアントから受信されたすべてのメッセージは、即座にwrite()ですべてのクライアントに中継されます。

19.6　マルチユーザー通信 パート2：クライアント

クライアントの仕事は3倍あります。

1. mouseXとmouseYの座標をサーバーに送る。
2. サーバーからメッセージを読み出す。
3. サーバーのメッセージに基づきウィンドウ内にellipseを表示する。

ステップ1で、送信のために確立されたプロトコルを確実に実行する必要があります。

mouseX コンマ mouseY 改行

```
    String out = mouseX + "," + mouseY + "\n";
    client.write(out);
```

ここに疑問が残ります。その情報を送る適切な時はいつでしょう？ メインのdraw()ループ内にこの2行のコードを挿入し、フレームごとでマウス座標を送信することができます。しかし、ホワイトボードのクライアントの場合、ユーザーがマウスをウィンドウ内でドラッグした時にだけ送信する必要があります。

mouseDragged()関数は、mousePressed()に似たイベント処理関数です。ユーザーがマウスをクリックした時に呼び出されるのではなく、ドラッギングイベントが発生した時、すなわち、マウスボタンを押しながらマウスを移動している時に常に呼び出されます。関数は、ユーザーがマウスをドラッグしている時に連続して呼び出される点に注意してください。これは、送信を行うのに適した場所です。

```
    void mouseDragged() {
      String out = mouseX + "," + mouseY + "\n";
      // Stringをサーバーに送信する
```

> プロトコルで文字列をひとつにまとめます（mouseX コンマ mouseY 改行）。

```
    client.write(out);
    // データが送信されたことを示すメッセージを表示する
    println("Sending: " + out);
}
```

ステップ2では、サーバーからメッセージを読み出し、セラピークライアントやブロードキャストクライアントの例と同じように動作します。

```
// サーバーから読み込み可能な情報があれば
void clientEvent(Client client) {
  // メッセージをStringとして読み込み、すべてのメッセージは改行文字で終わる
  String in = client.readStringUntil('\n');
  if (in != null) {
    // 受信したメッセージを表示する
    println( "Receiving:" + in);
  }
}
```

データがStringオブジェクト内に配置されると、18章のデータ解析処理で解釈されます。最初に、文字列は、コンマを区切り文字として使い、文字列の配列内に分割されます。

```
String[] splitUp = split(in, ",");
```

文字列配列は、次に整数（長さ2）の配列に変換されます。

```
int[] vals = int(splitUp);
```

そして、これら整数は、ellipseを表示するのに使われます。

```
fill(255, 100);
noStroke();
ellipse(vals[0], vals[1], 16, 16);
```

例19-6に、クライアントスケッチの全コードを示します。

例19-6　マルチユーザーホワイトボードのクライアント

```
// ネットワークライブラリをインポートする
import processing.net.*;

// クライアントを宣言する
Client client;

void setup() {
  size(200, 200);
  // クライアントを作る
  client = new Client(this, "127.0.0.1", 5204);
  background(255);
}

// サーバーから読み込み可能な情報があれば
void clientEvent(Client client) {
  // メッセージをStringとして読み込み、すべてのメッセージは、改行文字で終わる
```

```
    String in = client.readStringUntil('\n');
    if (in != null) {
      // 受信したメッセージを表示する
      println( "Receiving:" + in);
      int[] vals = int(split(in, ","));

      // それらの値に基づきellipseを描画する
      fill(0, 100);
      noStroke();
      ellipse(vals[0], vals[1], 16, 16);
    }
  }

  void draw() {
  }

  // ユーザーがマウスをドラッグするたびにデータを送信する
  void mouseDragged() {
    // プロトコルでStringをひとつにまとめる(mouseX コンマ mouseY 改行)
    String out = mouseX + "," + mouseY + "\n" ;
    // サーバーへStringを送信する
    client.write(out);
    // データが送信されたことを示すメッセージを表示する
    println("Sending: " + out);
  }
```

> クライアントはサーバーからのメッセージを読み込み、それらをプロトコルに従ってsplit()で解析します。

> マウスがドラッグされるたびにメッセージが送信されます。ここで留意すべき点は、クライアントはそれぞれのメッセージを受信することです！ ここでは、何も描かれません！

19.7 マルチユーザー通信 パート3：すべてをひとつにまとめる

　マルチユーザーアプリケーションが実行される時は、スケッチを起動する順番が重要です。クライアントスケッチは、サーバースケッチが実行されていないと機能しません。

　最初に (a) サーバーのIPアドレスを確認し、(b) ポートを選択し、それをサーバーコードに追加し、(c) サーバーを実行します。

　その後、正しいIPアドレスとポートでクライアントを起動できます。

　マルチユーザープロジェクトに取り組む場合、おそらくサーバーとクライアントを別々のコンピュータで実行したいでしょう。結局、それがマルチユーザーアプリケーションを作るためのそもそもの重要なポイントです。しかし、テストと開発の目的では、多くの場合、すべてのスケッチをひとつのコンピュータ上で実行することが便利です。この場合、サーバーのIPアドレスは、localhostか127.0.0.1です（本章の例で使ったIPアドレスのことです）。

図19-6　例19-5と例19-6を一緒に実行

　21章で詳しく説明しますが、Processingの「アプリケーションとしてエクスポート」機能によって、独立したアプリケーションとしてサーバーを書き出すことができます。また、Processingでクライアントを開発している間、そのアプリケーションはバックグラウンドで実行することができます。さらに、ひとつ以上のクライアントの環境をシミュレートするために、独立したアプリケーションを複数実行することもできます。**図19-6**は、サーバーを2つのクライアントとともに、実行しているところを示しています。

練習問題 19-5

　ホワイトボードで色が使えるように拡張してください。各クライアントは、(x,y)位置に加え、赤、緑、青の値を送信することになります。この作業のためにサーバーを変更する必要はありません。

練習問題 19-6

　ネットワークを介して二人でプレイできるPongを作ってください。これは複雑な課題なので、ゆっくりと作り上げましょう。例えば、最初はネットワーク機能を除いて動作するPongを作るべきです（行き詰まってしまったら、本書のウェブサイトで提供されている例を見てください）。また、サーバーにも変更を加える必要があります。特に、サーバーはプレイヤーが接続される時、彼らのラケットを（右か左か）割り当てる必要があります。

19.8 シリアル通信

ネットワーク通信の入力と出力について学ぶことで、Processingでのシリアル通信が非常に簡単にできるようになります。シリアル通信は、コンピュータのシリアルポートからバイトを読み込むことに関係します。そのバイトは、購入したハードウェア（例えば、シリアルジョイスティック）から、または、回路の構築とマイクロコントローラへのプログラミングにより自分で設計したものから送られてくるものです。

本書は、外部ハードウェア側からのシリアル通信は扱いません。しかし、もしそのような分野であるフィジカルコンピューティングについて興味があれば、トム・アイゴ（Tom Igoe）の『Making Things Talk: Arduinoで作る「会話」する者たち』という書籍をお勧めします。Arduinoのウェブサイト（http://www.arduino.cc/）もまた、素晴らしい情報源です。Arduinoは、Processingを手本としたプログラミング言語によるオープンソースのフィジカルコンピューティングプラットフォームです。ここでは、参考のためにいくつかのArduinoのコードを一緒に提供しますが、本書の題材は、あくまでProcessingにデータが到着した後の処理方法についてのみ扱います。

シリアル通信は、1ビットずつ逐次的にデータを送る処理のことを言います。Processingのserialライブラリは、USB（Universal Serial Bus）ポートに接続されたローカル装置からコンピュータへのシリアル通信のために設計されています。「serial」は、シリアルポートのことです。シリアルポートは、昔のコンピュータの標準的な外部接続インタフェースで、モデム接続などに使われていました。

シリアルポートからデータを読み込む処理は、一部例外はありますが、ネットワークに接続されたクライアント／サーバーの例にあるものと実質的には一緒です。まず、ネットワークライブラリをインポートする代わりに、serialライブラリをインポートし、Serialオブジェクトを作ります。

```
import processing.serial.*;

Serial port = new Serial(this, "COM1", 9600);
```

Serialコンストラクタは、3つの引数を取ります。

ひとつ目の引数は、常にthisで、**この**（this）スケッチという意味です（16章を参照）。

2つ目の引数は、使われている通信ポートを示す文字列です。コンピュータは、名前でポートを分類します。Windowsパソコンでは、「COM1」「COM2」「COM3」などです。macOS（Mac OS X）などUnixを基本にしたコンピュータでは、「/dev/tty.something」などです（「something」は、端末装置を示します）。これを整理する便利な方法は、Serialライブラリの、文字列の配列を返すlist()関数を使い、利用可能なポートのリストを表示することです。

```
String[] portList = Serial.list();
printArray(portList);
```

以下に、出力例を2つ示します。

```
[0] "/dev/cu.Bluetooth-Incoming-Port"
[1] "/dev/cu.Bluetooth-Modem"
[2] "/dev/cu.usbmodem1421"
```
← Serial.list()で出力されるmacOS(Mac OS X)の例。

```
[0] "COM115"
```
← Serial.list()で出力されるWindowsの例。

最初の配列は、macOS（Mac OS X）の例で、3つ目の文字列（添字は2です！）が目的のポートです。2つ目の配列はWindowsの例で、最初に表示される唯一の文字列（添字は0）が正しいものです。2つ目の例は、次のようなコードになります。

```
String[] portList = Serial.list();
Serial port = new Serial(this, portList[0], 9600);
```

もしまだ問題を抱えているのであれば、オンラインのArduinoガイド（http://www.arduino.cc/en/Guide/HomePage）にある追加説明を参照してください。

3つ目の引数は、データが連続的に転送される速度で、通常は9,600ボーです。ボー（baud）は、情報が送信される速度のことで、この場合の単位はbpsすなわち「ビット/秒」です。

バイトは、write()関数を使い、シリアルポート経由で送信されます。送信されるデータ型は、byte、char、int、byte[]、Stringです。文字列を送信する場合、実際に送られるデータは、各文字のASCIIコードのバイトです。覚えておいてください。

```
port.write(65); // バイト65を送信する
```

データは、クライアントとサーバーで見たのと同じ関数read()、readString()、readStringUntil()で読み込むことができます。コールバック関数serialEvent()は、シリアルイベントが発生するたびに、すなわち読み込み可能なデータがあることがきっかけで呼び出されます。

```
void serialEvent(Serial port) {
  int input = port.read();
  println("Raw Input: " + input);
}
```

読み込み可能なものがない場合、read()関数は、-1を返します。とはいえ、serialEvent()内にコードを書いていることを前提としていることから、常に利用可能なデータはあります。

次の例19-7は、シリアルポートからデータを読み込み、それをスケッチの背景色に使う例です。

例19-7　シリアルポートから読み込む

```
import processing.serial.*;

int val = 0; //背景色に使われるシリアルポートからのデータを格納するため
Serial port; // シリアルポートオブジェクト
```

```
void setup() {
  size(200, 200);
  // 利用可能なポートのリストを見たい場合
  // printArray(Serial.list());

  port = new Serial(this, Serial.list()[0], 9600);
}
```
　　　　　　　　　　　　　　　　　　　Serialオブジェクトをリスト（コン
　　　　　　　　　　　　　　　　　　　ピュータによっては異なるかもしれな
　　　　　　　　　　　　　　　　　　　い）の最初のポートで初期化します。

```
void draw() {
  background(val);          シリアルデータは、背景色に使われます。
}

// 読み込み可能な何かがある時は常に呼び出される
void serialEvent(Serial port) {
  // データを読み込む
  val = port.read();

  // デバッグのために
  // println("Raw Input: " + input);
}
```
　　　　　　　　　　　シリアルポートからのデータは、read()関数を使いserialEvent()
　　　　　　　　　　　内で読み込まれ、またグローバル変数のvalに割り当てられます。

参考までに、Arduinoを使っている場合は、次のコードで対応できます。

```
int val;

void setup() {
  Serial.begin(9600);
}

void loop() {
  val = analogRead(0);
  // Arduinoのwrite()関数は、未加工の数そのものを送信する
  // この後すぐに、print()を使いASCII文字列として送信する例を見ていく
  Serial.write(val);
}
```
　　　　　　　　　　これはProcessingのコードではありません！ Arduinoのコードで
　　　　　　　　　　す。詳しくはhttp://www.arduino.cc/を見てください。

19.9　ハンドシェイクによるシリアル通信

　シリアル通信のコードに**ハンドシェイク**の要素を加えると、色々都合よく使えます。例えば、ハードウェアデバイスが、Processingスケッチの読み込む速度よりも速くバイトを送る場合、スケッチのラグの原因となり、時折情報の詰まりになりえます。センサーの値は遅れて到着するため、ユーザーにとって混乱や誤解を招くインタラクションになってしまいます。リクエストがあった時だけ情報を送信する処理は、**ハンドシェイク**として知られ、このラグを軽減します。

例19-8　ハンドシェイク

```
void setup() {
  size(200, 200);
```

```
    // 利用可能なポートのリストを見たい場合
    // printArray(Serial.list());

    // ひとつ目の利用可能なポートを使う（コンピュータによっては異なるかもしれない）
    port = new Serial(this, Serial.list()[0], 9600);
}
```

スケッチがserialEvent()の内部でバイト処理を完了したら、再び新たな値を要求します。

```
    // 読み込み可能な何かがある時は常に呼び出される
    void serialEvent(Serial port) {
      // データを読み込む
      val = port.read();
      // デバッグのために
      // println("Raw Input: " + input);

      // 新しい値を要求する
      port.write(65);
    }
```

> スケッチが1バイトを受け取った後、バイト65を返信します。それは次のものを受け取る準備ができたことを示します。

ハードウェアデバイスが要求された時に、センサーの値だけを送るように設計されている限り、いかなるラグの可能性も取り除かれます。以下に、改良したArduinoコードを示します。この例は、要求されたバイトが何かは関係なく、バイトの要求があるだけです。より高度なバージョンでは、異なる要求に対して異なる応答を行います。

```
    int val;

    void setup() {
      Serial.begin(9600);

      // Arduinoは、最初の送信にバイト0を伝える
      // その後Processingにデータを要求する
      Serial.write(0);
    }

    void loop() {
      // 何かが送られてきた場合のみ、送信する
      if (Serial.available() > 0) {
        // Processingから読み込む
        int input = Serial.read();
        // センサーデータを送信する
        val = analogRead(A0);
        Serial.write(val);
      }
    }
```

> これはProcessingのコードではありません！ Arduinoのコードです。詳しくはhttp://www.arduino.cc/を見てください。

> 上では「65」を送信していますが、何かが送られてきたことが分かればいいので、ここでは読み込んだ値は「65」でなくてもよいことにしています。

19.10 文字列のシリアル通信

シリアルポートから複数の値（または、255以上の数）を読み出したい場合、readStringUntil()関数が便利です。例えば、3つのセンサーからデータを読み込み、スケッチの背景色の赤、緑、青の値として使いたいと仮定しましょう。そこで、マルチユーザーホワイトボードの例で設計したのと同じプロトコルを使います。ハードウェアデバイス（センサーが接続されている）に、次のようなデータを送るように要求します。

センサーの値1　コンマ　センサーの値2　コンマ　センサーの値3　改行

例を示します。

104,5,76\n

例19-9　文字列のシリアル通信

```
import processing.serial.*;

int r, g, b;   // 背景色に使われる
Serial port;   // シリアルポートオブジェクト

void setup() {
  size(200, 200);

  // 利用可能なポートのリストを見たい場合
  // printArray(Serial.list());
  // ひとつ目の利用可能なポートを使う(コンピュータによっては異なるかもしれない)
  port = new Serial(this, Serial.list()[0], 9600);

  port.bufferUntil('\n');
}
```

> 文字列としてArduinoのデータを読み込んでいるので、このメソッドを追加しています。改行文字 (\n) は、メッセージが完了したことを示し、下記のように、readString()で読み取ることができます。

```
void draw() {
  // 背景を設定する
  background(r, g, b);
}

//読み込み可能なものがある時は常に呼び出される
void serialEvent(Serial port) {
  // データを読み込む
  String input = port.readString();
  if (input != null) {
    // 受け取ったメッセージを表示する
    println("Receiving: " + input);
    // 整数の配列内にStringを分割する
    int[] vals = int(split(input, ","));

    // r, g, b変数に代入する
    r = vals[0];
```

> シリアルポートからのデータは、readString()を用い、serialEvent()内で読み込まれます。その際、上記のsetup()内のbufferUntil()で指定されたように文字の最後には「\n」を付けます。

> コンマを区切り文字として、データは文字列の配列内に分割され、整数の配列へと変換されます。

```
    g = vals[1];          ◁── 3つのグローバル変数は、入力データで代入されます。
    b = vals[2];
  }

  // 完了したら、再び値を要求する
  port.write(65);
}
```

以下に、対応するArduinoコードを示します。

```
int sensor1 = 0;          ◁── これはProcessingのコードではありません！ Arduinoのコードで
int sensor2 = 0;              す。詳しくはhttp://www.arduino.cc/を見てください。
int sensor3 = 0;

void setup() {
  Serial.begin(9600);
  Serial.write(0);     // 通信を開始する
}

void loop() {
  // 要求がある場合のみ送る
  if (Serial.available() > 0) {
    Serial.read();
    sensor1 = analogRead(A0);
    // これは次の読み込みの前にアナログーデジタル変換を安定させるための遅延である
    delay(1);
    sensor2 = analogRead(A1);
    delay(1);
    sensor3 = analogRead(A2);
    delay(1);

    // writeに代えprintを使い、文字列として整数を送信する
    Serial.print(sensor1);
    // コンマを送る。ASCIIコード44
    Serial.print(',');
    Serial.print(sensor2);
    Serial.print(',');
    // 最後の値は、読み込まれる文字列の最後を示す改行文字を加えたprintlnで送信される
    Serial.println(sensor3);
  }
}
```

練習問題19-7

Arduinoボードを持っている場合は、独自のインタフェースを構築して、すでに作成したProcessingのスケッチを制御してください（これを試す前に、本章で提供された簡単な例が問題なく実行できるか確認してください）。

レッスン8の
プロジェクト

　外部の情報（ローカルファイル、ウェブページ、XMLフィード、サーバー、シリアル通信）をProcessingに読み込み、データを可視化してください。

❶ プロジェクトを段階的に構築してください。例えば、まずは実際のデータを使わず（乱数かハードコードされた値を使い）、可視化のデザインを試してください。ウェブからデータを読み込む場合、このプロジェクトを開発している間は、ローカルファイルの使用を検討するとよいでしょう。実際のデータを接続する前に、**擬似**データを敬遠せずに使用し、デザイン面を完成させてみましょう。

❷ 抽象化のレベルを試してみましょう。入力した文字をスクリーン上にそのまま表示してみてください。次に、入力データがオブジェクトの動きに影響を与える抽象システムを構築しましょう（レッスン6プロジェクトの「生態系」を使うのもよいでしょう）。

　下の空欄を、プロジェクトのスケッチの設計やメモ、擬似コードを書くのに使ってください。

レッスン9
音声処理

- 20章 サウンド
- 21章 書き出し

20章
サウンド

チェック、チェック、チェック1。シューシュー（歯擦音）。
チェック、チェック、チェック2。シューシュー（歯擦音）。
── バリー・ザ・ローディー

この章で学ぶこと
- 簡単なサウンドの再生
- 音量、ピッチ、パンを調整した再生
- サウンド合成
- サウンド解析

　本書のイントロダクションで述べたとおり、Javaに根ざしたProcessingは、視覚的コンテキストでプログラムを学ぶために設計されたプログラミング言語であり開発環境です。そのため、サウンドに主眼を置いたインタラクティブな大規模アプリケーションを開発したい場合は、「Processingは私にとって正しいプログラミング環境なのだろうか？」という避けがたい疑問が持ち上がります。その疑問に答えるために本章では、Processingでサウンドを扱うことの可能性を探っていきます。

　さまざまな方法で、Processingのスケッチにサウンドを統合することができます。多くのProcessingユーザーは、PureData（http://puredata.info）、Max/MSP（http://www.cycling74.com/）、SuperCollider（http://supercollider.github.io/）、Ableton Liveなどの異なるプログラミング環境と通信させるのに、Processingを使用します。このことは、それらアプリケーションがサウンドの作業に必要な、洗練された統合的な機能を持っているためであり、適切な選択といえます。Processingは、それらアプリケーションとさまざまな方法で通信することができます。一般的な方法は、アプリケーション間のネットワーク通信のためのプロトコルであるOSC（Open Sound Control）を使うことです。これはネットワークライブラリ（前章参照）か、アンドレアス・シュレーゲル（Andreas Schlegel）によるoscP5ライブラリ（http://www.sojamo.de/libraries/oscP5）を使ってProcessingで利用することができます。

　本章は、Processingの3つの基本的なサウンドテクニックである「再生」「合成」「解析」に焦点を当てます。本章のすべての例で、ウィルム・トーベン（Wilm Thoben）が開発した新しい

core soundライブラリ（Processing 3.0から利用可能）を使います。また一方、サウンドの作業をするにあたり、それ以外の寄稿されたライブラリを含むProcessingライブラリのリスト（https://processing.org/reference/libraries/）も見てみるとよいでしょう。

20.1　基本的なサウンドの再生

　最初に行いたいことは、Processingのスケッチでサウンドファイルを再生することです。Processingでビデオを扱うのと同じように、サウンドを使ってさまざまなことを行えるようにするために、コードの最初にインポート文を書く必要があります。

```
import processing.sound.*;
```

　ライブラリをインポートしたので、サウンドに関するすべての世界が、皆さんの手中にあるのです。まず、サウンドをファイルから再生する方法を、実際に動かすことから始めます。画像ファイルを表示する前に、まずそれらを読み込んだのとほぼ同じ方法で、サウンドが再生される前に、サウンドファイルをメモリ内に読み込まなければなりません。ここで、SoundFileオブジェクトはファイルを指定することにより、サウンドへの参照を格納するために使われます。

```
SoundFile song;
```

　オブジェクトは、コンストラクタにthisへの参照とともに、サウンドのファイル名を渡すことで初期化されます。

```
song = new SoundFile(this, "song.mp3");
```
　◁ ファイル「song.mp3」は、dataフォルダに置かれるべきです。

　画像と同じように、ハードディスクからサウンドファイルを読み込むのは遅い処理なので、draw()の実行速度の妨げにならないように、上記のコードはsetup()内に置かれるべきです。

　Processingで互換性のあるサウンドファイルの形式は限られています。利用可能なフォーマットは、wav、aiff、mp3です。もし、互換性のあるフォーマットで保存されていないサウンドファイルを使いたいのであれば、フリーのオーディオ編集ソフト、例えばAudacity (http://audacity.sourceforge.net/)をダウンロードし、ファイルを変換してください。サウンドがいったん読み込まれると、再生は簡単です。

```
song.play();
```
　◁ play()関数は、サウンドを一度だけ再生します。

　サウンドを繰り返したいのであれば、代わりにloop()を呼び出してください。

```
song.loop();
```
　◁ loop()関数は、サウンドを繰り返し再生します。

　サウンドは、stop()かpause()で停止することができます。次の例では、Processingのスケッチが開始するとすぐに、サウンドファイル（この場合、およそ2分の曲）を再生します。ユーザーがマウスをクリックすると、一時停止（または再スタート）します。

例20-1　サウンドトラック

```
import processing.sound.*;

SoundFile song;

void setup() {
  size(640, 360);
  song = new SoundFile(this, "song.mp3");
  song.play();
}

void draw() {
}

boolean playing = true;
void mousePressed() {
  if (playing) {
    song.stop();
    playing = false;
  } else {
    song.play();
    playing = true;
  }
}
```

　サウンドファイルの再生は、短いサウンドエフェクトとしても活用できます。次の例は、ユーザーが円をクリックしたらドアベルのサウンドが再生されるものです。Doorbellクラスには、簡単なボタンの機能（ロールオーバーとクリック）が実装してあり、これは結果的に練習問題9-8の解答を使うことになります。（サウンドの再生に関連する）新しい概念のコードは、太字で示してあります。

例20-2　ドアベル

```
// soundライブラリをインポートする
import processing.sound.*;

// サウンドファイルオブジェクト
SoundFile dingdong;
// ドアベルオブジェクト（サウンドを始動させる）
Doorbell doorbell;

void setup() {
  size(200, 200);
// サウンドファイルを読み込む
  dingdong = new SoundFile(this, "dingdong.mp3");
// 新しいドアベルを作る
  doorbell = new Doorbell(width/2, height/2, 64);
}
```

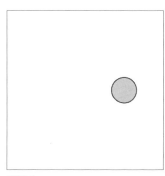

図20-1

```
void draw() {
  background(255);
  // ドアベルを表示する
  doorbell.display(mouseX, mouseY);
}

void mousePressed() {
  // ユーザーがドアベルをクリックすると、サウンドが再生される！
  if (doorbell.contains(mouseX, mouseY)) {
    dingdong.play();
  }
}

// 「doorbell」(実際はボタン) を記述するためのクラス
class Doorbell {
  // 位置と大きさ
  float x;
  float y;
  float r;

  // ドアベルを作る
  Doorbell(float x_, float y_, float r_) {
    x = x_;
    y = y_;
    r = r_;
  }

  // ある点はドアベルの内側にあるか？(マウスのロールオーバー等に使う)
  boolean contains(float mx, float my) {
    if (dist(mx, my, x, y) < r) {
      return true;
    } else {
      return false;
    }
  }

  // ドアベルを表示する(ハードコードした色は改良の余地あり)
  void display(float mx, float my) {
    if (contains(mx, my)) {
      fill(100);
    } else {
      fill(175);
    }
    stroke(0);
    strokeWeight(4);
    ellipse(x, y, r, r);
  }
}
```

練習問題20-1

サウンドファイル自体への参照を含むようにDoorbellクラスを書き換えてください。それによって、それぞれ異なるサウンドを再生する複数のDoorbellオブジェクトを簡単に作成することができます。以下に作業用のコードを一部示します。

```
// 「doorbell」(実際はボタン)を記述するクラス

class Doorbell {
  // 位置と大きさ
  float x;
  float y;
  float r;
  // サウンドファイルオブジェクト
  _____  _____;

  // ドアベルを作る
  Doorbell (float x_, float y_, float r_, _____ filename) {
    x = x_;
    y = y_;
    r = r_;

    _____ = new _____(_____, _____);
  }

  void ring() {

    _____;
  }

  boolean contains(float mx, float my) {
    // オリジナルと同じ
  }

  void display(float mx, float my) {
    // オリジナルと同じ
  }
}
```

ドアベルの例を実行し、ドアベルを何度もクリックすると、クリックするたびにサウンドが再開することに気づきます。再生を終了できないのです。この単純な例では、さほど大きな問題ではありませんが、サウンドの再開によって妨げられることは、より複雑なサウンドを扱うスケッチでは、非常に重大な問題になることがあります。この問題を解決するもっとも簡単な方法は、play()関数を呼び出す前に、常にサウンドが**再生されているか**チェックすることです。**例20-1**では、ブーリアン型変数(playing)を使ってこのチェックを行いましたが、ここではもうひとつのやり方として、関数isPlaying()を使ってみます。関数isPlaying()

20.1 基本的なサウンドの再生

は、まさにそのチェックを行い、真か偽を返します。上記の例でこの関数は、サウンドが一時停止、または再生されるべきかの判断をするために使われました。サウンドが**再生されていなければ再生する**となり、次のようになります。

```
if (!dingdong.isPlaying()) {
  dingdong.play();
}
```

> 覚えてますか。「!」は否定を意味します！

練習問題 20-2

サウンドの一時停止／再生の状態を切り替えるボタンを作ってください。ひとつ以上のボタンを、それぞれ異なるサウンドと関連づけて作れますか？

20.2　より魅力的なサウンドの再生

再生中、サウンドのサンプルをリアルタイムで操作することができます。音量とピッチ、パンのすべてが調整できます。

音量から始めましょう。サウンドの世界で音量の技術用語は、**振幅**（amplitude）です。SoundFileオブジェクトのボリュームは、0.0から1.0の間の浮動小数点数（0.0は無音で、1.0は最大音量です）を取るamp()関数で設定できます。次の抜粋コードは、「song.mp3」という名前のファイルを前提とし、mouseX位置に基づき（0から1の範囲にマッピングすることで）音量を設定します。

```
float volume = map(mouseX, 0, width, 0, 1);
song.amp(volume);
```

> 音量の範囲は0から1までです。

パンは、2台のスピーカー（一般的に「左」と「右」）のそれぞれの音量のことです。サウンドが左側に最大限までパンした場合は、左が最大で、右からは何も聞こえません。コードでパンを調整することは、振幅の調整と同じ作業で、範囲が−1.0（左側へのパン）から1.0（右側へのパン）の間で行うことになります。

```
float panning = map(mouseX, 0, width, -1, 1);
song.pan(panning);
```

> パンの範囲は−1から1までです。

ピッチは、rate()を使い、再生速度を変えることで変更されます（例えば、高速再生では高いピッチになり、低速再生では低いピッチになります）。例えば、1.0の速度は通常速度で、2.0は2倍の速度となります。次のコードは0（まったく聞こえない）から4（かなり速い再生速度）までの範囲を使います。

```
float speed = map(mouseX, 0, width, 0, 4);
song.rate(speed);
```

> 速度（すなわち、ピッチ）の妥当な範囲は0と4の間です。

次の例では、サウンドのボリュームとピッチをマウスの動きに合わせて調整します。play()の代わりにloop()を使うことで、サウンドを一度だけ再生するのではなく、繰り返すことに留意してください。

例20-3　サウンドの操作

```
import processing.sound.*;

// サウンドファイルオブジェクト
SoundFile song;

void setup() {
  size(200, 200);

  // サウンドファイルの読み込み
  song = new SoundFile(this, "song.mp3");

  // サウンドを永遠に繰り返す
  // （少なくともstop() か pause()が呼ばれるまで）
  song.loop();
}

void draw() {
  background(255);

  float volume = map(mouseX, 0, width, 0, 1);   ← 音量は、mouseXの位置によって設定されます。
  song.amp(volume);

  // 0から2の間の範囲で速度は設定される
  // 速度を変えるとピッチが変わる
  float speed = map(mouseY, 0, height, 0, 2);   ← 速度は、mouseYの位置によって設定されます。
  song.rate(speed);

  // 何が起こっているか示すために、いくつかの円を描く
  stroke(0);
  fill(51, 100);
  ellipse(mouseX, 100, 48, 48);
  stroke(0);
  fill(51, 100);
  ellipse(100, mouseY, 48, 48);
}
```

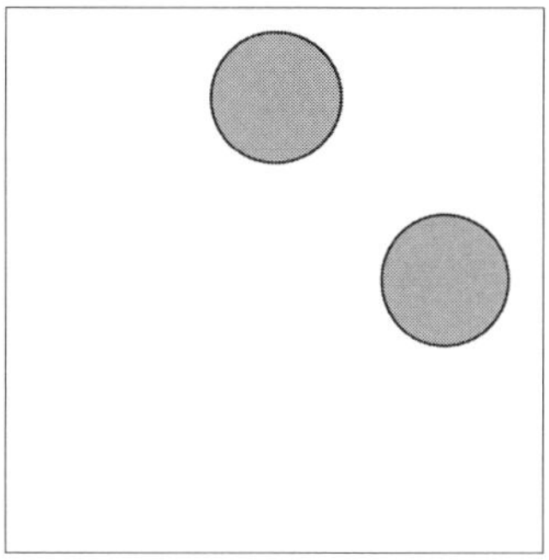

図20-2

次の例は、同じサウンドファイルを使っていますが、サウンドを左から右へパンします。

例20-4　サウンドの操作

```
import processing.sound.*;

SoundFile soundFile;

void setup() {
  size(200, 200);
  soundFile = new SoundFile(this, "song.mp3");
  soundFile.loop();
}

void draw() {
```

```
  background(255);
  float panning = map(mouseX, 0, width, -1, 1);
  soundFile.pan(panning);

  // 円を描く
  stroke(0);
  fill(51, 100);
  ellipse(mouseX, 100, 48, 48);
}
```

> mouseXをパンの値（-1と1の間）にマッピングします。

練習問題 20-3

例20-3で、マウスを上げた時ではなく下げた時に、より低いピッチのサウンドが再生されるようにy座標を反転してください。

練習問題 20-4

例5-6の跳ね返るボールのスケッチを使い、ウィンドウの端でボールが跳ね返るたびにサウンドエフェクトが再生されるようにしてください。x位置によって、エフェクトを左右にパンします。

また、サウンドは、例えば、リバーブ、遅延フィードバック、ハイ、ロー、バンドパスフィルター等のエフェクトで処理するなどの操作も行えます。これらのエフェクトは、サウンドを処理するために個別のオブジェクトで扱う必要があります（このやり方については、「20.4 サウンド解析」で詳しく見ていきます）。

リバーブフィルター（サウンドが部屋の中で反響を繰り返すことで発生する高速エコーのようなもの）は、Reverbオブジェクトで適用できます。

```
  Reverb reverb = new Reverb(this);
  reverb.process(soundFile);
```

> この関数は、サウンドファイルをリバーブエフェクトにつなげます。

リバーブの量は、room()関数で制御できます。（0から1の範囲で）リバーブを変化させて発生させられるように建てられた部屋（room）を考えてみましょう。以下に、リバーブを使う例を示します。

例20-5　リバーブエフェクト

```
SoundFile song;
Reverb reverb;

void setup() {
  size(200, 200);
  song = new SoundFile(this, "dragon.wav");
  song.loop();

  reverb = new Reverb(this);
```

```
  reverb.process(song);
}
void draw() {
  background(255);

  float room = map(mouseX, 0, width, 0, 1);
  reverb.room(room);

  stroke(0);
  fill(51, 100);
  ellipse(mouseX, 100, 48, 48);
}
```

> reverbオブジェクトは処理するサウンドを受け取ります。

> リバーブの量は、room()関数を介して0から1の範囲で制御されます。リバーブの質もdamp()とwet()関数で制御できます。

20.3　サウンド合成

　ファイルから読み込まれたサウンドを再生するのに加え、Processingのsoundライブラリは、サウンドをプログラムで作り出す能力も持っています。このトピックに関する深い議論は、本書の範疇を超えますが、基本的概念を少し紹介します。まず、サウンドそのものの物理特性について考えてみましょう。サウンドは、媒介（通常は空気ですが、液体や固体も）を通して波として伝わります。例えば、スピーカーは振動して波を作り出し、その波紋が空気を通して、想像以上に速く私たちの耳に届きます。すでに、Processingでsin()関数の可視化を行った「13.10 振動」で、波のコンセプトについて簡単に触れています。実際、音波は、周波数と振幅という、サイン波に関連する2つの重要な性質で説明できます。

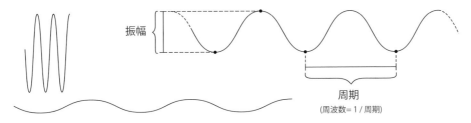

図20-3

　周波数と振幅を変数とする波を示した**図20-3**を見てください。丈がより長いものは高い振幅（波の頂点と底の間の距離）で、丈がより短いものは低い振幅です。振幅は、別の言葉で音量と言い、高い振幅は、より音量の大きいサウンドを意味します。
　波の周波数は、繰り返す頻度に関係しています（一方、周期という用語は反対の意味になり、波の全サイクルにかかる時間を指します）。高い周波数波（または、ピッチがより高いサウンド）は頻繁に振動を繰り返し、また低い周波数波は引き伸ばされより広がって見えます。周波数は、一般的にヘルツ（Hz）で測定され、1ヘルツは、1サイクル/秒です。可聴周波数は、一般的に20から20,000Hzの間の範囲ですが、Processingで合成できるサウンドは、使用するスピーカーの性能に大きく依存します。**図20-3**で、高い周波数波は左上、低い周波数は左下の図になり

ます。

　Processingでは、**オシレーターオブジェクト**を使って音波の振幅と周波数をプログラムで指定できます。オシレーション（振動。それ自身を繰り返す動作）は、もうひとつの波に関する用語です。サイン波を生成するオシレーターは、SinOscオブジェクトです。

　　SinOsc osc = new SinOsc(this);

生成された音波をスピーカーから聞きたい場合、その後、play()を呼び出します。

　　osc.play();

　プログラムを実行する時、波の周波数と振幅を制御できます。周波数は、Hzの値を与えるfreq()で調整されます。周波数を調整することは、先に使用したrate()と似た効果があります。オシレーションの音量を調整するためには、サウンドファイルで行ったようにamp()関数を呼び出します。

　　osc.freq(440);　　◁─ この波の周波数を、音符のA4に相当する440Hzに設定します。

　　osc.amp(0.5);　　◁─ 最大音量の50パーセントの音量を設定します。

以下に、マウスでサウンドの周波数を制御する簡単な例を示します。

例20-6　サウンド合成

```
import processing.sound.*;

SinOsc osc;

void setup() {
  size(200, 200);
  osc = new SinOsc(this);
  osc.play();
}

void draw() {
  background(255);

  float freq = map(mouseX, 0, width, 150, 880);
  osc.freq(freq);
  ellipse(mouseX, 100, 32, 32);
}
```
◁─ ノートパソコンのスピーカーで適切に動作する周波数の範囲は、150と880Hzの間です。

　生成されたサウンドは、pan()を使い左から右へ（-1から1へ）パンさせることもできます。
　Processingで異なるタイプの波も生成することができ、例えば、のこぎり波（SawOsc）、方形波（SqrOsc）、三角波（TriOsc）、パルス波（Pulse）があります。それぞれの波は異なる音質を持っていますが、前述したとおり、これらすべては同じ関数で操作できます。

練習問題20-5

メロディーを奏でるProcessingスケッチを作ってください。音楽を作るアルゴリズムを開発できますか？

オシレーターは、音符を演奏するために使うことができます。例えば、**表20-1**のように、メジャースケールの音符は、それぞれの周波数に対応します。

表20-1　音符と周波数

音符	周波数
C	261.63
D	293.66
E	329.63
F	349.23
G	392.00
A	440.00
B	493.88
C	523.25

音符を演奏する楽器を再現するためのより洗練された方法は、オーディオエンベロープを使うことです。エンベロープは、どのように音符が始まり、終わるかを以下の4つのパラメータで制御します。

1. **アタックタイム**（Attack Time）── （ピアノで鍵盤を叩いた瞬間のような）音符の始まりです。その音符が0からピークまで達するまでにかかる時間です。
2. **サステインタイム**（Sustain Time）── 音符が再生される総時間です。
3. **サステインレベル**（Sustain Level）── （アタックからリリースまでの）持続時のサウンドのピークの音量です。
4. **リリースタイム**（Release Time）── サステインレベルから0に減衰するのにかかる時間の長さです。

音符をエンベロープで演奏するには、オシレーターとエンベロープの両方が必要です。

```
TriOsc triOsc = new TriOsc(this);
Envelope env = new Envelope(this);
```

音符を演奏するには、オシレーターとエンベロープ両方のplay()を呼び出します。エンベロープでは「アタックタイム」「サステインタイム」「サステインレベル」「リリースタイム」の4つの引数を渡します。ここで言うタイムは、すべて浮動小数点数で秒数を指定し、またレベルは0から1までの間の値で、振幅を指定します。

```
triOsc.play();
```

```
env.play(triOsc, 0.1, 1, 0.5, 1);
```

上記のコードで、サウンドは1/10秒（0.1）かけて50パーセント（0.5）の振幅までフェードインし、1秒（1）持続し、1秒（1）かけてフェードアウトします。

次は、エンベロープを使い、練習問題20-5（**表20-1**）のスケールを演奏する例です。加えて、この例はMIDI音符の値を使います。MIDIは、Musical Instrument Digital Interfaceの略で、デジタル音楽デバイス間で通信するオーディオ規格です。MIDI音符は、次の式で周波数に変換されます。

$$周波数 = \left(\frac{ノート番号 - 69}{12}\right)^2 \times 440$$

例20-7　エンベロープによるメロディー

```
import processing.sound.*;

SinOsc osc;
Env envelope;

int[] scale = {
  60, 62, 64, 65, 67, 69, 71, 72
};

int note = 0;

void setup() {
  size(200, 200);
  osc = new SinOsc(this);
  envelope = new Env(this);
}

void draw() {
  background(255);

  if (frameCount % 60 == 0) {
    osc.play(translateMIDI(scale[note]), 1);
    envelope.play(osc, 0.01, 0.5, 1, 0.5);
    note = (note + 1) % scale.length;
  }
}

float translateMIDI(int note) {
  return pow(2, ((note-69)/12.0))*440;
}
```

これらの値は、メジャースケールの音符に対応します。60は中央ハ（ピアノの中央にあるドの音）です。

図20-4

この式は、MIDI音符の値をそれに対応する周波数に変換します。

波に加え、Processingではオーディオ「ノイズ」を生成できます。13章で、ランダムな数とノイズの分布について説明しました。また15章では、ランダムなピクセルを使い、静止画に見える画像も生成しました。

ノイズアルゴリズムの値の選択方法を変更すると、画像の質は変化します。例えば、パーリンノイズは、雲のように見えるテクスチャを生成します。同じことがオーディオノイズにも言えます。どのように乱数を選ぶかによって、より耳障りに聞こえる、またはより心地よく聞こえるなどの異なる結果になります。

　オーディオノイズは、色を使って説明されるのが一般的です。例えば、ホワイトノイズはすべての周波数において、ランダムな振幅の均等な分布を意味します。一方、ピンクノイズとブラウンノイズ（ブラウニアンノイズとも言う）は、より低い周波数でより強いエネルギーを持ち、より高い周波数ではより低いエネルギーを持つという特徴があります。少なくとも、ノイズを生成するProcessingの能力は、あなたの手助けになってくれるでしょう。以下に、ホワイトノイズを実行し、マウスでそのノイズの音量を制御する簡単な例を示します。

例20-8　オーディオノイズ

```
import processing.sound.*;

WhiteNoise noise;

void setup() {
  size(200, 200);
  noise = new WhiteNoise(this);
  noise.play();
}

void draw() {
  background(255);

  float vol = map(mouseX, 0, width, 0, 1);
  noise.amp(vol);
  ellipse(mouseX, 100, 32, 32);
}
```

20.4　サウンド解析

　「19.8 シリアル通信」で、センサーにつながった外部のハードウェアデバイスからの入力に対して、Processingのスケッチが反応する際のシリアル通信の役割について説明しました。マイクロフォンからのサウンドを解析することは、それに似ています。マイクロフォンは、サウンドを録音できるだけでなく、サウンドの大きさと高さなどを測定できます。その結果として、Processingのスケッチは、サウンドレベルを元に、そのスケッチが混み合ってうるさい部屋で実行されているのか、また周波数レベルを元にソプラノかバスシンガーのどちらを聴いているのかなどを測定できます。本節では、スケッチにおけるサウンドの**振幅**と**周波数**のデータの使い方について説明します。

　音量レベルと円の大きさが連動する、非常に簡単な例を作成することから始めましょう。これを行うために、まずAmplitudeオブジェクトを作成する必要があります。このオブジェク

トの唯一の目的は、サウンドを聞き、その振幅（つまり、音量）を伝えることです。

```
Amplitude analyzer = new Amplitude(this);
```

Amplitudeオブジェクトを用意したら、次は、input()関数を使って解析したいサウンドを接続します。この作業は、**例20-3**でSoundFileをReverbに接続した方法に似ています。次のコードでは、サウンドファイルを読み込み、それをアナライザーに渡します。すぐ分かると思いますが、この方法は、マイクロフォンからの入力を含む、どのようなタイプのサウンドにも適用できます。

```
SoundFile song = new SoundFile(this, "song.mp3");
analyzer.input(song);
```

音量を読み出すために、0から1の間の振幅値を返すanalyze()を呼び出します。

```
float level = analyzer.analyze();
```

例20-3のサウンドファイルを使い、上記のコードすべてをひとつの例にまとめます。サウンドレベルは、ellipseの大きさを制御します。新しく追加される部分は、太文字で示します。

例20-9　振幅解析

```
import processing.sound.*;

SoundFile song;
Amplitude analyzer;

void setup() {
  size(640, 360);
  song = new SoundFile(this, "song.mp3");
  song.loop();

  analyzer = new Amplitude(this);    ← サウンドを解析するためにAmplitudeオブジェクトを作ります。
  analyzer.input(song);              ← SoundFileオブジェクトをアナライザーに接続します。
}

void draw() {
  background(255);

  // 全体の音量を取得する(0から1.0の間で)
  float volume = analyzer.analyze();

  // 音量に基づいた大きさで、ellipseを描く
  fill(127);
  stroke(0);
  ellipse(width/2, height/2, 10+volume*200, 10+volume*200);    ← 変数volumeは、ellipseの大きさに使われます。
}
```

マイクロフォンからの音量を読み込むために、Amplitudeオブジェクトに異なる入力を接続する必要があります。そのために、AudioInオブジェクトを作成し、start()を呼び出し、

マイクロフォンからのサウンドを取り込む処理を開始します。

```
AudioIn input = new AudioIn(this, 0);
input.start()
```

> 2つ目の引数は、チャンネルです。ステレオ型マイクロフォンは、「左」と「右」のチャンネルを持っています。この簡単な例では、2つ目のチャンネル（添字は1）を無視し、ひとつ目から読み込みます。

もし何らかの理由で、マイクロフォンの入力をスピーカーからの出力で聞きたいなら、input.play()とすることもできます。ここでは、オーディオフィードバックを引き起こしたくないので、この箇所は取り除いておきます。すべてをひとつにまとめて、ライブ入力で**例20-9**を作り直すことができます。

例20-10　ライブマイクロフォン入力

```
import processing.sound.*;

AudioIn mic;
Amplitude analyzer;

void setup() {
  size(200, 200);

  mic = new AudioIn(this, 0);
  mic.start();

  analyzer = new Amplitude(this);
  analyzer.input(mic);
}
void draw() {
  background(255);
  float volume = analyzer.analyze();
  fill(127);
  stroke(0);
  ellipse(width/2, height/2, 10 + volume*200, 10 + volume*200);
}
```

> オーディオ入力を作成し、ひとつ目のチャンネルを取得し、聞き始めます。

練習問題20-6

例20-10を、左右の音量レベルが別々の円にマッピングされるように書き換えてください。

20.5　サウンドの閾値

　一般的なサウンドのインタラクションは、サウンドが発生した時にイベントが起きることです。「クラッパー（拍手する人）」を考えましょう。手を叩くとライトがつきます。もう一度手を叩くと、ライトは消えます。手を叩くことで発生する音は、とてもうるさく短いサウンドであると考えられます。Processingで、「クラッパー」をプログラムするために、音量を聞き、音量が大きい時にイベントを引き起こす必要があります。

　手を叩く場合、全体の音量が0.5よりも大きい時にユーザーが手を叩いているとします（これは科学的な測定ではありませんが、ここでは十分です）。この0.5の値は**閾値**（threshold）と言

われています。閾値より上であれば、イベントが動作し、下であれば動作しません。

```
float volume = analyzer.analyze();
if (volume > 0.5) {
  // 音量がある値より大きい時、何かを実行する！
}
```

例20-11は、全体の音量レベルが0.5より大きい時にウィンドウ内に矩形を描画します。音量レベルは、左側にもバーとして表示されます。

例20-11　サウンドの閾値

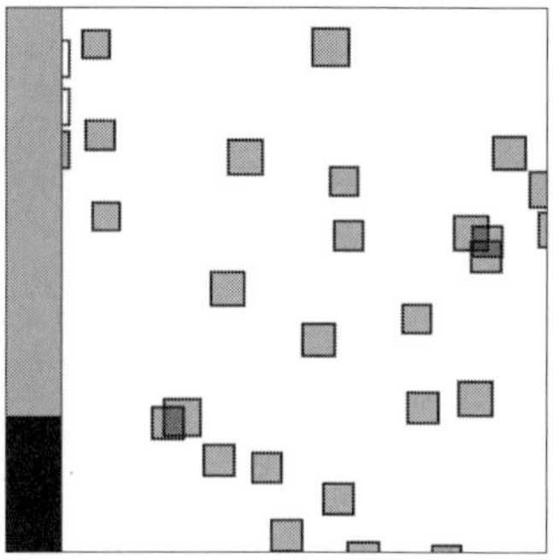

```
import processing.sound.*;

AudioIn mic;
Amplitude analyzer;

void setup() {
  size(200, 200);
  background(255);

  // マイクロフォンからサウンドの取得を開始する
  // オーディオ入力を作成し、ひとつ目のチャンネルを取得する
  mic = new AudioIn(this, 0);

  // オーディオ入力を開始する
  mic.start();

  // 新しい振幅アナライザーを作成する
  analyzer = new Amplitude(this);

  // アナライザーへの入力を適用する
  analyzer.input(mic);
}

void draw() {
  // 全体の音量を取得する(0から1.0の間)
  float volume = analyzer.analyze();

  float threshold = 0.5;
  if (volume > threshold) {    ←  音量が0.5よりも大きければ、矩形がウィンドウ内の
    stroke(0);                      ランダムな位置に描かれます。
    fill(0, 100);
    rect(random(40, width), random(height), 20, 20);
  }

  // 全体の音量をグラフに書き、閾値を示す
  float y = map(volume, 0, 1, height, 0);
  float ythreshold = map(threshold, 0, 1, height, 0);

  noStroke();
  fill(175);
  rect(0, 0, 20, height);
```

図20-5

```
  //音量に応じた大きさで矩形を描く
  fill(0);
  rect(0, y, 20, y);
  stroke(0);
  line(0, ythreshold, 19, ythreshold);
}
```

このアプリケーションは、かなりよく動作しますが、**クラッパー**を完全には模倣できていません。手を叩いた結果として、毎回ウィンドウにいくつかの矩形が描画される点に注目してください。これは、サウンドが人間の耳には瞬間的に聞こえますが、実際には一定時間にわたって発生しているためです。おそらく、非常に短い時間かもしれませんが、draw()が何回か繰り返す間に音量が0.5を超えて持続するには十分な時間なのです。

たった一度の拍手に、1回のイベントのみ発生させるためには、このプログラムのロジックを考え直す必要があります。分かりやすく言えば、達成しようとしているのは、以下のことです。

- サウンドレベルが0.5以上の場合、拍手したとみなしイベントを発生させます。ただし、すでにイベントが発生していたら直前に拍手したとみなして、短い一定時間はイベントを発生させません！

重要なことは、どのように「直前」を定義するかです。ひとつの解決策は、タイマーを実装することです。つまり、一度だけイベントを発生させ、その後イベントを再び発生できるまで1秒間待つことです。これは、完璧な解決方法です。しかしながらサウンドは、以下の考え方でサウンド自身が拍手し終わった時を教えてくれるので、このようなタイマーはまったく必要ないものです！

- サウンドレベルが0.25以下の場合、静かになっていて拍手も終わっています。

では、これら2つのロジックで、「二重閾値」アルゴリズムをプログラムしましょう。2つの閾値があり、ひとつは「拍手し始めたか」、もうひとつは「拍手し終わったか」を決定するものです。ブーリアン変数が、現在拍手しているかどうかを知るために必要です。

clapping（拍手している）をfalse（偽）から開始すると仮定します。

- サウンドレベルが0.5以上でまだ拍手していなければ、イベントが発生し、clapping = trueに設定します。
- 拍手していてもサウンドレベルが0.25より小さい時は静かなので、clapping = falseに設定します。

次のようなコードに変換します。

```
  // 音量が0.5より大きく、拍手していなければ、矩形を描く
  if (vol > 0.5 && !clapping) {
    // イベントが発生する！
```

```
    clapping = true; // 今拍手している!
  } else if (clapping && vol < 0.25) { //拍手し終わったら
    clapping = false;
  }
```

以下に、拍手ごとにひとつだけ矩形が出現する、完成例を示します。

例20-12　サウンドイベント（二重閾値）

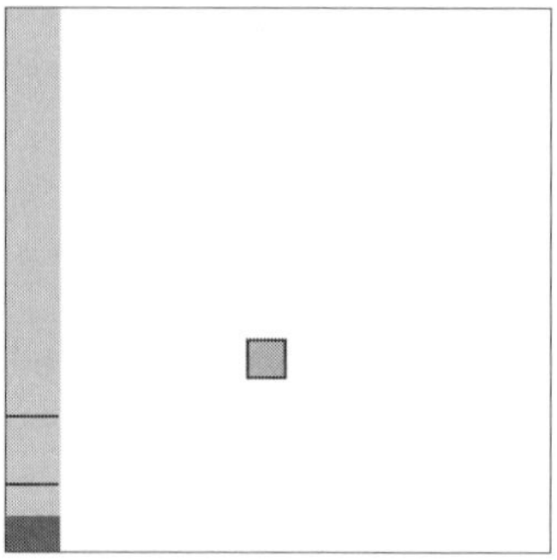

```
import processing.sound.*;

AudioIn mic;
Amplitude analyzer;

float clapLevel = 0.5;   // 拍手がどのくらいの大きさか
float threshold = 0.25;  // 静寂がどのくらいの静かさか
boolean clapping = false;

void setup() {
  size(200, 200);
  background(255);

  // オーディオ入力を作り、ひとつ目のチャンネルを取得する
  mic = new AudioIn(this, 0);

  // オーディオ入力を開始する
  mic.start();

  // 新しい振幅アナライザーを作る
  analyzer = new Amplitude(this);

  // アナライザーに入力を適用する
  analyzer.input(mic);
}

void draw() {
  // 全体の音量を取得する(0と1.0の間)
  float volume = analyzer.analyze();

  if (volume > clapLevel && !clapping) {
    stroke(0);
    fill(0, 100);
    rect(random(40, width), random(height), 20, 20);
    clapping = true; // 今拍手している!
  } else if (clapping && volume < threshold) {
    clapping = false;
  }

  // 全体の音量をグラフにする
  // 背景となる細長い矩形を最初に描く
  noStroke();
  fill(200);
  rect(0, 0, 20, height);
```

図20-6

> 音量が0.5より大きく、かつ以前は拍手をしていなかったら、その時は、拍手しています!

> 反対に、拍手をしており、そして音量のレベルが0.25を下回れば、その時はもう拍手していません!

```
  float y = map(volume, 0, 1, height, 0);
  float ybottom = map(threshold, 0, 1, height, 0);
  float ytop = map(clapLevel, 0, 1, height, 0);

  // その後、音量に応じた矩形の大きさで描く
  fill(100);
  rect(0, y, 20, y);

  // 閾値レベルで線を描く
  stroke(0);
  line(0, ybottom, 19, ybottom);
  line(0, ytop, 19, ytop);
}
```

練習問題20-7

連続した2回の拍手の後、**例20-12**のイベントが発生するようにしてください。clapCountと名付けた変数があることを前提とし、空欄を埋めてください。

```
if (volume > clapLevel && !clapping) {

  clapCount_____;

  if (_____) {

    _____;

    _____;

    _____;
  }

  _____;
} else if (clapping && vol < 0.5) {
  clapping = false;
}
```

練習問題20-8

音量で操作する簡単なゲームを作ってください。

ヒント：最初にマウスで動作するゲームを作り、その後マウスによる入力をサウンドのライブ入力に置き換えてください。例えば、Pongでラケットの位置が音量に連動する、もしくは簡単なジャンピングゲームでキャラクターが拍手のたびにジャンプするといったものです。

20.6　スペクトラム解析

　Processingでサウンドの音量を解析することは、サウンドを解析する単なる手始めにすぎません。より高度なアプリケーションを開発するために、高周波か低周波などのさまざまな周波数でのサウンドの音量を知りたくなるでしょう。

　スペクトラム解析の処理は、音声信号（波）を取り、それを一連の周波数帯へデコードします。解析において、これら周波数帯を「解像度」のように考えることができます。多くの周波数帯で解析を行うことで、サウンドに対する任意の周波数の振幅をより正確に示すことができます。より少ない周波数帯では、より広い範囲での周波数でサウンドの音量を見ることになります。

　この解析を行うために、まず、FFTオブジェクトが必要になります。FFTオブジェクトは、先のAmplitudeと同じ目的で提供されています。しかし、ここでは、単一の全体の音量レベルではなく、振幅の値（各周波数帯につきひとつ）を配列で提供します。FFTは、Fast Fourier Transform（高速フーリエ変換）の略です。フランス人の数学者ジョセフ・フーリエ（Joseph Fourier）にちなんで名付けられました。FFTは、波形を周波数の振幅の配列に変換するアルゴリズムです。

```
FFT fft = new FFT(this, 512);
```

　FFTコンストラクタが、2つ目の引数である「整数」を要求することに注目してください。この値は、作り出したいスペクトラムでの周波数帯の数を指定します。初期値は512ですが、どのような値でも与えることができます。ちなみに、ひとつの周波数帯の扱い方は、Amplitudeアナライザーオブジェクトを作るのと同じ方法です。

　次のステップは、振幅の時と同様に、オーディオ（ファイル、生成されたサウンド、マイクロフォンのいずれかの入力）をFFTオブジェクトにつなぐことです。

```
SoundFile song = new SoundFile(this, "song.mp3");
fft.input(song);
```

　繰り返しますが、振幅と同じように、次のステップはanalyze()を呼び出すことです。

```
fft.analyze();
```

　しかし、ここでは、単にFFTアルゴリズムの実行をアナライザーに伝えているだけです。実際の結果を見るためには、FFTオブジェクトのスペクトラム配列を調べなくてはなりません。この配列は、すべての周波数帯における振幅値（0と1の間）を持っています。配列の長さは、FFTコンストラクタで要求した周波数帯の数（この場合では512）に一致します。この配列を次のようにループ処理することができます。

```
for (int i = 0; i < 512; i++) {     ◁─ 周波数帯の数だけループ処理をします。
  float amp = fft.spectrum[i];
}
```

　以下に、上記のすべてのコードをひとつにまとめた例を示します。この例では、各周波数帯

をそれぞれの周波数の振幅に対応した線の高さで描きます。

例20-13　スペクトラム解析

```
import processing.sound.*;

// サウンドファイルオブジェクト
SoundFile song;

FFT fft;
int bands = 512;

void setup() {
  size(512, 360);

  // サウンドを再生する
  song = new SoundFile(this, "dragon.wav");
  song.loop();

  fft = new FFT(this, bands);      ◁ 2つ目の引数は、分析から取得したい周波数帯の数を指定します。

  fft.input(song);                 ◁ ここで、サウンドをFFTオブジェクトに接続します。
}

void draw() {
  background(255);

  fft.analyze();
  for (int i = 0; i < bands; i++) {
    stroke(0);
    float y = map(fft.spectrum[i], 0, 1, height * 0.75, 0);   ◁ それぞれの周波数の振幅は、0と1の間の範囲です。ここで、簡単なグラフを描くために、振幅はウィンドウのy座標にマッピングされています。
    line(i, height * 0.75, i, y);
  }
}
```

図20-7

練習問題 20-9

ここで行ったのと同様のスペクトラム解析を、マイクロフォン入力からの信号に対して行ってください。

練習問題 20-10

より少ない周波数帯の数を使って、「グラフィックイコライザー」風のスペクトラムの可視化を作ってください。例として、下の画像を見てください。

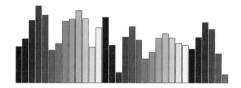

21章
書き出し

ちょっと待ってくれ。芸術は、輸出すること（エクスポーティング）を諦めたいのだと思ったよ。

―― アメリカのコメディドラマ『となりのサインフェルド』

この章で学ぶこと
- ウェブとJavaScript
- スタンドアローンのアプリケーション
- 高解像度のPDF
- 画像と連続画像
- ビデオ録画

本書では、プログラム学習に力を入れて取り組んできました。そして、皆さんの作り出したコードは、さらに発展し、最終的にはさまざまな方法で使われることでしょう。本章では、Processingのスケッチで利用可能なさまざまな公開オプションを重点的に説明します。

21.1 ウェブへ書き出す

キャセイ・レアス（Casey Reas）とベン・フライ（Ben Fry）は、Javaがウェブを支配していた2001年にProcessingを作り始めました。昔は、ブラウザでリアルタイムのグラフィックスやアニメーションを共有したい場合、「Javaアプレット」を埋め込むのが主流でした。Javaアプレットは、いまだにその役割を果たしてはいますが、すでに時代遅れな技術となり、近年のブラウザではサポートされなくなりました。2012年、さまざまな専門性を有するユーザーがプログラムできるような複数の環境をサポート、維持するために非営利団体501(c)(3)のProcessingファンデーションが設立されました。特定のプログラミング言語に注目するよりも、その思想および、学ぶ手段や制作方法を提供することが、ファンデーションの核となる使命です。現在ファンデーションは、3つの環境を維持、サポートしています。

- Processing（http://processing.org）―― 本書が第一に扱う環境で、Javaの上に構築された2001年のオリジナルバージョンから継続しているものです。
- Processing.py（http://py.processing.org）―― Pythonバージョンのプロジェクトです。

- **p5.js** (http://p5js.org) —— JavaScript、HTML、CSSを使い、ウェブ向け。Processingを現代的に解釈し直したものです。これは、ブラウザをプラットフォームとして選択する場合に使用する環境です。

オンラインでスケッチを実行するためだけに、まったく新しい言語を学ぶということは、大変なことに見えるかもしれません。しかし、ウェブ向けの制作作業に興味があるならお勧めしたい方法です。実際にp5.jsは、本書のウェブサイトで実行できる例を提供するために使われています（そして、本書の例のp5.jsバージョンを見ることができます）。それに着手するには、p5.js.org (https://github.com/processing/p5.js/wiki/Processing-transition) でProcessingから移行するためのチュートリアルを読むことをお勧めします。JavaScript由来の思いもよらない出来事やシンタックスの違いなどを発見すると思いますが、コンピュータの処理に関するすべての基本的な概念（変数、条件分岐、ループ、オブジェクト、配列）は一緒です。加えて、ここで学んできたすべての描画関数は、p5.jsにも実装されています。最後に、おまけとして、HTMLとCSSに関連した大量の新しい関数を見つけることでしょう。

Processing.js (http://processingjs.org) プロジェクトについても、同様に簡単に触れておきましょう。よくp5.jsと混同されるProcessing.jsは、ProcessingからJavaScriptへの入り口として機能し、JavaコードのProcessingをJavaScriptへと自動的に変換してくれます。ここでの考えは、Processingのスケッチをブラウザ上で追加の作業を必要とせず実行させることです。この方法は、そのスケッチが動作した時には魔法のようなものですが、さまざまな理由から失敗することがあります。例えば、寄稿されたライブラリを使ったスケッチは、変換に失敗します。加えて、Processing 2.0+からの新機能の多くは、サポートされません。簡単なスケッチの手っ取り早い公開方法としてProcessing.jsは良い解決策ですが、ウェブ向けに構築しているより大きなプロジェクトでは、p5.jsを用い、生粋のJavaScriptで作業することをお勧めします。

21.2　スタンドアローンアプリケーション

Processingの素晴らしい特徴は、スケッチをスタンドアローンアプリケーションとして公開できることです。スタンドアローンアプリケーションは、Processingの開発環境をインストールすることなく、ダブルクリックでプログラムを実行できることを意味します。

この特徴は、Processingユーザーでない人にスケッチをダウンロードできる形式で配布したい時に便利です。加えて、インスタレーションやデジタルサイネージのプログラムを作成する場合、マシンが起動した時に自動的に立ち上がるアプリケーションの書き出しを設定できます。さらに、スタンドアローンアプリケーションは、スケッチの複数コピーを同時に実行したい時にも便利です（19章でのクライアント／サーバーの例の場合など）。

アプリケーションとして書き出すためには、［ファイル］→［アプリケーションとしてエクスポート］を選択します（**図21-1**）。

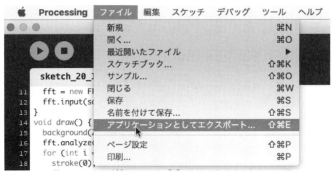

図21-1

　その後、いくつかのオプションが表示されます。つまり、どのOS向けにアプリケーションを生成したいかの選択、また全画面表示で実行する設定、同様にオプションとしてアプリケーションファイル自体へのJavaの組み込みなどです。スタンドアローンアプリケーションのユーザーは、そのアプリケーションを正しく実行するために、コンピュータにJavaをインストールする必要があるため、Javaをアプリケーションに組み込んでおくことは役に立ちます。ただし、このオプションは、アプリケーションファイルのサイズそのものを肥大化させることから、その点はトレードオフとなります。

　Processingは、macOS（Mac OS X）、Windows、Linuxといった複数のOSに対応するアプリケーションを一度に構築することができるとはいえ、一般的には、使っているマシンのOS向けにアプリケーションを構築することをお勧めします。というのは、そうしないと、問題が発生することがあるからです。

　書き出した後、**図21-2**に示したように、必要とするファイルを含む新しいフォルダが現れることに気がつくでしょう。

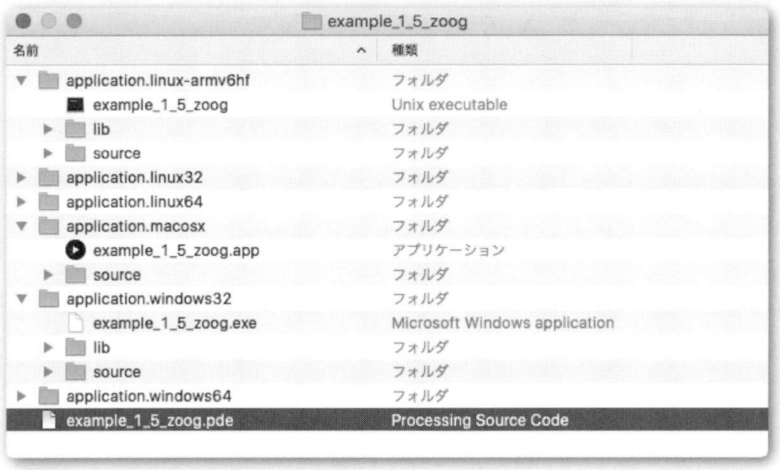

図21-2

スケッチ名.exe

このファイルはダブルクリックで起動するアプリケーションです（Mac上では、.appの拡張子、Linux上では、拡張子なしの「スケッチ名」です）。

source ディレクトリ

アプリケーションフォルダは、プログラムのソースファイルを内包するディレクトリを含みます。このフォルダは、アプリケーションを実行する上で必要ありません。

lib ディレクトリ

このフォルダは、WindowsとLinuxにだけ作成され、必要なライブラリファイルを含みます。常に`core.jar`やcore processingライブラリと同様に、インポートしたライブラリを内包します。macOS (Mac OS X) でのライブラリファイルは、controlキーを押しながらアプリケーションファイルをクリックし、［パッケージの内容を表示］を選択することで見つけることができます。

アプリケーションの書き出しの機能には、いくつかのやり方があります。例えば、アプリケーションのアイコンをタイトルバーの文字と同様に変更することができます。これらの方法については、「export info wiki」(https://github.com/processing/processing/wiki/Export-Info-and-Tips) を見てください。

> **練習問題 21-1**
>
> 自分で作ったProcessingのスケッチ、もしくは本書の例のどれかを選び、それのスタンドアローンアプリケーションを書き出してください。

21.3　高解像度のPDF

これまでProcessingを、主にコンピュータスクリーン上で実行するグラフィックスのプログラムを作る手段として使ってきました。事実、3章を思い出すと、時間とともにプログラムがどのように動作するかの流れについての説明に、多くの時間を費やしました。しかしながらこの時点で、静止画像の作成を主な目的とする静的なプログラムの考え方に立ち返る、ちょうどよいタイミングです。ProcessingのPDFライブラリでは、静的なスケッチで、印刷向けの高解像度の画像を作り出すことができます（実際に、本書のほとんどの画像はこの方法で作られています）。

次のようなステップで、PDFライブラリを使います。

1. ライブラリをインポートする。

    ```
    import processing.pdf.*;
    ```

2. `setup()`内で、`size()`関数をPDFレンダラーとファイル名と合わせて呼び出す。

    ```
    size(400, 400, PDF, "filename.pdf");
    ```

3. draw()内で、魔法をかける！

   ```
   background(255);
   fill(175);
   stroke(0);
   ellipse(width/2, height/2, 160, 160);
   ```

4. 関数exit()を呼び出す。これは非常に重要である。exit()を呼び出すことは、PDFにレンダリングを終了させることを意味する。これを行わなければ、ファイルを適切に開くことができない。

   ```
   exit(); // 必要！
   ```

すべてをまとめると、次のようなプログラムになります。

例21-1　基礎となるPDF

```
// ライブラリを読み込む
import processing.pdf.*;

// PDFモードを使う。4番目の引数はファイル名
size(400, 400, PDF, "filename.pdf");

// 何かを描く！
background(255);
fill(175);
stroke(0);
ellipse(width/2, height/2, 160, 160);

// すべてを終了する
exit();
```

　この例を実行すると、ウィンドウが現れないことに気づきます。ProcessingレンダラーにPDFを設定すると、スケッチウィンドウはもはや表示されません。

　しかし、関数beginRecord()とendRecord()を使うことで、PDFをレンダリングしている間、Processingのスケッチウィンドウを見ることができます。これは、最初に示したサンプルよりも実行速度は遅いですが、何が保存されているのか見ることができます。

例21-2　beginRecord()を使ったPDF

```
import processing.pdf.*;

void setup() {
  size(400, 400);
  beginRecord(PDF, "filename.pdf");
}

void draw() {
  // 何かを描く！
  background(100);
  fill(0);
```

> beginRecord()が処理を開始します。最初の引数はPDFを読み込み、2番目はファイル名です。

```
  stroke(255);
  ellipse(width/2, height/2, 160, 160);

  endRecord();     ◁── endRecord() は、PDFを終了するために呼び出されます。

  noLoop();        ◁── PDFが終了したため、これ以上ループする必要はありません。
}
```

endRecord()関数は、描画された最初のフレームで呼び出される必要がないため、このモードは、複数回のdraw()の実行で蓄積した結果からPDFを生成するために使われます。次の例は、16章で作成した「走り書き」プログラムを使い、PDFへその結果を描画します。ここでは、色をビデオ入力から取ってくるのではなく、カウンター変数に基づき選択します。サンプルの出力として**図21-3**を見てください。

例21-3　複数のフレームをひとつのPDFへ

```
import processing.pdf.*;

float x = 0;
float y = 0;

void setup() {
  size(400, 400);

  beginRecord(PDF, "scribbler.pdf");
  background(255);
}
```
◁── background() は、setup() にあるべきです。background() がdraw()内に配置されると、PDFにせっかく蓄積したグラフィックスの要素を繰り返し消去してしまいます。

```
void draw() {

  // 新たにxとyを選択する
  float newx = constrain(x + random(-20, 20), 0, width);
  float newy = constrain(y + random(-20, 20), 0, height);

  // lineを(x,y)から(newx,newy)へ描く
  stroke(frameCount%255, frameCount*3%255, frameCount*11%255, 100);
  strokeWeight(4);
  line(x, y, newx, newy);

  // (x,y)に(newx,newy)を保存する
  x = newx;
  y = newy;

}

// マウスが押された時、PDFを終了する
void mousePressed() {
  endRecord();
  noLoop();
}
```
◁── この例で、ユーザーはマウスをクリックすることで、PDFの描画をいつ終了するかを選択します。

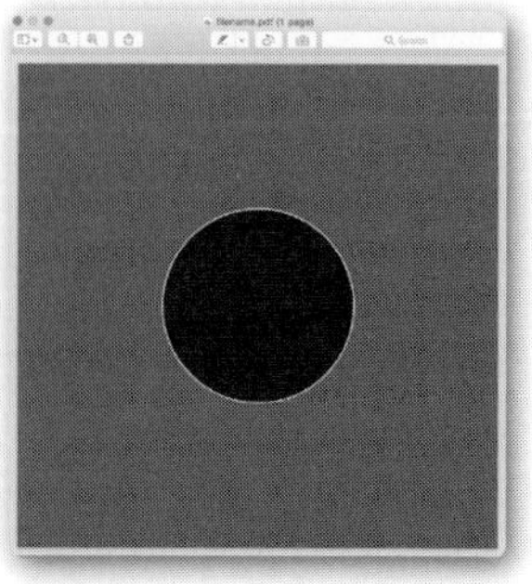

図21-3

3D図形（P3Dを使い）をレンダリングしている場合、beginRecord()とendRecord()の代わりに、beginRaw()とendRaw()を使わなければなりません。次の例は、録画処理を開始するために、ブーリアン変数recordPDFを使います。

例21-4　PDFとP3D

```
// P3Dを使う
import processing.opengl.*;
import processing.pdf.*;

// 立方体の回転
float yTheta = 0.0;
float xTheta = 0.0;

// PDFの記録を開始する変数
boolean recordPDF = false;

void setup() {
  size(400, 400, P3D);
}

void draw() {
  // PDFの作成を開始する
  if (recordPDF) {
    beginRaw(PDF, "3D.pdf");
  }
  background(255);
  stroke(0);
  noFill();
  translate(width/2, height/2);
  rotateX(xTheta);
  rotateY(yTheta);
  box(100);
  xTheta += 0.02;
  yTheta += 0.03;

  // PDF作成を終了する
  if (recordPDF) {
    endRaw();
    recordPDF = false;
  }
}

// マウスが押された時、PDFを作る
void mousePressed() {
  recordPDF = true;
}
```

> trueを設定した時にPDFが作られるきっかけとなるブーリアン変数です。

> P3Dモードでは、beginRecord()とendRecord()に代え、beginRaw()とendRaw()を使用します。

> ファイル名に「####」を含めると、「3D-####.pdf」のように番号付けされたPDFが、描画された各フレームで個別に作成されます。

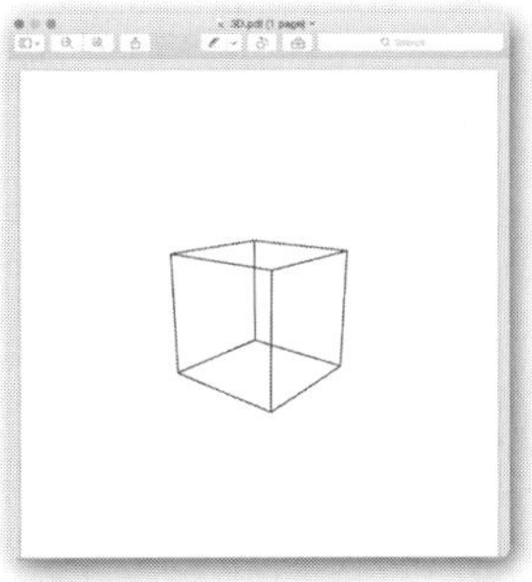

図21-4

以下は、PDFライブラリに関する2つの重要な注意点です。

画像

PDFに画像を表示する場合、それらは必ずしも書き出し後に綺麗に見えるとは限りません。320×240ピクセルの画像は、高解像度のPDFで描画されようとなかろうと、320×240ピクセル画像のままです。

テキスト

PDFにテキストを表示する場合、PDFで適切に見るためにフォントがインストールされていなければなりません。これを回避する方法は、`size()`の後に`textMode(SHAPE);`を含めることです。これはPDFにテキストを図形として描画するので、フォントのインストールを必要としません。

PDFライブラリの全ドキュメンテーションは、Processingのリファレンスページ（http://processing.org/reference/libraries/pdf/）で見てください。PDFライブラリは、高解像度画像の生成に関する疑問の多くを解決してくれますが、その他にも興味深い寄稿されたライブラリもあります。ひとつは、フィリップ・ロースト（Philippe Lhoste）による**P8gGraphicsSVG**で、SVG（Scalable Vector Graphics）形式でファイルを書き出すためのものです。

練習問題 21-2

自分で作ったProcessingのスケッチ、もしくは本書の例のどれかを選び、それのPDFを作ってください。

21.4　画像とsaveFrame()

高解像度のPDFは、印刷に便利ですが、Processingウィンドウのコンテンツを画像ファイル（ウィンドウのピクセルサイズと同じ解像度で）として保存することもできます。これは`save()`か`saveFrame()`を用います。

`save()`は、ひとつの引数（保存したい画像のファイル名）を受け取ります。`save()`は、JPG、TIF、TGA、PNGなどのフォーマットで画像ファイルを生成できます。それらのフォーマットは、ファイル名に含まれるファイル拡張子によって指定されます。拡張子が含まれていない場合は、Processingの標準であるTIF形式となります。

```
background(255, 0, 0);
save("file.png");
```

21.5　ビデオを録画する

`save()`を、同じファイル名で複数回呼び出すと、以前の画像を上書きします。しかし、連続した画像を保存したい場合、`saveFrame()`関数は、ファイルに自動で番号を与えます。Processingは、ファイル名にある文字列「####」を探し、それを番号付きの連続した画像に置

き換えます。**図21-5**を見てください。

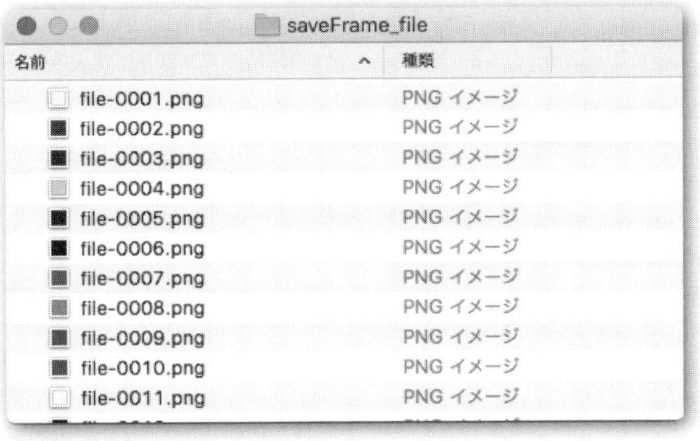

図21-5

```
void draw() {
  background(random(255));
  saveFrame("file-####.png");
}
```

この方法は、通常、番号付けされた一連の画像を保存するために使われます。それら画像は、ビデオ編集ソフトかProcessingのMovie Makerツールを使い、ひとつの映像につなぎ合わせることができます。録画の開始と停止のような、少ない機能を加えた簡単な例を作ってみましょう。

最初に、スケッチがフレームを録画しているかどうかを知るためのブーリアン変数を加えます。

```
boolean recording = false;
```

メインのdraw()ループ内で、現在の状況をチェックし、recordingがtrueであれば、フレームを保存できます。

```
if (recording) {
  saveFrame("output/frames####.png");
}
```

> 多数のファイルが生成されるので、出力用のディレクトリを指定しておくと便利です。

最後に、ユーザーのインタラクション、この場合キーボードのRキーを押すことで、真と偽により録画状況を切り替えることができます。

```
void keyPressed() {
  if (key == 'r' || key == 'R') {
    recording = !recording;
  }
}
```

> 大文字のRも小文字のrも機能します。

> ブーリアンを自身とは逆に設定し、falseからtrueへ、またはtrueからfalseへ切り替えます。

もうひとつの素晴らしいやり方は、draw()内でsaveFrame()の呼び出しを配置することです。Processingは、描画された画像ファイルに現在のピクセルのみを書き込むので、

saveFrame()の後に呼び出されたものは録画されません。これは、スケッチが録画されているかを示すための、視覚的な要素を加えたい時に便利です。下の例では、録画されている時に赤い円が描かれます。

例21-5　一連の画像を保存する

```
boolean recording = false;          ← スケッチが録画されているかいないかを判断するための
                                      ブーリアンです。
void setup() {
  size(640, 360);
}

void draw() {
  background(0);

  for (float a = 0; a < TWO_PI; a+= 0.2) {   ← 任意のデザインを描くということは、録画する
    pushMatrix();                              何かがあります。
    translate(width/2, height/2);
    rotate(a+sin(frameCount*0.004*a));
    stroke(255);
    line(-100, 0, 100, 0);
    popMatrix();
  }

  if (recording) {
    saveFrame("output/frames####.png");    ← recordingがtrueであれば、saveFrame()が
  }                                          呼び出され、ファイルに自動的に番号付けされます。

  textAlign(CENTER);
  fill(255);
  if (!recording) {
    text("Press r to start recording.", width/2, height-24);
  } else {                                                      ← 何が起こっているかを示すた
    text("Press r to stop recording.", width/2, height-24);       めのあるものを描画しましょ
  }                                                               う。ここで表示するものは、
                                                                  描画されたファイル内には表
  stroke(255);                                                    示されない点が重要です。な
  if (recording) {                                                ぜなら、saveFrame()の後
    fill(255, 0, 0);    ← スケッチが録画されていることを示す赤い点です。  で描かれているからです。
  } else {
    noFill();
  }
  ellipse(width/2, height-48, 16, 16);
}

void keyPressed() {
  if (key == 'r' || key == 'R') {   ← ユーザーがRキーを押すと、録画が開始、または停止します！
    recording = !recording;
  }
}
```

連続した画像をムービーファイルに変換するためのいくつかの選択肢として、MPEG StreamClip for Mac and Windows（http://www.squared5.com/）、Adobe Premiere、Final Cut などの商用ビデオ編集ソフトがあります。ProcessingもMovie Makerツール（［ツール］→［ムービーメーカー］メニュー）を含んでおり、画像のディレクトリをドラッグすることで使用できます。

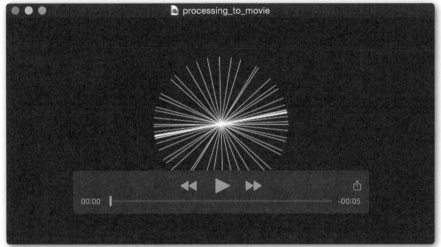

図21-6　Movie Makerツールを使った例21-5の出力

練習問題21-3

自分で作ったProcessingのスケッチ、もしくは本書の例からどれかを選び、そのムービーを作ってください。録画されたフレーム数のカウントを表示するなど、録画に入らない視覚的な要素を加えてみましょう。

レッスン9の
プロジェクト

ひとつ、もしくは両方選びましょう！

❶ サウンドエフェクトを加える、もしくはライブ入力でスケッチを制御し、Processingのスケッチに音に関する機能を組み込んでみましょう。

❷ リアルタイムグラフィックス以外の出力を生成するために、Processingを使ってください。（PDFを使って）印刷物を作る、ビデオを作成する……など。

下の空欄をプロジェクトのスケッチの設計やメモ、擬似コードを書くのに使ってください。

レッスン 10
Processingを支える技術

- 22章 高度なオブジェクト指向プログラミング
- 23章 Java言語

22章
高度なオブジェクト指向プログラミング

あなたはこれまで、あなたの考えたことについて考えたことがあるの？
―― ヘンリー・ドラモンド『風の遺産』

この章で学ぶこと
- カプセル化
- 継承
- 多態性（ポリモーフィズム）
- オーバーロード

8章で、**オブジェクト指向プログラミング**（OOP）について紹介しました。そこで一貫して進めてきた考え方は、一組のデータと機能を、**クラス**というひとつの概念に入れることでした。クラスはテンプレートのことで、そのテンプレートから**オブジェクトのインスタンス**を作り、またそれらを変数や配列に格納しました。これまで、クラスの書き方とオブジェクトの作り方を学びましたが、OOPの核となる原理の奥深さを掘り下げ、より高度な特徴について説明することはしてきませんでした。今や、本書の終わりに近づいている（さらに、次章でまさにJavaの世界に飛び込もうとしている）ので、もう一度オブジェクト指向について振り返り、未来に向けての次のステップに踏み出すにはちょうどよいタイミングです。

ProcessingやJavaといったオブジェクト指向プログラミングは、**カプセル化、継承、多態性**という3つの基礎的な概念によって定義されています。皆さんはカプセル化については熟知しているのですが、その概念を形式化したり、専門用語を使ったりすることを行っていないだけなのです。継承と多態性は、本章で扱うまったく新しい概念です（本章の最後では、オブジェクトがコンストラクタを呼び出す際に、複数のやり方で呼び出しを可能にするメソッドのオーバーロードについても簡単に見ていきます）。

22.1 カプセル化

カプセル化を理解するために、Carクラスの例に戻りましょう。その例を現実世界に持ち出し、実際の運転者が操作する実際のCarオブジェクトについて考えてみましょう。ある気持ち

のよい夏の日、プログラミングに疲れたので、週末ビーチに向かうことにします。ラジオ局を合わせ、交通状況が許すならハンドルを何度も切り、アクセルやブレーキを軽快に踏むような、心地よいドライブがしたいという状況を考えます。

運転しているこの車こそが、**カプセル化**です。運転するためにやるべきことは、steer()、gas()、brake()、radio()関数を操作することです。ボンネットの中に何があるか知っていますか？どのように触媒コンバーターがエンジンにつながり、どのようにエンジンがインタークーラーにつながっているか知っていますか？バルブ、ワイヤー、ギヤ、ベルトは何をしますか？もちろん、自動車技術者の経験があれば、これらの質問に答えることはできるはずですが、要点は車を運転するために**知る必要がない**ことなのです。これが**カプセル化**です。

カプセル化は、オブジェクトの内部構造をそのオブジェクトのユーザーから隠すことと定義されます。

オブジェクト指向プログラミングを簡単に言うと、オブジェクトの「内部構造」は、データ（オブジェクトの変数）と関数です。オブジェクトの「ユーザー」は、オブジェクトインスタンスを作り、コードを通してそれらを使うプログラマーのことです。

なぜこれが良いアイデアなのでしょうか？8章（および本書内のすべてのOOPの例）では、モジュール性と再利用性の原理が強調されていました。車をプログラミングする方法をすでに理解しているなら、なぜ車を作るたびにそれを繰り返し行うのでしょうか？Carクラス内ですべてをまとめるだけで、多くの悩みから救われるのです。

カプセル化には、さらに先があります。OOPは、コードを構造化することを手助けするだけでなく、**ミスを犯すことから守ってくれます**。運転している間、車の配線を台無しにしなければ、車を壊す可能性は低いのです。もちろん、時々車は故障するので、その場合はボンネットを開け、修理する、つまりクラスの内部のコードを見る必要があります。

次の例を取り上げてみましょう。銀行口座の残高（balance）用の浮動小数点数型の変数を持つBankAccountクラスを書いているとしましょう。

```
BankAccount account = new BankAccount(1000);
```
→ 最初は、残高1,000ドルの銀行口座オブジェクトです。

その残高をカプセル化し、それを隠しておきたいのです。なぜでしょう？その口座からお金を引き出す必要があるとします。そして、その口座から100ドルを差し引きます。

```
account.balance = account.balance - 100.
```
→ balance変数に直接アクセスし、100ドル引き出します。

しかし、預金を引き出すのに手数料がかかる場合を考えてみましょう。手数料が1.25ドルだとしたら？この細部を省略すると、銀行のプログラミングの仕事をすぐにクビになってしまうでしょう。カプセル化で、代わりに次のコードを書くことで、クビにならず仕事を続けることができます。

```
account.withdraw(100);
```
→ メソッドを呼び出すことで100ドル引き出します！

withdraw()関数が正しく書かれていたら、引き出しが発生するたびに毎回そのメソッド

が呼び出されるので、その関数は、手数料を差し引くことを決して忘れずに計算してくれます。

```
void withdraw(float amount) {
  float fee = 1.25;
  account -= (amount + fee);
}
```
◁ この関数は、お金が引き出されるたびに、手数料も必ず差し引かれるようにします。

　もうひとつの利点は、もし銀行が手数料を1.50ドルに値上げすることを決めたとしたら、BankAccount内のfee変数を単に調整するだけで、すべてが問題なく動作します！

　厳密に言うと、カプセル化の原理に従うために、クラス内部の変数は、直接アクセスされるのではなく、メソッドによってのみ読み出されるのです。このため、プログラマーは、変数の値を読み出したり変更したりする**ゲッター**と**セッター**という多くの関数を使うことがよくあります。以下に、ゲッターとセッターによってアクセスされる2つの変数（xとy）を持つPointクラスの例を示します。

```
class Point {
  float x, y;

  Point(float tempX, float tempY) {
    x = tempX;
    y = tempY;
  }

  // ゲッター
  float getX() {
    return x;
  }

  float getY() {
    return y;
  }

  // セッター
  float setX(float val) {
    x = val;
  }

  float setY(float val) {
    if (val > height) {
      val = height;
    }
    y = val;
  }
}
```
float getX() ◁ 変数xとyは、ゲッターとセッター関数でアクセスされます。

if (val > height) ◁ ゲッターとセッターは変数の値を保護します。例えば、ここのyの値は、決してスケッチの高さより大きい値を設定できません。

　Pointオブジェクトpを持ち、かつy値を増加させたい場合は、次のような方法で行わなければならないでしょう。

```
p.setY(p.getY() + 1);
```
◁ p.y = p.y + 1;の代わりに。

22.1 カプセル化　501

上記のシンタックスは洗練されてはいませんが、その利点は、y座標にスケッチの高さより大きい値を設定できないことです。なぜならば、p.y = p.y + 1;では、そのチェックがないのに対し、p.setY()ではチェックするからです。もし、この要求を強制したいのであれば、Javaでは、変数を「private」とし、直接アクセスすることを不正とすることができます（つまり、あなたがそうしようとすれば、プログラムは実行すらしません）。

```
class Point {
  private float x;
  private float y;
}
```

> Processingの例ではほとんど見ることがありませんが、変数は「private」として設定することができ、それはクラスの内部からしかアクセスできないことを意味します。Processingでは、すべての変数と関数は初期設定で「public」です。

正式なカプセル化は、オブジェクト指向プログラミングの核となる原理で、開発者チームでプログラムされる大規模なアプリケーションを設計する際は重要です。しかし、規則という言葉に固執すること（上記のPointオブジェクトのy値を増やすように）は、大抵とても不便なもので、簡単なProcessingスケッチではかなりバカげています。したがって、仮にPointクラスを作り、xとy変数に直接アクセスしたからといって完全な間違いというわけではありません。私も本書内にある例でこれを何度も行っています。

とはいえ、カプセル化の原理を理解することは、オブジェクトを設計し、コードを管理するための推進力になります。オブジェクト内部の処理をクラスの外に露出させようとする時は常に、自分自身に問いかけるべきです。「これは必要だろうか？ このコードはクラス内の関数に移動できるだろうか？」このように考えることで、よりハッピーなプログラマーとなり、銀行のプログラミングの仕事も続けられるでしょう。

22.2 継承

3つの基本的なオブジェクト指向プログラミング概念の2番目は**継承**です。継承によって、すでに存在するクラスを元に新しいクラスを作ることができます。

動物の世界を見てみましょう。犬、猫、猿、パンダ、ウォンバット、クラゲがいます。まずはDogクラスのプログラミングから始めましょう。Dogオブジェクトは、age変数（整数）と一緒に、eat()、sleep()、bark()関数を持ちます。

```
class Dog {
  int age;

  Dog() {
    age = 0;
  }

  void eat() {
    // 食べるコードはここに
  }

  void sleep() {
    // 眠るコードはここに
```

> 犬と猫とでは、いかに同じ変数（age）と関数（eat、sleep）を持つか注目してください。しかし、犬は「bark（吠える）」、猫は「meow（鳴く）」という独自の関数を持ちます。

```
  }
  void bark() {          ◁ 犬だけが吠えます！
    println("Woof!");
  }
}
```

犬が終わったら、次は猫に移りましょう。

```
class Cat {
  int age;

  Cat() {
    age = 0;
  }

  void eat() {
    // 食べるコードはここに
  }

  void sleep() {
    // 眠るコードはここに
  }

  void meow() {          ◁ 猫だけが鳴きます！
    println("Meow!");
  }
}
```

残念なことに、魚、馬、コアラやキツネザルに移行したとしても、この手続きは、同じコードを繰り返し書き直すことになり、予想以上にうんざりする作業になります。それに代わって、いかなるタイプの動物も説明できる一般的なAnimalクラスを開発できた場合を考えてみましょう。結局のところ、すべての動物は食べて寝ます。したがって、次のように言えます。

- 犬は動物で、動物の属性すべてを持っていて、動物のできることすべてができます。加えて、犬は吠えることができます。
- 猫は動物で、動物の属性すべてを持っていて、動物のできることすべてができます。加えて、猫は鳴くことができます。

継承によって、まさにこのことをプログラミングすることができます。継承で、クラスは属性（変数）と機能（メソッド）を他のクラスから継承できます。Dogクラスは、Animalクラスの子（**サブクラス**）です。子は、すべての変数と関数を自動的にそれら親（**スーパークラス**）から継承します。子は、親にはない、追加の変数と関数を含むこともできます。継承は、木構造（系統発生学の「生命の樹」に似た）に従います。犬は、動物を継承した哺乳類から継承できます。**図22-1**を見てください。

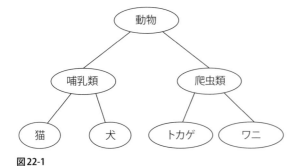

図22-1

どのようにして継承を実装するか、そのシンタックスを以下に示します。

```
class Animal {          ◁─ Animalクラスは、親（または、スーパー）クラスです。
  int age;

  Animal() {            ◁─ 変数ageは、DogとCatに継承されます。
    age = 0;
  }

  void eat() {          ◁─ 関数eat()とsleep()は、DogとCatに継承されます。
    // 食べるコードはここに
  }

  void sleep() {
    // 眠るコードはここに
  }
}

class Dog extends Animal {   ◁─ Dogクラスは、子（または、サブ）クラスです。extends
                                Animalコードで示されます。
  Dog() {
    super();            ◁─ super()は、親クラスのコードを実行することを意味します。
  }

  void bark() {         ◁─ bark()は、親クラスの一部ではないため、子クラス内で定義されなければなりません。
    println("Woof!");
  }
}

class Cat extends Animal {

  Cat() {
    super();
  }

  void meow() {
    println("Meow!");
  }
}
```

次に、新しい用語を紹介します。

extends
定義されているクラスの親クラスを指すために使われます。クラスは、**ひとつのクラスのみを継承（extends）できる**点に注意してください。しかし、クラスは、他のクラスを継承したクラスをさらに継承することができます。すなわち、Dogは、Animalを継承し、TerrierはDogを継承します。すべては、最後まで継承されます。

super()
親クラスのコンストラクタを呼び出します。言い換えると、親のコンストラクタで行うことすべては、子のコンストラクタでも同様に行われます。Processingは、ほとんどの場合super()を呼び出してくれますが、私は通常、何が起こっているのかよりはっきりさせるために、コード内にそれを明記しておきます。なお、コンストラクタは継承されないので、親クラスのコンストラクタを使うには、(1) コンストラクタを定義し、(2) 明示的にsuper()を呼び出す必要があります。super()に加え、他のコードもコンストラクタ内に書かれますが、その場合、super()が先に来るべきです。

サブクラスでは、スーパークラスに含まれるものからさらに、関数と属性を追加することもできます。例えば、Dogオブジェクトは、コンストラクタ内で乱数が設定されるageに加えて、haircolor変数を持つと仮定しましょう。この場合のクラスは、次のようになります。

```
class Dog extends Animal {
  color haircolor;

  Dog() {
    super();
    haircolor = color(random(255));
  }

  void bark() {
    println("Woof!");
  }
}
```

> 子クラスは、親クラスに含まれない新しい変数を追加することができます。

親コンストラクタが、いかにしてsuper()を介して呼び出され、ageに0を設定しているか、またhaircolorがDogコンストラクタ自身の内部でどのように設定されているかに注目してください。Dogオブジェクトは、一般的なAnimalオブジェクトとは食べ方が異なると仮定します。親の関数は、サブクラス内で関数を書き直すことで**オーバーライド**できます。

```
class Dog extends Animal {
  color haircolor;

  Dog() {
    super();
    haircolor = color(random(255));
```

```
  }
  void eat() {
    // 犬の特別な食べ方についてのコード       ← 必要であれば、子は親の関数をオーバーライドできます。
  }
  void bark() {
    println("Woof!");
  }
}
```

しかし、犬は動物と同じ方法で食べるべきですが、ある機能を追加する場合を考えてみましょう。サブクラスは、親クラスからのコードを実行でき、また、いくつかの新たな独自のコードを統合することもできます。

```
class Dog extends Animal {
  color haircolor;

  Dog() {
    super();
    haircolor = color(random(255));
  }

  void eat() {
    // Animalからeat()を呼び出す       ← 子は、独自のコードを追加しますが、同様に親からの関数も実行できます。
    super.eat();

    // 犬の特別な食べ方について、いくつかの追加コードを加える
    println("Yum!!!");
  }
  void bark() {
    println("Woof!");
  }
}
```

練習問題22-1

カプセル化の説明での車の例に続いて、乗り物（つまり、車、トラック、バス、オートバイ）のクラスのシステムをどのように設計しますか？親クラスにどのような変数と関数を含めますか？また、子クラスで、何を追加し、何をオーバーライドしますか？同様に、その例に、飛行機や列車、ボートを加えてみましょう。**図22-1**をモデルとし、それを図で表してください。

22.3 継承の実例：図形

継承の原理とそのシンタックスを紹介したので、Processingの実例を開発することができます。

継承の代表的な例には、図形があります。少し型にはまったありふれたものですが、構造が

簡潔であるため、導入として扱うのに適しています。すべてのShapeオブジェクトが持つ(x,y)座標と大きさ、そして表示機能の関数を持つ一般的なShapeクラスを作ります。図形は、ランダムに軽く揺れながらスクリーン上を動き回ります。

```
class Shape {
  float x;
  float y;
  float r;

  Shape(float x_, float y_, float r_) {
    x = x_;
    y = y_;
    r = r_;
  }

  void jiggle() {
    x += random(-1, 1);
    y += random(-1, 1);
  }

  void display() {    ◁── 一般的な図形は、実際にどのように表示されるか知りません。これは子クラス内でオーバーライドされます。

    // このメソッドは、意図的に空のままです。

  }
}
```

次に、Shapeからサブクラスを作成します（Squareと呼びましょう）。それは、Shapeからすべてのインスタンス変数とメソッドを継承します。Squareという名前で新しいコンストラクタを書き、super()を呼び出し、親クラスのコードを実行します。

```
class Square extends Shape {
  // Squareだけの変数は、必要であればここに追加される。  ◁── 変数は、親から継承されます。

  Square(float x_, float y_, float r_) {
    super(x_,y_,r_);            ◁── 親コンストラクタが引数を取る場合、super()にもそれら
  }                                  引数を渡す必要があります。

  // 親からjiggle()を継承する
  // displayメソッドを追加する
  void display() {    ◁── squareは、その親のdisplayをオーバーライドします。
    rectMode(CENTER);
    fill(175);
    stroke(0);
    rect(x,y,r,r);
  }
}
```

親コンストラクタをsuper()で呼び出す場合、必要な引数を含めなくてはならない点に注意してください。また、スクリーン上に四角形を表示させたいことから、display()をオー

バーライドします。四角形が軽く揺れるようにしたいですが、jiggle()関数は継承されているので書く必要はありません。

次に、Shapeのサブクラスで追加の機能を含めたい場合を考えてみましょう。次は、Circleクラスの例で、Shapeを継承することに加え、色追跡用のインスタンス変数を含んでいます（これは、単に継承の特徴を示すためだけであって、実際には色変数を親のShapeクラスに配置したほうがより論理的であることに注意してください）。大きさを調整し、色変更用の新しい関数を組み込むためにjiggle()関数も変更します。

```
class Circle extends Shape {

  // 「親からのすべてのインスタンス変数を継承」+「color型変数を追加」
  color c;

  Circle(float x_, float y_, float r_, color c_) {
    super(x_, y_, r_);  // 親コンストラクタを呼び出す
    c = c_;             // この新しいインスタンス変数も扱う
  }

  // 親のjiggleを呼び出すが、さらに機能も追加する
  void jiggle() {
    super.jiggle();
    r += random(-1, 1);      ◁ 円は、その(x,y)座標だけでなく大きさも軽く揺らします。
    r = constrain(r, 0, 100);
  }

  void changeColor() {         ◁ changeColor()関数は、円特有のものです。
    c = color(random(255));
  }

  void display() {
    ellipseMode(CENTER);
    fill(c);
    stroke(0);
    ellipse(x, y, r, r);
  }
}
```

継承が機能していることを確認するために、ひとつのSquareオブジェクトとひとつのCircleオブジェクトを作るプログラムを示します。Shape、Square、Circleクラスは再掲しませんが、先ほどのものと同じです。**例22-1**を見てください。

例22-1　継承

```
Square s;          ◁ このスケッチは、CircleオブジェクトとSquareオブジェクト
Circle c;            をひとつずつ含みます。Shapeオブジェクトは作られていません。Shapeクラスは、継承の木の一部としてあるだけです！
void setup() {
  size(200, 200);
```

```
  // 四角形と円
  s = new Square(75, 75, 10);
  c = new Circle(125, 125, 20, color(175));
}

void draw() {
  background(255);

  c.jiggle();
  s.jiggle();

  c.display();
  s.display();
}
```

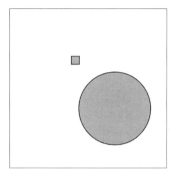

図22-2

練習問題 22-2

Shapeを継承し、1本の線を描くための2点の変数を持つLineクラスを書いてください。線が軽く揺れる時は、両方の点が動きます。Lineクラス内ではrのようなものは必要ありません。

```
class Line _____ {
  float x2, y2;

  Line(_____,_____,_____,_____) {
    super(_____);
    x2 = _____;
    y2 = _____;
  }

  void jiggle() {
    _____
    _____
    _____
  }

  void display() {
    stroke(255);
    line(_____);
  }
}
```

練習問題 22-3

これまで作ってきたスケッチの中で、継承を使うのにふさわしいものをひとつ見つけ出し、それを修正してください。

22.4 多態性（ポリモーフィズム）

継承の概念を使い、犬、猫、亀、キーウィの配列を持つ、多様な動物王国のプログラムを作ることができます。

```
Dog[] dogs = new Dog[100];
Cat[] cats = new Cat[101];
Turtle[] turtles = new Turtle[23];
Kiwi[] kiwis = new Kiwi[6];
for (int i = 0; i < dogs.length; i++) {
  dogs[i] = new Dog();
}
for (int i = 0; i < cats.length; i++) {
  cats[i] = new Cat();
}
for (int i = 0; i < turtles.length; i++) {
  turtle[i] = new Turtle();
}
for (int i = 0; i < kiwis.length; i++) {
  kiwis[i] = new Kiwi();
}
```

> 100匹の犬。101匹の猫。23匹の亀。6羽のキーウィ。

> 配列の大きさが異なるので、各配列には個別のループが必要です。

1日の始まりは、すべての動物はかなり腹を減らしていて、食べ物を探します。そこで、ループの始まりです。

```
for (int i = 0; i < dogs.length; i++) {
  dogs[i].eat();
}
for (int i = 0; i < cats.length; i++) {
  cats[i].eat();
}
for (int i = 0; i < turtles.length; i++) {
  turtles[i].eat();
}
for (int i = 0; i < kiwis.length; i++) {
  kiwis[i].eat();
}
```

これは、ここでは問題なく機能しますが、より多くの動物が含まれ、世界が広がるにつれ、たくさんの個別のループを書くことになるので、そのうち行き詰まってしまいます。実は、これは不要なことなのです。結局、生物はすべて動物で、また食べることが好きなのです。ひとつのAnimalオブジェクトの配列だけを持ち、すべての異なる種類の動物に当てはめたほうがよいと思いませんか。

```
Animal[] kingdom = new Animal[1000];

for (int i = 0; i < kingdom.length; i++) {
  if (i < 100) {
    kingdom[i] = new Dog();
  } else if (i < 400) {
    kingdom[i] = new Cat();
```

> 配列は、Animal型で定義されますが、特定の動物の派生型は代入できます。

> 犬、猫、亀、キーウィは、すべて同一配列内です。

```
      } else if (i < 900) {
        kingdom[i] = new Turtle();
      } else {
        kingdom[i] = new Kiwi();
      }
    }
    for (int i = 0; i < kingdom.length; i++) {
      kingdom[i].eat();
    }
```
> すべての動物が食べる時間になった時に、ひとつの大きな配列をループさせるだけです。

　Dogオブジェクトを、Dogクラスか（その親である）Animalクラスのいずれかとして扱う能力は、**多態性**（polymorphism、たくさんの形式を意味するギリシア語の「polymorphos」に由来）と言われるもので、オブジェクト指向プログラミングの3番目の概念です。

　多態性は、ひとつのオブジェクトのインスタンスを複数の型として扱うことを言います。犬は確かにDogですが、DogはAnimalをextendsしていることから、Animalとしてもみなすことができます。コードでは、それを両方の方法で参照することができます。

```
Dog rover = new Dog();
Animal spot = new Dog();
```
> 通常、左にある型は、右側の型に一致しなくてはなりません。多態性では、右側の型が、左側の型の子である限り問題ありません。

　2行目のコードがシンタックスのルールに反しているように見えるかもしれませんが、Dogオブジェクトを宣言している両方のやり方はともに正しいです。spotをAnimalとして宣言したとしても、まさにDogオブジェクトを作ろうとしていて、それをspot変数に保存しようとしているのです。そして、spotのAnimalが持つすべてのメソッドを問題なく呼び出すことができるのです。なぜなら、継承の規則で、犬は動物ができるすべてのことができると決まっているからです。

　Dogクラスが、Animalクラスのeat()関数をオーバーライドした場合を考えてみましょう。spotがAnimalとして宣言されている場合でも、Javaではその本当の身元はDogであると判断し、eat()関数の適切なバージョンを実行します。

　これは、配列を扱う時に、特に便利です。

　多くのCircleオブジェクトとSquareオブジェクトを含むように、前節からの図形の例を書き直してみましょう。

```
// たくさんの四角形と円
Square[] s = new Square[10];
Circle[] c = new Circle[20];

void setup() {
  size(200, 200);

  // 配列を初期化する
  for (int i = 0; i < s.length; i++) {
    s[i] = new Square(100, 100, 10);
  }
  for (int i = 0; i < c.length; i++) {
    c[i] = new Circle(100, 100, 10, color(random(255), 100));
```
> 複数配列の「多態性を使わない」古いやり方です。

22.4 多態性（ポリモーフィズム）　511

```
    }
  }

  void draw() {
    background(100);

    // すべての四角形を軽く揺らし表示する
    for (int i = 0; i < s.length; i++) {
      s[i].jiggle();
      s[i].display();
    }

    // すべての円を軽く揺らし表示する
    for (int i = 0; i < c.length; i++) {
      c[i].jiggle();
      c[i].display();
    }
  }
```

多態性は、CircleオブジェクトとSquareオブジェクトの両方に含まれるShapeオブジェクトのひとつの配列を作るだけで、上記の例を簡単にしてくれます。ここで、どのオブジェクトかは心配する必要はなく、すべてを行ってくれます（なお、クラスのコードはまったく変えていないため、ここに示していない点に注意してください）。**例22-2**を見てください。

例22-2　多態性

```
// Shapeのひとつの配列
Shape[] shapes = new Shape[30];
```

> ひとつの配列による新しい多態性のやり方は、Shapeを継承するオブジェクトの異なる型を持ちます。

```
void setup() {
  size(200, 200);

  for (int i = 0; i < shapes.length; i++) {
    int r = int(random(2));
    // ランダムに円か四角形かを選択する
    if (r == 0) {
      color c = color(random(255), 100);
      shapes[i] = new Circle(100, 100, 10, c);
    } else {
      shapes[i] = new Square(100, 100, 10);
    }
  }
}

void draw() {
  background(100);
  // すべての図形を軽く揺らし表示する
  for (int i = 0; i < shapes.length; i++) {
    shapes[i].jiggle();
    shapes[i].display();
  }
}
```

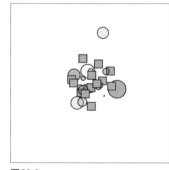

図22-3

練習問題22-4

練習問題22-2で作ったLineクラスを**例22-2**に加えてください。配列内に円、四角形、線をランダムに配置しましょう。なぜ、どのコードもほとんど変更する必要がないかに注目してください（上記のsetup()のみ編集が必要です）。

練習問題22-5

練習問題22-3で作ったスケッチに多態性を実装してください。

22.5　オーバーロード

16章で、ビデオカメラからライブ画像を読み込むためのCaptureオブジェクトの作り方を学びました。Processingリファレンスページ（http://www.processing.org/reference/libraries/video/Capture.html）を見ると、Captureコンストラクタは3～5つの引数で呼び出すことができることが分かります。

```
Capture(parent, config)
Capture(parent, width, height)
Capture(parent, width, height, fps)
Capture(parent, width, height, name)
Capture(parent, width, height, name, fps)
```

異なる個数の引数を取ることのできる関数は、1章までさかのぼると実際にありました！例えば、fill()は、ひとつ（グレースケール）、3つ（RGBカラー）、または4つ（RGBカラーとアルファ値）の引数で呼び出すことができるのです。

```
fill(255);
fill(255, 0, 255);
fill(0, 0, 255, 150);
```

同じ名前（しかし、異なる引数）で関数を定義できることは、**オーバーロード**と言われています。例えば、fill()で、Processingは、どのfill()の定義なのか混乱することはありません。単純に引数が一致するものを見つけます。引数と関数名の組み合わせは、関数の**シグネチャ**と言われていて、それは関数の定義を唯一無二にするものです。オーバーロードがいかに便利か実例を見てみましょう。

Fishクラスを持っているとしましょう。それぞれのFishオブジェクトは、位置xとyを持っています。

```
class Fish {
  float x;
  float y;
```

仮に、Fishオブジェクトを作る際、ある時はランダムな位置のものを、またある時は、特定の位置をとるものを作りたいとしましょう。それは、2つの異なるコンストラクタを書くことで作れます。

```
    Fish() {
      x = random(0, width);
      y = random(0, height);
    }

    Fish(float tempX, float tempY) {
      x = tempX;
      y = tempY;
    }
  }
```

> オーバーロードによって、同じオブジェクトで2つのコンストラクタを定義することができます（コンストラクタが異なる引数を取る限りは）。

Fishオブジェクトをメインプログラムで作る際、以下のように、どちらかのコンストラクタで行うことができます。

```
Fish fish1 = new Fish();
Fish fish2 = new Fish(100, 200);
```

> 2つのコンストラクタが定義されたら、オブジェクトはどちらかを使い初期化されます。

上記の説明では、何が関数を定義するのかという観点から、まず引数の数（その名前とともに）に焦点を当ててきました。しかし、引数の型もまた、そのシグネチャにおいて重要なものです。例えば、引数のひとつが文字列の場合、2つの引数だけを持つ3つ目のFishのコンストラクタを書くこともできます。これらは、異なるコンストラクタとして認識されます。

23章
Java 言語

> 私はコーヒーが大好き、紅茶が大好き、ジャワ (Java) のジャイブを愛し、それは私を愛している。
> —— ベン・オークランドとミルトン・ドレイク

この章で学ぶこと
- Processing は本物の Java である
- Processing がなければ、コードはどんな風になるか
- Java API を探索する
- Java の便利なクラス：`ArrayList` と `Rectangle`
- 例外 (エラー) 処理：`try` と `catch`
- Processing を超えて

23.1　魔法を明かす

　Processing は、正確には何なのでしょう？ プログラミング言語でしょうか？ 本書の最後でこのような質問を聞くのは奇妙に思えるかもしれません。結局、Processing に 22 の章を割くことになりました。ここまでで、それが何を意味しているか、皆さんは知っているはずです。しかしながら、本当のところは、Processing を学んでいるという、都合の良い物語の中にいるのです。確かにそれは本書のタイトルではありますが、実際には、Java という特定のプログラミング言語を学んでいるのです。Processing は、実際には描画のための関数 (`ellipse`、`line`、`fill`、`stroke`など) のライブラリなどであり、コードを書くための一揃えのソフトウェアなのです。それは、言語ではありません。事実、言語は Java で、Processing というカーテンを取り除くと、最初からずっと Java を学んできていたということに気づくでしょう。例えば Java では、以下のことを行います。

- 宣言し、初期化し、変数を同じ方法で使う。
- 宣言し、初期化し、配列を同じ方法で使う。
- 条件文とループ文を同じ方法で使用する。
- 関数を同じ方法で宣言し呼び出す。

- クラスを同じ方法で作る。
- オブジェクトを同じ方法でインスタンス化する。

これ以外にも Processing では、複雑な処理を単純化くれる、数多くの特別な機能を無料で利用できます。Processing がインタラクティブなグラフィックアプリの開発やプログラミングの学習に最適なツールなのは、そういった追加の要素があるおかげです。プレーンな Java にはない Processing の特徴を以下に示します。

- 図形を描画する関数一式。
- テキストや画像、ビデオを読み込み、表示する関数一式。
- 3D 変換の関数一式。
- マウスとキーボードのインタラクションの関数一式。
- コードを書くためのシンプルな開発環境。
- アーティストやデザイナー、プログラマーによるフレンドリーなオンラインコミュニティ！

23.2　Processing がなければコードはどんな風になるか

2章では、編集と実行のプロセスについて説明しました。具体的には、実行ボタンを押し、そしてコードをグラフィックスとともに表示されるウィンドウに変換した時に起こることです。このプロセスのステップ1は、Processing コードを Java に「翻訳する」ことを含んでいます。事実、アプリケーションへと書き出す時、これと同じプロセスが起こり、ソースフォルダ内に「SketchName.pde」と合わせて、新しい「SketchName.java」という名前のファイルが現れることに気づきます。これは「翻訳された」コードですが、ただし翻訳は、非常に小さな変更のみを行うので、やや誤った呼び方です。例を見ていきましょう。

```
// ランダムに成長する四角形
// rectの大きさを記録するための変数

void setup() {
  size(640, 360);
}                    ◁ 通常のこれまでの見慣れたProcessingコードです。

void draw() {
  background(100);
  rectMode(CENTER);
  fill(255);
  noStroke();
  rect(mouseX, mouseY, w, w);  // rectをマウスの位置に描く
  w += random(-1, 1);          // 大きさの変数をrandom関数で調整する
}
```

スケッチを書き出すことで、Java ファイルを開き、Java のソースを見ることができます。

```
// Javaによってランダムに成長する四角形
import processing.core.*;
import processing.data.*;
import processing.event.*;
import processing.opengl.*;

import java.util.HashMap;
import java.util.ArrayList;
import java.io.File;
import java.io.BufferedReader;
import java.io.PrintWriter;
import java.io.InputStream;
import java.io.OutputStream;
import java.io.IOException;

// ランダムに成長する四角形
public class JavaExample extends PApplet {

  // rectの大きさを記録する変数
  float w = 30.0f;

  public void setup() {
    size(640, 360);
  }

  public void draw() {
    background(100);
    rectMode(CENTER);
    fill(255);
    noStroke();
    rect(mouseX, mouseY, w, w);   // rectをマウスの位置で描く
    w += random(-1, 1);           // 大きさの変数をrandom関数で調整する
  }

  static public void main(String[] passedArgs) {
    String[] appletArgs = new String[] { "JavaExample" };
    if (passedArgs != null) {
      PApplet.main(concat(appletArgs, passedArgs));
    } else {
      PApplet.main(appletArgs);
    }
  }
}
```

> 翻訳されたJavaコードは、最初に新しいコードがありますが、その他はそのままです。

> 数の次にある「f」は、浮動小数点数であることを示します。

> 関数はpublicとして定義されます。

> mainと呼ばれる新しい関数があります。

ほとんど変更がないことは明らかで、むしろ、いくつかのコードが通常のsetup()とdraw()関数の前後に加えられています。

インポート文

先頭に、あるライブラリへのアクセスを許可するインポート文一式があります。以前Processingライブラリを使う時に見ました。Processingの代わりに正規のJavaを使っていたら、すべてのライブラリを指定することが常に必要となります。しかし、Processingは、

Java（例えば、`java.io.File`）とProcessingから（例えば、`processing.core.*`）の基本的なライブラリー式を使用することを前提としているので、すべてのスケッチでこれらを目にすることはありません。

public

Javaで、フィールドや関数、クラスは、`public`、`private`、`protected`、`package private`のいずれかです。この指定は、どのアクセスのレベルが特定のコードブロックに与えられるべきかを示しています。簡単なProcessingでは、さほど心配する必要はありませんが、より大規模なJavaプログラムに移行した時には、考慮すべき重要な事項になります。個々のプログラマーは、ほとんどの場合、エラーからコードを守る手段として、あなたのアクセスを許可、もしくは拒否することが非常によくあります。この例を22章のカプセル化についての説明でいくつか見ました。

class JavaExample

聞いた時に何か親近感を感じましたか？ Javaは、結局、真のオブジェクト指向言語であることが分かるはずです。Javaで書かれたすべてのコードは、クラスの一部なのです！ `Zoog`クラス、`Car`クラス、`PImage`クラスなどの考え方を使いましたが、スケッチ全体もクラスであるという点に留意することが重要です！ Processingは、このことを代わりに行ってくれるので、プログラムを最初に学んでいる時は、クラスについて気にする必要がありません。

extends PApplet

さて、22章を読んだ後なので、これが何を意味するのか分かっていますよね。これは、継承のもうひとつの例だということです。ここで、クラス`JavaExample`はクラス`PApplet`の**子**になります（同じく、`PApplet`は`JavaExample`の**親**になります）。`PApplet`はProcessingの制作者により開発されたクラスで、それを**継承する**ことにより、スケッチはProcessingの便利な`setup()`、`draw()`、`mouseX`、`mouseY`などのすべてにアクセスできるのです。このほんの少しのコードが、Processingスケッチにおいてすべてがうまく動作する背後にある秘密なのです。

Processingは、上記4つの要素について気にする必要がないように工夫されているので、使いやすく、Javaプログラム言語に簡単にアクセスできる利便性を提供してくれます。本章の残りは、完全なJava APIにアクセスし、それを利用する方法を紹介します（17章と18章で文字列の解析を扱った時に、軽く触れました）。

23.3 Java APIを探索する

Processingのリファレンスとは、プログラムを学び始めてすぐに永遠の親友になりました。Java APIは、時々出くわす知り合いのような関係から始まります。その知り合いは、そのうち

本当に素晴らしい友人に変わりますが、しかし今は、たまに会うくらいがちょうどよいのです。

次のURLを訪れることで、すべてのJavaドキュメントを見ることができます。

http://www.oracle.com/technetwork/jp/java/index.html

このサイトでJava APIドキュメントをクリックします。

http://www.oracle.com/technetwork/jp/java/javase/documentation/api-jsp-316041-ja.html

そしてJavaのバージョンを選択するところを見つけられます。ほとんどのマシンには、何らかのバージョンのJavaがイントールされているとはいえ、Processingはアプリケーションそのものの内部に、Javaを含んでいます（本書翻訳時点で、Java 8 Update 181）。Javaのバージョン間で差異があるものの、皆さんの目的において大きく関係するものではないので、Java 8のAPIを見るとよいでしょう。**図23-1**を見てください。

それにより、すぐに完全に途方に暮れてしまうことでしょう。それでよいのです。Java APIは、巨大です。とてつもなく大きいのです。それは、読んだり、ましてや**熟読する**ためのものではまったくありません。それは、本当に純粋にリファレンスであり、必要な特定のクラスを調べるためのものなのです。

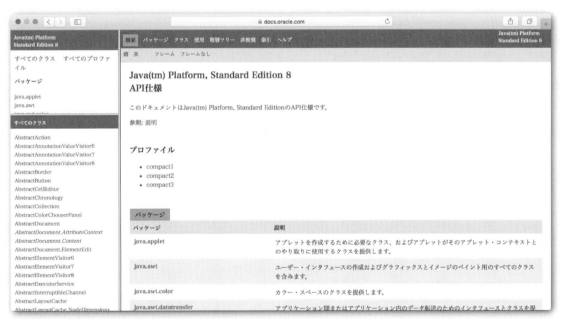

図23-1 http://docs.oracle.com/javase/jp/8/docs/api

例えば、random()でできること以上の、高度な乱数生成が求められるプログラムの作業をしていると仮定し、その時、クラスRandomについての会話をふと耳にし、「多分、これは調べるべきだ！」と考えたとします。特定のクラスのリファレンスページは、「すべてのクラス」リストをスクロールダウンするか、正しいパッケージ（この場合は、パッケージjava.util）を選ぶと見つけられます。ライブラリにそっくりのパッケージは、クラスの集合です（APIはトピックによってそれらを管理します）。やはり、クラスを見つけるもっとも簡単な方法は、検索サイトでクラス名とJava、Javaのバージョン（例えば「Java 8 Random」など）を入力することです。ドキュメンテーションのページは、ほとんどの場合最初に表示される検索結果です。図23-2を見てください。

図23-2

　Processingのリファレンスのページと同じように、Javaページには、クラス、オブジェクトインスタンスを作成するためのコンストラクタ、利用可能なフィールド（変数）とメソッド（関数）に関する説明があります。Processingはインポートされていることを前提としてしますが、Randomはまだインポートされていないので、それを使うにはjava.utilパッケージを参照するインポート文を明示的に記述する必要があります。

　次の例に、Randomオブジェクトを作り、ランダムなtrue（真）かfalse（偽）を得るために関数nextBoolean()を呼び出すコードを示します。

例23-1　random()の代わりにjava.util.Randomを使用する

```
import java.util.Random;        ← Processingでは、Randomクラスを自動的に見つけ
                                  られないので、インポート文で明記する必要があります。
Random r;
```

```
void setup() {
  size(640, 360);
  r = new Random();
}
void draw() {
  boolean trueorfalse = r.nextBoolean();
  if (trueorfalse) {
    background(0);
  } else {
    background(255);
  }
}
```

- `http://docs.oracle.com/javase/jp/8/docs/api/java/util/Random.html`で明記されているコンストラクタでRandomオブジェクトを作成します。
- `http://docs.oracle.com/javase/jp/8/docs/api/java/util/Random.html`で探し出した関数を呼び出します。

練習問題 23-1

RandomのJavaリファレンスページを訪れ、0から9のランダムな整数を取得するために使ってみましょう。

http://docs.oracle.com/javase/jp/8/docs/api/java/util/Random.html

23.4 その他の便利なJavaクラス：ArrayList

9章で、情報が順序立てて並べられたリストを記録するための配列を、どのように使うか学びました。N個のオブジェクトの配列を作り、forループを配列の各要素にアクセスするために使いました。その配列の大きさは固定されていて、N個の要素だけを持てるという制限がありました。

代替の手段があります。ひとつの選択肢は、非常に大きなサイズの配列を使い、その都度どの程度配列を使うか記録する変数を使うことです（10章のレインキャッチャーの例を見てください）。Processingは、expand()、contract()、subset()、splice()の他に、配列のサイズを変更するためのメソッドもあります。しかし、もっとも理想的なのは、項目を配列の最初、真ん中、最後から追加や削除などができる柔軟なサイズの配列を実装するクラスがあることです。

それは、まさにJavaクラスのArrayList（java.utilパッケージ内で見つけられます）で実現できるのです。

リファレンスページは以下のとおりです。

https://docs.oracle.com/javase/jp/8/docs/api/java/util/ArrayList.html

ArrayListを使うことは、概念上は通常の配列に似ていますが、シンタックスが異なります。ここでは、同一の結果を実例で示すため、最初は配列で、その次はArrayListのコード（クラスParticleが存在すると仮定し）を示します。この例で使われているすべてのメソッドは、上記URLのリファレンスページにまとめられています。

```
// 配列を使った方法
// 配列を宣言する
Particle[] parray = new Particle[10];

// setup内で配列を初期化する
void setup() {
  for (int i = 0; i < parray.length; i++) {
    parray[i] = new Particle();
  }
}
// draw内でメソッドを呼び出すために配列をループする
void draw() {
  for (int i = 0; i < parray.length; i++) {
    Particle p = parray[i];
    p.run();
    p.display();
  }
}
```

> 通常の配列を使った方法。これは最初からずっと行ってきたことで、添字と角括弧（[]）を介して配列の要素にアクセスします。

```
// 目新しいArrayListを使った方法
ArrayList<Particle> plist = new ArrayList<>();

void setup() {
  for (int i = 0; i < 10; i++) {
    plist.add(new Particle());
  }
}

void draw() {
  for (int i = 0; i < plist.size(); i++) {
    Particle p = plist.get(i);
    p.run();
    p.display();
  }
}
```

> ArrayList内に入れようとするオブジェクトの型が<>間で指定されます。

> 新しいArrayListを使った方法。オブジェクトはArrayListにadd()で追加されます。角括弧は使われません。

> ArrayListの大きさは、size()で返されます。

> オブジェクトは、get()でArrayListからアクセスされます。これらの関数はすべてJavaリファレンスにまとめられています。

多分、ここで示した新しいシンタックスでもっとも奇妙なことは、ArrayListそのものの宣言です。一般的にオブジェクト（PImageなど）を宣言する時は、単純にデータ型と変数名を示します。

　　PImage img;

一方、ArrayListでは、そのもののデータ型（ArrayList）と、その中に保存するもののデータ型の両方を同時に示すことができます！

　　ArrayList<PImage> images;   ← PImageオブジェクトのリストです！

厳密に言うと、ArrayListに入れようとしているもののデータ型を事前に指定する必要はないものの、後でArrayListを使う時に書くコードを簡単にすることができます。例えば、それを使うことで「拡張for文」の可能性を切り開いてくれます。

```
for (Particle p : particles) {
  p.run();
}
```

その処理を次のように翻訳してみましょう。「for」の代わりに「for each」とし、「:」の代わりに「in」とします。

> particlesの中 (in) のParticle pそれぞれに対し (for each)、Particle pを実行しなさい！

このスタイルのループ（時として「拡張for文」や「for each」と呼ばれます）は、多くのプログラミング言語の特徴として存在し、Javaではバージョン1.5から提供されています。このタイプのループは、通常の配列で使うこともでき、最近ではProcessingの例でも現れ始めています。分かりやすくするために、このスタイルのループを9章では紹介しませんでしたが、ここで立ち戻って見直すとよいでしょう。

練習問題23-2

9章にある例のいずれかを拡張for文を用いて書き直してください。

今までのところ、単に固定化した10という配列の大きさを扱っただけでは、ArrayListの威力を十分に生かしてはいません。次は、draw()の毎回の処理でArrayListにひとつの新しいパーティクルを追加していく例です。また、ArrayListが100個のパーティクルよりも大きくならないようにします。**図23-3**を見てください。

パーティクルシステム

「パーティクルシステム」という用語は、1983年に映画『スタートレックⅡ カーンの逆襲』の終わりに用いられた「ジェネシス」エフェクトを開発したウィリアム・T・リーヴス (William T. Reeves) によって作られた言葉です。

パーティクルシステムは、一般的に独立したオブジェクトの集合であり、通常簡単な図形か点によって表現されます。それは、自然現象のモデル型、例えば噴火、炎、煙、爆発、滝、雲、煙、花びら、芝、泡などに使われます。

例23-2　ArrayListを使った簡単なパーティクルシステム

```
ArrayList<Particle> particles;

void setup() {
  size(200, 200);
  particles = new ArrayList<Particle>();
```

```
}

void draw() {
  particles.add(new Particle());          // draw()が繰り返されるたびに、ArrayListに新しい
  background(255);                         // Particleオブジェクトが追加されます。

  // ArrayListを繰り返し処理することで、
  // それぞれのParticleを取得する
  for (Particle p : particles) {          // すべてのParticleオブジェクトの処理を繰り返す
    p.run();                               // ために「拡張for文」を使います。
    p.gravity();
    p.display();
  }

  if (particles.size() > 100) {           // ArrayListがその中に100より大きい数の要素を持ってい
    particles.remove(0);                   // たら、remove()を使って最初の要素を削除します。
  }
}

// 簡単なParticleクラス
class Particle {
  float x;
  float y;
  float xspeed;
  float yspeed;

  Particle() {
    x = mouseX;
    y = mouseY;
    xspeed = random(-1, 1);
    yspeed = random(-2, 0);
  }

  void run() {
    x = x + xspeed;
    y = y + yspeed;
  }

  void gravity() {
    yspeed += 0.1;
  }

  void display() {
    stroke(0);
    fill(0, 75);
    ellipse(x, y, 10, 10);
  }
}
```

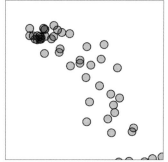

図23-3

練習問題 23-3

パーティクルがウィンドウから外に出てしまった時 (つまり、y座標がウィンドウの高さよりも大きい時) は、リストからパーティクルが削除されるように、**例23-2**を書き換えてください。ループ内でArrayListを修正している時は、拡張for文のシンタックスは、使えないことに注意してください。

ヒント：パーティクルがウィンドウ外に出た時に、Particleクラス内にブーリアンを返す関数を追加します。

```
_____ offScreen() {
  if (_____) {
    return _____;
  } else {
    return false;
  }
}
```

ヒント：これが適切に動作するために、ArrayListの要素を逆から繰り返さなくてはなりません！なぜならば、要素が削除されると、それに続くすべての要素が左に移動されるからです (**図23-4**を参照)。

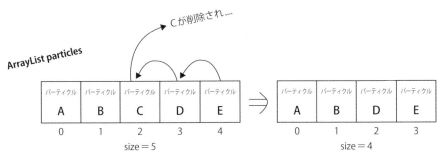

図23-4

```
for (int i = _____; i _____; i_____) {
  Particle p = particles.get(i);
  p.run();
  p.gravity();
  p.render();
  if (_____) {
    _____;
  }
}
```

次に進む前に、ArrayListクラスが便利であることを示す、別の例を見ていきたいと思います。**例9-8**では、x座標の値とy座標の値の2次元配列を使い、マウス座標の軌跡を格納する方法について詳しく説明しました。

```
int[] xpos = new int[50];
int[] ypos = new int[50];
```

オブジェクトの配列を見る前にこの例を作成しましたが、いくつかの重要な部分を改善できることが分かります。まずひとつ目は、単純化し、ひとつの配列を使うことです。結局、xとyを格納するPointクラスがあれば、必要なのは、Pointオブジェクトの配列だけなのです。

```
class Point {
  float x;
  float y;
}

Point[] positions = new Point[50];
```

実際は、これを実装するのに、Pointクラスを作成する必要すらないのです。この種のケースは非常によくあるので、Processingは、まさにそのためのPVectorという組み込みクラスを持っています。PVectorオブジェクトを作るには、コンストラクタにxとyを単に渡すだけです。

```
PVector mouse = new PVector(mouseX, mouseY);
```

> PVectorオブジェクトは、xとy（必要に応じて、3次元を扱うなら、zも）を一緒に格納します。

その後、ドットシンタックスを使って、PVectorのxとy要素に個別にアクセスできます。

```
ellipse(mouse.x, mouse.y, 16, 16);
```

本書の目的から、ベクトルとPVectorクラスの議論はここまでにします。ベクトルと、それらを使ったさまざまなアプリケーションについてのすべての説明と詳細については、拙著『The Nature of Code』を参照してください。オンライン (http://natureofcode.com) で自由に見ることができます。

ここで重要なのは、(x,y) 座標を格納するオブジェクトがあれば、ArrayListを使ってこれら座標の軌跡を格納できることです。

```
ArrayList<PVector> history = new ArrayList<PVector>();
```

> PVectorオブジェクトのArrayListです。

ArrayListにマウスの座標を加えることができます。

```
PVector mouse = new PVector(mouseX, mouseY);
history.add(mouse);
```

> drawが繰り返されるたびに、新しいPVectorがリストに追加されます。

そして、リストが大きくなりすぎたら、古い項目を削除することもできます。

```
if (history.size() > 50) {
  history.remove(0);
}
```

> 新しいオブジェクトは、ArrayListの終端に追加されるので、添字0のオブジェクトはリスト内でもっとも古いものです。

以下に、**例9-8**が、PVectorオブジェクトのArrayListを使うことでどのようになるか、すべてのコードを示します。

例23-3　PVectorオブジェクトのArrayListとしてマウスの軌跡を格納する

```
ArrayList<PVector> history = new ArrayList<PVector>();

void setup() {
  size(640, 360);
}

void draw() {
  background(255);

  // 新しいマウスの座標
  PVector mouse = new PVector(mouseX, mouseY);
  history.add(mouse);

  // 古いものを削除する
  if (history.size() > 50) {
    history.remove(0);
  }

  // すべてを描画する
  for (int i = 0; i < history.size(); i++ ) {   // ← 現在のリストの大きさに従って、ArrayListを繰り返します。
    noStroke();
    fill(255-i*5);
    // 現在のPVectorを取得する
    PVector position = history.get(i);
    // 各PVectorのxとyを見る
    ellipse(position.x, position.y, i, i);
  }
}
```

図23-5

練習問題23-4

パーティクルシステムの例を修正し、ArrayList内のPVectorオブジェクトに各パーティクルの位置の軌跡を格納するようにしてください。それを追加することで、どのような軌跡が描かれるでしょうか？（各パーティクルの位置、そしてベクターとしてスピードも格納することを考えるかもしれません。それがどのように動作するかについての詳細は、拙著『The Nature of Code』の第1章（http://natureofcode.com/book/chapter-1-vectors）を見てください）。

次に進む前に、可変配列について最後に少し触れておきます。前述のArrayListの例では、整数、浮動小数点数や文字列のリストを使ったものがなかったことに気づいたと思います。これらデータ型の記録をつけるのにArrayListが使える一方、Processingにはさらに3つのクラスがあり、18章で簡単に言及しました。IntList、FloatList、StringListが、まさにこの目的のものです。これらのリストは、内部的にArrayListよりも効率的で、デー

タ型の扱いを気にする必要がないことから、少しだけ扱いやすいです。それはまた、Javaの
Collectionsクラスを使わなくても、リストの並べ替え（昇順／降順）ができます。数かテ
キストでArrayListを使いたい時は、Processingのリストを使用することをお勧めします。

23.5 　その他の便利なJavaクラス：Rectangle

もうひとつの便利なJavaクラスとして、Rectangleクラスを詳しく見ていきます。

> http://docs.oracle.com/javase/jp/8/docs/api/java/awt/Rectangle.html

JavaのRectangleは、Rectangleオブジェクトの左上の点(x,y)と、その幅、高さによっ
て閉じられた座標空間の領域を指定します。似たような名前を聞いたことがありますか？そう
です、Processingの関数rect()は、まさに同じパラメータで矩形を描きます。Rectangle
クラスは、矩形というものをオブジェクト内にカプセル化したものです。

JavaのRectangleクラスは、例えばcontains()など便利なメソッドを含みます。
contains()は、点や矩形がその矩形の内部に位置しているかどうかを判定します。xとy
を受け取り、その点(x,y)が矩形の内側にあるかないかに基づき、真か偽を返すことで簡単に
チェックする方法を提供します。

以下に、Rectangleオブジェクトとcontains()で実装した簡単なロールオーバーの例
を示します。例23-4を見てください。

例23-4　java.awt.Rectangleオブジェクトを使う

```
import java.awt.Rectangle;          ← java.awtパッケージからインポートします。

Rectangle rect1, rect2;

void setup() {
  size(640, 360);
  rect1 = new Rectangle(100, 75, 50, 50);      ← このスケッチでは、2つのRectangleオブジェク
  rect2 = new Rectangle(300, 150, 150, 75);      トを使用します。コンストラクタの引数はx座標、
}                                                y座標、幅、高さです。


void draw() {
  background(255);
  stroke(0);

  if (rect1.contains(mouseX, mouseY)) {    ← contains()関数は、マウスが矩形の内部にあるかど
    fill(200);                               うかを判定するために使われます。
  } else {
    fill(100);
  }                                        ← Rectangleオブジェクトは、矩形
                                             に関連したデータについてのみ知っ
  rect(rect1.x, rect1.y, rect1.width, rect1.height);   ています。自身を描画することはで
                                             きません。したがって、引き続き
  // 2番目のRectangleのために繰り返す        Processingのrect()を組み合わ
                                             せて使います。
```

```
  // （もちろん、ここで配列やArrayListを使うことができる！）
  if (rect2.contains(mouseX, mouseY)) {
    fill(200);
  } else {
    fill(100);
  }
  rect(rect2.x, rect2.y, rect2.width, rect2.height);
}
```

図23-6

パーティクルシステムの例とロールオーバーを組み合わせて楽しんでみましょう。**例23-5**
で、パーティクルはフレームごとに、重力によってウィンドウの下へ引き下げられるように作
られています。しかし、それらが矩形の中に突入した場合、矩形内に囚われてしまうようにし
ます。パーティクルは、ArrayList内に格納され、Rectangleオブジェクトが、それらを
捕らえているか否かを判定します（この例は、練習問題23-3の答えを含んでいます）。

例23-5　とても魅力的なArrayListと矩形のパーティクルシステム

```
// JavaのRectangleクラスは、自動的にはインポートされない
import java.awt.Rectangle;

// ArrayList型のグローバル変数を宣言する
ArrayList<Particle> particles;
// 「Rectangle」は、パーティクルを吸い上げる
Rectangle blackhole;

void setup() {
  size(640, 360);
  blackhole = new Rectangle(200, 200, 150, 75);
  particles = new ArrayList<Particle>();
}

void draw() {
  background(255);

  // Rectangleを表示する
  stroke(0);
  fill(175);
  rect(blackhole.x, blackhole.y, blackhole.width, blackhole.height);

  // マウスの位置で新しいパーティクルを追加する
  particles.add(new Particle(mouseX, mouseY));

  // すべてのパーティクルをループする
  for (int i = particles.size()-1; i >= 0; i--) {
    Particle p = particles.get(i);
    p.run();
    p.gravity();
```

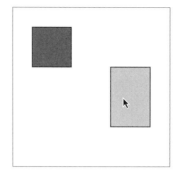

図23-7

```
      p.display();
      if (blackhole.contains(p.x, p.y)) {
        p.stop();
      }
      if (p.finished()) {
        particles.remove(i);
      }
    }
  }

// 簡単なParticleクラス
class Particle {
  float x;
  float y;
  float xspeed;
  float yspeed;
  float life;

  // Particleを作る
  Particle(float tempX, float tempY) {
    x = tempX;
    y = tempY;
    xspeed = random(-1, 1);
    yspeed = random(-2, 0);
    life = 255;
  }

  // 移動する
  void run() {
    x = x + xspeed;
    y = y + yspeed;
  }

  // 落下する
  void gravity() {
    yspeed += 0.1;
  }

  // 移動を停止する
  void stop() {
    xspeed = 0;
    yspeed = 0;
  }

  // 削除の準備
  boolean finished() {
    life -= 2.0;
    if (life < 0) {
      return true;
    } else {
      return false;
    }
  }
```

> Rectangleオブジェクトに、パーティクルの座標が含まれると、パーティクルの移動を停止します。

> パーティクルは、減少するlife変数を持っています。それが0より小さくなった時、パーティクルはArrayListから削除されます。

```
  // 現れる
  void display() {
    stroke(0);
    fill(0, life);
    ellipse(x, y, 10, 10);
  }
}
```

23.6 例外処理（エラー処理）

　Javaプログラミング言語には、便利なクラスの非常に膨大なライブラリの他にも、本書で扱ってきたこと以上のいくつかの機能を持っています。そのひとつである**例外処理**を見ていきます。

　プログラミングでは、間違いは必ず起こります。私たち全員それを体験してきました。

```
java.lang.ArrayIndexOutOfBoundsException

java.io.IOException: openStream() could not open file.jpg

java.lang.NullPointerException
```

　これらのエラーが発生した時は、悲しいものです。本当に悲しいものです。エラーメッセージが表示され、プログラムは停止に向けメッセージを矢継ぎ早に表示し、再び実行を続けることは決してありません。おそらく、皆さんは、これらエラーメッセージに対し保護するための何らかの対策を考えて開発していたかもしれません。その対策の例を示します。

```
if (index < somearray.length) {
  somearray[index] = random(0, 100);
}
```

　上記は、「エラー検出」の形式です。コードは、添字の要素にアクセスする前に、その添字が有効かどうかをチェックするために条件文を使います。上記のコードは、非常に入念であり、私たちはこのように注意深くなることを目指すべきです。

　しかし、すべての場合が、簡単にエラーを回避できるわけではないため、**例外処理**が効果を発揮するのです。例外処理は、プログラムの実行中に発生する通常のイベントを外れた**例外**（つまり、エラー）を処理する過程のことを言います。

　Javaで例外処理のコードの構造は、**try catch**として知られています。言い換えると、「あるコードの実行を**試み**（**try**）、問題に出くわしたらエラーを**捕捉し**（**catch**）、他のコードを実行」します。try catchを使ってエラーを捕捉したら、プログラムは続行できます。

```
try {
  somearray[index] = 200;
} catch (Exception e) {
  println("Hey, that's not a valid index!");
}
```

> エラーが発生する可能性のあるコードは「try」セクションに入り、エラーが発生した場合のコードは「catch」セクションに入ります。

上記コードは、起こり得るいかなる例外も捕捉します。捕捉可能なエラーの型は、総称でExceptionと言います。しかし、特定の例外に基づき、あるコードを実行したい場合は、次のコードが使えます[*1]。

```
try {
  somearray[index] = 200;
} catch (ArrayIndexOutOfBoundsException e) {
  println("Hey, " + index + " is not a valid index!");
} catch (NullPointerException e) {
  println("I think you forgot to create the array!");
} catch (Exception e) {
  println("Hmmm, I dunno, something weird happened");
  e.printStackTrace();
}
```

> 異なる「catch」セクションが異なる型の例外を捕捉します。加えて、それぞれの例外はオブジェクトで、また、例外処理により呼び出されるメソッドを持つことができます。例えばe.printStackTrace()は、例外に関するより詳細な情報を表示します。

とはいえ、上記のコードは、カスタムエラーメッセージ以外のものは何も表示しません。単なる説明だけでは済まない状況があります。例えば、URLからデータを読み込む18章から例を持ってきます。スケッチが、URLへの接続に失敗した場合を考えてみましょう。クラッシュし終了するでしょう。例外処理を使えば、そのエラーを捕捉することができ、XMLオブジェクトのデータを手動で与えることで、スケッチは継続して実行できます。

```
XML data;
String url = "http://lovelyapi.com/lovely.xml";
try {
  data = loadXML(url);
} catch (Exception e) {
  data = parseXML("<mood>joyful</mood>");
}

println(data);
```

> URLに接続する際に問題が発生したら、XMLオブジェクトに擬似データを与えることで、スケッチはその後も実行し続けることができます。

23.7　Processing以外のJava開発環境

ついに本書の最後の節にたどり着きました。もしひと休みしたいのであれば、ここでひと息ついてください。外に出て散歩するのもいいかもしれません。1区画だけの短いジョギングもいいかもしれません。それはよい気晴らしになるでしょう。

さあ、戻ってきましたか？では、続けましょう。

本章と本書の締めくくりとして、最後のトピックを取り上げます。Processing以外の環境でコーディングを始めようと決めた時に何をすればよいかについてです。

しかしなぜ、そのようなことをしたいのでしょうか？

[*1] 訳注：ArrayIndexOutOfBoundsExceptionやNullPointerExceptionは、例外機構ではなく通常のif文でチェックされるべきです。また、パフォーマンスの観点からも、コードの可読性の観点からも、望ましくありません。ここでは、あくまでtry-catchの書き方の例として示しただけで、通常はこのような書き方はしません。

他のプログラミング環境がもたらす利点のひとつは、グラフィックスをまったく含まないアプリケーションを作成する場合です！例えば、表からすべての財政情報を取り出し、データベースにそれを記録するプログラムを書く必要があるとします。または、コンピュータのバックグラウンドで実行するチャットサーバーなどです。これらはいずれも、Processing環境で書くことができる一方、実行するために必ずしもProcessingの特徴を必要としません。

　多くのクラスを含むより大きなプロジェクトを開発する場合、Processing環境は、少々使いづらくなることがあります。例えば、プロジェクトが20のクラスを含む場合を考えてみましょう。20のタブ（そして、それが40や100だとしたら？）を持つProcessingのスケッチを作ることは、スクリーンに収まらないことは言うまでもなく、管理することが難しくなります。ProcessingはJavaであることから、coreライブラリをインポートすることで、他の開発環境でもProcessingのすべての関数を利用することができます。

　では、何をしましょうか？ まず、急がないでください。Javaでプログラミングすることに伴う無数の問題や疑問を自分で解決する前に、まずは、Processingを楽しみ、独自にコーディングする過程とそのやり方が快適に思えるまで、時間をかけてください。

　準備ができたら、最初の一歩にふさわしいのは、Javaのウェブサイト（http://www.oracle.com/technetwork/jp/java/index.html）を眺める時間を取り、チュートリアル（http://docs.oracle.com/cd/E26537_01/tutorial/index.html）のひとつを始めることです。チュートリアルは、本書にあるのと同じ題材を取り上げていますが、それらはもっぱらJavaの視点からです。

　次のステップは、Javaプログラムの「Hello World」をコンパイルし実行してみることでしょう。

```java
public class HelloWorld {

  public static void main(String[] args) {
    System.out.println("Hello World. I miss you, Processing.");
  }
}
```

　Javaのサイトには、Hello Worldのサンプルプログラム内のすべての要素を説明するチュートリアルがあり、「コマンドライン」でコンパイルし実行する方法についても説明しています。

　http://docs.oracle.com/javase/tutorial/getStarted/application/index.html

　意欲のある方は、以下のEclipseのサイトにアクセスしてダウンロードしてください。

　http://www.eclipse.org/

　Eclipseは、多くの高度な機能を備えたJavaの開発環境です。その機能の中には、頭を悩ませるものもあり、またEclipseなしでどうやってプログラムを書いていたのか不思議に思うぐらい便利なものもあります。これだけは覚えておいてください。2章でProcessingを始めた時、おそらく起動し、5分足らずで最初のスケッチを実行できたと思います。Eclipseのような開発

環境でプログラミングを始めるには、より長い時間を要するでしょう。**図23-8**を見てください。

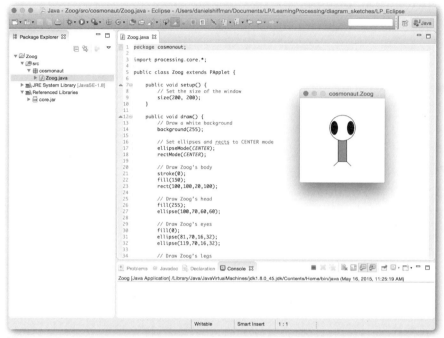

図23-8　Eclipseによる Processing スケッチ

Eclipse 環境で Processing のスケッチを実行する方法についてのリンクとチュートリアルは、本書のウェブサイトで見てください。

本書を最後までお読みいただきありがとうございました。本書に関するご意見、ご感想をhttp://learningprocessing.com からお寄せください！

付録 A
一般的なエラー

　この付録は、Processingの一般的なエラーが何を意味し、なぜ起こるのかを概説します。Processingは、エラーメッセージを明確で分かりやすい言葉に言い換えようと試みてはいますが、エラーメッセージの言葉は不可解で、しばしば混乱させられます。エラーメッセージが分かりにくいのは、大本のJavaプログラミング言語によるところが大きいのです。

　これらエラーメッセージでは、次のような慣例を使います。

- エラーメッセージ内の変数は、`myVar`と名付けます。
- エラーメッセージ内の配列は、`myArray`と名付けます。
- エラーがクラスに関連している場合、クラスは、`Thing`と名付けます。
- エラーが特にオブジェクト変数に関連している場合、変数は、`myThing`と名付けます。
- エラーが関数に関連している場合、関数は、`myFunction`と名付けます。

　エラーに関して、もうひとつの重要な区別もなされるべきです。いくつかのエラーはシンタックスエラーであり、プログラムの実行を停止します。これらエラーは、エディタウィンドウ内のテキストの下に赤の波線が表示され、同様に、下のエラーコンソールに記載されるエラー一覧でも示されます。これらのエラーは、Processingがコードをコンパイルしようとした時に検出されることから、よく「compile-time（コンパイル時）」のエラーと呼ばれます。

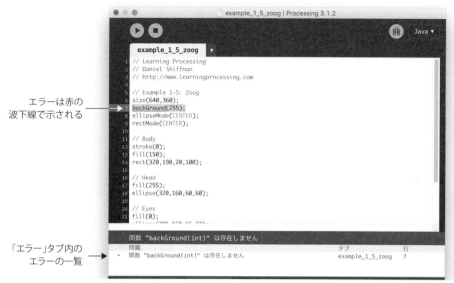

図A-1　コンパイル時のエラー（実行ボタンを押す前）

　もうひとつのカテゴリーは、「runtime（ランタイム）」エラーです。これらは、コードが実行される前には見つからず、むしろプログラム自体の不備かバグによって発生します。11章でいくつかのコツが提供されていますが、これらは大抵特定するのが難しいです。Javaでのこれらのエラーは、「23.6 例外処理（エラー処理）」で取り扱った**例外**のことです。

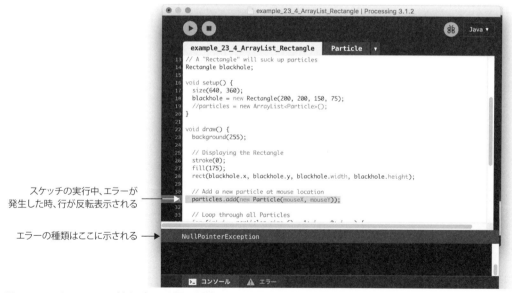

図A-2　ランタイムエラー（実行ボタンを押した後）

コンパイル時のエラー

エラー	
Missing a semi-colon ";"	セミコロン「;」がありません
Missing left parentheses "("	左の括弧「(」がありません
Missing right curly bracket "}"	右の波括弧「}」がありません
The variable "myVar" doesn't exist.	変数「myVar」が存在しません
The local variable "myVar" may not have been initialized.	ローカル変数「myVar」が初期化されていません
The class "Thing" doesn't exist.	クラス「Thing」が存在しません
The function "myFunction()" expects parameters like this: myFunction(type, type, type, ...)	関数「myFunction()」は「myFunction(型, 型, 型, ...)」のようなパラメータを要求します
The method "myFunction(type, type, type, ...)" does not exist.	メソッド「myFunction(型, 型, 型, ...)」が存在しません
Error on "_____"	「_____」のエラーです

ランタイムエラー

エラー
java.lang.NullPointerException
java.lang.ArrayIndexOutOfBoundsException

A.1　コンパイル時のエラー

Missing a semi-colon ";"

（セミコロン「;」がありません）

このエラーは言葉どおりの意味です！ コードの行にセミコロンが必要な箇所がありますが、不足しています。

以下にいくつかの例を示します（修正箇所は太字）。

エラー	修正後
`int val = 5`	`int val = 5;`

エラー	修正後
`for (int i = 0; i < 10 i++) {` `}`	`for (int i = 0; i < 10; i++) {` `}`

Missing left parentheses "("

（左の括弧「(」がありません）

このエラーは言葉どおりの意味です！ 条件文の使用、関数の呼び出し、またはその他に括弧が必要なコードの行があるのですが、それらのうちのひとつの括弧が不足しています。Processingは、それが左か右かを教えてくれます。

以下にいくつかの例を示します。

エラー
```
if x < 5) {
  background(0);
}
```

修正後
```
if (x < 5) {
  background(0);
}
```

エラー
```
background0);
```

修正後
```
background(0);
```

Missing right curly bracket "}"

（右の波括弧「}」がありません）

コードブロック、例えばif文、ループ、関数、クラス等を閉じ忘れています。

　コードの中に、開き波括弧（「{」、左の波括弧）がある時はいつも、それに対応する閉じ波括弧（「}」、右の波括弧）がなくてはなりません。また、コードブロックがその中に別のコードブロックが入れ子になっていることがよくあるため、うっかりひとつ忘れてしまうことで、このエラーの原因となります。大抵の場合、Processingは、左か右の波括弧のどちらを忘れているか教えてくれますが、混乱した時などは「Error on }」とだけ表示されることもあります。

エラー
```
void setup() {
  for (int i = 0; i < 10; i++) {
    if (i > 5) {
      line(0, i, i, 0);
    ← 右波括弧がありません！
  }
}
```

修正後
```
void setup() {
  for (int i = 0; i < 10; i++) {
    if (i > 5) {
      line(0, i, i, 0);
    }
  }
}
```

The variable "myVar" doesn't exist.

（変数「myVar」が存在しません）

「myVar」という変数を使っていますが、どこにも宣言されていません。

　このエラーは、変数を宣言していない場合に発生します。その変数が何の型か言うまで、変数を使うことができないことを覚えておいてください。次のように書くとエラーになります。

```
myVar = 10;
```

正しくは次のように書きます。

```
int myVar = 10;
```

もちろん、変数は一度だけ宣言すべきで、そうでなければ非常に困ったことになります。し

たがって、以下はまったく正しいです。

```
int myVar = 10;
myVar = 20;     ◁ OKです！ 変数は、宣言されました。
```

このエラーは、変数が宣言されたコードブロックの外側でローカル変数を使おうとした場合にも、発生する可能性があります。例えば、次のような場合です。

エラー

```
if (mousePressed) {
  int myVar = 10;
}

ellipse(myVar, 10, 10, 10);     ◁ エラーです！ myVarはif文のローカル変数なので、ここではアクセスできません。
```

以下は修正版です。

修正後

```
int myVar = 0;
if (mousePressed) {
  myVar = 10;
}

ellipse(myVar, 10, 10, 10);     ◁ OKです！ 変数は、if文の外で宣言されています。
```

その他に、setup()内で宣言した変数をdraw()内で使おうとする場合です。

エラー

```
void setup() {
  int myVar = 10;
}

void draw() {
  ellipse(myVar, 10, 10, 10);     ◁ エラーです！ myVarは、setup()のローカル変数なので、ここではアクセスできません。
}
```

修正後

```
int myVar = 0;

void setup() {
  myVar = 10;
}


void draw() {
  ellipse(myVar, 10, 10, 10);     ◁ OKです！ 変数は、グローバルです。
}
```

上記の例のいずれかで配列を使う場合、同様のエラーが発生します。

```
myArray[0] = 10;     ◁ エラーです！ 配列が宣言されていません。
```

The local variable "myVar" may not have been initialized.

(ローカル変数「myVar」が初期化されていません)

変数「myVar」を宣言しましたが、それを初期化していません。まず、それに値を与えなければなりません。

これは、非常に簡単に修正できるエラーです。大抵の場合、単に変数にその初期値を与え忘れているのです。このエラーは、ローカル変数にだけ発生します（グローバル変数の場合、Processingはどの変数かは気にせず、値は0とみなすか、さもなければNullPointerExceptionを与えます）。

エラー
```
int myVar;          エラーです！ myVarには値がありません。
line(0, myVar, 0, 0);
```

修正後
```
int myVar = 10;     OKです！ myVarは、10に等しいです。
line(0, myVar, 0, 0);
```

また、このエラーは、配列を初期化する前にそれを使おうとすると発生します。

エラー
```
int[] myArray;      エラーです！ myArrayが正しく作られていません。
myArray[0] = 10;
```

修正後
```
int[] myArray = new int[3];   OKです！ myArrayは、3つの整数の配列です。
myArray[0] = 10;
```

The class "Thing" doesn't exist.

(クラス「Thing」が存在しません)

Thing型の変数を宣言しようとしますが、Thingのようなデータ型がありません。おそらく、Thingと呼ばれるクラスを作りたかったのではないでしょうか？

このエラーは、(a) Thingと呼ばれるクラスの定義を忘れたか、(b) 変数の型でタイプミスをしたかのいずれかによって発生します。

タイプミスは、とてもよくあることです。

```
intt myVar = 10;    エラーです！ おそらく、inttではなく、int型を入力したつもりでしょう。
```

または、おそらくThing型のオブジェクトを作りたいのですが、Thingクラスを定義し忘れたのかもしれません。

540　付録A　一般的なエラー

エラー

```
Thing myThing = new Thing();
```
← エラーです！ Thingと呼ばれるクラスを定義しなかった場合です。

次のように書くことで動作します。

修正後

```
Thing myThing;

void setup() {
  myThing = new Thing();
}

class Thing {
  Thing() { }
}
```
← OKです！ Thingと呼ばれるクラスを宣言しています。

このエラーは、ライブラリからオブジェクトを使おうとして、ライブラリをインポートし忘れた場合にも発生します。

エラー

```
Capture video;

void setup() {
  video = new Capture(this, 320, 240);
}
```
← エラーです！ videoライブラリをインポートし忘れました。

この場合、Processingはどのライブラリをインポートすべきか提案してくれます。

修正後

```
import processing.video.*;
Capture video;

void setup() {
  video = new Capture(this, 320, 240);
}
```
← OKです！ ライブラリをインポートしました。

可能な時は、Processingがインポートを提案してくれるので、それらの提案をクリックし、正しいインポート文をコードに自動的に追加することができます。

The function "myFunction()" expects parameters like this: myFunction(type, type, type, ...)

（関数「myFunction()」は「myFunction(型, 型, 型, ...)」のようなパラメータを要求します）
間違って関数を呼び出しているので、それらを正しく呼び出すための引数が必要です。

このエラーは、引数の数を間違えて関数を呼び出した時に、もっともよく発生します。例えば、ellipseを描くには、x座標、y座標、幅、高さが必要です。次のように書くとエラーになります。

```
ellipse(100, 100, 50);
```
← エラーです！ ellipse()は、4つの引数を必要とします。

具体的には、次のようなエラーメッセージが表示されます。

The function "ellipse()" expects parameters like this: ellipse(float, float, float, float)

（関数"ellipse()"は、ellipse(float, float, float, float)のようなパラメータを要求します）

このエラーは、4つのすべての引数が浮動小数点数でなければならないことを示す関数のシグネチャを提供しています。適切な数の引数を持っていても、型が間違っていると同じエラーが発生します。

```
ellipse(100, 100, 50, "wrong type of argument");
```
← エラーです！ ellipse()は文字列を取りません！

The method "function(type, type, type, ...)" does not exist.

（メソッド「myFunction(型, 型, 型, ...)」が存在しません）

聞いたことのない関数を呼び出しています。何を言っているのか分かりません！

これも先ほどのと似たエラーで、引数が正しくても、関数名が間違っていると発生します。

```
elipse(100, 100, 50, 50);
functionCompletelyMadeUp(200);
```
← エラーです！ 正しい数の引数を用いていますが、「ellipse」のスペルが間違っています。

← エラーです！ この関数を定義しないと、Processingはそれが何か知ることができません。

オブジェクトで呼び出される関数についても同様です。

```
Capture video = new Capture(this, 320, 240, 30);
video.turnPurple();
```
← エラーです！ CaptureクラスにturnPurple()と呼ばれる関数はありません。

Error on "_____"

(「_____」のエラーです)

このエラーが何か分かりません！ しかし、問題の原因と思われる文字を示します。

Processingは、詳細なエラーメッセージが提供できない時は、単にエラーが起こっていると考えられるコードの行と文字を指摘します。それは大抵正しいですが、念のため指摘された箇所の直前と直後の行を確認してもよいでしょう。このエラーメッセージのもっとも一般的な原因は、間違えて入力された文字によるものです。

```
float x = 0;

void draw() {
  x = x + 1:
}
```
← エラーです！ 多分、単に何かの間違いで「:」記号を入力したようです。明らかにセミコロンを意図したと思いますが、Processingは、それを推測できません！

A.2 ランタイムエラー

java.lang.NullPointerException

値がnullの変数に遭遇しました。処理できません。

NullPointerExceptionエラーは、もっとも直すのが難しいエラーのひとつです。オブジェクトの初期化を忘れることが、もっとも一般的な原因です。8章で説明したとおり、オブジェクトの変数を宣言する時、最初に与えられる値はnullで、その意味は何もないということです（これは、整数や浮動小数点数などのプリミティブには当てはまりません）。もし、その後、その変数を初期化する（コンストラクタを呼び出す）ことなく使おうとすると、このエラーが発生します。いくつか例を示します。ここでは、Thingと呼ばれるクラスが存在すると仮定します。

エラー

```
Thing thing;

void setup() {
  size(200, 200);
}

void draw() {
  thing.display();    // エラーです！ thingは、初期化されていないため、値はnullです。
}
```

修正後

```
Thing thing;

void setup() {
    thing = new Thing();    // OKです！ thingは、コンストラクタで初期化されたのでnullではありません。
}

void draw() {
  thing.display();    // OKです！ thingは、コンストラクタで初期化されたのでnullではありません。
}
```

同様のエラーは、オブジェクトを初期化する時に、誤ってローカル変数として行ってしまうと発生することがあります。

```
Thing thing;

void setup() {
  Thing thing = new Thing();    // エラーです！ このコードは、別のthing変数を宣言し、初期化します（名前は同じですが）。setup()内でだけ有効なローカル変数です。グローバル変数のthingはまだnullです！
}

void draw() {
```

```
    thing.display();
  }
```

同じことが配列でも起こります。要素の初期化を忘れると、以下のエラーが発生します。

エラー
```
Thing[] things = new Thing[10];

for (int i = 0; i < things.length; i++) {
  things[i].display();   ← エラーです！ 配列内のすべての要素はnullです！
}
```

修正後
```
Thing[] things = new Thing[10];

for (int i = 0; i < things.length; i++) {
  things[i] = new Thing();
}

for (int i = 0; i < things.length; i++) {
  things[i].display();   ← OKです！ 最初のループで配列の要素は初期化されました。
}
```

配列の領域を確保し忘れた場合もエラーが発生します。

エラー
```
int[] myArray;

void setup() {
  myArray[0] = 5;   ← エラーです！ myArrayは作られておらず、またそれに
}                      サイズが与えられていないので、nullです。
```

修正後
```
int[] myArray = new int[3];

void setup() {
  myArray[0] = 5;   ← OKです！ myArrayは3つの整数の配列です。
}
```

---

java.lang.ArrayIndexOutOfBoundsException:

存在しない配列の要素にアクセスしようとしました（##の代わりに、エラーメッセージは、無効な添字の値を含みます）。

このエラーは、配列の添字の値が無効な時に発生します。例えば、配列が10の長さの場合、有効な添字は0から9です。0より小さい、または9より大きい値の場合、このエラーが発生します。

```
int[] myArray = new int[10];

myArray[-1] = 0      ⎯⎯< エラーです！ -1は、有効な添字ではありません。

myArray[0] = 0;      ⎯⎯< OKです！ 0と5は有効な添字です。
myArray[5] = 0;

myArray[10] = 0;     ⎯⎯< エラーです！ 10と20は有効な添字ではありません。
myArray[20] = 0;
```

添字に変数を使っている時は、このエラーをデバッグするのは少し難しいかもしれません。このエラーは、Javaの場合と同様に、どの行で、どんな添字を与えてしまったかは提示されるので、それをヒントに解決するとよいでしょう。

```
int[] myArray = new int[100];
myArray[mouseX] = 0;    ⎯⎯< エラーです！ mouseXは、99より大きいかもしれません。

int index = constrain(mouseX, 0, myArray.length-1);   ⎯⎯< OKです！ mouseXは、最初に0と99の間に制限されています。
myArray[index] = 0;
```

ループがエラーの原因になることもあります。

```
for (int i = 0; i < 200; i++) {    ⎯⎯< エラーです！ iは、99を超えてループします。
  myArray[i] = 0;
}

for (int i = 0; i < myArray.length; i++) {   ⎯⎯< OKです！ 配列のlengthプロパティを、ループを抜ける条件として使っています。
  myArray[i] = 0;
}

for (int i = 0; i < 200; i++) {    ⎯⎯< OKです！ ループがどうしても200まで行く必要がある場合、その時、ループ内部にif文を組み込むことができます。
  if (i < myArray.length) {
    myArray[i] = 0;
  }
}
```

索引

記号・数字

! (論理否定：logical NOT) 80
&& (論理積：logical AND) 80
. (ピリオド) 4
// (2つのフォワードスラッシュ) 25
; (セミコロン) 4, 24
[ ] (角括弧) 171, 425
{ } (波括弧) 425
| | (論理和：logical OR) 80
~ (ホームディレクトリ) 233
\ (バックスラッシュ) と￥記号 80
\n (改行文字) 446
\キー 80
0-255 10
1001匹Zoogちゃん 186
2次元配列 263
　　オブジェクトの〜 266
3D図形 280
3Dでの移動と回転 269
π (pi) 252

A

API (application programming interface)
.... 395, 431
Arduino 454
ArrayList 521

B

baud (ボー) 454
bit (ビット) 10
BlobDetection 359
Brightness (明度) 16
byte (バイト) 10

C

Captureオブジェクト 332
class (クラス) 144
class JavaExample 518
Contributed libraries (寄稿されたライブラリ)
.... 231
Contribution Manager (寄稿マネージャー)
.... 231
cosine (コサイン) 253
CR (キャリッジリターン：復帰) 440
CSV (comma separated values：コンマ区切り)
.... 397

D

dataフォルダ 307
DRAW (描画する) 35
draw () 36

索引　547

E

ellipse（楕円形） 5
else 文 72
else if 文 72
extends 505
extends PApplet 518
Extensible Markup Language（XML） 405

F

false（偽） 71
filter() 関数 324
float 136
for ループ 105
for each 523

G

GitHub リポジトリ 235
GLSL（OpenGL Shading Language） 324

H

HSB（色相、彩度、明度） 16
HTML（Hypertext Markup Language） 403
HTTP（hyper-text transfer protocol） 436
HTTP リクエスト 436
Hue（色相） 16

I

if 文 72
IMDb（インターネットムービーデータベース）
 405
import processing.video.*; 230
instance（実体） 144

J

Java 515
　～の Thread 429
　開発環境 532
Java API 366
　～を探索する 518
Java モード 25
JSON（JavaScript Object Notation） 405, 421
JSONObject と JSONArray 425

K

Kinect センサー 360

L

LF（ラインフィード：改行） 440
line（線） 5

M

Mac 21, 233
map()関数 249
Max/MSP 463
Microsoft Kinect 360
Movieオブジェクト 338

N

Networkライブラリ 230
nytimes.com 404

O

OAuth 433
object（オブジェクト）............................... 144
OOP（オブジェクト指向プログラミング）
.... 143, 499
OpenCV for Processing 359
OpenGL Shading Language（GLSL）...... 324
OSC（Open Sound Control）.................... 463
oscP5ライブラリ 463

P

P2Dレンダラー 275
P3Dレンダラー 275
　　〜とPDF 491
p5.js 486

pass by value（値渡し）............................. 159
PDE（Processing Development Environment：
　　Processing開発環境）................... 21, 235
PDF 488
　　〜とP3D 491
　　〜ライブラリ 230
pi（π）... 252
pixels配列 314
point（点）... 5
polymorphism（多態性）.......................... 510
pop（ポップ）... 294
println()... 226
Processing 3, 19, 485
　　〜のコアライブラリ 229
　　〜の配列関数 185
Processing.py 485
Project Gutenberg 408
PShader 324
PShape 299
public 518
PureData 463
push（プッシュ）..................................... 294
puTTY 440

Q

query string（クエリー文字列）................. 432
queue（キュー）....................................... 294

R

Rectangle クラス 528
rectangle（矩形）..5
return 文 136
RGB カラー 12
RSS (Really Simple Syndication) 415

S

Saturation（彩度）...16
saveFrame()と画像 492
Serial ライブラリ 230
SETUP（設定）..35
setup() 36
sine（サイン）..253
sketch（スケッチ）..23
sketchbook（スケッチブック）................................23
sohcahtoa（ソーカートア）..................................253
Sound ライブラリ 231
stack（スタック）..294
String クラス 365
substring（サブストリング）................................390
super() 505
SuperCollider 463

T

TableRow 399
tangent（タンジェント）.......................................253

The New York Times 432
this スケッチ 332, 437
Thread クラス 429
threshold（閾値）...477
Translation（移動）..67
true（真）..71
try catch..531

U

USB (Universal Serial Bus) 453

V

vertex（頂点）..276
vertex（バーテックス）...276
vertices（バーティシズ）......................................276
Video ライブラリ 231, 331
void 135

W

while ループ 99
Windows 21, 233

X

XML (Extensible Markup Language) 405, 413
XML クラス 416

Y

Yahoo! Finance 404
Yahoo! Weather 395, 415

Z

z軸 269

あ行

値 409
値渡し（pass by value） 159
アニメーションスレッド 428
アプリケーションの書き出し機能 488
雨粒 209
アルゴリズム 193
アルファ値 15
アルファチャンネル 15
移動（Translation） 67
イミュータブル（不変）なオブジェクト 367
入れ子 294
インクリメンタル開発 62
インクリメント演算子 106
インスタンス 499
インスタンス変数 148
インターネットムービーデータベース（IMDb）
 405
インタラクション 35
インタラクティブなオブジェクト 182

インデックス（添字） 170
インポート文 229, 517
エッジ検出 325, 359
エラー 26, 535
エラー処理（例外処理） 531
エンベロープ 473
オーディオノイズ 475
オーバーライド 505
オーバーロード 513
　　メソッドの〜 499
大文字と小文字 6, 27
オシレーター 472
オブジェクト（object） 143, 499
　　〜とクラス 152
　　〜の2次元配列 266
　　〜の配列 180
　　〜はデータ型 158
　　〜や配列の参照 53
オブジェクト指向プログラミング（OOP）
 .... 143, 499
親 518
音声処理 461
音符と周波数 473

か行

改行（LF：ラインフィード） 440
改行文字（\n） 446
階乗 259
回転 282

〜するテキスト	378	
異なる軸での〜	284	
書き出し	485	
拡大・縮小	288	
拡張for文	523	
角度	251	
確率	242	
加算	106	
可視化	328	
カスタム3D図形	280	
画素	3	
画像	305	
〜とsaveFrame()	492	
〜の配列	311	
〜を用いたアニメーション	308	
画像処理フィルター	310, 320	
型	54	
角括弧（[ ]）	171, 425	
カプセル化	499, 499	
カメラから画像を読み込む	333	
関係演算子	72	
関数	4, 121	
〜のシグネチャ	513	
〜の定義	122	
〜の呼び出し	124	
〜を定義する	124	
関数名	124, 136	
偽（false）	71	
キー	409	
〜の押し下げ	44	

キーワード	25	
寄稿されたライブラリ（Contributed libraries）	231	
寄稿マネージャー（Contribution Manager）	231	
擬似乱数	242	
キャッチャー	198	
キャプチャ処理	333	
キャリッジリターン（CR：復帰）	440	
キュー（queue）	294	
行列（マトリクス）	289	
曲線に沿ったボックス	384	
曲線に沿った文字	385	
空間コンボリューション	326	
クエリー文字列（query string）	432	
区切り文字	392	
矩形（rectangle）	5	
組み込みライブラリ	230	
クライアント	436, 440, 449	
クラス（class）	144, 499	
〜とオブジェクト	152	
〜の親（スーパークラス）	503	
〜の子（サブクラス）	503	
クラス名	148	
クラッパー	479	
グラフ用紙	3	
クリエイティブな可視化	328	
繰り返し	97	
グレースケール	10	
グローバル変数	55, 108	
継承	499, 502, 518	

ゲーム	53
ゲッター	501
減算	106
原色	13
原点	272
〜の周りを回転する	283
子	518
コアライブラリ	229
交差判定	200
コーディング	23
コードブロック	36
コサイン（cosine）	253
異なる軸での回転	284
弧度法（ラジアン）	251
コピーを渡す	133
コマンド	4
コメント	25
コンストラクタ	147, 148, 307
〜のパラメータ	155
コンパイル時のエラー	537
コンピュータビジョン	347
〜のライブラリ	359
コンボリューション行列	326
コンマ区切り（comma separated values：CSV）	397

さ行

サーバー	436, 446
再帰	259
彩度（Saturation）	16
再利用性	123
サイン（sine）	253
サウンド	463
〜の再生	464
〜の閾値	477
サウンド解析	475
サウンド合成	471
錯覚	269
サブクラス（クラスの子）	503
サブストリング（substring）	390
サブルーチン	122
三角関数	253
参照（リファレンス）	159
三目並べゲーム	267
シェーダー	324
視覚的コンテキスト	463
閾値（threshold）	477
閾値フィルター	322
色相（Hue）	16
シグネチャ	513
次元数	247
辞書	409
システム変数	57, 61
実行ボタン	30
実体（instance）	144
写像（マップ）	250
周波数	475
縮小・拡大	288
条件文	71, 72

小数	54
シリアル通信	453
白黒	10
真（true）	71
振動	255
振幅	475
数学とプログラミング	239
数値の符号を反転する	89
スーパークラス（クラスの親）	503
図形	5, 506
スケール	288
スケッチ（sketch）	23, 76
最初の〜	31
スケッチブック（sketchbook）	23
スコープ	108
スタック（stack）	294
スタンドアローンアプリケーション	486
ステップ実行	228
スプライト	308
スペクトラム解析	482
スレッド	428
整数	54
セッター	501
設定（SETUP）	35
セミコロン（;）	4, 24
線（line）	5
鮮鋭化	326
センサー	347
添字（インデックス）	170
負の〜	390
ソーカートア（sohcahtoa）	253
ソケット通信	436
ソフトウェアミラー	340

た行

代入演算子	57
タイマー	206
楕円形（ellipse）	5
多態性（polymorphism）	499, 510
タブ	151
ダブルバッファリング	41
タンジェント（tangent）	253
チャット	392
直交座標（デカルト座標）	4, 253
追跡するコードを調整	350
データ	148
〜を扱う	394
データストリーム	435
データ入力	389
データ分析	408
デカルト座標（直交座標）	4, 253
テキスト	365
〜を1文字ずつ表示する	379
〜を表示する	369
回転する〜	378
テキストアニメーション	372
テキスト処理	363
テキストファイル	396
テキストミラー	376

項目	ページ
テキストモザイク	375
デクリメント演算子	106
デバッガー	228
デバッグ	25, 223
点（point）	5
点描画法	329
度（度数法）	251
同期	428
透明度	15
時計回り（右回転）	282
度数法（度）	251

な行

項目	ページ
名前	55
波	258
波括弧（{}）	425
認証プロトコル	433
ネットワーク通信	435
ノイズ	246

は行

項目	ページ
パーティクルシステム	523
バーティシズ（vertices）	276
バーテックス（vertex）	276
パーリンノイズ	246
背景除去	352
バイト（byte）	10
配列	167, 409
〜の初期化	173
〜の宣言と生成	171
〜の操作	174
画像の〜	311
配列操作	171
配列名 ドット length	176
バウンディングボックス	6
拍手	479
バックスラッシュ（\）と￥記号	80
跳ね返るボール	87
パラメータ	124, 128, 136
ハンドシェイク	455
ピアツーピア	446
引数	4, 128, 128
〜と関数名の組み合わせ	513
〜を渡す	132
ピクセル	3, 275, 305, 314
ピクセル集合処理	324
ピクセル密度	317
左手系か右手系	270
ビット（bit）	10
ビット演算子	80
ビデオ	331
〜のピクセル化	342
〜を録画する	492
非同期	428
描画する（DRAW）	35
表形式データ	398
標準フォーマット	403
ピリオド（.）	4

フィジカルコンピューティング 453
ブーリアンテスト 71
ブーリアン変数 83
フォーマット 403
フォント作成 371
フォントを指定する 369
復帰（CR：キャリッジリターン） 440
プッシュ（push） 294
物理 92
浮動小数点数 54
不透明度 15
不変（イミュータブル）なオブジェクト 367
フラクタル 259
プリミティブ型 53, 133, 159
ブレークポイント 228
ブロードキャスティング 443
プログラミングと数学 239
プロシージャ 122
分割と結合 391
変換行列 289
変数 25, 51
　　～のスコープ 108
　　～の宣言と初期化 53, 56
ボー（baud） 454
ホームディレクトリ（~） 233
ぼかし 326
ポップ（pop） 294
翻訳 516

ま行

マイクロフォン 475
マウス 39
　　～のクリック 44
マッピング 250
マップ（写像） 250, 409
マトリクス（行列） 289
マルチユーザー通信 446
右回転（時計回り） 282
右手系か左手系 270
無限ループ 103
明度（Brightness） 16
メジャーリーグベースボールの統計データ 395
メソッド 122
　　～のオーバーロード 499
メモリアドレス 52
モーション検出 355
文字 54
モジュール性 122, 125
モジュロ演算子 240
文字列 54, 366
　　～のシリアル通信 457
　　～の操作 389
戻り値の型 124, 135

や行

ユーザー定義 123, 306
予約語 25

ら行

- ライブビデオ ... 331
- ライブラリ ... 229
  - 〜をインストール ... 233
  - コンピュータビジョンの〜 ... 359
- ラインフィード（LF：改行）... 440
- ラジアン（弧度法）... 251
- 乱数 ... 62, 241
- ランタイムエラー ... 537, 543
- ランダム ... 62, 246
- リクエスト ... 436
- リスト ... 169
- リバーブエフェクト ... 470
- リファクタリング ... 160
- リファレンス ... 28
- リファレンス（参照）... 159
- ループ ... 97, 105, 111, 523
- 例外処理（エラー処理）... 531
- レスポンス ... 436
- 連結 ... 312
- 連想配列 ... 409
- ローカル ... 108
- ローカル変数 ... 55, 128
- ロールオーバー ... 82, 402
- 録画ビデオ ... 338
- 論理演算子 ... 79
- 論理式 ... 71

●著者紹介

Daniel Shiffman（ダニエル・シフマン）
ニューヨーク大学Tisch芸術学部（ティッシュ・スクール・オブ・アート）の准教授（Associate Arts Professor）。メリーランド州ボルチモア出身。イェール大学で学士号（数学、哲学）、ニューヨーク大学で修士号を取得。Processingのチュートリアル、サンプルプログラム、ライブラリ（Open Kinect for Processing、Box2D for Processingなど）の作成に取り組んでいる。主な著書に『Nature of code：Processingではじめる自然現象のシミュレーション』（ボーンデジタル）がある。メールアドレスはdaniel@shiffman.net

●訳者紹介

尼岡 利崇（あまおか としたか）
1970年生まれ。1996年に北海道大学大学院地球環境科学研究科にて修士号（地球環境）を取得。情報可視化に興味を持ち、1999年にニューヨーク大学Tisch School of the Arts, Interactive Telecommunications Program（ITP）に入学し、2003年に修士号を取得。2011年に東京工業大学大学院情報理工学研究科にて博士（学術）を取得。明星大学情報学部教授として教育、ヒューマンコンピュータインタラクション・インタラクティブアートの研究に従事、現在に至る。監修書に『Nature of code：Processingではじめる自然現象のシミュレーション』（ボーンデジタル）がある。

初めてのProcessing 第2版

2018年12月13日　初版第 1 刷発行

著者	Daniel Shiffman（ダニエル・シフマン）
訳者	尼岡 利崇（あまおか としたか）
発行人	ティム・オライリー
制作	ビーンズ・ネットワークス
印刷・製本	日経印刷株式会社
発行所	株式会社オライリー・ジャパン 〒160-0002 東京都新宿区四谷坂町12番22号 Tel (03)3356-5227 Fax (03)3356-5263 電子メール japan@oreilly.co.jp
発売元	株式会社オーム社 〒101-8460 東京都千代田区神田錦町3-1 Tel (03)3233-0641（代表） Fax (03)3233-3440

Printed in Japan (ISBN978-4-87311-861-1)
乱丁本、落丁本はお取り替え致します。

本書は著作権上の保護を受けています。本書の一部あるいは全部について、株式会社オライリー・ジャパンから文書による許諾を得ずに、いかなる方法においても無断で複写、複製することは禁じられています。